Europäische Trägerraketen Band 1

Von der Diamant zur Ariane 4 –

Europas steiniger Weg in den Orbit

Edition Raumfahrt

Bibliografische Information der Deutschen Nationalbibliothek: Die Deutsche Nationalbibliothek verzeichnet diese Publikation in der Deutschen Nationalbibliografie; detaillierte bibliografische Daten sind im Internet über
http://dnb.d-nb.de abrufbar.

Edition Raumfahrt

http://www.raumfahrtbuecher.de
Herstellung und Verlag: BoD - Books on Demand, Norderstedt
2. Auflage 2014
ISBN-13: 9783738612028

Europäische Trägerraketen Band 1

Von der Diamant zur Ariane 4 –

Europas steiniger Weg in den Orbit

Edition Raumfahrt

Inhaltsverzeichnis

Vorwort

Vierzig Jahre europäischer Trägerraketenentwicklung lassen sich schwer auf wenigen Seiten zusammenfassen. Während der Recherche entschloss ich mich daher, das Thema in zwei Bänden zu behandeln. Dieser Band behandelt die früher eingesetzten Modelle, Band 2 die aktuellen Modelle Ariane-5 und Vega.

Ich bin ein überzeugter Anhänger der Ariane und stolz darauf, was Europa mit dieser Rakete erreicht hat. Im gleichen Atemzug ärgere ich mich über die deutsche Zurückhaltung bei der Entwicklung dieser Trägerrakete. Doch der Erfolg von Ariane ist nicht verständlich, wenn die Geschichte der ELDO und der Entwicklung ihrer Europa-Rakete nicht bekannt ist.

Die in diesem Buch beschriebenen nationalen Träger, die französische Diamant und die britische Black Arrow zeigen auch exemplarisch, wie Raketenentwicklungen verlaufen können. Der fehlende politische Wille bei der Black Arrow führte dazu, dass sich England hinsichtlich der Raketentechnik heute hinter Entwicklungsländern und seinen ehemaligen Kolonien einreihen muss. Der Gegensatz dazu ist Frankreichs unbedingtes Bestreben nach einem unabhängigen Zugang zum Weltraum – unabhängig von den entstehenden Kosten.

Dieses Buch wäre nicht ohne fremde Unterstützung zustande gekommen. Ich möchte der ESA für den Zugang zur Fotobibliothek für Professionals danken und Jürgen Klug von MT Aerospace für ausführliche Informationen zu ELA-2 und den Ariane-5 Boostern. Thomas Jakaitis und Ralph Kanig haben sich dem Manuskript angenommen und es zur Korrektur gelesen. Michel Van hat Grafiken für dieses Buch erstellt und das Coverbild gestaltet.

Das Buch behandelt jede Rakete als abgeschlossenes Kapitel für sich. Die einzelnen Abschnitte können einzeln gelesen oder nachgeschlagen werden. Sofern eine Rakete eine Weiterentwicklung eines bestehenden Modells ist, werden lediglich die Veränderungen besprochen. Jedes Kapitel hat eine einheitliche Struktur. Die Entwicklungs- und Einsatzgeschichte bildet den Anfang, es folgt eine ausführliche Beschreibung der Technologie, und den Abschluss bilden nicht umgesetzte Projektstudien. Jedes Kapitel endet mit einem Typenblatt und einer Startliste der Rakete. Schwierig war es, Grenzen zu ziehen: Zu viele Projekte entstanden in den letzten 40 Jahren in Raumfahrtagenturen und Aerospace-Firmen. Ich habe mich auf die beschränkt, die am häufigsten veröffentlicht wurden. Auch habe ich bewusst auf die Beschreibung von Raketen verzichtet, die nicht zu einer Trägerrakete führten, auch wenn sie entwicklungsgeschichtlich wichtig waren, wie die deutsche A4 oder die französische Véronique. Keine Erwähnung finden ausschließlich militärisch eingesetzte Raketen.

Den Installationen in Kourou und dem Bodennetzwerk ist ein eigenes Kapitel gewidmet, welches chronologisch den Ausbau des europäischen Weltraumbahnhofs CSG (Centre Spatial Guyanais) in Französisch-Guayana beschreibt.

Der Band zwei dieser Reihe behandelt die aktuellen europäischen Trägerraketen – die Ariane 5 und die Vega. Von den meisten frühen Trägerraketen liegt heute kein Bildmaterial in digitaler, hochauflösender Form vor. Für dieses Buch musste ich oft auf gedruckte Dokumente zurückgreifen und diese einscannen. Die Abbildungen entsprechen daher nicht immer dem heutigen Standard. Ich bitte, diesen Umstand zu entschuldigen.

Neu in der zweiten Auflage ist ein Kapitel über die OTRAG. Ich überlegte lange Zeit, ein eigenes Buch über diese Rakete zu schreiben, auch weil sie in vielen Aspekten von den anderen Trägern abweicht. Doch da sich auch die Auskopplungen der ersten Auflage kaum verkauften, denke ich gibt es dafür keinen Bedarf. Die anderen Kapitel wurden in der neuen Auflage vor allem auf Rechtschreibfehler untersucht und nur wenig angefügt.

Die dritte Aufläge enthält einige Änderungen bei der OTRAG, nachdem Kayser wieder an die Öffentlichkeit ging. Sie wurde aber vor allem gemacht um günstigere Druckpreise an den Leser weiterzugeben.

Es existieren zu fast allen Trägerraketen leicht schwankende technische Angaben. Diese beruhen neben dem nachlässigen Umgang mit Zahlenmaterial vor allem auf unterschiedlichen Sichtweisen. So ist zum Beispiel oft unklar, ob das angegebene Leergewicht einer Raketenstufe dem Trockengewicht oder dem Gewicht nach Brennschluss (mit Treibstoffresten, Flüssigkeiten und Gasen) entspricht. Sofern es möglich war, habe ich dies aufgeschlüsselt. Weiterhin habe ich mich bemüht, Zahlen über Entwicklungskosten und Startpreise zusammenzutragen. Dabei gab es jedoch zwei Probleme – wechselnde Währungsangaben (DM, Pfund, Dollar, Accounting Units) mit variablen Umrechnungskursen und die Inflation, die vor allem in den Siebziger Jahren sehr hoch war.

Die NASA berechnet den Wertverlust anhand der Veränderung des Bruttoinlandsproduktes. So entspricht 1 Dollar des Jahres 2000 genau 0,583 Dollar im Jahr 1981. Oder 1 Dollar des Jahres 1981 entsprechen 1/0,583 = 1,71 Dollar im Jahre 2000. Vor der Einführung des Euros rechnete die ESA in „Millionen Accounting Units“ (MAU). Der Umrechnungskurs gegenüber der Deutschen Mark blieb über Jahrzehnte nahezu unverändert bei etwa 1,90 DM, also etwas weniger als 1 Euro (1 Euro = 1,96 DM). Dollar, Pfund und französische Franc änderten ihren Wert jedoch stark im Laufe der Jahrzehnte. Beim Dollar lagen die Extreme zwischen 4,25 und 1,40 DM pro Dollar, beim Pfund zwischen 8,00 und 3,30 DM pro Pfund und beim Franc zwischen 0,70 und 0,30 DM pro FF. 1984 entsprach ein Dollar 7,2 Franc.

Die Aufholjagd bei den Technologien

Ergänzend zu den Angaben in den folgenden Kapiteln gebe ich hier noch eine kleine Gesamtübersicht zur Technologieentwicklung in Europa.

Europa begann mit der Entwicklung der Raketentechnologie recht spät. Das hatte nachvollziehbare Gründe. Nach dem Zweiten Weltkrieg gab es dringendere Probleme. Die geografische Nähe zu den Ländern des Warschauer Pakts erforderte keine Raketen, um das Land des Gegners zu erreichen. Atombomben, welche der Antrieb für die Raketenentwicklung in den USA und der UdSSR waren, wurden auch erst später und in kleinerer Zahl als bei den beiden Supermächten entwickelt. Weiterhin hatten Russland und die USA fast alle Experten übernommen, die in Deutschland die A4 und andere Raketen entwickelt hatten. Europas Einstieg in die Trägertechnologie erfolgte daher recht spät und begann praktisch bei „Null".

Am weitesten waren Anfang der sechziger Jahre die Engländer. Sie hatten die Blue Streak entwickelt – immerhin auf der technologischen Stufe der Thor oder Atlas, aber mit Triebwerken, die in Lizenz gefertigt wurden. Die USA halfen mit der Freigabe von Lizenzen, aber auch bei der Konstruktion. Sie waren daran interessiert auch in Europa Raketen auf die Sowjetunion gerichtet zu haben, um die Bedrohung zu verstärken. England verfügte mit der Black Knight zudem über einen Träger mit selbst entwickelten Triebwerken, wenn auch mit der ungewöhnlichen und nicht sehr leistungsfähigen Kombination Wasserstoffperoxid / Kerosin und einem nur geringen Schub.

Frankreichs Trägerrakete Diamant A hinkte in vielen Dingen hinterher. Die erste Stufe verwendete die veraltete Kombination von Salpetersäure und Terpentinöl. Statt eine Turbine mit Turbopumpe zu verwenden, wurde die gesamte Stufe unter Druckgas gesetzt, wodurch die Leermasse anstieg. Die zweite Stufe verwendete einen Feststoffantrieb mit hoher Leermasse, doch bei der dritten Stufe hatte Frankreich technologisch gleichgezogen. Ein leichtes Glasfasergewebe bildete die Brennkammer, und ihr spezifischer Impuls war hoch. Dasselbe galt auch für die dritte Stufe der britischen Black Arrow. Bei beiden Nationen waren militärische Gründe für die Entwicklung ausschlaggebend. England baute eine Atlas ohne Marschtriebwerk nach, beendete die Entwicklung aber vorzeitig. Frankreich plante schon damals eine eigene Raketentruppe, die natürlich eigene Raketen einsetzen sollten. Gemäß der militärischen Planung mussten diese nicht wie die Blue Streak Moskau erreichen, sondern nur Deutschland, konnten also kleiner ausfallen.

Die ebenfalls in den sechziger Jahren entwickelte Europa-Rakete der europäischen Raumfahrtorganisation ELDO war ein sehr teurer Träger. Zum einen, weil die Verteilung der Aufträge nach Proporz, anstatt nach fachlicher Kompetenz, zu deutlichen Mehrausgaben führte. Zum andern erforderte ein Träger in dieser Größenordnung generell hohe Aufwendungen für Entwicklung, Schaffung von Infrastruktur und Know-How. Von dem Programm zur Entwicklung der Europa-Rakete profitierte vor allem Deutschland, wo es seit dem Exodus der weltbesten Raketenspezialisten am Ende des Zweiten Weltkriegs keine Erfahrungen mit Trägerraketen mehr gab. Deutschland übernahm mit der Entwicklung der dritten Stufe im Entwicklungsprogramm den technologisch aufwendigsten Part. Die Astris genannte Stufe war in ihrer Auslegung mit modernen US-Oberstufen wie der Delta vergleichbar. Neue Technologien wurden dafür entwickelt, wie das Elektronenschweißen oder Explosionsverformen.

Europas Rückstand wurde in den Siebziger Jahren mit dem Ariane-Programm fast aufgeholt. Dieses Programm konnte auf den Vorinvestitionen für die Europa-Rakete aufbauen und wurde daher erheblich preisgünstiger. Die ersten beiden Stufen wurden bewusst einfach gefertigt, mit Triebwerken mittlerer Leistung und einer robusten und nicht besonders leichtgewichtigen Konstruktion. Der Grund dafür war die Minimierung der Entwicklungskosten. Auf der anderen Seite wurde in der dritten Stufe erstmalig außerhalb der USA Wasserstoff als Treibstoff genutzt. Die mit diesem Treibstoff betriebenen Oberstufenversionen der Ariane, H8/H10, entpuppten sich als zuverlässiger als die amerikanische Centaur-Oberstufe, waren aber erheblich preiswerter in der Herstellung.

Die Ariane-5 setzte ab den Neunziger Jahren neue Maßstäbe. Erstmals wurden in Europa sehr große Feststofftriebwerke gebaut. Sie waren leichter als die Booster der Titan-4 und zudem günstiger in der Produktion. Das in der Zentralstufe der Ariane-5 verwendete Vulcain ist das größte und leistungsfähigste Triebwerk, das Wasserstoff im Nebenstromverfahren verbrennt. Die Aestus-Oberstufe erreicht mit einer sehr leichten Konstruktion einen sehr hohen spezifischen Impuls für eine druckgeförderte Stufe. Mit dem Vinci-Triebwerk, das sich für den Einsatz in der Oberstufe ESC-B in der Entwicklung befindet, wird auch in Europa erstmals ein Triebwerk nach dem „Expander Cycle" eingesetzt werden – mit dem höchsten spezifischen Impuls, den bisher ein chemisch betriebenes Triebwerk erreicht hat.

Die für den Einsatz ab 2012 eingesetzten kleinen Trägerrakete Vega schließlich nutzt leichte Kohlefaserverbundwerkstoffe für das Gehäusem. Auch hier setzt die P85FW Stufe einen Weltrekord. Es scheint, als hätte Europa inzwischen in nahezu allen Technologien die USA überholt. Die einzige Ausnahme ist die Nutzung des „Staged Combustion" Prinzips, nach dem die Shuttle-Haupttriebwerke und auch zahlreiche russische Antriebe arbeiten. Zwar gibt es bisher kein Triebwerk dieser Technologie in einer europäischen Rakete, doch unbekannt ist das Verfahren bei uns nicht. Schon 1963 begann die deutsche Firma MBB diese Technologie zu erforschen und entwickelte den Versuchsantrieb P111 mit 60 kN Schub. Die Haupttriebwerke des Space Shuttles arbeiten nach den von MBB entwickelten Prinzipien, die vom Hersteller der Shuttle-Haupttriebwerke, der amerikanischen Firma Rocketdyne, lizenziert wurden.

Treibstoffförderung

Jedes Raketentriebwerk verbrennt Treibstoff unter hohem Druck. Dabei muss der Druck beim Einspritzen in die Brennkammer größer sein, als der durch die Verbrennung erzeugte Druck in der Brennkammer. Anhand des Verfahrens, wie der Treibstoff gegen den Verbrennungsdruck in die Brennkammer eingespritzt wird, unterscheidet man verschiedene Typen von Raketenmotoren.

Bei der **Druckgasförderung** stehen die Tanks selbst unter Druck. Dies limitiert den Brennkammerdruck auf niedrige Werte. Weiterhin werden die Tanks schwer, vor allem, wenn sie nicht kugelförmig sind. Zylindrische Tanks müssen versteift werden, um nicht durch den Druck auszubeulen. Diese Art der Treibstoffförderung ist zwar technisch sehr einfach und zuverlässig, kann aber nur bei kleineren Stufen wie beispielsweise der Astris oder EPS eingesetzt werden. Sie ist bei Satellitenantrieben die einzige Form der Treibstoffförderung, auch weil bei hypergolen Triebwerken es reicht, die Ventile zu den Treibstoffleitungen zu öffnen, um das Triebwerk zu zünden. Es entfällt eine komplexe Anlasssequenz, die bei den anderen Verfahren nötig ist.

Beim klassischen **Nebenstromverfahren** wird ein Teil des Treibstoffes in einem Gasgenerator verbrannt. Das dabei entstehende Druckgas treibt eine Turbine an, welche die Leistung für die Treibstoff-Turbopumpe aufbringt. Die Bezeichnung Nebenstromverfahren resultiert aus den beiden Treibstoffströmen zur Brennkammer und zum Gasgenerator. Der Förderdruck kann nun viel höher als der Tankdruck sein. Damit nicht zu hohe Temperaturen entstehen, wird üblicherweise der Verbrennungsträger im Überschuss verbrannt. Das Nebenstromverfahren ist zuverlässig und erprobt, hat aber technologische Grenzen. Bei hohen Brennkammerdrücken sinken die Wirkungsgrade der Turbopumpen stark ab und der Aufwand für die Treibstoffförderung steigt. Das Vulcain Triebwerk setzt hier mit 120 bar einen Rekord, die meisten anderen Triebwerke mit Gasgenerator Betrieb bleiben unter 100 bar Brennkammerdruck. Weiterhin kann beim Nebenstromverfahren das Gas für den Gasgenerator nicht für die Verbrennung genutzt werden. Die Menge des Treibstoffs, die vom Gasgenerator benötigt wird, steigt mit steigendem Förderdruck an. Sehr deutlich zeigt sich dies beim Übergang vom Vulcain zum Vulcain 2: Bei der Steigerung des Brennkammerdrucks von 110 auf 118 bar – also um 7% stieg der Anteil des Stroms zum Gasgenerator um 30%. Das Abgas des Gasgenerators wird zum Teil genutzt, z. B. um die Triebwerke zu schwenken oder mit Düsen die Rollachse zu stabilisieren. Der größte Teil wird aber über einen "Auspuff" neben dem Triebwerk entlassen, der z. B. bei der Abbildung des HM-7B auf S. 264 rechts zu erkennen.

Beim **Hauptstromverfahren** wird der gesamte Treibstoff verbrannt und es wird kein Gasgenerator benötigt. Etabliert haben sich zwei Verfahren. Beim "**Staged Combustion**" Verfahren wird der Treibstoff teilweise in einem Vorbrenner verbrannt (zum Beispiel der ganze Verbrennungsträger mit einem Teil des Oxidators). Das erzeugte heiße Gas treibt dann die Turbopumpe an. Dabei werden sehr hohe Förderdrücke durch die große Gasmenge erreicht und dieses Gas mit dem Rest des Oxidators dann in die Brennkammer zur vollständigen Verbrennung eingespritzt. Durch den hohen Brennkammerdruck von über 200 bar wird der Treibstoff besonders gut ausgenützt und es gibt kein unverbranntes Gas wie beim Nebenstromverfahren. Dieses Verfahren setzen die meisten modernen russischen Triebwerke wie das RD-180 ein. Auch das SSME (Space Shuttle Main Engine) arbeitet nach diesem Verfahren. In Europa gibt es noch kein Triebwerk, welches das „Staged Combustion“ Verfahren in der Praxis einsetzt.

Das „**Expander Cycle**“ Verfahren ist das zweite Hauptstromverfahren. Der gesamte Verbrennungsträger durchströmt zuerst die Brennkammerwand zur Kühlung, erwärmt sich und verdampft. Das Gas treibt dann die Turbopumpe an. Praktisch anwendbar ist das Verfahren nur bei Wasserstoff und Methan, da andere Treibstoffe nicht bei der Kühlung so weit erwärmt werden, dass sie verdampfen. Da die erzeugte Gasmenge und Temperatur von der aufgenommenen Wärmemenge abhängt, eignet sich dieses Verfahren nur für kleine bis mittelgroße Triebwerke bis etwa 300 kN Schub; da die Oberfläche der Brennkammer quadratisch zum Durchmesser ansteigt, der Schub aber in der dritten Potenz. Vinci ist das bisher erste Triebwerk in Europa, welches dieses Verfahren einsetzt. Erstmals wurde es im RL-10, welches die Centaur Oberstufe antreibt, erprobt.

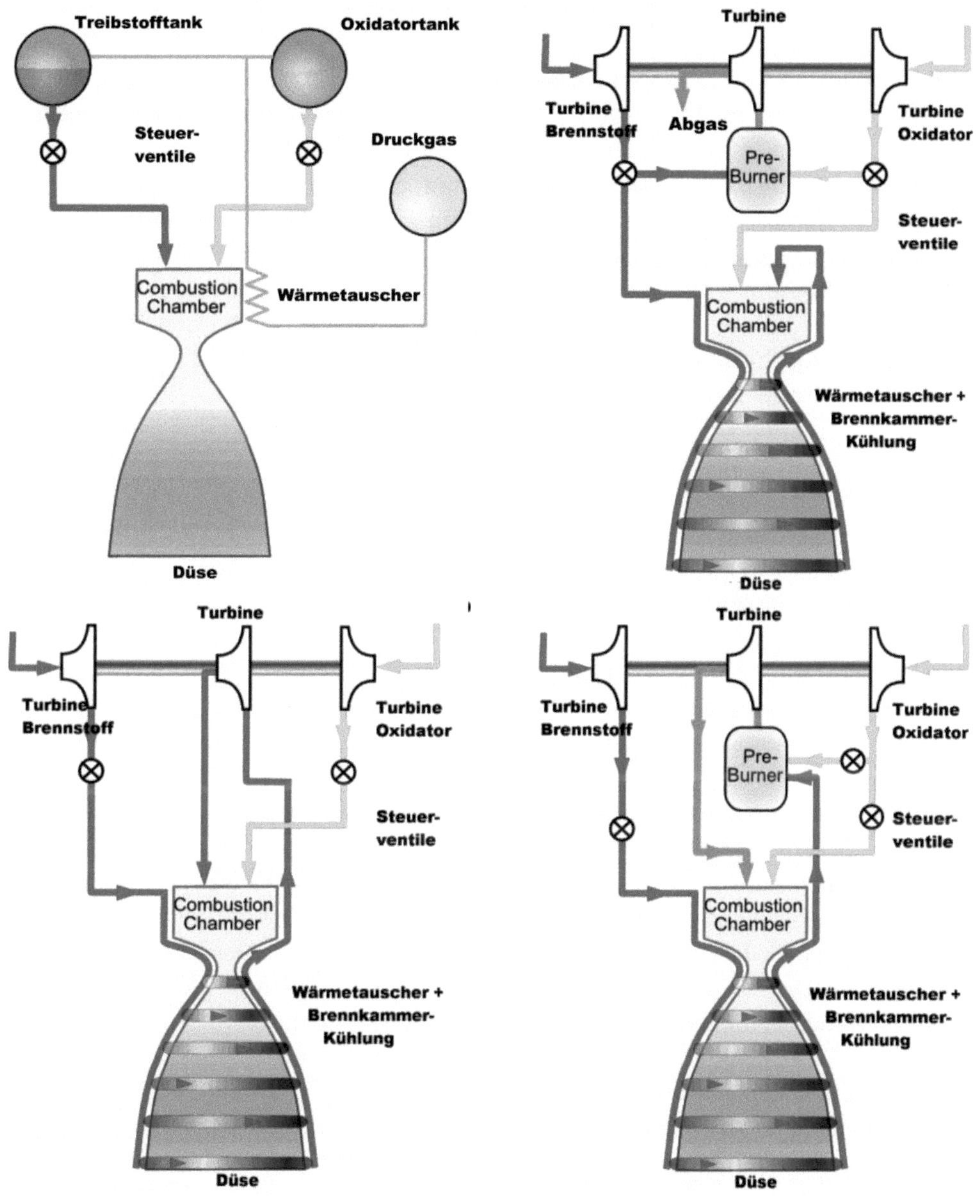
Treibstofftank
Oxidatortank
Steuer-
ventile
Druckgas
Combustion
Chamber
Wärmetauscher
Düse
Turbine
Turbine
Brennstoff
Abgas
Pre-
Burner
Turbine
Oxidator
Steuer-
ventile
Combustion
Chamber
Wärmetauscher +
Brennkammer-
Kühlung
Düse
Turbine
Turbine
Brennstoff
Turbine
Oxidator
Steuer-
ventile
Combustion
Chamber
Wärmetauscher +
Brennkammer-
Kühlung
Düse
Turbine
Turbine
Brennstoff
Pre-
Burner
Turbine
Oxidator
Steuer-
ventile
Combustion
Chamber
Wärmetauscher +
Brennkammer-
Kühlung
Düse

Erdumlaufbahnen

Im Zusammenhang mit Erdumlaufbahnen werden immer wieder gewisse Begriffe verwendet, die hier kurz erläutert werden sollen. Unter dem **Perigäum** wird der erdnächste Punkt einer elliptischen Umlaufbahn verstanden; der erdfernste Punkt wird als **Apogäum** bezeichnet. Jede Bahn hat eine Neigung zum Äquator, die **Inklination**. Sie legt fest, welche Gebiete der Satellit bei seinen Umläufen überfliegen kann. Eine Bahnneigung (Inklination) von 50 Grad bedeutet also, dass ein Satellit die Erde zwischen 50 Grad nördlicher und 50 Grad südlicher Breite überfliegt und nie höhere Breiten als 50 Grad erreicht.

Es gibt Erdumlaufbahnen mit einer besonderen Bedeutung. Sie werden mit folgenden Abkürzungen bezeichnet:

- **LEO** (Low Earth Orbit): In diesen Orbit können Trägerraketen die größte Nutzlast befördern. Die Bahnhöhe ist niedrig und liegt üblicherweise bei 180 bis 300 km. Die Nutzlast einer Trägerrakete wird maximiert, wenn die Inklination des LEO der geografischen Breite ihres Startplatzes entspricht. Oftmals ist ein LEO nur eine Übergangsbahn zur Erreichung anderer Orbits.

- **PEO** (Polar Earth Orbit): Dies ist eine Bahn, welche direkt über die Pole führt und so die Beobachtung der ganzen Erde ermöglicht. Die Bahnhöhe liegt höher als beim LEO, da sonst die Restatmosphäre den Satelliten rasch wieder zum Verglühen bringen würde.

- **SSO** (Sun-Synchronous Orbit): Der sonnensynchrone Orbit ist die wichtigste Umlaufbahn für die Erdbeobachtung. Die Neigung ist etwas größer als beim PEO und liegt je nach Bahnhöhe bei etwa 96 bis 110 Grad. Die typische Bahnhöhe beträgt etwa 600 bis 1.000 km. Ein Satellit in dieser Bahn passiert ein Gebiet auf der Erde immer zur gleichen lokalen Uhrzeit, sodass der Schattenwurf bei Aufnahmen aus verschiedenen Umläufen identisch ist. Das erleichtert die Auswertung. Weiterhin werden die Solarpaneele ohne Unterbrechung beschienen und sichern so die Energieversorgung.

- **GEO** (Geo-Synchronous Orbit): Der geosynchrone Orbit liegt in rund 36.000 km Höhe über dem Äquator (Inklination;: Null Grad). Ein Satellit in einem GEO umkreist die Erde einmal in 24 Stunden. Da diese sich in 24 Stunden um ihre Achse dreht, steht er von der Erde aus gesehen scheinbar still. Dies ist von Vorteil, wenn der Satellit als Kommunikationsrelais benutzt werden soll, weshalb sich die meisten Nachrichtensatelliten in einem GEO befinden. In der Regel wird ein Satellit von einer Trägerrakete zuerst in einen GTO transportiert, bevor er den GEO durch seinen eigenen Antrieb ansteuert. Der Energiebedarf dafür ist abhängig von der Bahnneigung des GTO.

- **GTO** (Geo-Synchronous Transfer Orbit): Der geosynchrone Übergangsorbit ist eine Bahn, welche zwischen dem LEO-Orbit und dem GEO-Orbit liegt. Der erdnächste Punkt liegt üblicherweise in etwa 200 km Höhe und der erdfernste in der Höhe des GEO-Orbits, also in rund 36.000 km Entfernung. Wenn ein Satellit in 36.000 km Höhe angekommen ist, muss er mit seinem eigenen Antrieb auch den erdnächsten Punkt auf diese Höhe anheben (Zirkularisierung). Ist ein Satellit schwerer oder leichter als die Nutzlast für den GTO-Orbit, so wird er in einen subsynchronen (Apogäum kleiner als 36.000 km) oder supersynchronen (Apogäum höher als 36.000 km) GTO-Orbit befördert. Dies kam früher bei den alten Atlas-Versionen vor, da diese nicht in demselben Ausmaß an unterschiedlich schwere Nutzlasten angepasst werden konnten. Heute nutzt die Falcon 9 dieses Flugregime.

- **MEO** (Medium Earth Orbit): Mittelhohe Erdbahnen sind alle Bahnen oberhalb des SSO und unterhalb des GEO. Diese Bahnen decken zwar einen großen Bereich von rund 1.200 bis 36.000 km Höhe ab, genutzt wird aber nur ein Bereich in 20.000 bis 24.000 km Höhe. Hier befinden sich die Bahnen von Navigationssatelliten wie dem amerikanischen Navstar, dem russischen Glonass und dem europäischen Galileo System. Sie sind um 50 bis 60 Grad gegenüber dem Äquator geneigt, um einen globalen Empfang auch in hohen Breiten zu gewährleisten.

Diamant

Mit der Diamant wurde Frankreich 1965 die dritte Nation, die einen eigenen Satelliten in eine Erdumlaufbahn beförderte. Seither ist Frankreich die treibende Kraft in der europäischen Raketenentwicklung.

Die Topaze, Rubis, Emeraude und Saphir

Nachdem Anfang der Fünfziger Jahre Frankreich begonnen hatte, eigene Atomwaffen zu bauen, kam bald auch der Wunsch nach eigenen, militärisch genutzten Raketen auf. Zuerst war Frankreich bemüht, diese in Zusammenarbeit mit Boeing und Lockheed zu entwickeln, doch die Firmen lehnten dieses Ansinnen ab. Im Jahr 1958 beschloss daher General de Gaulle, der frisch gewählte Präsident Frankreichs, die Gründung der SEREB (Société pour l' Etude et la Réalisation d' Engins Balistiques). Diese Organisation hatte die Aufgabe, militärisch genutzte Raketen zu entwickeln.

Die SEREB entwickelte eine Reihe von Versuchsträgern für diesen Zweck. Diese wurden nach einem Schema bezeichnet – „VE“ als Präfix und eine dreistellige Nummer. Letztere war folgendermaßen aufgebaut:

- Erste Ziffer: Anzahl der Stufen
- Zweite Ziffer: Antrieb mit flüssigem (2) oder festem (1) Treibstoff
- Dritte Ziffer: eigenes Navigationssystem (1) oder Fernlenkung (0)

Es bürgerte sich ein, die Raketen nach Halbedel- oder Edelsteinen zu benennen. In den folgenden Jahren entwickelte die SEREB einige Versuchstypen, wobei nicht nur an die militärische Eignung gedacht wurde, sondern auch an eine mögliche Nutzung als Höhenforschungsrakete und später als Satellitenträger. Neben der Trägerrakete musste auch das Navigationssystem neu entwickelt werden. Die Versuchstypen boten die Gelegenheit, dieses System relativ preiswert zu testen.

Die ersten beiden Träger Aigle und Agate wurden entwickelt, bevor die SEREB an eine Trägerrakete dachte. Die **Aigle** (Adler) war eine 2.355 kg schwere und 8,00 m lange Feststoffrakete mit 8 t Schub. Die **Agate** (Achat) wog 3.255 kg und hatte einen Schub von 19 t bei einer Länge von 8,53 m.

Im Jahre 1961 wurde beschlossen, eine eigene Trägerrakete zu entwickeln. Frankreich griff dafür auf die Vorarbeiten der SEREB zurück. Zu Beginn plante die SEREB eine Rakete, die einen 45 kg schweren Satelliten transportieren könnte. Das Design sollte so beschaffen sein, dass es innerhalb von zwei Jahren auf 60 bis 80 kg Nutzlast ausgebaut werden könnte. Es sollte die Rakete schon 1964 zur Verfügung stehen. Nach einer Revision des Konzepts wurde die Option zur Nutzlaststeigerung gleich umgesetzt und entwickelt wurde eine größere Rakete, deren Erstflug für den März 1965 geplant war. Sie sollte eine Nutzlast von maximal 80 kg aufweisen.

Die Vorarbeiten bestanden darin, die einzelnen Stufen zuerst einzeln und dann zusammen mit dem Lenksystem in eigenen Versuchsträgern zu testen. Den Anfang machte von 1962 bis 1965 die **Topaze (VE-111)**. Die Topaze (Topas) sollte später die zweite Stufe der Diamant werden. Ihre Entwicklung war schon vor der Diamant beschlossen worden. Die Topaze war die erste französische Feststoffrakete, die nicht aerodynamisch stabilisiert war. Vier schwenkbare Düsen dienten zu ihrer aktiven Stabilisierung. Weiterhin verfügte sie erstmals über ein eigenes Navigationssystem, das in dieser Form auch bei der Diamant eingesetzt werden sollte. Vom 19.11.1962 bis zum 21.5.1965 gab es 14 Erprobungsflüge der Topaze, davon waren 13 erfolgreich.

Die nächste Stufe war die **VE-210 Rubis** (Rubin). Sie diente dazu, die Nutzlastverkleidung und die Oberstufe der Diamant zu erproben. Die Rubis war das erste Muster, das direkt zur Diamant führen sollte. Sie bestand aus zwei Stufen. Die erste Stufe war die aerodynamisch stabilisierte Agate, welche die Aufgabe hatte, die Oberstufe P0.64 in den Weltraum zu bringen, um sie unter realistischen Bedingungen zu testen. Erprobt wurde das Absprengen der Nutzlastverkleidung, die Rotation des P0.64 Antriebs sowie seine Abtrennung und Zündung in der Schwerelosigkeit.

Die Rubis startete zehnmal. Die ersten sechs Flüge dienten zur Qualifikation, die restlichen vier Flüge nutzten sie als Höhenforschungsrakete. Sie transportierten Experimente der CNES / von Max-Planck-Instituten. In dieser Konfiguration konnte sie 35 kg auf 2.000 km Höhe, 150 kg auf 1.000 km Höhe oder 450 kg auf 200 km Höhe transportieren. Der erste Start fand am 10.6.1964 statt, der Letzte am 10.7.1967, als die Diamant schon im Einsatz war. Zwei der Starts schlugen fehl.

Damit waren die zweite und die dritte Stufe sowie das Lenksystem getestet. Es fehlte aber noch die erste Stufe. Die **VE-121 Emeraude** (Smaragd) testete die erste Stufe der Diamant. Sie hatte schwenkbare Düsen und wurde in der Rollachse durch aerodynamische Finnen stabilisiert. Die zweite Stufe war Ballast von der Masse einer Topaze Stufe. Vom 15.6.1964 bis zum 13.5.1965 fanden fünf Starts statt, wovon aber drei fehlschlugen. Alle drei Fehlstarts beruhten auf einem sehr typischen Problem von Raketen – dem Schwappen des Treibstoffs und den dadurch induzierten Vibrationen in den Leitungen. Hier war der Name der Rakete der gleiche wie der der Stufe.

Obgleich die Emeraude Fehlschläge hatte, ging Frankreich den nächsten Schritt an – den gemeinsamen Test der ersten und zweiten Stufe der Diamant. Dies war die **Saphire, VE231**. Von ihr gab es nicht weniger als 15 Flüge mit zwei Fehlstarts. Die Saphire testete nicht nur die Funktion der ersten und zweiten Stufe unter realistischen Bedingungen, sondern auch die Kontrolle über Funkleitstrahl (VE231P) und für das Militär einen ablativen Schutzschild für einen Atomsprengkopf (VE231R). Der erste Start fand am 6.7.1965 statt, der letzte am 27.1.1967, als die Diamant schon ihren Erstflug absolviert hatte. Nach der Erprobung der Saphire war die französische SEREB sicher, dass mit einer dritten Stufe ein Satellit von 47 kg Startmasse in einen Orbit befördert werden konnte. Während der Entwicklung konnte das

Vexin-Triebwerk der ersten Stufe leicht im Schub gesteigert werden, sodass bei der Diamant die B-Version des Vexins zum Einsatz kommen konnte.

Obwohl die CNES als zweite nationale Weltraumorganisation nach der NASA am 19.12.1961 gegründet wurde, erfolgte die Entwicklung der Diamant A noch durch die SEREB. Eine Woche nach dem Start des ersten französischen Satelliten wurde die Weiterentwicklung der Diamant von der CNES übernommen. Kein anderer Träger wurde vor der ersten orbitalen Mission mit so vielen Versuchsmustern getestet. Dieses inkrementelle Testen erhöhte zwar die Entwicklungskosten, führte aber zu einem erprobten Träger. Die erste Stufe war 20-mal, die Zweite 29-mal und die Dritte 10-mal vor dem Jungfernflug der Diamant geflogen.

Rakete	Erste Stufe	Zweite Stufe	Gesamt
Topaze:	Länge: 4,50 m Durchmesser: 0,80 m Startgewicht: 3.405 kg Leergewicht: ? kg Schub: 190 kN Brenndauer: 18 s		Länge: 7,95 m Durchmesser: 0,80 m Startgewicht: 3.405 kg Nutzlast: 100 kg auf 1.200 km Höhe
Rubis:	Länge: 4,50 m Durchmesser: 0,80 m Startgewicht: 3.405 kg Leergewicht: ? kg Schub: 190 kN Brenndauer: 18 s	Länge: 1,98 m Durchmesser: 0,66 m Startgewicht: 649 kg Leergewicht: 64 kg Schub: 29,4 kN Brenndauer: 39 s	Länge: 9,61 m Durchmesser: 0,80 m Startgewicht: 4.000 kg Nutzlast: 35 kg auf 2.400 km Höhe, 150 kg auf 1.000 km Höhe 450 kg auf 200 km Höhe
Emeraude:	Länge: 9,76 m Durchmesser: 1,34 m Startgewicht: 14.685 kg Leergewicht: 1.946 kg Schub: 280 kN Brenndauer: 93 s		Länge: 16,50 m Durchmesser: 1,40 m Startgewicht: 15.900 kg Nutzlast: 395 kg auf 200 km Höhe
Saphire:	Länge: 9,76 m Durchmesser: 1,34 m Startgewicht: 14.685 kg Leergewicht: 1.946 kg Schub: 280 kN Brenndauer: 93 s	Länge: 4,57 m Durchmesser: 0,80 m Startgewicht: 2.815 kg Leergewicht: 540 kg Schub: 120 kN Brenndauer: 39 s	Länge: 17,93 m Durchmesser: 1,40 m Startgewicht: 17.700 kg Nutzlast: 300 kg auf 2.000 km Höhe

Diamant A

Die Diamant A war eine dreistufige Rakete. Die erste Stufe setzte lagerfähige flüssige Treibstoffe ein, die beiden Oberstufen dagegen feste Treibstoffe. Die ersten beiden Stufen wurden aktiv gelenkt, die dritte Stufe war spinstabilisiert.

Die erste Stufe Emeraude

Die erste Stufe der Diamant Emeraude (Smaragd) setzte die Treibstoffkombination Salpetersäure und Terpentinöl ein. Zu dieser Zeit war diese Kombination schon veraltet. Auch die erste Stufe der Kosmos 11K63, einer sowjetischen Mittelstreckenrakete, setzte diese Kombination ein. Sie ist lagerfähig wie NTO / Hydrazin, hat aber einen geringeren Energiegehalt und ist nicht selbst entzündlich. Die Zündung erfolgte durch Tetrahydrofuranol, welches sich am Boden des Terpentinbehälters befand. Furanol reagiert mit Salpetersäure hypergol, entzündet sich also spontan.

Der Tank aus Stahl 15 CDV 6 war massiv. Die Wandstärke des Tanks mit einem gemeinsamen Zwischenboden betrug 2,30 mm. Diese Konstruktion hatte ihren Grund in der Treibstoffförderung. Anders als andere Raketen dieser Größe setzte die Diamant keine Förderung mit einer Turbopumpe ein. Es gab zwar einen Gasgenerator, er verbrannte einen Pulvertreibstoff, dessen Verbrennungsgase mit Wasserdampf gekühlt wurden. Dieses Gasge-

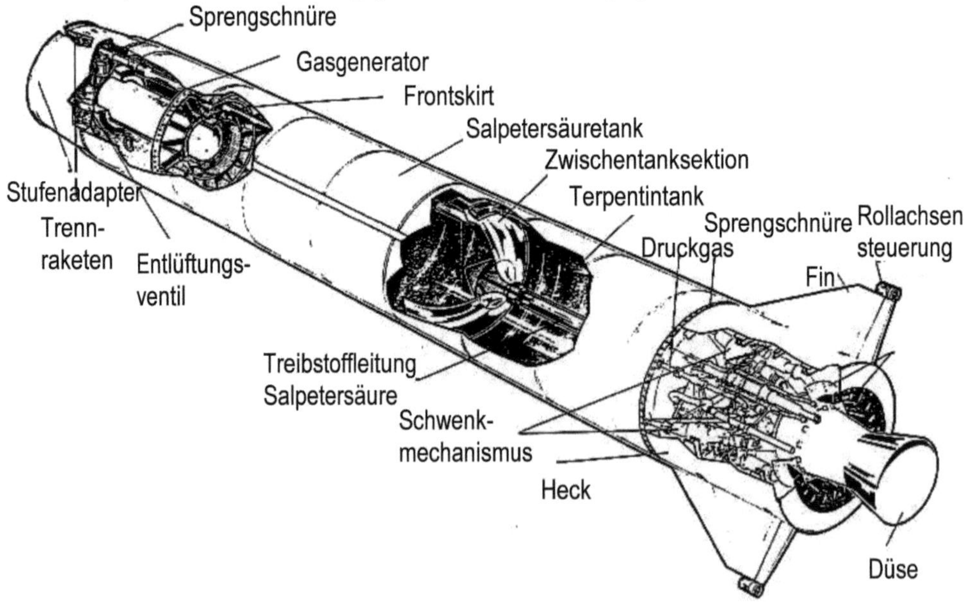

misch wurde dann in die Tanks eingespeist. Dadurch standen diese unter 22 bar Druck und mit diesem Druck wurde der Treibstoff in die Brennkammer gefördert. Es wurde erwogen, den Druck auf 28 bis 30 bar zu erhöhen, um die Energieausbeute zu verbessern und den Schub zu erhöhen. Der Gasgenerator saß auch nicht am Triebwerk, sondern über dem oberen Terpentin-Tank. Er erzeugte auch den Strom für die Elektronik der ersten Stufe, wobei eine Wechselspannung mit einer Frequenz von 400 Hz genutzt wurde. Der Preis für diese Auslegung war eine hohe Leermasse. Bei einer Startmasse von 14,72 t betrug die Leermasse 1,95 t. Diese Entscheidung wurde bewusst getroffen. Zwar hätte der Übergang zu einer klassischen Lösung – mit Turbopumpe – die Leermasse von 15% auf 9% senken können, doch hätte die Entwicklung länger gedauert. Da es jedoch wichtig war, schnell eine Trägerrakete zur Verfügung zu stellen, wurde die technisch weniger optimale Lösung gewählt. Die Entwicklungskosten wären sonst erheblich höher gewesen, und ob sich diese ausgezahlt hätten, war fraglich, denn die Diamant sollte nur wenige Male eingesetzt werden. Bei der ersten Stufe war eine hohe Leermasse zu verschmerzen, da die Erhöhung der Leermasse sich nur gering auf die Nutzlast auswirkt. Normalerweise bewirkt eine Reduktion der Leermasse der ersten Stufe um 100 kg nur eine Nutzlaststeigerung um 5 bis 10 kg.

Das Vexin-B Triebwerk mit einer 74 cm langen, konusförmigen Expansionsdüse war schwenkbar aufgehängt und steuerte die Rakete um die Nick- und Gierachse. Die Steuerung um die Rollachse erfolgte durch aerodynamische Ruder (Finnen). Sie wurden anfangs durch zwei Raketentriebwerke an ihrem Ende, später durch Druckluft gedreht. Da die Brenndauer nur 93 Sekunden betrug, war die Emeraude schon in 32 km Höhe ausgebrannt und Finnen, die nur in der unteren Atmosphäre wirksam sind, reichten zur Steuerung aus. Die Kühlung der Brennkammer erfolgte durch Filmkühlung. Es befanden sich 52 Bohrungen entlang der Achse des Triebwerks, durch die Terpentinöl in die Brennkammer einströmte, verdampfte die Wand kühlte. Der Einspitzkopf hatte 677 Bohrungen, um eine optimale Durchmischung der Treibstoffe zu erreichen. Das Vexin B Triebwerk hatte den vierfachen Schub des Vexin A in der Europa Rakete. Bedingt durch den niedrigen Brennkammerdruck arbeitete es mit einem niedrigen Expansionsverhältnis von 3,6, der spezifische Impuls war daher gering.

Konstrukteur des Valois Triebwerks war der Deutsche Karl Heinz Bringer, der mit dreißig anderen Ingenieuren der Heeresversuchsanstalt Peenemünde 1946 zu Frankreich wechselte. Bringer war Gruppenleiter für Flüssigkeitsantriebe und hatte 1942 einen Gasgenerator zum Patent angemeldet, der kühles Gas für die Turbopumpe produzierte, indem er Wasser einspritzte und dieses verdampfte. Diese Technologie behielt er in Folge bei, genauso wie die Radialeinspritzung. Bei den meisten Triebwerken wird der Treibstoff am Kopfende und nicht an der Seitenwand eingespritzt. Bis zum Vexin hatte Bringer schon drei Triebwerke entwickelt: für die beiden Höhenforschungsraketen Veronique AG und 61 und die Vesta Rakete. Ausgangsbasis war auch in Frankreich die deutsche Technologie gewesen. Die Veronique war im wesentlichen eine kleinere Version der deutschen „Wasserfallrakete“, eine Flugabwehrrakete, die noch während des Kriegs 42-mal geprobt wurde, aber nicht mehr zum Einsatz kam. Auch die Veronique arbeitete mit Terpentinöl und Salpetersäure – zwei nicht kriegswichtigen Komponenten, die in der Folge bis zur Diamant beibehalten wurde. Die Véronique war die erste Rakete, die im französischen Vernon entwickelt wurde. Es begründete die Tradition, die Namen dieser Triebwerke mit dem Buchstaben „V“ für Vernon – beginnen zu lassen. Die Veronique hieß sogar danach (Vernon und électronIQue). Erheblich bekannter wurden spätere Triebwerke aus Vernon, wie das Viking, Vulcain und Vinci.

Emeraude	
Länge:	9,76 m
Durchmesser:	1,41 m mit Finnen: 2,71 m
Startgewicht:	14.117,7 kg
Davon Salpetersäure:	9.654,5 kg
Davon Terpentin:	2.954 kg
Davon Tetrahydrofurfurylalkohol:	113,5 kg
Davon Pulver Gasgenerator:	116 kg
Davon Wasser Gasgenerator:	120 kg
Davon Pulver Rolltriebwerk:	11,1 kg
Davon Gewicht Triebwerk und Tanks:	1.626,7 kg
Davon Gewicht Heckverkleidung:	179,6 kg
Davon Gewicht Triebwerksverkleidung:	121,7 kg
Gesamte Trockenmasse:	1.949,7 kg
Treibstoff:	12.762 kg
Schub:	274 kN Meereshöhe, 310 kN Vakuum
Spezifischer Impuls:	1.991 m/s Meereshöhe, , 2253 m/s Vakuum

Die zweite Stufe Topaze

Die zweite Stufe P2.2 „Topaze“ setzte den festen Treibstoff Isolane 28/7 ein, die Bezeichnung für eine Mischung aus 22% Polyurethan-Binder, Aluminium und Ammoniumperchlorat, vergleichbar dem Einsatz von Polyacryl und Hydroxyl-terminiertem Polybutadien in den USA, nur mit einem anderen Kunststoff als Binder.

Auffällig waren vier Schubdüsen, die um 15 Grad zur Längsachse geneigt und schwenkbar waren. Zusammen mit der Rollachsensteuerung war dies der erste Feststoffantrieb, der in allen drei Achsen steuerbar war. Die Entwicklung dieses ungewöhnlich aufwendigen Antriebs erfolgte, um Kosten bei der Entwicklung einer analog aufgebauten Feststoffstufe für eine strategische Rakete in der Größe von 10 bis 16 t Treibstoffzuladung einzusparen. Die notwendigen Technologien der Schubvektorsteuerung konnten so einfach bei der vier bis sieben Mal kleineren Topaze erprobt werden. Die Verwendung von vier Düsen ist bei einer Stufe mit festem Treibstoff recht ungewöhnlich.

Der Treibstoffbehälter bestand aus Stahl mit hoher Zähigkeit von 140 bis 160 kg/mm² (Vascojet 1000, 40 CDV 20). Vor der Düse war er verstärkt durch ein Graphit-Epoxidharz als Wärmeschutz. Er musste einem Verbrennungsdruck von 35,2 bar standhalten.

Die Düsen selbst bestanden aus einer dünnen Basis aus Titan als Träger mit einem Belag aus Graphit am 92 mm großen Düsenhals und Asbest bei den konischen Expansionsdüsen. Das Entspannungsverhältnis war niedrig und betrug nur 12,2. So war auch der spezifische Impuls mit 2.539 m/s gering. Die Düsen wurden durch hydraulische Aktoren mit einem Druck von 200 bar bewegt. Zu diesem Zweck befand sich eine Einheit mit Batterien und elektrischer, wassergekühlter, Pumpe und dem Reservoir an Hydraulikflüssigkeit am Heck.

Topaze	
Länge:	4,70 m
Durchmesser:	0,80 m
Startgewicht:	2.929,9 kg
Treibstoff:	2.260 kg
Stufenadapter zur ersten Stufe:	66,3 kg
Treibstoffbehälter:	181,8 kg
Thermalschutz:	58,6 kg
Druckgas / Spinstabilisierung:	135 kg
Ausrüstungsteil:	206,2 kg
Stufenadapter dritte Stufe:	15,1 kg

Thermalschutz hinten:	8,6 kg
Diverses:	14,3 kg
Schub:	150 kN (Vakuum)
Brennzeit:	44 s
Spezifischer Impuls:	2.539 m/s (Vakuum)
Brennkammerdruck:	35,2 bar
Expansionsverhältnis:	12,2

Die hohe Leermasse der Topaze resultierte nicht nur aus der Stahlhülle, sondern auch daraus, dass die Topaze das gesamte Lenk- und Steuerungssystem der Diamant an Bord hatte. Zusätzlich trug sie noch einen Dralltisch, der die Topaze mit der dritten Stufe vor deren Abtrennung in rasche Rotation brachte. So benötigte diese keine eigene Stabilisierung und aktive Steuerung. Der Dralltisch wurde durch zwei kleine Feststoffantriebe angetrieben, welche innerhalb von 0,4 s ein Drehmoment von 2.800 Ns erzeugten. Er befand sich zusammen mit der Ausrüstungseinheit am Heck der Stufe.

Die Steuerung von MATRA umfasste Sender für die Telemetrie im UKW-Bereich, eine Dreiachsen-Kreiselplattform von SAGEM, einen digitalen Computer, Batterien, Empfänger und Zünder für die Selbstzerstörung und Stickstoffdruckgas für die Steuerung der Düsen und die Bewegung um die Rollachse. Vor dem Einsatz auf der Diamant gab es insgesamt 61 Tests der Topaze – 47 am Boden, zwei unter Höhenbedingungen und 14 als Testrakete. Die Topaze war eine sehr zuverlässige Stufe, versagte jedoch einmal bei der Diamant B.

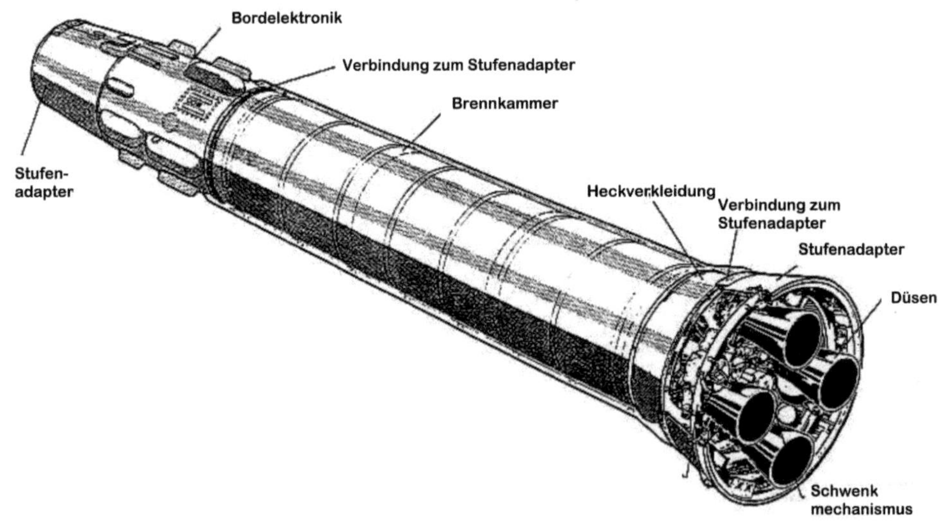

Die dritte Stufe P0.6

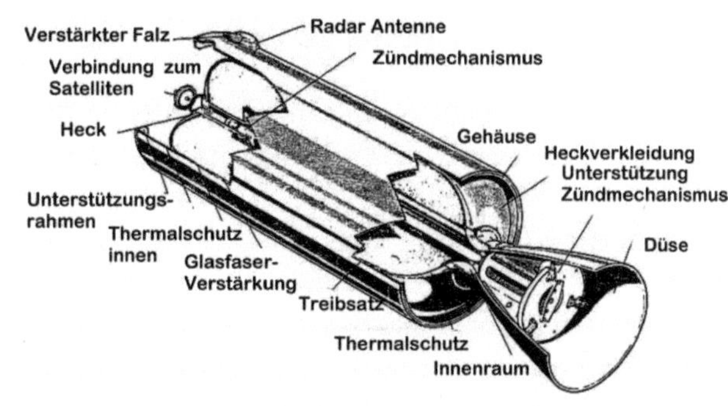

Die Oberstufe Po.6 war fortschrittlich für die damalige Zeit. Zur Gewichtseinsparung bestand das Gehäuse aus einer Glasfiber-Matrix, in der zum Wärmeschutz Graphit eingelassen war, verbunden mit Epoxyd-Kunststoff. Der Isolane 28/7 Treibstoff war eine Mischung aus Polyurethan, Aluminium und Ammoniumperchlorat. Die Düse bestand aus einer Struktur aus Silikat und Phenolharz, verstärkt mit Glasfasern und einem Überzug aus Graphit als Ablationsschutz. Die Brennkammer musste einen Verbrennungsdruck von nominal 19 bar aushalten und wurde mit bis zu 40 bar getestet. Der Schub variierte während des Abbrands und lag zwischen 23,5 und 52 kN.

Die Oberstufe hatte keine eigene Steuerung und wurde vor der Zündung in eine Rotation von 270 U/min gebracht. Diese Drallstabilisierung ersetzte die Dreiachsen-Stabilisierung der unteren Stufen. Der Schubvektor konnte nicht mehr verändert werden, die Stufe musste also vor der Zündung korrekt im Raum ausgerichtet sein.

Von allen drei Stufen hatte die dritte Stufe sowohl den höchsten spezifischen Impuls als auch das beste Gewichtsverhältnis. Dies wurde erreicht durch die leichte Bauweise und ein hohes Expansionsverhältnis von 27,7 bei einem Düsenhalsdurchmesser von 9,60 cm. Er weitete sich bis auf 51 cm auf. Die Zündung des Motors erfolgte zeitgesteuert durch einen Zeitgeber, der vor der Abtrennung gestartet wurde. Basis für den Zeitgeber war die vermessene Bahn nach dem Ausbrennen der zweiten Stufe.

Vor dem Start fanden 42 Tests des Po.6 statt, davon sieben unter Flugbedingungen.

P.06	
Länge:	2,06 m
Durchmesser:	0,66 m
Startgewicht:	711,9 kg
Treibstoff:	641 kg
Treibstoffbehälter:	42,2 kg
Thermalschutz:	25,1 kg
Zünder:	3,6 kg

Nutzlasthülle, Nutzlast und Bahn

Die Nutzlasthülle hatte einen Durchmesser von 0,65 m und eine Länge von 2,40 m. Sie bestand aus zwei Hälften aus Glasfasergeflecht, verbunden durch Kunstharz.

Die Nutzlast der Diamant A betrug bei einem Start vom CSG aus 130 kg in eine 200 km hohe Kreisbahn. Für eine polare Bahn in der gleichen Höhe betrug die Nutzlast noch 95 kg. Da die Diamant A immer von Algerien aus startete, war die Nutzlast kleiner, auch weil ein besonderes Flugregime gewählt wurde, aus welchem elliptische Umlaufbahnen resultierten. In der Praxis betrug dadurch die Maximalnutzlast etwa 85 kg.

Flugprofil

Der gesamte Countdown zog sich über 6 Stunden 30 Minuten hin. Die letzten zehn Minuten wurden automatisch vom Computer durchgeführt. Bis 50 Minuten vor dem Start durften sich noch Personen an der Startrampe aufhalten.

Nach dem Start stieg die Diamant A senkrecht auf, bis sie eine Geschwindigkeit von 100 m/s erreicht hatte, begann dann ihr Pitchprogramm, d.h. sie neigte sich langsam in die horizontale Lage. Die Emeraude war nach 93 Sekunden ausgebrannt. Vier Feststofftriebwerke trennten die Emeraude von der Topaze ab. Die Stufentrennung fand in 37 km Höhe statt, die Entfernung vom Startplatz betrug 27 km. Die Emeraude schlug 350 km vom Startplatz entfernt auf. Die Geschwindigkeit relativ zur Erde betrug bei der Zündung der zweiten Stufe 1.660 m/s. Der Winkel zur Erdoberfläche betrug je nach Bahnhöhe 40 bis 48,9 Grad. Kurz nach Zündung der zweiten Stufe wurde die Nutzlastverkleidung abgetrennt. Dies war verglichen mit anderen Raketentypen relativ früh.

Der Neigungswinkel änderte sich kaum während der Betriebszeit der zweiten Stufe. Er sank nur leicht auf 42,7 Grad ab. 139 Sekunden nach dem Start hatte die zweite Stufe die Oberstufe mit der Nutzlast auf 2.710 m/s beschleunigt. Dabei wurde eine Höhe von 98 bis 128 km erreicht. Die Trennung der dritten Stufe fand in 122 km Entfernung vom Startplatz statt. Die ausgebrannte Topaze schlug in 1.900 km Entfernung auf.

Die dritte Stufe zündete nicht sofort nach der Trennung, sondern es folgte zunächst eine ballistische Flugphase. Nahe des Scheitelpunkts der Parabel wurde dann die dritte Stufe gezündet. Durch den Scheitelpunkt der Parabel betrug nun der Winkel zur Erdoberfläche 0 Grad und die Stufe erreichte die Orbitalgeschwindigkeit, ohne weitere Höhe aufzunehmen.

Beim Start des ersten französischen Satelliten Astérix fand die Zündung der dritten Stufe nach 452 Sekunden bei einer Geschwindigkeit von 2.520 m/s in 547 km Höhe statt, 880 km vom Startplatz entfernt. Schon 45 Sekunden später hatte der Satellit eine Geschwindigkeit von 7.710 m/s erreicht. Die Höhe lag bei 550 km. Der Brennschluss fand in 1.040 km Entfernung vom Startgelände statt. Bei Berücksichtigung der Erdrotation hatte Astérix eine Geschwindigkeit von 8.110 m/s erreicht – ausreichend für eine elliptische Bahn von 550 km bis 2.850 km Entfernung von der Erde und einer Bahnneigung von 34 Grad. Deutlich ist auch, dass die dritte Stufe den größten Teil der Geschwindigkeit (hier mehr als doppelt so viel wie die ersten beiden Stufen zusammen) aufbrachte und entsprechend leichtgewichtig konstruiert war.

Bei dieser Flugbahn musste der Impuls der dritten Stufe genau bekannt sein, damit diese von den beiden unteren Stufen auf eine ballistische Bahn mit vorgegebenen Parametern gebracht werden konnte. Da nur die erste Stufe die Möglichkeit zum vorzeitigen Brennschluss hatte, diese aber noch in der unteren Atmosphäre ihren Betrieb beendete, bedeutete dies, dass große Reserven einkalkuliert werden mussten, damit die Bahnhöhe nicht zu tief lag oder die Endgeschwindigkeit nicht zu gering war. Durch die Wahl des Neigungsprogramms der ersten Stufe konnte die Bahnhöhe festgelegt werden. In der Praxis resultierten aus diesen Reserven elliptische Bahnen. Moderne Typen wie die Vega lösen dieses Problem durch eine vierte Stufe, mit einer kleinen Menge an flüssigen Treibstoffen. Diese vierte Stufe kann dann Ungenauigkeiten und Abweichungen der unteren Stufen ausgleichen. Die Diamant A kam viermal in kurzer Folge zum Einsatz, weil man das Startgelände in der algerischen Wüste 1967 räumen musste. Zwischen den beiden letzten Starts lag sogar nur eine Woche, was schon damals beeindruckte, gab es doch nur eine Startrampe für die Diamant.

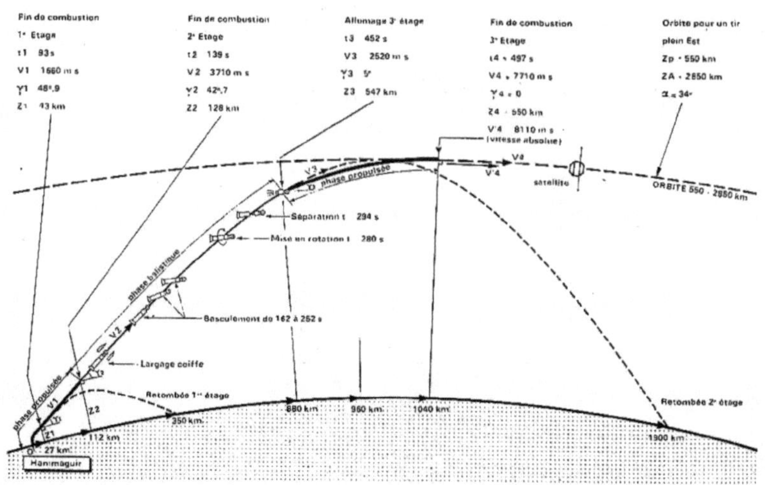

Typenblatt Diamant A	
Länge: maximaler Durchmesser: Startgewicht:	18,90 m 1,404 m (2,71 m mit Finnen) 18.408 kg
Einsatzzeitraum: Starts: Fehlstarts: Zuverlässigkeit:	1965 – 1967 4 0 100%
Nutzlast:	130 kg (in einen 200 km hohen äquatorialen Orbit) 100 kg (in einen 700 km hohen äquatorialen Orbit)
Stufe 1 Emeraude	
Länge: Durchmesser: Startgewicht: Leergewicht: Triebwerk: Schub: Brenndauer: Treibstoff: Spezifischer Impuls:	9,62 m 1,403 m / 2,704 m mit Finnen 14.712 kg 1.950 kg Vexin-B 274 kN (Meereshöhe) 310 kN (Vakuum) 93 s Salpetersäure / Terpentin 1991m/s (Meereshöhe), 2.252 m/s (Vakuum)
Stufe 2 Topaze	
Länge: Durchmesser: Startgewicht: Trockengewicht: Triebwerk: Schub: Brenndauer: spezifischer Impuls:	4,70 m 0,80 m 2.930 kg 670 kg 1 Feststoffantrieb mit 4 Expansionsdüsen 150 kN (Vakuum) 44 s 2.539 m/s (Vakuum)
Stufe 3 P0.64	
Länge: Durchmesser: Startgewicht: Leergewicht: Triebwerk: mittlerer Schub: Brenndauer: spezifischer Impuls (Vakuum):	2,06 m 0,66 m 712 kg 68 kg 1 Triebwerk 52 kN 45 s 2.677 m/s
Nutzlasthülle	
Länge: maximaler Durchmesser: Gewicht:	2,40 m 0,65 m 45,3 kg

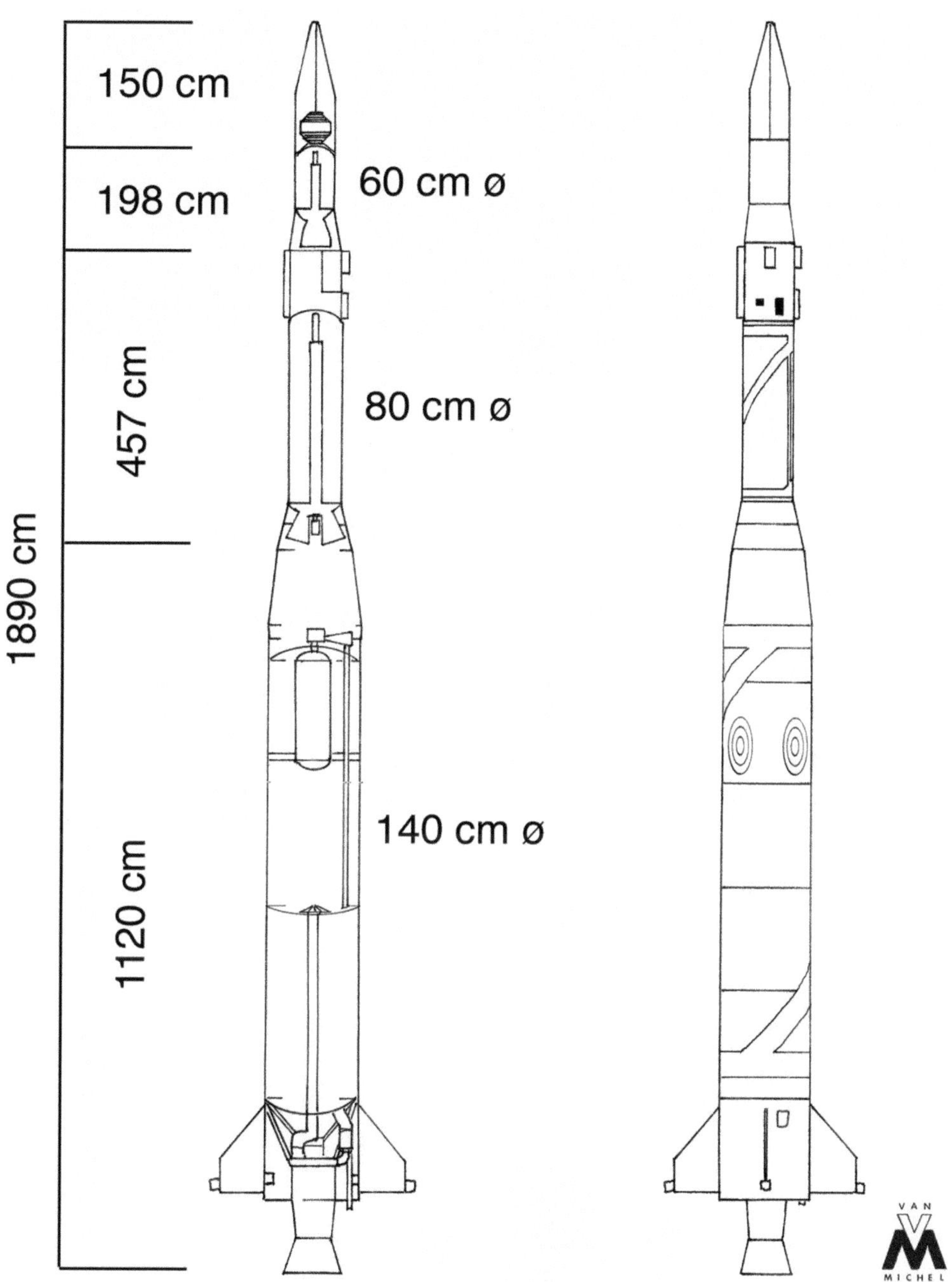
150 cm
198 cm
60 cm ø
457 cm
80 cm ø
1890 cm
1120 cm
140 cm ø
VAN
M
MICHEL

Diamant B

Die Version Diamant B ging auf den Vorschlag einer „Super-Diamant“ aus dem Jahr 1965 zurück. Die erste Stufe wurde auf die energiereichere Kombination UDMH und NTO umgerüstet. Das erhöhte den spezifischen Impuls und Schub und erlaubte es, die erste Stufe zu verlängern. Die Entwicklung der Diamant B erfolgte nun durch die französische Weltraumorganisation CNES.

Der Startschuss zur Entwicklung der Diamant B fiel im Juli 1967. Untersucht wurden zwei verschiedene Konfigurationen. Im Gespräch war auch eine Erststufe mit 16 t festem Treibstoff, die vom Militär für die SSBS (sol-sol ballistique stratégique) Rakete der französischen U-Bootflotte entwickelt wurde. Mit maximal 200 kg Nutzlast wäre diese Lösung noch leistungsfähiger als die gewählte Kombination gewesen. Die CNES wollte jedoch nicht von einer militärischen Entwicklung abhängig sein und hoffte auch auf Startaufträge aus dem Ausland, weil so die Diamant eine rein zivile Rakete blieb.

Die Startkosten einer Diamant betrugen 7 Millionen Franc (540.000 Pfund). Das war zwar teurer als der Fertigungspreis einer Scout (450.000 Pfund), doch die Startkosten dürften vergleichbar gewesen sein. Die maximale Nutzlast der Diamant B betrug 190 kg in eine

äquatoriale 200 km hohe Bahn und 130 kg in eine polare Bahn mit derselben Höhe. In der Praxis war die Nutzlast aufgrund des Bahnregimes auf maximal 115 kg beschränkt.

Ursprünglich sollten sechs Diamant B gefertigt werden, davon nur zwei für die CNES, dagegen vier für die ELDO. Da die dritte Stufe auch als vierte Stufe für die Europa-II fungieren sollte, plante die ELDO Tests der P0.68 Stufe auf der Diamant, um Zeit und Kosten zu sparen. Aufgrund der Auflösung der ELDO wurden diese Aufträge annulliert und es wurden fünf Diamant B gebaut. Der erste Start fand mit zwei Satelliten statt, dem deutschen Satelliten Dial (auch Wika genannt) als Hauptnutzlast und Mika, einer französischen Plattform zur Messung und Übertragung zahlreicher Parameter der Diamant zur Optimierung folgender Flüge. Durch starke Vibrationen der ersten Stufe fiel Mika aus, während Dial über 70 Tage lang die Hochatmosphäre untersuchte. Geplant war eine Betriebszeit des batteriegespeisten Satelliten von 28 Tagen. Dial war die einzige, nicht französische Nutzlast, welche die Diamant je transportierte. Die sechste, nicht gestartete, Diamant B steht heute in einem Museum. Die Entwicklung kostete die CNES insgesamt 55 Millionen französische Francs.

Die Diamant B war die erste Trägerrakete, die vom Centre Spatial Guyanais aus startete. Die Diamant A wurde von Hammaguir in der algerischen Wüste aus gestartet. Algerien war seit 1962 unabhängig, die Basis dürfte von Frankreich jedoch noch bis 1970 genutzt werden. Für die Diamant B suchte man nach einem neuen Startgelände und fand es in dem französischen Übersee-Departement.

Die erste Stufe Améthyste

Das Triebwerk in der verlängerten Erststufe Améthyste musste auf die Treibstoffkombination NTO/UDMH umgerüstet werden. Der neue Antrieb hieß „Valois“, benannt nach einer Grafschaft in Frankreich. Der Startschub von 348 kN war 72 kN höher als bei der Diamant A. Der Valois Antrieb war kardanisch aufgehängt und um 3,5 Grad schwenkbar. Die Steuerung um die Rollachse erfolgte durch zwei Hilfsruder, die beim Start über Feststoff-Hilfstriebwerke an ihrem Ende gestartet wurden. Nach der Startphase wurden die Ruder durch das Abgas des Gasgenerators pneumatisch bewegt. Die Kühlung der Brennkammer erfolgte wie beim Vexin durch Filmkühlung. Der Düsenhals aus Graphit war hochtemperaturfest und musste nicht gekühlt werden. Die Düse wurde strahlungsgekühlt.

Im Einspritzkopf befanden sich 410 Bohrungen für die Vermischung von Stickstofftetroxid und UDMH. Die Kühlung der Brennkammer erfolgte durch 41 Bohrungen entlang der Brennkammerwand, durch welche UDMH einströmte, verdampfte und so die Wand kühlte.

Es wurde die massive Bauweise der Tanks und die Förderung des Treibstoffs durch einen hohen Tankinnendruck beibehalten. Ebenso gibt es einen Feststofftreibsatz im Gasgenerator, der jedoch leicht verändert wurde. Das Massenverhältnis verbesserte sich, da nun die Tanks nur noch auf den praktisch genutzten Druck ausgelegt waren und somit leichter wurden. Auch stieg der spezifische Impuls durch die verwendete Treibstoffkombination leicht an.

Die zweite Stufe wurde unverändert von der Diamant A übernommen. Zwischen erster und zweiter Stufe befand sich ein 1,20 m langer Zwischenstufenadapter. Zwischen 1968 und 1969 fanden zwölf Bodentests der Améthyste und vier Flugversuche statt.

Améthyste	
Länge:	10,85 m, 13,26 m mit Stufenadapter
Durchmesser:	1,41 m, mit Finnen: 2,71 m
Startgewicht:	20.300 kg
Trockenmasse:	2.200 kg
Treibstoff:	18.100 kg (12.195 kg NTO + 5.875 kg UDMH) 300 kg für Feststofftreibsatz und Tetrahydrofuranol
Schub:	316 kN (Meereshöhe), 396 kN (Vakuum)
Brenndauer:	118 s
Spezifischer Impuls:	2.160 m/s (Meereshöhe), 2.461 m/s (Vakuum)

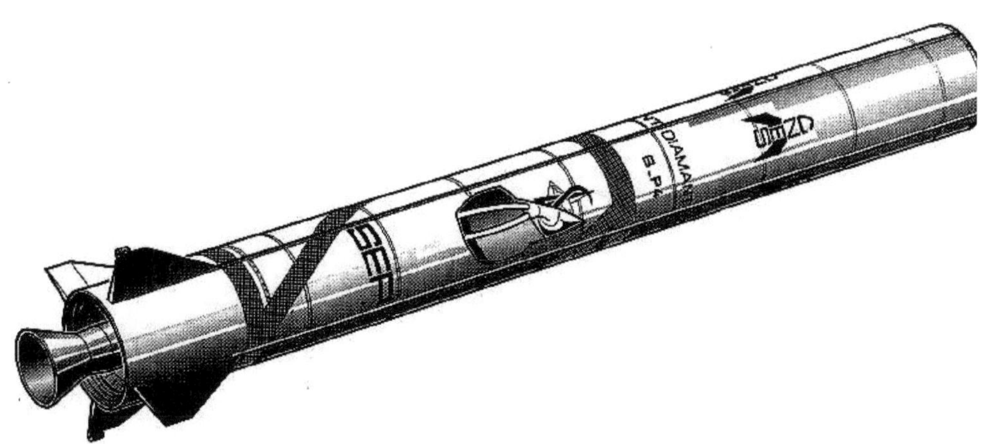

Die dritte Stufe P0.68

Die Diamant B erhielt eine neue Oberstufe mit der Bezeichnung P0.68 „Dropt". Ihr Antrieb war für die Europarakete als Perigäumsantrieb entwickelt worden. Er bestand aus einem Fiberglasgehäuse, einem Düsenhals aus Graphit und einer Expansionsdüse aus Silikat in Epoxidharz. Die Füllung mit Isolane 29/9 entsprach der des P0.6. Zum Wärmeschutz war die Brennkammer mit einem Überzug aus synthetischem Buna ausgekleidet. Der Brennkammerdruck betrug 12 bar. Der Antrieb war spinstabilisiert mit 180 U/min.

Die Entwicklung begann 1966 und endete mit einer erfolgreichen Qualifikation 1970. Es gab 15 Tests, davon drei mit dem Antrieb in Rotation und drei unter simulierten Höhenbedingungen. Insgesamt wurden zwölf Antriebe produziert, wovon acht flogen und dabei einwandfrei funktionierten. Die neue Oberstufe hatte keine höhere Performance. Sowohl ihr spezifischer Impuls als auch ihr Voll- und Leergewicht waren vergleichbar mit der P0.64. Ihr Durchmesser war aber größer und erlaubte so eine neue Nutzlastverkleidung. Die Nutzlasthülle bestand wie diejenige der Diamant A aus glasfaserverstärktem Kunststoff. Sie bot mit 0,85 m Durchmesser und 2,80 m Länge mehr Raum für die Nutzlast. Da die Nutzlasthülle auch die dritte Stufe umhüllte, wurde durch die kürzere Bauweise des P0.68 Antriebs das nutzbare Volumen deutlich vergrößert. Die CNES nutzte den größeren Raun für Doppelstarts leichter Satelliten.

Das Flugregime der Diamant B unterschied sich von demjenigen der Diamant A. Die dritte Stufe zündete nicht erst bei Erreichen des Scheitelpunktes der suborbitalen Bahn. Als Folge davon wurden niedrigere und weniger elliptische Bahnen erreicht und schwerere Nutzlasten transportiert. Von den fünf Starts, welche die Trägerrakete in drei Jahren absolvierte, scheiterten die beiden letzten Einsätze. Beim vierten Flug versagte die Topaze Zweitstufe und beim letzten Flug gelang es nicht, die Nutzlastverkleidung von der dritten Stufe zu lösen. Die Pause zwischen der Diamant A und B resultierte auch daraus, dass nun die Starts von Kourou aus stattfanden. Dazu mussten zuerst ein Startkomplex und die nötige Infrastruktur aufgebaut werden.

P0.68	
Länge:	1,667 m
Durchmesser:	0,80 m
Startgewicht:	780 kg
Leergewicht:	75 kg (95 kg mit Nutzlastadapter)
Schub:	30 bis 50 kN
Brenndauer:	45 s
Spez. Impuls:	2.697 m/s

Typenblatt Diamant B	
Länge: maximaler Durchmesser: Startgewicht:	23,54 m 1.404 m 24.620 kg
Einsatzzeitraum: Starts: Fehlstarts: Zuverlässigkeit:	1970-1973 5 2 60%
Nutzlast:	190 kg (in einen 200 km hohen äquatorialen Orbit) 130 kg (in einen 200 km hohen polaren Orbit)
Stufe 1 Améthyste	
Länge: Durchmesser: Startgewicht: Leergewicht: Triebwerk: Schub: Brenndauer: Treibstoff: spezifischer Impuls:	13,20 m (10,85 m ohne Stufenadapter) 1,403 m (2,704 m mit Finnen) 20.300 kg 2.200 kg 1 Valois 316 kN (Meereshöhe), 396 kN (Vakuum) 116 s NTO / UDMH 2.160 m/s (Meereshöhe), 2.461 m/s (Vakuum)
Stufe 2 Topaze	
Länge: Durchmesser: Startgewicht: Trockengewicht: Triebwerk: Schub: Brenndauer: spezifischer Impuls:	4,70 m 0,80 m 2.930 kg 670 kg 1 Feststoffantrieb mit 4 Expansionsdüsen 150 kN (Vakuum) 44 s 2.539 m/s (Vakuum)
Stufe 3 „P0.68“	
Länge: Durchmesser: Startgewicht: Leergewicht: Triebwerk: maximaler Schub: Brenndauer: Spezifischer Impuls (Vakuum)	1.667 m 0,80 m 780 kg 95 kg 1 Triebwerk Dropt 50 kN 46 s 2.696 m/s
Nutzlasthülle	
Länge: maximaler Durchmesser: Masse:	2,80 m 0,85 m 100 kg

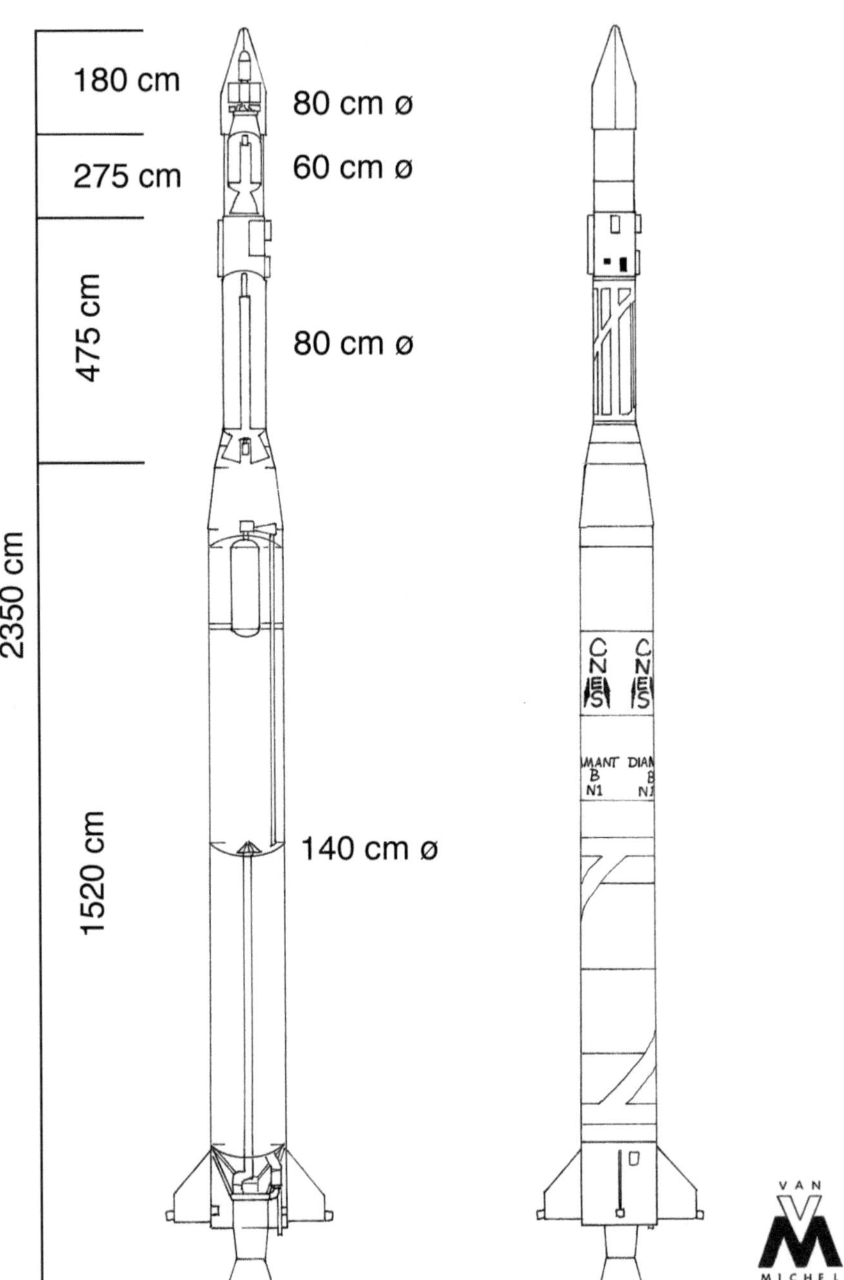
180 cm
80 cm ø
275 cm
60 cm ø
475 cm
80 cm ø
2350 cm
1520 cm
140 cm ø
CNES
CNES
VAN
MICHEL

Diamant BP.4

Die Entwicklung der letzten Version der Diamant wurde im Februar 1972 beschlossen. Ziel war es, die Nutzlast für höhere Bahnen deutlich zu erhöhen. Das zeigt ein Vergleich der Diamant BP.4 mit der Diamant B.

Die Entwicklung der Diamant BP.4 fand von 1971 bis 1974 statt, mit einem finanziellen Aufwand von 75 Millionen Francs. Sie war eines der wenigen Projekte, welche deutlich preiswerter wurden als geplant, denn die Entwicklungskosten wurden zunächst auf 100 Millionen Franc taxiert. Analog zur Entwicklung der Black Arrow beschloss die CNES aber schon am 14.10.1974, die Entwicklung und Produktion der Diamant einzustellen, da die Ariane die Mittel für die Trägerentwicklung auf Jahre hinweg binden würde. Anders als bei der Black Arrow wurden aber drei Exemplare geordert, weil noch so viele Nutzlasten auf einen Start warteten.

Die erste Stufe der Diamant BP.4 wurde weitgehend unverändert von der Diamant B übernommen, erhielt aber eine neue Elektronik.

Auch das Bodenkontrollzentrum in Kourou wurde aufgerüstet und erhielt einen Telemecanique T-2000 Rechner mit 15.000 Wort Haupt- und 256.000 Wort Hilfsspeicher.

Insgesamt hatte die Diamant in zehn Jahren zwölf Starts durchgeführt, davon zehn erfolgreich. Diese Zuverlässigkeit von 83,3% war für eine völlige Neuentwicklung ein respektabler Wert. Fünf der zehn gestarteten Nutzlasten befinden sich heute noch, vierzig Jahre nach dem letzten Start im Orbit.

Orbit	Diamant A	Diamant B	Diamant BP-4
300 km Bahnhöhe	130 kg Nutzlast	160 kg Nutzlast	200 kg Nutzlast
500 km Bahnhöhe		115 kg Nutzlast	145 kg Nutzlast
800 km Bahnhöhe		50 kg Nutzlast	90 kg Nutzlast

Die zweite Stufe P4

Die letzte Version der Diamant erhielt ihre Bezeichnung aufgrund der neuen, P4 genannten Zweitstufe. Sie wurde aus der französischen U-Boot-Lenkwaffe MSBS-1 (Mer-Sol Balistique Stratégique) entwickelt. Die P4 verwendete 4,0 t feste Treibstoffe (P für Poudre und 4 für 4 t Treibstoff). Die interne Bezeichnung war „Rita 1“. Die Rita 1 beinhaltete nahezu die doppelte Treibstoffmenge wie die Topaze und erhöhte die Nutzlast um rund 20% gegenüber der Diamant B.

Der Treibstoff Isolane 36/9 befand sich in einer Brennkammer aus Graphit und Epoxidharz. Dieses Material löste den schwereren Stahl der Topaze ab. Die Stufe hatte ein einzelnes, nicht schwenkbares Triebwerk, mit einem Düsenhals aus Graphit und einer Düse aus Kohlenfaserverbundwerkstoffen. Die Düse war an der Außenseite verstärkt durch Windungen aus Refrasil, einem feuerfesten, faserigen Silikatmaterial. Die Stabilisierung erfolgte durch vier Einspritzdüsen für Freon in den Düsenhals zur Schubvektorsteuerung und durch kleine Raketen für die Rollsteuerung.

Auffällig war die hohe Leermasse von 700 kg, ein Erbe der Topaze. Es wurde dadurch verursacht, dass sich das gesamte Steuersystem in der zweiten Stufe befand. Es umfasste neben dem Kreiselsystem, Sensoren, Elektronik und Batterien auch acht Druckgastanks mit Stickstoff für die Rollmanöver und das Aufspinnen der dritten Stufe. Das Ausrüstungsmodul von 50 cm Länge wog 147 kg. Der Spin-Tisch für die dritte Stufe und das Heck der P4 wogen zusammen weitere 47 kg bei 1,51 m Länge. Beide Teile waren ringförmig und wurden aus einer leichten Aluminium-Magnesiumlegierung gefertigt.

Es gab jedoch Verbesserungen. Auch wenn die Leermasse der Zweitstufe gleich hoch wie bei der Topaze war, so hatte sich doch die Treibstoffmenge verdoppelt. Zudem wurde der Adapter zur ersten Stufe nach der Zündung abgesprengt, sodass die zweite Stufe im Betrieb etwas leichter wurde. Der Adapter zur ersten Stufe wurde etwas länger, wodurch deren Gesamtlänge von 14,01 m auf 14,68 m anstieg. Der 1,779 m lange, zylindrische Adapter wog 145 kg.

Die erste und dritte Stufe wurden unverändert von der Diamant B übernommen. Der 50 cm lange Drittstufenadapter aus Aluminium und Magnesium wog 23 kg. Ein Spannband verband die zweite und dritte Stufe. Nach dessen Durchtrennung drückten acht Federn die beiden Stufen auseinander.

P4	
Länge:	2,28 m
Durchmesser:	1,51 m
Startgewicht:	4.780 kg
Leergewicht:	745 kg
Schub (Vakuum):	180 kN
Brennzeit:	62 s
Spezifischer Impuls:	2.687 m/s (Vakuum)
Davon Stufenadapter zur ersten Stufe:	145 kg
Davon Druckgas / Spinstabilisierung:	47 kg
Davon Ausrüstungsteil:	147 kg
Davon Stufenadapter dritte Stufe:	23 kg

Nutzlastverkleidung

Bedingt durch den nun gleichen Durchmesser von erster und zweiter Stufe hatte die CNES sich auch für eine neue Nutzlastverkleidung entschlossen, welche die dritte Stufe mit umhüllte. Dabei übernahm die CNES die Hülle von der Black Arrow. Sie bot der Nutzlast mit 1,5 m^3 Volumen erheblich mehr Raum als die vorherige Version mit nur 0,73 m^3. Die Nutzlastverkleidung bestand aus Aluminium und Magnesium, hatte eine Länge von 3,46 m, einen Außendurchmesser von 1,38 m und einen nutzbaren Innendurchmesser von 1,23 m. Das Scheitern der letzten Diamant B, bei der sich die Nutzlastverkleidung nicht löste, könnte am

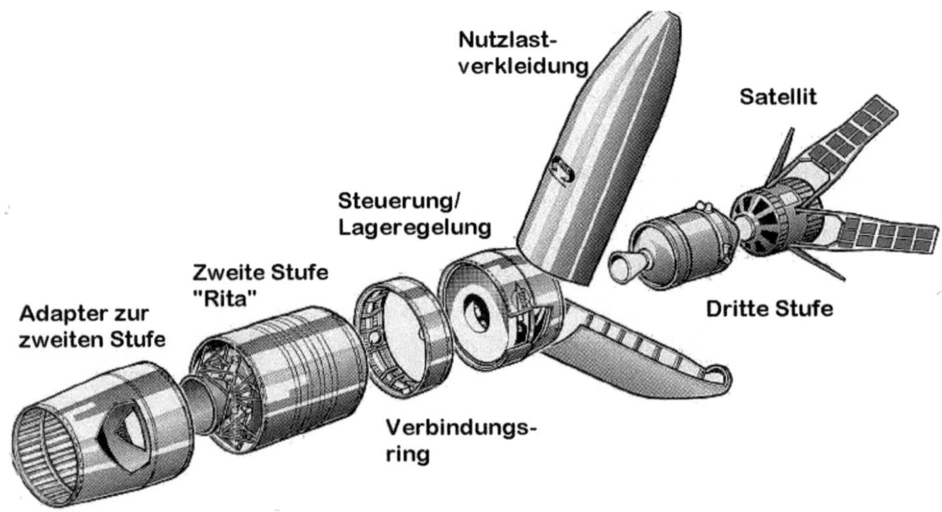

Übergang vom schwereren Aluminium-Magnesium zum leichteren Glasfaserverbundwerkstoff in der Nutzlasthülle (wie auch in anderen strukturellen Teilen der Rakete) liegen. Ähnliche Erfahrungen hatten auch die USA gemacht. Bei der Raumsonde Mariner 3 schmolz eine Fiberglashülle durch die Reibung beim Aufstieg und ließ sich ebenfalls nicht lösen. Eventuell war dies auch die Ursache des Fehlstarts der Diamant B. Wie in den USA wurde dann wieder auf eine Nutzlastverkleidung aus Metall zurückgegriffen.

Nicht umgesetzte Versionen

Zeitweise war auch eine „Black Diamant" oder Diamant B/C (C für „Co-Operation") im Gespräch, bei der die zweite Stufe der Black Arrow die P4 ersetzen sollte. Diese hätte 190 kg in einen 300 km hohen Orbit gebracht. Eine weitere Option war eine vierte Stufe mit eigener, integrierter Steuerung, die von Deutschland beigesteuert werden sollte und die Nutzlast auf 240 kg hätte anheben können.

Auch eine Erweiterung der Diamant A durch Starthilfsraketen mit festen Treibstoffen wurde von der SEREB vorgeschlagen. Diese Idee und verschiedene Versionen der „Super-Diamant" und „Hyper-Diamant" mit Feststofftreibwerken in allen Stufen, wurde aber zugunsten der Entwicklung der Diamant B verworfen. Sehr frühe Pläne der Diamant sahen auch den Einsatz von Wasserstoff und Sauerstoff in den oberen Stufen vor. Ende der sechziger Jahre wurde auch das LOX/LH2 Triebwerk HM4 mit 40 kN Schub entwickelt. Es kam nicht zum Einsatz, war aber in den ersten Entwürfen der L3S als Drittstufentriebwerk geplant. Auf dem HM4 basierte aber später das HM7 der Ariane 1.

Es gab auch noch weitere Pläne für eine Leistungssteigerung der Diamant BP.4. Sie umfassten die Reduktion der Leermasse der zweiten Stufe und eine größere dritte Stufe. Eine Nutzlast von 280 kg, also eine Steigerung um 40%, sollte so möglich sein. Doch mit dem Beschluss, die Ariane zu entwickeln, stellte Frankreich sein nationales Programm ein und nach nur drei Flügen der Diamant BP.4 im Jahr 1975 wurde die Entwicklung der Diamant beendet. Ein Start dieses Trägers kostete 1975 etwa 14 Millionen Francs. Das war vergleichbar mit dem Preis einer Scout mit etwas höherer Nutzlast, die 1977 etwa zwei Millionen Dollar pro Start kostete.

Starts der Diamant

Nr.	Datum	Nutzlast	Trägerrakete	Startplatz	Umlaufbahn	Rückkehr	Erfolg
1	26.11.1965	Asterix	Diamant A	HMG Brigitte	527 × 1.802 × 34.2	Im Orbit	√
2	17.02.1966	Diapason D-1A	Diamant A	HMG Brigitte	502 × 2.734 × 34.0	Im Orbit	√
3	08.02.1967	Diademe D-1C	Diamant A	HMG Brigitte	569 × 1.351 × 39.9	Im Orbit	√
4	15.02.1967	Diademe D-1D	Diamant A	HMG Brigitte	590 × 1.882 × 39.4	Im Orbit	√
5	10.03.1970	Wika + Mika	Diamant B	CSG Diamant	313 × 1.607 × 5.4	05.10.1978	√
6	12.12.1970	Peole	Diamant B	CSG Diamant	509 × 742 × 15.0	16.06.1980	√
7	15.04.1971	Tournesol	Diamant B	CSG Diamant	457 × 695 × 46.3	28.01.1980	√
8	05.12.1971	D-2A Polaire	Diamant B	CSG Diamant			—
9	21.05.1973	D-5B + D-5A	Diamant B	CSG Diamant			—
10	06.02.1975	Starlette	Diamant BP.4	CSG Diamant	804 × 1.108 × 49.8	Im Orbit	√
11	17.05.1975	Pollux + Castor	Diamant BP.4	CSG Diamant	271 × 1.270 × 29.9	05.08.1975	√
12	27.09.1975	Aura	Diamant BP.4	CSG Diamant	501 × 711 × 37.1	30.09.1982	√

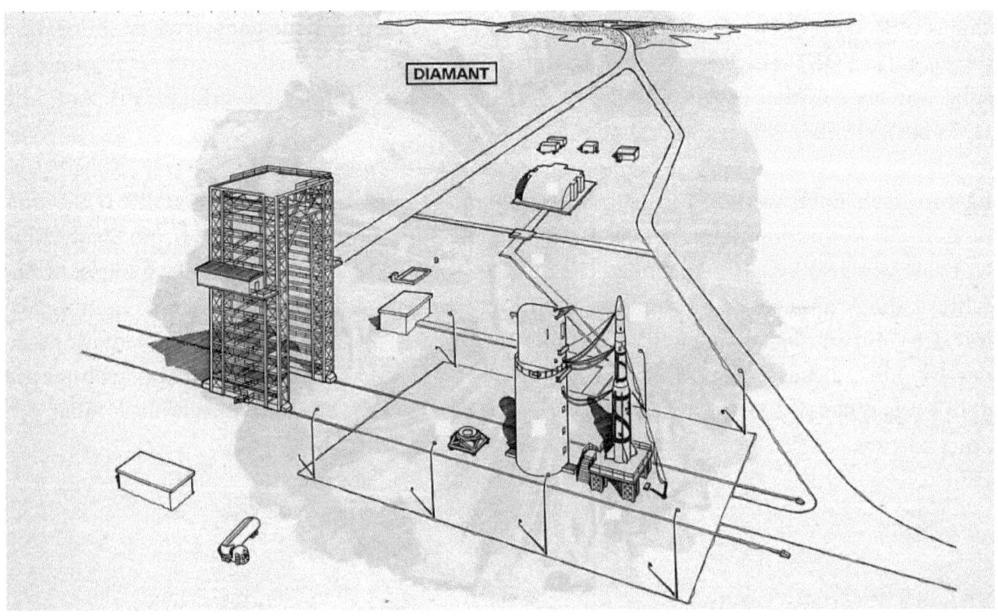

Typenblatt Diamant BP.4	
Länge: maximaler Durchmesser: Startgewicht:	22,58 m 1,51 m 27.500 kg
Einsatzzeitraum: Starts: Fehlstarts: Zuverlässigkeit:	1975 3 0 100%
Nutzlast:	220 kg (in einen 200 km hohen äquatorialen Orbit) 145 kg (in einen 500 km hohen äquatorialen Orbit) 100 kg (in einen 500 km hohen polaren Orbit)
Stufe 1	
Länge: Durchmesser: Startgewicht: Leergewicht: Triebwerk: Schub: Brenndauer: Treibstoff: Spezifischer Impuls:	13,26 m 1,40 m 20.300 kg 2.200 kg 1 × Valois 316 kN (Meereshöhe), 396 kN (Vakuum) 116 s NTO / UDMH 2.026 m/s (Meereshöhe), 2.461 m/s (Vakuum)
Stufe 2 „P4“	
Länge: Durchmesser: Startgewicht: Trockengewicht: Triebwerk: Schub: Brenndauer: Spezifischer Impuls:	2,28 m 1,51 m 4.795 kg 745 kg 1 Triebwerk Rita 1 180 kN (Vakuum) 62 s 2.687 m/s (Vakuum)
Stufe 3 „P0.68“	
Länge: Durchmesser: Startgewicht: Leergewicht: Triebwerk: mittlerer Schub: Brenndauer: Spezifischer Impuls (Vakuum)	1.667 m 0,80 m 687 kg 67 kg 1 Triebwerk Dropt 50 kN 46 s 2.696 m/s
Nutzlasthülle	
Länge: Durchmesser: Gewicht:	3,60 m 1,40 m 68 kg

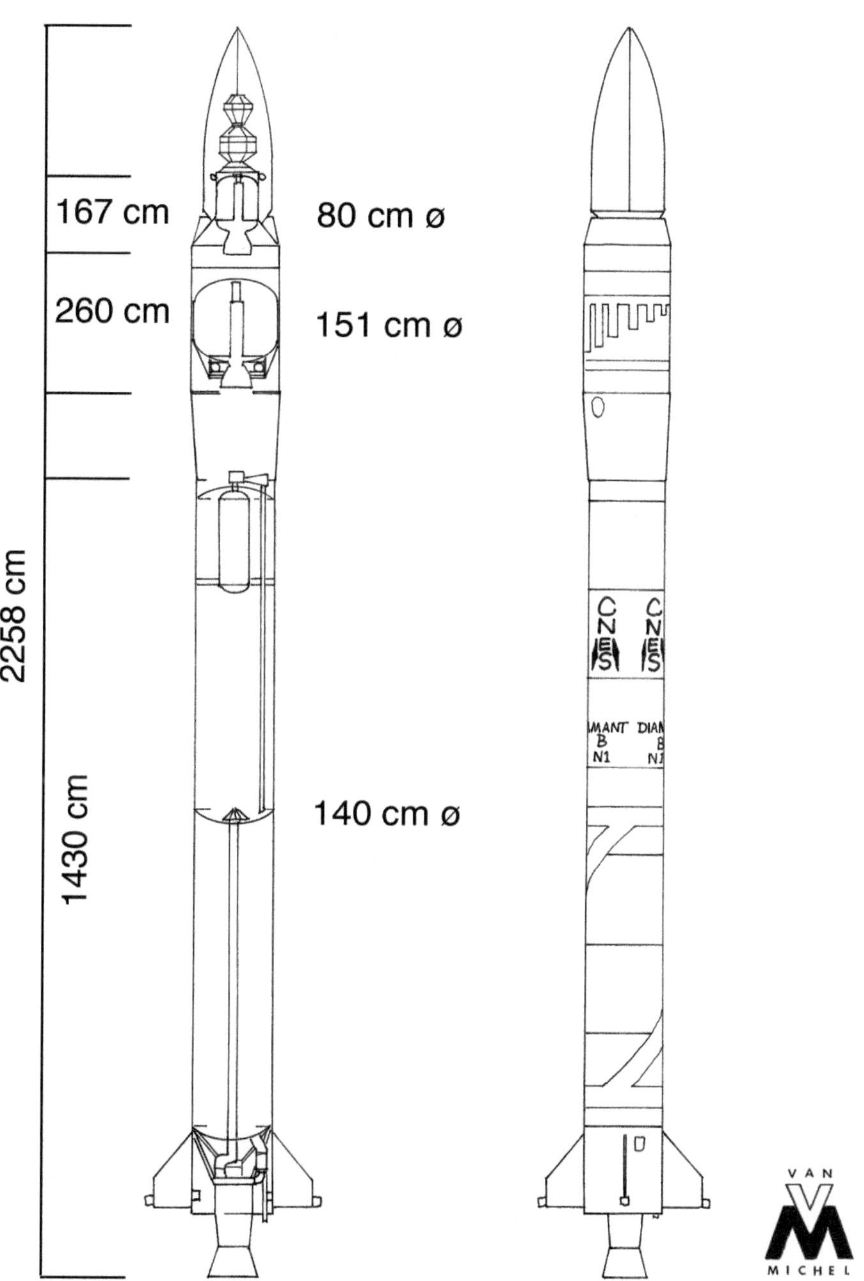
167 cm
80 cm ø
260 cm
151 cm ø
2258 cm
1430 cm
140 cm ø
CNES
CNES
VAN
MICHEL

Quellen / Referenzen

AIAA 98-3980: G. Uhrig / D. Boury: „Large space solid rocket motors in Europe – Past and future developments“

Brian Harvey: „Europe's Space Program: To Ariane and Beyond“
ISBN: 9781852337223

Peter Always: „Rockets of the World“

Horst W. Köhler: „100 × Raumfahrt“

Mielke: „Lexikon der Raumfahrt und Weltraumforschung“

Peter Stache: Raumfahrt-Trägerraketen, zweite Auflage, 1973

Didier Capdevila: „Capcom Espace“ (http://www.capcomespace.net)

Norbert Brügge: „Space Launch Vehicles of the World“ (http://www.b14643.de/Spacerockets_1/index.htm)

Flight Global 27.7.1962 „Europe looks to Space“

Flight Global 15.8.1963 „Pierres Précieuses“

Flight Global 3.8.1967 „Diamant B Specifications“

Flight Global 10.2.1972 „France approves new Diamant“

Flight Global 4.5.1972 „Upgraded Diamant Control“

CNES: The Diamant Programme
http://www.cnes.fr/web/CNES-en/4997-the-diamant-programme.php

Black Arrow

Wie Frankreich wollte auch England sich als technologisch fortschrittliche Nation präsentieren und Mitglied im exklusiven Club der Nationen werden, die einen Satelliten mit ihrer eigenen Trägerrakete gestartet haben.

Die ersten Bestrebungen in diese Richtung gab es mit der Blue Streak. Die Blue Streak war eine in den Fünfziger Jahren bis zur Einsatzreife entwickelte Mittelstreckenrakete, deren militärische Verwendung vor der Stationierung im April 1960 aufgegeben wurde. Im Sommer 1960 wurde die Blue Streak auch für eine zivile, nationale, Verwendung in der Raumfahrt als zu teuer befunden. In der Folge versuchte England, andere Nationen im Commonwealth und in Europa dafür zu gewinnen, eine gemeinsame Rakete zu bauen. Diese Bemühungen führten schließlich zur Gründung der ELDO und zur Entwicklung der Europa-Rakete.

Das Grundproblem der Trägerentwicklung in England war der fehlende politische Wille. Zwar wollte die Regierung beweisen, dass England fähig ist, eine eigene Trägerrakete zu entwickeln, aber die dafür nötigen Mittel wollte sie nicht bereitstellen. Dies galt über die Parteigrenzen hinweg. In den Sechziger Jahren wechselten die Regierungen im kurzen Abstand die Zuständigkeiten der Ministerien änderten sich ständig. Schließlich landete die Raumfahrt sogar im Schifffahrtsministerium mit der Begründung, es gehe ja um „Space-Ships“.

Die Triebfeder hinter der gesamten britischen Trägerraketenentwicklung war die RAE, die „Royal Aircraft Establishment“, ein halbstaatliches, britisches Luftfahrtunternehmen, welches unter anderem auch an der Entwicklung der Concorde und des Harrier Senkrechtstarters beteiligt war.

Nachdem die „große Lösung“ Blue Streak keinen Zuspruch gefunden hatte, suchte die RAE nach preiswerteren Vorschlägen, welche auf vorhandener Technologie basierten. So war der nächste Vorschlag im

Oktober 1961 darauf ausgerichtet, die Kosten zu minimieren. Er basierte auf einer Black Knight Erststufe, verstärkt durch zwei „Raven“ Booster und zwei Oberstufen mit der Bezeichnung „Rock“ und „Cuckoo“. Die Stufen Raven und Cuckoo wurden schon in der Skylark Höhenforschungsrakete verwendet. Der Raven Booster verwandte festen Treibstoff, wog um die 1.200 kg und brannte 30 Sekunden lang. Die „Rock“ Zweitstufe verwendete denselben Treibsatz wie der Raven Booster, jedoch mit verringerter Treibstoffzuladung. Diese Rakete hätte in zwei Jahren mit einem Finanzaufwand von 650.000 Pfund pro Jahr und Gesamtkosten von 1,5 Millionen Pfund entwickelt werden können. Die Nutzlast war jedoch auf nur 45 kg beschränkt. Sie hätte aber durch weitere Booster und größere Oberstufen auf etwa 90 kg gesteigert werden können.

Es zeigte sich, dass die Black Knight ein grundsätzliches Designproblem hatte. Die Rakete war ohne Oberstufe entwickelt worden, nur mit einer einfachen Nutzlast. Sie beschleunigte lediglich mit 1,3 g. Wenn nun eine oder zwei Oberstufen hinzukamen, reichte dieser Schub nicht mehr aus. Sie benötigte also in jedem Fall Starthilfsraketen. 1961 konnte sich die Regierung nicht für einen Satellitenträger erwärmen, aber als Zwischenschritt wurden die Gamma 201 Triebwerke der Black Knight im Schub gesteigert, um die Black Knight später als erste Stufe einer Trägerrakete einsetzen zu können. Ein weiterer Grund, der gegen diese kleine Trägerrakete sprach, war, dass sie bereits bei einer geringen Verschlechterung des Massenverhältnisses keine Nutzlast mehr in eine Erdumlaufbahn befördern könnte.

Im Jahre 1963 gab es von Bristol Siddeley einen neuen Vorschlag für eine britische Trägerrakete. Sie hatte drei Stufen und nutzte in jeder Stufe Wasserstoffperoxid als Treibstoff. Die erste Stufe wurde von vier Stentor-Triebwerken angetrieben, den Vorgängern der Gamma 201 Triebwerke, welche in der Blue Steel Abfangrakete eingesetzt wurden. Die zweite und dritte Stufe sollten aus der Black Knight und einer kleineren Stufe – ebenfalls mit einem Gamma Triebwerk ausgerüstet – bestehen. Die Entwicklung dieser Rakete sollte 10,47 Millionen Pfund kosten. Sie war etwa 80% größer als die Black Arrow und hätte einen 295 kg schweren Satelliten transportieren können. Diese deutlich leistungsfähigere Lösung war der britischen Regierung aber zu teuer.

Entwicklungsgeschichte

Im September 1964 schlug die Royal Aircraft Establishment erneut vor, die Black Knight zu nutzen, die in zweistufiger Version zu diesem Zeitpunkt schon 22-mal erfolgreich geflogen war. Inzwischen stand die schubstärkere Version mit Gamma 301 Triebwerken zur Verfügung. Eine Erweiterung um eine weitere Stufe hätte einen Satelliten von 144 kg in den Orbit bringen können. Ziel war es, die vierte Nation im Weltraum zu sein – nach der UdSSR, den USA und Frankreich, deren Erststart der Diamant für 1965 angekündigt war. Der Entwurf, der dann zur Black Arrow führte, sollte nur 2,915 Millionen Pfund für die Entwicklung (ohne Testsatellit und Testflüge) kosten. Dieser Vorschlag fand erstmals Zuspruch bei der britischen Regierung.

Als sich das Vereinigte Königreich schließlich für die Entwicklung einer eigenen Trägerrakete entschloss, lautete das oberste Gebot, dass so weit wie möglich Kosten eingespart werden sollten. Das gesamte Entwicklungsbudget der Black Arrow inklusive Bodenanlagen, Testflügen und Satelliten betrug am Schluss nur neun Millionen britische Pfund. Die Entwicklung begann nach der Wiederwahl der Labour Regierung im März 1966.

Den Namen „Black Arrow" bekam die Rakete im März 1967. Das Budget wurde auf drei Millionen Pfund pro Jahr festgelegt, gerade genug, um eine einzige Rakete pro Jahr zu fertigen. Drei Testflüge waren vorgesehen mit dem Ziel, mindestens einen Satelliten starten. Alle anderen Aspekte, wie hohe Nutzlast, technologische Finesse oder Ausbaufähigkeit waren nachrangig. Die Lösungsidee bestand darin, aus der Black Knight zwei Stufen zu entwickeln. Die damals eingesetzte zweite Version der Rakete hatte eine Startmasse von 6,35 t und vier Triebwerke. Der Durchmesser der ersten Stufe der Black Knight wurde vergrößert und die Anzahl der Gamma-Triebwerke verdoppelt. Das ergab die erste Stufe der Black Arrow.

Für die zweite Stufe benötigte die Trägerrakete dagegen nur zwei Brennkammern anstatt vier wie bei der Black Knight. Deswegen wurde die Triebwerkszahl für die zweite Stufe halbiert. Der Durchmesser der Black Knight von 1,37 m konnte dagegen beibehalten werden. Die Tanks wurden einfach gekürzt.

Der Waxwing Antrieb, der als dritte Stufe eingesetzt wurde, stammte ebenfalls von der Black Knight. Dort diente er dazu, Hitzeschutzschilde auf eine höhere Geschwindigkeit beim Wiedereintritt zu bringen, um sie besser testen zu können.

Die nominelle Nutzlast der Black Arrow betrug 102 kg für einen 500 km hohen Orbit mit einer Neigung von 81 Grad zum Äquator. Für niedrigere Bahnen stieg sie auf ein Maximum bei 134 kg für eine 200-km-Bahn an.

Als Nutzlast war zuerst ein 89 kg schwerer meteorologischer Satellit vorgesehen, der den Kohlendioxidgehalt der Atmosphäre bestimmen sollte. Ein zweiter Satellit sollte ein Ionentriebwerk erproben, mit dem die Black Arrow in 200 bis 300 Tagen etwa 34 kg in den geostationären Orbit hätte bringen können. Mit 120 kg Gewicht war dieser X-5 genannte Satellit hart am Limit der Möglichkeiten der Black Arrow. Der 4,5 Millionen Pfund teure Satellit wurde vom entsprechenden Ministerium gestrichen. Ob die schwere X-5 Nutzlast von der Black Arrow überhaupt transportiert werden konnte, hätte sich erst erweisen müssen.

Als Startplatz war zuerst Norfolk im Gespräch. Die Aufstiegsbahn für polare Starts hätte von dort aus über den Atlantik geführt. Bei dieser Aufstiegsbahn war die Ölindustrie ein Problem. Ölbohrplattformen konnten, anders als Schiffe, nicht den Flugkorridor meiden. Die nächste Wahl waren die zu den äußeren Hebriden, einer Inselgruppe 60 km vor Schottland, gehörenden Inseln Nord und Süd-Uist. Da die Regierung aber befürchtete, Probleme mit der dortigen Bevölkerung zu bekommen, entschloss sie sich die Starts von Australien aus durchzuführen, wo es in Woomera schon ein erschlossenes Startgelände mit der nötigen Infrastruktur gab. Der einzige Nachteil dieser Lösungsvariante war, dass ein Schiff einen Monat brauchte, um die 16.000 km nach Australien zurückzulegen. Für den Start der Black Arrow wurde eine Startrampe der Black Knight umgerüstet. Die Tests der Gamma Triebwerke und der Stufen fanden auf der Insel Wright statt, wo es schon von der Entwicklung der Black Knight einen Teststand gab.

Die Testflüge

Der erste Testflug einer Black Arrow hätte bereits am 23.6.1968 stattfinden sollen, doch die Startuhr fiel an diesem Tag aus. Als dieser Fehler behoben war, zog eine Wolkendecke heran und die Bedingungen für die optische Bahnverfolgung waren nicht mehr gegeben.

So fand der erste Start R0 (R=Research) einer Black Arrow am 28.6.1968 in Woomera in Australien statt. Dieser erste Flug wurde noch ohne dritte Stufe durchgeführt, sodass die Rakete keinen Orbit erreichen konnte. Praktisch vom Start an begann die Rakete zuerst, sich hin und her zu drehen und ging dann in eine Korkenzieher-ähnliche Schraubenbewegung über. Zuletzt fing sie an, sich in der Längsachse zu überschlagen und die Triebwerke setzten aus. In einer Höhe von 8 km kippte die Rakete und näherte sich wieder dem Boden, bis sie vom Sicherheitsoffizier in 3.500 m Höhe gesprengt wurde. Die Auswertung der Telemetrie zeigte, dass ein Triebwerkspaar dauernd hin und her schwankte. Eine Simulation bewies, dass dieses Verhalten wahrscheinlich durch einen Signalverlust am Triebwerk verursacht wurde. Als wahrscheinlichste Ursache galt ein gebrochener Draht, sodass die Triebwerke kein Signal für ihre Steuerung bekamen. Sie blieben damit in der Bewegung, die sie vor dem Signalverlust hatten.

Ursprünglich hätte der zweite Flug in einen Orbit führen sollen, doch der Fehlschlag zwang die Verantwortlichen dazu, die zweite Rakete nochmals genauestens zu prüfen und einen weiteren suborbitalen Testflug einzuschieben – und dies bei einem sehr engen Budget. Das war auch ein Rückschlag für die Bemühungen der RAE. Das Programm hatte keine Rücklagen für einen weiteren Erprobungsstart und war kurz vor der Einstellung. Der zweite Erprobungsflug R1 am 4.3.1969 verlief erfolgreich. Die Rakete erreichte mit zwei Stufen eine Entfernung von 3.050 km und schlug nach 15 Minuten im Indischen Ozean auf. Der erfolgreiche Flug verhinderte die Einstellung des Projektes.

Somit galten die ersten beiden Stufen als erprobt und nun ging es am 2.9.1970 an den ersten Startversuch R2 mit einem Satelliten. Die Nutzlast bestand aus dem 82 kg schweren X-2 Satelliten mit Instrumenten zur Messung der Dichte der oberen Atmosphäre. Nach der Zündung der zweiten Stufe entwickelte diese jedoch einen zu geringen Schub und schaltete 30 Sekunden zu früh ab. Die dritte Stufe arbeitete ordnungsgemäß, konnte aber die fehlende Geschwindigkeit nicht ausgleichen. Die Nutzlast ging verloren und fiel in den Indischen Ozean. Eine spätere Untersuchung zeigte, dass es ein Leck im Stickstoff-Druckgasbehälter der zweiten Stufe gegeben hatte. Dadurch wurde zu wenig Wasserstoffperoxid gefördert und der Schub sank. Das Triebwerk schaltete sich ab, als der weiter sinkende Druck ein Verbrauchen des Oxidators signalisierte. In Wirklichkeit gab es jedoch noch genügend Wasserstoffperoxid, aber es gelangte nicht mehr zum Triebwerk. Trotzdem erklärte die britische Re-

gierung die Mission als teilweise erfolgreich.

Diese von der Opposition widersprochenen Einschätzung führte zur Einsetzung eines Komitees, welches das gesamte Projekt untersuchen sollte. Dieses sprach eine Empfehlung zur Einstellung der Entwicklung aus. Dem folgte die britische Regierung mit einem Beschluss am 29.7.1971. Es wurde jedoch gestattet, den noch anstehenden und schon teilweise vorbereiteten, vierten Start durchzuführen. Dieser geschah am 28.10.1971, als die vierte Black Arrow beim Start R3 den 66 kg schweren Satelliten Prospero (vorher Codename X-3) in einen elliptischen Orbit von 534 × 1.582 km Erdentfernung beförderte. Prospero war ein oktogonaler Satellit mit einem maximalen Durchmesser von einem Meter. Seine primären Aufgaben waren Mikrometeoritenmessungen und der Test funktechnischer Anlagen. Der für ein Jahr Betrieb ausgelegte Wissenschaftssatellit wurde 19 Monate lang betrieben, bis sein Bandrekorder ausfiel. Er wird noch weitere 100 Jahre die Erde umrunden. In der Entwicklung befand sich zu diesem Zeitpunkt noch der Satellit X-4, der sowohl für einen Start auf der Black Arrow als auch auf der Scout ausgelegt war. Da aber seine Fertigstellung aus damaliger Sicht noch drei Jahre in der Zukunft lag, lohnte es sich nicht, die Black Arrow so lange aktiv zu halten, nur um diesen einen Satelliten zu transportieren. X-4 wurde unter der Bezeichnung Mrianda am 9.3.1974 mit einer Scout D gestartet.

Die letzte Black Arrow, die zu diesem Zeitpunkt schon fertiggestellt war, ist seitdem im Science Museum in London ausgestellt. Die erste Stufe des letzten Starts, die in Australien niederging, wurde geborgen, und ist in Woomera neben einem Mockup einer weiteren Black Arrow zu besichtigen. (Siehe Abbildung 21, Seite 47). Im gleichen Jahr beschloss die britische Regierung auch den Ausstieg aus der ELDO. Bis heute ist Großbritannien die einzige Weltraumnation, die einmal eine eigene Rakete entwickelte und nach ihrem erfolgreichen Einsatz beschloss, alle Aktivitäten auf dem Gebiet der Raketenentwicklung einzustellen. Im Januar 1973 unterzeichnete England mit den USA einen Vertrag, der es erlaubte, alle zukünftigen Satelliten mit der Scout zu starten. Damit endete das britische Engagement bei den Trägerraketen. Dabei ist es bis heute geblieben. In der Trägerraketenentwicklung wurde England inzwischen von Nationen wie Nord-Korea und dem Iran überholt.

Die gesamte Entwicklung der Black Arrow kostete England von 1965 bis 1971 insgesamt 22,5 Millionen Pfund, anfangs drei Millionen Pfund jährlich, gegen Ende des Programms auf fünf Millionen ansteigend. Charakteristisch bei der Entwicklung war, dass durch das konstante und niedrige jährliche Budget die Kosten für den Betrieb der Testanlagen und des Startzentrums höher waren, als die Produktionskosten der Träger. So war das Programm auch deutlich teurer als ursprünglich angenommen. Verglichen mit den rund 90 Millionen Pfund, welche im gleichen Zeitraum seitens England in die ELDO gezahlt wurden, war es ein vergleichsweise kleines Projekt.

Wasserstoffperoxid – ein ungewöhnlicher Treibstoff

In der Black Arrow wurde die Kombination von 85% Wasserstoffperoxid und Kerosin verwendet. Es folgt eine kleine Einführung in diesen ungewöhnlichen Oxidator, da die Black Arrow als einzige Rakete diese Kombination verwendete.

Wasserstoffperoxid ist ein Wassermolekül, das ein zweites Sauerstoffatom gebunden hat. Anders als die Bindung des ersten Sauerstoffatoms ist diejenige des zweiten Sauerstoffatoms nur locker, weswegen dieses Atom leicht aus dem Wasserstoffperoxidmolekül freigesetzt werden kann. Das geht durch Erhitzen, aber auch katalytisch beschleunigt durch Metalle wie Silber oder Platin oder andere Katalysatoren wie Kaliumpermanganat. Die maximal mögliche Konzentration einer Wasserstoffperoxidlösung würde theoretisch 90% betragen. Gängiges Wasserstoffperoxid, das im Handel zu erhalten ist, hat aber nur eine Konzentration von maximal 35%. Standardisiert sind Lösungen mit Konzentrationen von 15% und 30%. In der Industrie sind Konzentrationen bis zu 50% üblich. Noch höher konzentriertes Wasserstoffperoxid wird kaum eingesetzt, da bei Konzentrationen über 60% die Selbstzersetzung durch Reaktionswärme rapide ansteigt und es sich explosiv in Sauerstoff und Wasser zersetzt. Diese Neigung zur explosiven Selbstzersetzung ist auch der Grund, warum im normalen Handel die Konzentration von 85% nicht erhältlich ist, welche die Black Arrow verwendete. Um solche Konzentrationen zu erhalten, muss das Wasserstoffperoxid durch Destillation angereichert werden. So hochkonzentriertes Wasserstoffperoxid (HTP: **H**igh **T**est **P**eroxide) entzündet spontan fast alle organischen Materialien. Das ist ein Problem bei der Lagerung. Niedrig konzentriertes Wasserstoffperoxid zersetzt sich unter idealen Bedingungen nur sehr langsam, etwa 0,1 bis 0,4% pro Jahr. Dies ist aber nur gegeben, wenn es nicht mit Metall in Berührung kommt. Das für zahlreiche Tanklegierungen verwendete Nickel führt zu einer raschen Zersetzung. Bei der Black Arrow wurde ein Silberschwamm benutzt, um das Wasserstoffperoxid im Gasgenerator der Triebwerke zu zersetzen.

Die wichtigste Anwendung von Wasserstoffperoxid in der Raketentechnik war als monergoler Treibstoff – Wasserstoffperoxid war Treibstoff und Oxidator in einem. Wird es katalytisch zersetzt, so entstehen Wasser und Sauerstoff, aber auch Wärme, welche das Gasgemisch erhitzt. So wurde es in der A-4, der Semjorka (dem Urahn der heutigen Sojus Trägerrakete) und zahlreichen frühen Trägerraketen eingesetzt, um im Gasgenerator heißes Gas zu erzeugen, welches die Turbinen für die Treibstoffförderung antrieb. Später wurde zu diesem Zweck ein Teil des Brennstoffs mit wenig Oxidator verbrannt. Damit konnte auf die Mitführung eines weiteren Treibstoffs verzichtet werden. Im Dritten Reich arbeitete das Jagdflugzeug Messerschmidt Me 163 mit einem Raketenantrieb, der Wasserstoffperoxid (80%) mit einer Methanol/Hydrazinmischung verbrannte. Dieses Wasserstoffperoxid wurde mit 8-

Hyroxichinolin versetzt, dass Metallspuren und den durch die Zersetzung freigesetzten Sauerstoff chemisch band, so wurde die explosive Selbstzerstörung herabgesetzt.

Eingesetzt wurde Wasserstoffperoxid auch als Lageregelungstreibstoff oder in kleinen Stabilisierungstriebwerken für Freiflugphasen von Oberstufen, zum Beispiel in den ersten Versionen der Centaur. Hier wurde es von Hydrazin verdrängt. Hydrazin liefert einen höheren spezifischen Impuls und hat den praktischen Vorteil, dass es sich bei normalen Temperaturen nicht selbst zersetzt.

Als Oxidator für eine Trägerrakete wurde Wasserstoffperoxid nur bei der Black Arrow eingesetzt. Was sprach dafür und was dagegen? Wasserstoffperoxid kann auch als eine Mischung von Wasser mit Sauerstoff betrachtet werden. Ein Mol wiegt 34 g und besteht aus einem Wassermolekül (18 g) und einem Sauerstoffatom (16 g). Außerdem ist Wasserstoffperoxid einer der Treibstoffe mit der höchsten spezifischen Dichte – ein Liter hat ein Gewicht von 1,48 kg.

An der Reaktion mit dem Kerosin nimmt nur der Sauerstoff teil. Er entzündet sich mit Kerosin hypergol. Das bedeutet, beide Substanzen entzünden sich bei Kontakt ohne Zündflamme oder Zündfunken. Dieser praktische Vorteil führte bei anderen Trägern zur Wahl von NTO und UDMH als Treibstoffkombination.

Das Wasser im Treibstoff hat auch einen Nachteil. Das Wasser ist inert, es nimmt nicht an der chemischen Reaktion teil. Dadurch ist der spezifische Impuls, also die Ausströmgeschwindigkeit der Gase an der Düsenmündung, viel geringer als bei der Verbrennung von Sauerstoff und Kerosin. Die Ausströmgeschwindigkeit ist ein wichtiges Maß für den Rückstoß, welcher die Rakete antreibt.

Das Wasser hat aber auch positive Wirkungen, es senkt die Anforderungen an die Technik. Die Temperaturen in der Brennkammer sind geringer. So sinkt die Brennkammertemperatur bei stöchiometrischer Verbrennung von 3.687 K (bei deer Verbrennung von Kerosin mit Sauerstoff) auf 3.008 K. Bei der Black Arrow lag sie sogar bei nur 2.600 K.

Man kann Wasserstoffperoxid, anders als flüssigen Sauerstoff, auch zur Kühlung der Brennkammer nutzen. Es zersetzt sich zwar, doch das dabei entstehende Wasser kühlt besonders gut. Wasserstoffperoxid ist im Überschuss vorhanden, da durch das enthaltene Wasser das Mischungsverhältnis mit Kerosin viel größer als bei reinem Sauerstoff ist.

Sauerstoff wird mit Kerosin im Verhältnis von 2,6 zu 1 eingesetzt, Wasserstoffperoxid dagegen im Verhältnis von 7 zu 1. Das im Molekül enthaltene Wasser senkt auch die mittlere

Molekularmasse der Abgase. Da von dieser der spezifische Impuls entscheidend abhängt, ist der Verlust nicht ganz so hoch wie erwartet. Das liegt auch daran, dass Wasserstoffperoxid mit Kerosin meistens im stöchiometrischen Verhältnis verbrannt wird. Bei der Verbrennung von Sauerstoff mit Kerosin wird, wie bei fast allen anderen Kombinationen auch, der Verbrennungsträger im Überschuss eingesetzt. Dadurch werden die Temperaturen in der Brennkammer gesenkt und es kann besser gewährleistet werden, dass der Oxidator nicht lokal im Überschuss vorliegt und die Brennkammerwand schädigt. Vor allem wird die mittlere Molekularmasse der Abgase gesenkt. Bei der Verbrennung von Kerosin im Überschuss mit Sauerstoff entsteht in der Regel Kohlenmonoxid anstelle von Kohlendioxid. Dieses hat die Atommasse 28 statt 44 und senkt so die mittlere Molekularmasse der Abgase. Da die Geschwindigkeit eines Gases nur von der Temperatur und der Molekularmasse abhängt, sinkt dadurch der spezifische Impuls im Vergleich zu einer Verbrennung im stöchiometrischen Verhältnis kaum ab.

Bei dem Einsatz von Wasserstoffperoxid muss auf diesen Aspekt nicht Rücksicht genommen werden, da das enthaltene Wasser die mittlere Molekularmasse der Gase senkt. In der Summe reagiert Wasserstoffperoxid mit Kerosin nach folgender Formel:

$(CH_2)_n + 3\ H_2O_2 \rightarrow 4\ H_2O + CO_2$
$100 + 728 \rightarrow 514 + 314$ g (Gewichtsverhältnisse)
Dagegen reagiert Kerosin mit Sauerstoff nach folgender Formel:

$(CH_2)_n + 1.5\ O_2 \rightarrow H_2O + CO_2$
$100 + 343 \rightarrow 129 + 314$ g (Gewichtsverhältnisse)

Daraus ist erkennbar, dass das Mischungsverhältnis mit Wasserstoffperoxid als Oxidator bedeutend höher ist und vier Wassermoleküle bei der Verbrennung eines Kohlenstoffmoleküls entstehen, statt nur eines. Das Mischungsverhältnis lag bei der Black Arrow bei 8,13 zu 1, was bei der Berücksichtigung der Konzentration des Wasserstoffperoxids von 85% einem Verhältnis von 6,9 zu 1 der Reinsubstanzen entsprach.

Eine der Folgen der Verbrennung im stöchiometrischen Verhältnis war, dass die Black Arrow mit einer nahezu farblosen Flamme startete. Es kam bei der Black Arrow praktisch nicht zur Bildung von Graphit, welcher die Flamme bei der Kombination LOX und Kerosin rot färbt und die Rußfahne verursacht. Die Verbrennung in dem Triebwerk der Black Arrow erzeugte eine große Wasserdampfwolke. Ein Start dieses Raketentyps ähnelte stark dem einer Rakete mit Wasserstoff und Sauerstoff als Treibstoff. Heute würde man den Treibstoff als „umweltfreundlich“ (environment-friendly, green fuel) bezeichnen.

Die Wahl von Wasserstoffperoxid in England entstand aus der Überlegung heraus, es zuerst für Höhenforschungsraketen einzusetzen. Diese starteten von britischem Territorium und daher war es notwendig, dass es selbst bei einem Unglück zu keiner Verseuchung des Bodens und des Grundwassers kommen konnte. Weiterhin konnte diese Treibstoffkombination sicher gelagert werden. Eventuell übernahm man auch einfach die Vorentwicklungen in Deutschland, die zwei Jagdflugzeuge und die Flugabwehrraketen Enzian auf Basis von Triebwerken, die diesen Treibstoff nutzten entwickelt hatten. So verliefen auch die ersten Entwicklungen der Raketentechnik in den USA, Russland und Frankreich. Später setzte das geringe Entwicklungsbudget für die Black Arrow die Grenze. Damit war die RAE praktisch dazu gezwungen, die existierenden Triebwerke zu verbessern und zu bündeln.

Das Gamma Triebwerk

Die Verwendung der ungewöhnlichen Treibstoffkombination Wasserstoffperoxid und Kerosin ging auf den deutschen Raketeningenieur Dr. Hellmuth Walter zurück, der nach dem Zweiten Weltkrieg bei den Engländern seine Arbeit an Raketentriebwerken fortsetzte. Im Zweiten Weltkrieg hatte er Wasserstoffperoxid als Oxidator für das Triebwerk des Messerschmidt Me-163 Raketenjägers verwendet und als Antrieb für U-Boote getestet. (Walter-Antrieb).

Das Gamma Triebwerk wurde in der ersten Version Gamma-201 für die Black Knight entwickelt. Es hatte vier Brennkammern mit einem gemeinsamen Gasgenerator und einer gemeinsamen Turbopumpe, welche einen Druck von 31 bis 32 bar erzeugte. Es war ein Vierkammertriebwerk. Vierkammertriebwerke setzten auch die Sojus und Zenit in den ersten Stufen ein. Je zwei Düsen waren zusammen schwenkbar, das eine Paar in der X-Achse, das andere in der Y-Achse. Die Brennkammer war aus Metallröhrchen gefertigt, die von Spannbändern zusammengehalten wurden. Das gesamte Design war sehr einfach. So musste der Gasgenerator nur mittels Silber einen Teil des Wasserstoffperoxids zersetzen, um genügend heißes Gas für die Turbine der Turbopumpe zu erzeugen. Nach der Entwicklung von 1955 bis 1957 folgten zwölf Black Knight Starts mit diesem Triebwerk.

Das Gamma-301 entstand als Weiterentwicklung des Gamma-201 Triebwerks. Es wurde von 1958 bis 1960 ursprünglich für die Blue Streak Mittelstreckenrakete entwickelt. Doch England wählte zunächst für die Blue Streak andere Triebwerke aus, nämlich diejenigen der Jupiter, welche in Lizenz gebaut wurden. Danach wurde das Gamma-301 bei den beiden letzten Flügen der Black Knight eingesetzt. Der wesentliche Unterschied zum Gamma-201 lag im höheren Brennkammerdruck von 33 bar bei der ersten und 44 bar bei den späteren Versionen.

Aus dem Gamma-301 entstand das Gamma-2 als Triebwerk für die zweite Stufe der Black Arrow. In dieser Anwendung war ein geringerer Schub notwendig, doch dafür musste das Triebwerk im Vakuum arbeiten. Das Gamma-2 hatte daher nur zwei Düsen, diese waren verlängert, um den Treibstoff besser ausnutzen zu können. Die Gamma-2 Triebwerke waren nicht parallel angeordnet, sondern in einem spitzen Winkel zur Längsachse der Stufe. Diese Anordnung fand sich auch bei den Gamma-8 Triebwerken der ersten Stufe, jedoch in einem kleineren Winkel. Die Düse hatte ein Expansionsverhältnis von 300 zu 1, also ein sehr hohes Verhältnis. Der spezifische Impuls war aufgrund der gewählten Treibstoffkombination trotzdem nur mittelmäßig.

Die erste Stufe der Black Arrow wurde von Gamma-8 Triebwerken angetrieben. Diese entstanden aus dem Gamma-301, verwendeten aber acht Brennkammern mit Expansionsdüsen, welche jeweils in Paaren schwenkbar waren. Der Gesamtschub betrug 222,4 kN am Boden und 256,3 kN im Vakuum. Das Expansionsverhältnis betrug 80 zu 1, sehr hoch für ein Erststufentriebwerk. Durch die niedrigen Verbrennungstemperaturen hatten die Triebwerke eine für Raketen erstaunlich lange Lebensdauer von 20 Stunden. Allerdings war der Katalysator im Gasgenerator nach zwei Stunden verbraucht. Das Design wurde daher so ausgelegt, dass der Silberschwamm auf einfache Weise ausgewechselt werden konnte. In der ersten Stufe der Black Arrow wurden die acht Triebwerke in zwei konzentrischen Kreisen angeordnet. Je eine Turbopumpe förderte den Treibstoff für ein beieinanderliegendes Triebwerkspaar bestehend aus einem Triebwerk des inneren Rings und äußeren Rings. Damit waren es physikalisch vier Triebwerke mit acht Brennkammern. In der zweiten Stufe war es eine Turbopumpe die zwei schwenkbare Brennkammern versorgte.

Eine Besonderheit des Gamma Triebwerks war, dass es nach dem Prinzip des geschlossenen Kreislaufes arbeitete. Nach der Zersetzung des Wasserstoffperoxids im Gasgenerator trieb das heiße Gas zunächst die Turbine und Turbopumpe an und wurde anschließend in die Brennkammer zusammen mit dem Kerosin eingespritzt.

Da man den Schub gegenüber dem Walther-Antrieb HWK 109-509 aus dem Zweiten Weltkrieg kaum gesteigert hatte (schon dieser erreichte einen Schub von 20 kN) benötigte die Black Arrow trotz ihrer geringen Masse acht Brennkammern in der ersten Stufe.

	Gamma-201	Gamma-301	Gamma-8	Gamma-2
Schub:	74,4 kN	97,9 kN	222,4 / 256,3 kN	68,2 kN
Brennkammern:	4	4	8	2
Pro Brennkammer:	18,6 kN	24,5 kN	27,8 kN	34,1 kN
Brennkammerdruck:	32 bar	44 bar	44 bar	44 bar
Spez. Impuls:	2.432 m/s	2.472 m/s	2128 / 2.472 m/s	2.600 m/s (Vakuum)

Die Technik der Black Arrow

Die Black Arrow gilt als die „fetteste“ Rakete, die jemals einen Orbit erreichte. Sie hatte das niedrigste Verhältnis von Länge (12,90 m) zu maximalem Durchmesser (2,00 m). Der Primärkontraktor war Westland Aircraft und die Gamma Triebwerke stammten von Bristol Siddeley Engines.

Stufe 1

Die erste Stufe der Black Arrow hätte ursprünglich dazu geeignet sein sollen, die zweite Stufe der Europa-Trägerrakete zu ersetzen. Durch die Verzögerungen bei der Entwicklung der Black Arrow kam dies jedoch nicht zustande, doch am Design kann man den geplanten Einsatzzweck gut erkennen. Die Coralie war mit 5,50 m Länge fast gleich lang und wies denselben Durchmesser auf. Die Auslegung als mögliche zweite Stufe der Europa war auch daran

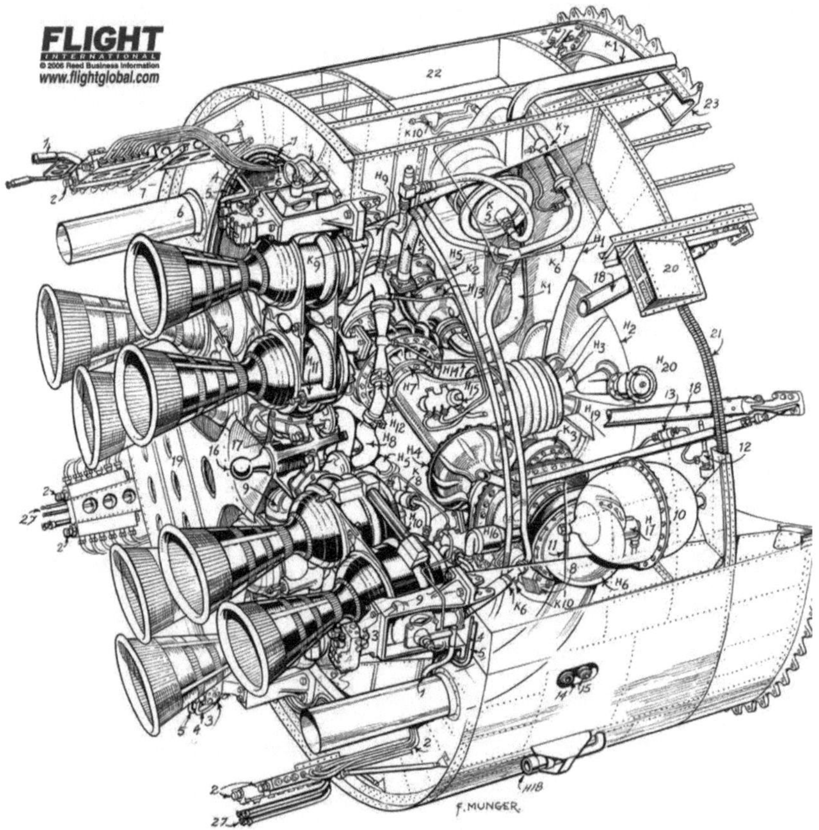

zu erkennen, dass die Triebwerke innerhalb eines durchlöcherten Ringes (dem Stufenadapter) saßen und damit beim Start nicht zu sehen waren. In diesem Adapter befand sich ein eigener Starttank für das HTP – auch dieser wäre bei einer Bodenzündung nicht notwendig gewesen.

Die acht Brennkammern des Gamma-8 Triebwerks bildeten einen viereckigen Stern mit zwei Triebwerken pro Strahl. Zwei Turbopumpen trieben jeweils vier Brennkammern an. Die Bewegung der Triebwerke erfolgte mittels Hydraulikaktoren, die ihre Kraft von den Turbopumpen eines Triebwerks erhielten. Zur Versorgung der Hydraulik befand sich ein Öltank im Unterteil der Stufe. Das Öl schmierte auch die beweglichen Teile des Triebwerks. Von unten nach oben folgte auf die Triebwerkssektion der untere Wasserstoffperoxidtank und darüber der linsenförmige Kerosintank. Die Tanks wurden mit Stickstoff unter Druck gesetzt. Der Druck betrug 0,84 bar im HTP-Tank und mindestens 0,35 bar im Kerosin Tank. Beim HTP-Tank wurde der Druck während des Betriebs aktiv aufrechterhalten, beim Kerosintank reichte hingegen der anfängliche Tankdruck. Zur Erzeugung des Tankdrucks waren Druckgasflaschen mit gasförmigem Stickstoff in den Zwischentanksektionen von erster und zweiter Stufe angebracht.

In der Sektion zwischen den beiden Treibstoffbehältern befand sich das Ausrüstungssegment der ersten Stufe mit Batterien und Verstärkern. Sie wurde, anders als die Sektion der zweiten Stufe, nicht unter Druck gesetzt. Die Tanks bestanden aus Duralaluminium, einem Metall, das HTP nicht zersetzt. Die Leitungen von den Triebwerken zu den Tanks führten bei beiden Stufen an der Außenseite der Rakete entlang. In der Summe wies die erste Stufe eine geringe Trockenmasse auf.

Stufe 1	
Länge:	5,80 m
Durchmesser:	2,00 m
Startgewicht:	14.102 kg
Trockengewicht:	1.106,8 kg
Treibstoff: davon Wasserstoffperoxid davon Kerosin	13.034 kg 11.797 kg 1.427 kg (8,2: 1)
Wasserstoffperoxidtank:	2,56 m Länge, 9,09 m³ Volumen, 11.797 kg Fassungsvermögen
Kerosintank:	2,13 m³, 1.450 kg Fassungsvermögen
Triebwerkssektion:	1,37 m Höhe, 8 × 27,8 kN Startschub, 8 × 32 kN Vakuumschub
Betriebszeit:	125 bis 140 s

Stufe 2

Die zweite Stufe gliederte sich in vier Sektionen – dem Antriebsteil, dem HTP-Tank, einer Zwischenstruktur für die Bordelektronik und dem oberen Kerosintank. Auch hier wurde eine leichte Aluminiumlegierung für die Strukturen verwendet.

Die beiden Brennkammern des Gamma-2 Triebwerks der zweiten Stufe waren kardanisch aufgehängt und konnten in der X- und der Y-Achse geschwenkt werden. Die Servomotoren zum Schwenken der Triebwerke benötigten eine geringere Leistung als bei der ersten Stufe. Die Kraft wurde von der Kerosin Turbopumpe geliefert. Zusätzliche hydraulische Aktoren konnten so entfallen, was die zweite Stufe billiger und leichter machte. Eine weitere Gewichtsersparnis erreichte man, indem der Treibstoff zur Zündung der Stufe in den Stufenadapter ausgelagert wurde. Eine Stickstoff-Druckgasflasche schoss Wasserstoffperoxid aus einer Flasche im Stufenadapter ins Triebwerk, wo das Kerosin aus dem Tank zuerst einströmte. Nach der Zündung wurde der Stufenadapter mit diesem Startsystem von der Stufe abgetrennt.

Der unten liegende HTP-Tank hatte eine zylindrische Form, der obere Kerosinbehälter war linsenförmig.

In dem Bereich zwischen den Tanks für HTP und Kerosin befand sich die Bordelektronik. Das Steuerungssystem stammte von dem TSR-2 Flugzeug. Es umfasste einen Flight-Sequence-Programmer zur Steuerung der Rakete nach einem vorher vorgegebenen Flugprofil. Kreisel zur Messung der räumlichen Lage und der Beschleunigung, einer Sendeeinheit für die Telemetrie, einem Sender für die Bahnverfolgung, Empfänger für das Selbstzerstörungssignal, Verstärker für die Bewegung der Triebwerke und eine eigene Stromversorgung. Die Kreiselplattform stammte von Ferranti und beruhte auf einem Modell, welches für die Europa-I entwickelt wurde. Die Steuerung war technisch sehr einfach ausgelegt.

Das Wasserstoffperoxid war der Treibstoff, der im Unterschuss vorlag. Das bedeutet, dass die HTP-Tanks vor den Kerosintanks leer waren. Das Mischungsverhältnis beider Treibstoffe war konstant. Sobald ein abfallender Druck in den Leitungen signalisierte, dass das Wasserstoffperoxid zu Ende ging, wurden die Triebwerke abgeschaltet. So wurde bei der ersten und zweiten Stufe verfahren. Normal ist bei einer festen Oberstufe das Abschalten bei Erreichen einer Normgeschwindigkeit, da der Gesamtimpuls der Oberstufe fest ist. Man hat so, wenn man Reserven für Abweichungen mit einkalkuliert und diese nicht benötigt, in der Praxis elliptische Umlaufbahnen, bei denen die Überschussgeschwindigkeit das Apogäum anhebt. Die Ausrüstungssektion der zweiten Stufe war hermetisch versiegelt und stand unter 0,6 bar Druck. Die Behälter für Kerosin und HTP standen unter einem Druck von 1,4 bar.

Stufe 2	
Länge:	2,90 m
Durchmesser:	1,37 m
Startgewicht:	3.439 kg
Trockengewicht:	481 kg
Treibstoff: davon Wasserstoffperoxid davon Kerosin	2.958 kg 2.634 kg 314 kg (8,4: 1)
Wasserstoffperoxidtank:	2,25 m^3 Volumen, 2.850,6 kg Fassungsvermögen
Kerosintank:	0,512 m^3 Volumen, 350,6 kg Fassungsvermögen
Triebwerk:	1 Gamma 2 mit 2 × 34,1 kN Vakuumschub
Betriebszeit:	113 s
Spezifischer Impuls:	2598 – 2.638 m/s

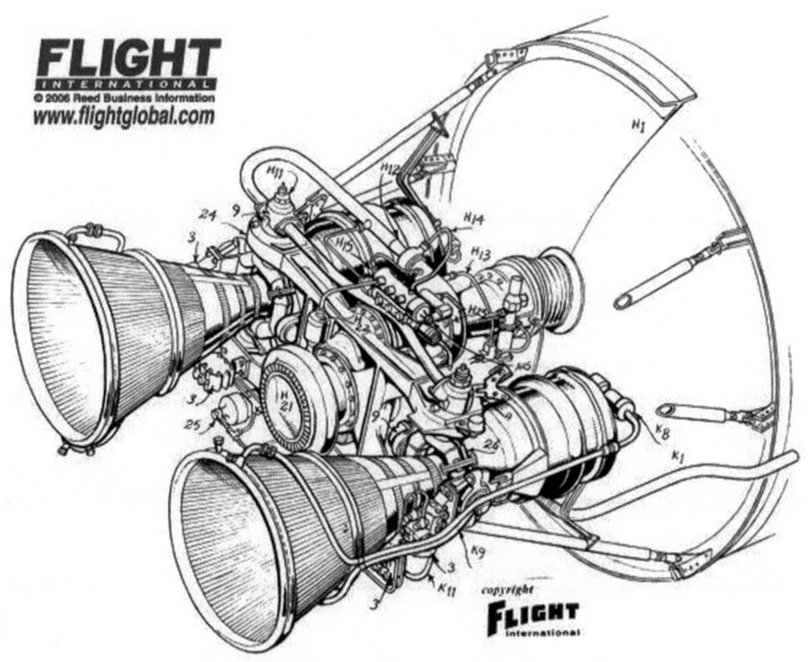

Stufe 3

Die dritte Stufe („Waxwing“) hatte einen Antrieb mit festem Treibstoff. Sie hatte ein sehr gutes Massenverhältnis von 9:1 und einen guten spezifischen Impuls. Das Triebwerk war ein Apogäumsantrieb, der auf dem Scheitelpunkt der ballistischen Bahn gezündet wurde. Vorher wurde die Stufe durch einen Spin-Tisch in der zweiten Stufe in eine rasche Rotation versetzt, da sie keinerlei Möglichkeit hatte, ihre Lage im Raum zu verändern. Obwohl die dritte Stufe mit festen Treibstoffen betrieben wurde, hatte sie den höchsten spezifischen Impuls der Rakete. Dies wurde erreicht durch eine 56 cm lange Düse, die fast die Hälfte der Länge des Antriebs ausmachte. Er wurde hergestellt von Rocket Propulsion Aerojet, Wescott und Bristol Aerojet. Der Waxwing hatte keine aktive Steuerung, sondern nur einen Zeitgeber, der nach seinem Ablauf die Verbindung zwischen Satellit und Waxwing durchtrennte. Dies sparte Gewicht ein und steigerte die Nutzlast.

Stufe 3 Waxwing	
Länge:	1,32 m
Durchmesser:	0,72 m
Startgewicht:	350 kg
Trockengewicht:	35 kg
Treibstoff:	315 kg
Nutzlastadapter:	14 kg
Schub:	21 – 29,6 kN
Betriebszeit:	37 – 40 s
Spezifischer Impuls_	2697 – 2.726 m/s

Nutzlasthülle

Die Nutzlasthülle aus zwei Hälften wurde aus einer leichten Magnesiumlegierung gefertigt. Sie war für eine so kleine Trägerrakete sehr groß und umhüllte auch die dritte Stufe. Später übernahm Frankreich die Nutzlasthülle für die Diamant BP.4, als bei dieser die alte Hülle nicht mehr ausreichend für größere Nutzlasten war. Von den Gesamtkosten der Black Arrow entfielen 40% auf die Strukturen der Stufen und 33% auf die Triebwerke.

Nutzlasthülle	
Höhe:	3,60 m
maximaler Durchmesser:	1,40 m
Gewicht:	68 kg

Startablauf

Die Bodenkontrolle setzte Computer für die Steuerung der letzten zwei Minuten des Countdowns ein. Dies ist bis heute gängige Praxis bei allen modernen Kontrollzentren. In der letzten Phase des Countdowns müssen so viele Entscheidungen in sehr kurzer Zeit getroffen werden, dass Menschen damit überfordert wären.

Die Black Arrow startete vertikal und begann nach Verlassen der Startrampe für fünf Sekunden in ein Neigeprogramm überzugehen. Dieses diente dazu, bei einer möglichen Explosion der Rakete keine Trümmer über dem Startgelände niedergehen zu lassen. Nach 34 Sekunden wurde dasselbe Neigeprogramm erneut aufgenommen. Die erster Stufe brannte, bis ihr Treibstoff aufgebraucht war.

Beschleunigungssensoren maßen den Rückgang des Schubs und starteten einen Zeitgeber, der fünf bis zehn Sekunden später zuerst mit Sprengsätzen die erste Stufe abtrennte und dann vier Feststofftriebwerke startete, welche den Treibstoff am Boden der zweiten Stufe sammelten. Die Pause diente dazu, die Tanks der ersten Stufe zu entleeren und den Restschub abzubauen. Auch die zweite Stufe brannte, bis das Wasserstoffperoxid verbraucht war. Ein Rückgang der Beschleunigung führte zum Brennschluss des Triebwerks durch das Schließen der Ventile. Die Nutzlasthülle wurde während des Betriebs der zweiten Stufe abgetrennt. Nach zwanzig Sekunden, in denen der Restschub abgeklungen war, wurde die Rakete mit dem Stickstoff-Druckgas für 60 Sekunden erneut um 0,6 Grad/s gedreht. Nun war sie parallel zur Erdoberfläche ausgerichtet. Der Winkel relativ zur Erdoberfläche musste mit einer Genauigkeit von 0,25 Grad erreicht werden.

Da die zweite Stufe ihren Brennschluss recht früh hatte, gab es nach Brennschluss eine Freiflugphase, in der sie durch Stickstoff-Kaltgasdüsen stabilisiert wurde. Nach sechs Minuten hatte die Restrakete die Sollhöhe erreicht und erst dann fand die Stufentrennung statt. Vorher brachten sechs kleine Feststofftriebwerke die Kombination in eine schnelle Rotation von 200 U/min. Nach dem Ausbrennen der dritten Stufe lief dann ein Zeitgeber, der nach 90 Sekunden die Verbindung zwischen Satellit und Oberstufe trennte. Es zeigte sich aber, dass diese Wartezeit zu kurz war. Der Waxwing Motor hatte noch etwas Schub und kollidierte mit einer der Antennen des Prospero-Satelliten.

Das Ausbrennen der Triebwerke bis zum totalen Verbrauch des HTP hatte sich bei der Black Knight bewährt und hinterließ wegen des Mischungsverhältnisses von 8,2 zu 1 nur geringe Reste an Kerosin in den Tanks. Es blieben etwa 9 kg in der Ersten und 2,5 kg in der zweiten Stufe übrig. Das verringerte die Nutzlast für einen Orbit nur um etwa 1,0 bis 1,4 kg. Prospero sollte in einem 550 × 1.534 km hohen Orbit mit einer Neigung von 82,05 Grad ausgesetzt werden. Die Inklination wurde korrekt erreicht und auch der Orbit war für die damaligen Verhältnisse mit 534 × 1.582 km recht nahe am Soll.

Zeit	Ereignis:
0	Abheben und Neigeprogramm 0,6 Grad/s
5 s	Ende Neigeprogramm
34 s	Erneutes Neigeprogramm 0,6 Grad/s
117 s	Ende Neigeprogramm
139 s	Brennschluss erste Stufe 45 km Höhe, v = 1.850 m/s
149 s	Zündung zweite Stufe, Neigeprogramm 0.117 Grad/s
185 s	Abtrennung Nutzlastverkleidung
262 s	Brennschluss zweite Stufe in 202 km Höhe, v = 4.900 m/s
305 s	Zündung dritte Stufe in 480 km Höhe
345 s	Brennschluss dritte Stufe v = 7.900 m/s
435 s	Abtrennung Prospero

Black Arrow Starts

Erfolg	Datum	Nutzlast	Typ	Startplatz
-	28.06.1968	R0	suborbital	Woomera Pad 5A
√	04.03.1969	R1	suborbital	Woomera Pad 5A
-	02.09.1970	R2 / X-2	orbital	Woomera Pad 5A
√	28.10.1971	R3 / Prospero	orbital	Woomera Pad 5A

Pläne für eine Leistungssteigerung

Wie dies bei den meisten Raketen der Fall ist, machte sich die RAE schon während der Entwicklung der Black Arrow Gedanken darüber, wie die Leistung des Trägers gesteigert werden könnte. Es gab dazu folgende Ideen:

Die Erhöhung des Brennkammerdrucks in den Gamma-2 und Gamma-8 Triebwerken hätte den Schub und den nutzbaren Energiegehalt des Treibstoffs erhöht. Der spezifische Impuls des Gamma-8 wäre auf 2.216 m/s gestiegen und derjenige der Gamma-2 sogar auf 2.794 m/s. Der Schub des Gamma-2 hätte dann 82,5 kN betragen und der Bodenschub des Gamma-8 hätte sich auf 260,2 kN erhöht – bei einer Gewichtszunahme von nur 45 kg. Dies erhöht nicht nur die Geschwindigkeit, sondern verringert auch die Gravitationsverluste, die beim Aufstieg entstehen. Die Nutzlast für einen 570 km hohen Orbit wäre von 110 auf 150 kg gestiegen.

Als zweite Maßnahme waren vier Raven Feststoffantriebe als Starthilfe vorgesehen – die erste Stufe der Skylark Rakete. Jeder Motor hatte einen Durchmesser von 44 cm und wäre mit 7,50 m Länge länger als die erste Stufe gewesen. Der Schub betrug jeweils 50 kN über 31 Sekunden. Diese Booster hätten es erlaubt, die erste und zweite Stufe zu verlängern und so mehr Treibstoff mitführen zu können. In der Summe hätte sich die Nutzlast der Black Arrow mit rund 300 kg mehr als verdoppelt.

Eine Alternative wäre gewesen, die Gamma-8 Triebwerke durch Stentor Triebwerke in der ersten Stufe zu ersetzen. Mit rund 400 kN Schub hätten sie es erlaubt, mehr Treibstoff in der ersten Stufe mitzuführen. Die Nutzlast wäre auf etwa 182 kg gesteigert worden. Die Stentor-Triebwerke standen in ausreichenden Stückzahlen zur Verfügung, nachdem die Blue Steel Abfangrakete 1969 ausgemustert worden war.

Alle diese Vorschläge orientierten sich wie schon die Entwicklung der Black Arrow, möglichst geringe Entwicklungskosten zu verursachen, indem zumeist auf schon vorhandene Hardware zurückgegriffen wurde. Doch da das Black-Arrow-Projekt von der englischen Regierung schon aufgegeben war, waren alle diese Bemühungen zur Steigerung der Nutzlast vergebens.

Typenblatt Black Arrow	
Länge: maximaler Durchmesser: Startgewicht:	12,90 m 2,00 m 18.144 kg
Einsatzzeitraum: Starts: Fehlstarts: Zuverlässigkeit:	1969 – 1971 4 2 50%
Nutzlast:	134 kg (in einen 200 km hohen polaren Orbit) 102 kg (in einen 500 km hohen, 81 Grad geneigten Orbit)
Stufe 1	
Länge: Durchmesser: Startgewicht: Leergewicht: Triebwerk: Schub: Brenndauer: Treibstoff: Spezifischer Impuls:	5,80 m 2,00 m 14.102 kg 1.068 kg 1 Gamma-8 mit 8 Brennkammern 222,4 kN (Meereshöhe) 257,3 kN (Vakuum) 142 s HTP / Kerosin 2.128 m/s (Meereshöhe), 2.451 m/s (Vakuum)
Stufe 2	
Länge: Durchmesser: Startgewicht: Trockengewicht: Triebwerk: Schub: Brenndauer: Spezifischer Impuls:	2,90 m 1,37 m 3.439 kg 481 kg 1 Gamma-2 mit 2 Triebwerken 68,2 kN (Vakuum) 113 s 2.598 m/s (Vakuum)
Stufe 3	
Länge: Durchmesser: Startgewicht: Leergewicht: Schub: Brenndauer: Spezifischer Impuls:	1,32 m 0,72 m 350 kg 35 kg 29,4 kN maximal, 21 kN im Mittel 39 s 2.726 m/s (Vakuum)
Nutzlasthülle	
Länge: maximaler Durchmesser: Gewicht:	3,60 m 1,40 m 68 kg

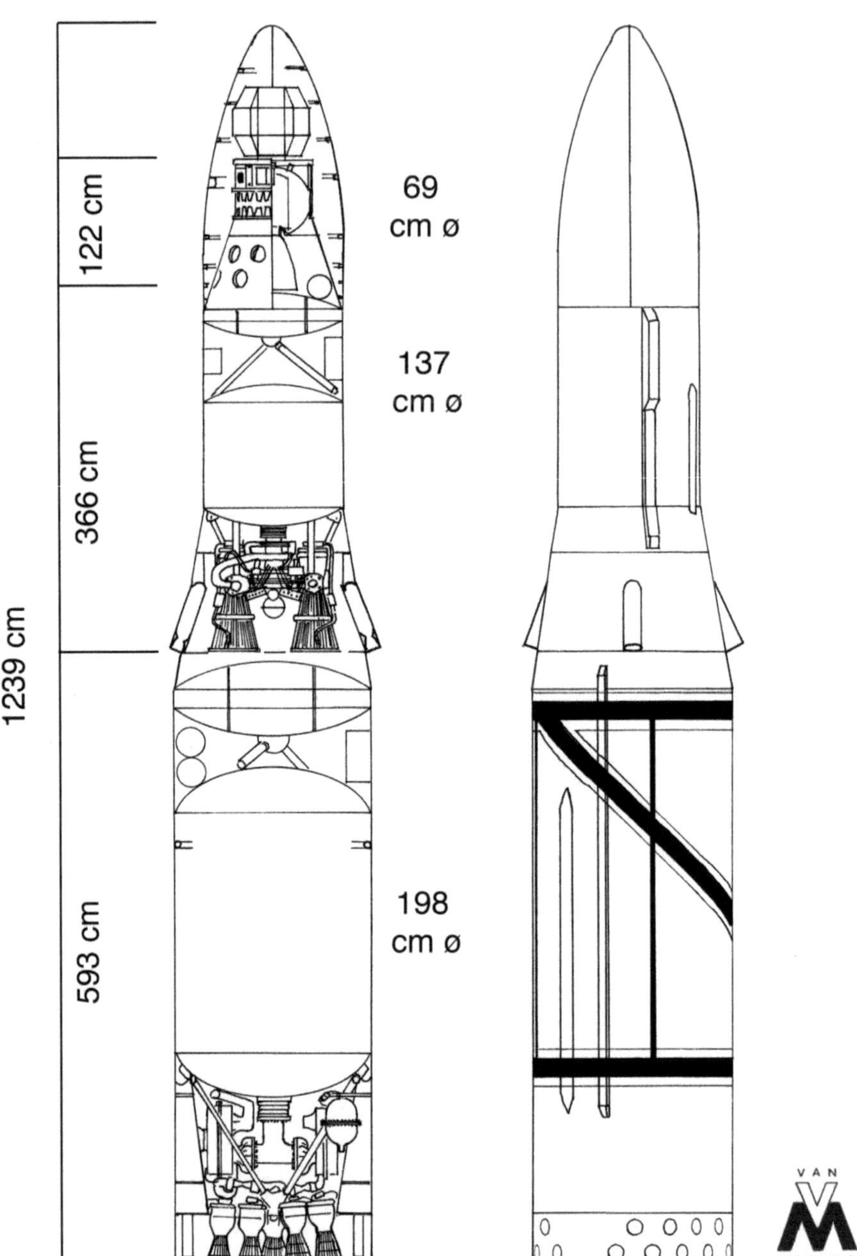
122 cm
366 cm
593 cm
1239 cm
69
cm ø
137
cm ø
198
cm ø
VAN
MICHEL

Quellen / Referenzen

Brian Harvey: „Europe's Space Program: To Ariane and Beyond“

C.N. Hill: „A Vertical Empire: The History of the UK Rocket and Space Programme, 1950-1971“

Peter Stache: Raumfahrt Trägerraketen, zweite Auflage 1973

SpaceUk.org: http://www.spaceuk.org/ba/ba.htm

Rockets in Europe: http://fuseurop.univ-perp.fr/index_e.htm

Flight Global 24.9.1964: „Britain's Space Launcher – First Details“

Flight Global 19.1.1967: „Developing Black Arrow“

Flight Global 2.5.1968: „British Satellites and Launcher“

Flight Global 25.7.1968: „British Satellite Launcher“

Flight Global 12.3.1970: „Black Arrows Suborbital Success“

Flight Global 3.9.1970: „Black Arrow finals“

Flight Global 5.7.1971: „The broken Arrow“

Flight Global 15.11.1971: „The Point of the Arrow“

IWM Fernsehdokumentation „Once we had a rocket“

OTRAG-Rakete

Die Geschichte der OTRAG und ihrer Rakete weicht in vielem von der anderer Träger ab. Zum einen, weil die Rakete komplett privat entwickelt werden sollte, was damals revolutionär war. Sie hatte eine komplett andere Konzeption als existierende Modelle und noch mehr als bei der Europa spielte die Politik eine große Rolle bei der Entwicklung. Aus Sicht eines Autors ist die Informationslage noch schwieriger. Es gibt praktisch keine fundierten Artikel über die technische Seite der Rakete, die meisten Angaben habe ich durch persönlichen Kontakt zu ehemaligen OTRAG Mitarbeitern erhalten. Die komplette Rakete erreichte nicht mal das Projektstadium.

Die Entstehung der OTRAG

Hinter der OTRAG (**O**rbitale **T**ransport und **R**aketen **A**ktien**g**esellschaft) steht vor allem ein Mann: Lutz Thilo Kayser. Lutz Kayser (geboren 1939) beschäftigte sich schon als Jugendlicher mit Raketen und studierte unter Eugen Sänger an der Stuttgarter Universität Luft- und Raumfahrttechnik. Lutz Kayser gehörte seit 1954 der Gesellschaft für Weltraumforschung (GfW) als Mitglied an.

Lutz Kayser gehörte einer studentischen Vereinigung von Raumfahrtbegeisterten an und entwickelte Raketentriebwerke auf dem Hof seines Vaters, der Direktor der Südzucker AG war. Es befand sich dort ein 5 m hoher Prüfstand für Triebwerke. Später wechselten sie in einen nahegelegenen Steinbruch. Die Gruppe wurde von Irene Sänger-Bredt, der Ehefrau von Eugen Sänger betreut.

Den ersten Schritt zu einer Trägerrakete tat Lutz Kayser 1971. Er gründete mit einem Kapital von 20.000 DM die Technologieforschung GmbH, die in Stuttgart ihren Firmensitz hatte. Im Sommer 1971 vergab das Bundesforschungsministerium Deutschlands Aufträge an Firmen, die einen alternativen Plan für eine preiswerte Alternative zur Europa III B Rakete (aus der später die Ariane hervorgehen sollte) ausarbeiten sollten. Die neue Rakete sollte im Einsatz billiger als die Europa II sein und die Entwicklungskosten von 2 Milliarden DM für die Europa III unterbieten. Neben den beiden damals schon etablierten Firmen ERNO, Dornier und MAN war die Technologieforschung GmbH als Neuling dabei. Jeder der Aufträge war mit 250.000 DM honoriert. Die Konzepte von ERNO und MAN sahen Einsparungen von 10-20% der Entwicklungskosten vor und verwendeten weitgehend Teile, die schon im Europa Programm entwickelt wurden. Der Vorschlag der Technologieforschung GmbH dagegen vertritt ein radikal neues Konzept: Die Trägerrakete soll aus sechs identischen Modulen in der ersten Stufe bestehen. Jedes Modul würde mit 36 Triebwerken ausgestattet, die mit einfachen Treibstoffen wie Heizöl und Salpetersäure arbeiten. Die zweite Stufe bestünde dann aus einem Modul. Die Steuerung in der Nick- und Gierachse würde durch das Herunterregeln des Schubs eines der Außentriebwerke geschehen.

Die Abbildung oben zeigt einige Konfigurationen, die damals noch die Coralie Stufe der Europa I+II als Oberstufe einsetzten. Dieses Konzept hätte nach Ansicht der Technologie Forschungs-GmbH die Entwicklungskosten von 2.000 auf 500 Millionen DM reduziert. Dies war das erste Konzept von Lutz Kayser, dass er später perfektionierte.

Lutz Kayser bekam zusätzlich zu den anfänglichen 250.000 DM für die Studie weitere Mittel des Bundesforschungsministeriums, insgesamt 3,57 Millionen DM bis 1974 um das Konzept zu perfektionieren und ein Triebwerk zu entwickeln. Dann beteiligte sich Deutschland bei der Entwicklung von Ariane und das Konzept war für das Forschungsministerium uninteressant geworden. Sie lässt trotzdem das Konzept prüfen. So kam ein 1975 fertiggestelltes Gutachten der Deutschen Forschungs- und Versuchsanstalt für Luft- und Raumfahrt (DFVLR, Vorgängerin des DLR) zu dem Ergebnis, dass die OTRAG selbst bei drei Abschüssen im Jahr und einem von ihr selbst geschätzten Rohgewinn von 10 Millionen Mark pro Start niemals schwarze Zahlen schreiben könne, da allein die Pacht für das Territorium in Zaire jährlich 75 Millionen Mark koste.

Während dieser Zeit gab es schon Tests des Triebwerks. In Lampoldshausen wurden zuerst am Prüfstand P1, dann am Prüfstand 2.2 einzelne zuerst einzelne Triebwerke, dann ein Modul (mit den Tanks) getestet. Dabei zeigte sich, dass der Druck im Treibstofftank sehr stark schwankte, was zu dessen Verformung führte. Dies sollte später zu einer Revision von Kaysers Konzept führen. Durch von Mitarbeitern des Teststands von Hand angefertigten Ventilen konnte der Schub auf die Hälfte gesenkt werden. 1970 wurde mit Tests begonnen, 1972 erstmals mehrere Triebwerke gebündelt. Bis zu sechs Triebwerke wurden zusammen getestet. Die Tests in Lampoldshausen wurden bis 1980 fortgesetzt. Nur Starts konnten nicht von Deutschland aus erfolgen.

1971 und 1974 veröffentlichte Kayser zwei Aufsätze, die sich mit diesem Konzept befassten. Im Jahre 1973 veröffentlichte Frank Wukasch, der Vize nach Kayser, seine Diplomarbeit, die sich mit der numerischen Simulation der Vielfachbündelung beschäftigte.

Lutz Kayser versuchte nun die Rakete ohne staatliche Unterstützung zu bauen und gründete die OTRAG. Nun endeten die Veröffentlichungen in Fachzeitschriften und außer von der OTRAG gab es keine Informationen zu der Rakete mehr. Die Abkürzung OTRAG wurde am 17.10.1974 mit einem Stammkapital von 1 Million DM gegründet. Das Konzept für die Firma machte Kayser mit einem Schlag reich: Die Ergebnisse, die aus der vom BMFT finanzierten Forschung resultierten, verkaufte Kayser für 150 Millionen DM an die OTRAG (der er vorstand) und lies sich sogleich 20 Millionen auszahlen und die restliche Summe wurde als Kredit an die OTRAG vergeben, der abgelöst werden sollte, wenn Einnahmen aus der Firma sprudelten. Ein genialer Coup! Er brauchte nun nur noch genügend Gesellschafter, die bereit waren 150 Millionen zu zahlen für eine Forschung, die der Bund vorher mit einem 40-stel der Summe finanziert hatte. Dies gelang mit einer Kuriosität des damaligen deutschen Steuerrechts: Da die Firma praktisch von Anfang an nur Verluste machte, konnten Investoren die Einlage als Verluste verbuchen. Kayser lies seine Firma durch ein Gespann von zwei hessischen Finanzbeamten Reinhold Höck und Georg Bader prüfen und lud sie persönlich zu Tests nach Lampoldshausen ein. Höck bestätigte am 21.10.1974 und (nach der Pacht des Startgeländes) am 1.6.1976 zwei Konzepte der Firma, die einen Finanzbedarf von 714.440.400 DM vorhersahen und damit die Verlustzuweisungen rechtfertigten. Es waren nicht die einzigen Firmen, die sich speziell bei diesen Finanzbeamten registrieren ließen, denn das Gespann schuf so etwas wie eine Steueroase in Offenbach. Bis 1977 wurden Verlustabschreibungen in der Höhe von 215.604.438 DM verbucht, dem Bund sollen bis zum November 1983 so 72,417 Millionen DM an Steuereinnahmen entgangen sein. Die Beamten schöpften nicht mal Verdacht angesichts der juristischen Konstruktion der OTRAG. Denn die stillen Gesellschafter dürften nur bis zu 300 Millionen DM einzahlen, die Firma gehörte aber Kayser (zu 74%) und dem Frankfurter Speditionskaufmann Karl Eberhard Press zu

26%. Ihnen fiel nicht mal die Differenz der Begrenzung des Kapitals auf 300 Millionen DM und dem geschätzten Finanzbedarf von 714 Millionen Mark auf.

Bis zum Juni 1978 hatte Lutz Thilo Kayser insgesamt 95 Millionen DM von nicht weniger als 1.150 Gesellschaftern, vor allem Angestellten und Beamten akquiriert. Darunter prominente Namen wie der Quizmaster Wim Thoelke und der Verleger Ernst Klett. Dies gelang, weil es durch das Steuerrecht Verlustzuweisungen von bis zu 275 Prozent gab. Anders ausgedrückt: Solange die OTRAG nur Verluste machte, konnten die Investoren einen Verlust von 275 Prozent des eingesetzten Kapitals steuerlich geltend machen. Wer einen Einkommenssteuersatz von mehr als 37 Prozent hatte, machte einen Gewinn. Viele Investoren sahen die OTRAG daher auch als Verlustabschreibungsgesellschaft und der Vorwurf, es ging eigentlich gar nicht darum einen Satelliten in den Orbit zu bringen, verfolgte Kayser und die OTRAG.

Von den Hochschulen holte Lutz Kayser etwa 40 Ingenieure frisch vom Studium weg und als Aufsichtsratsvorsitzenden gewann er nach einem achttägigen Klausurgespräch Kurt Debus, ehemaliger Leiter der Kennedy Space Center von 1962-1974. Er stand ab 1976 als Aufsichtsrat der OTRAG vor. Ende 1980 schied Debus aus der OTRAG aus, offiziell, weil diese nun in Libyen Starts vorbereitete und dadurch seine Pension, die er von der NASA erhielt, gefährdet gewesen wäre. (Debus war US-Staatsbürger und dürfte daher nicht Aufsichtsratsvorsitzender eine Firma sein, die mit Libyen Geschäfte macht). Inoffiziell wollte er nichts mit „einer Klitsche“ zu tun haben, die Ghaddafi unterstützt. Mit ihm verließen auch andere Mitarbeiter die Firma.

Kurt Debus verlieh der OTRAG die nötige Glaubwürdigkeit. Als sich Debus zurückzog, wurde Lutz Kayser Aufsichtsratsvorsitzender der OTRAG und sein Stellvertreter Frank Wukasch Vorstandsvorsitzender. Wukasch wurde von OTRAG-Mitarbeitern und Kayser als „Hochstapler“ und seine Aussagen „nicht zuverlässig“ bezeichnet.

OTRAG und die Politik

Recht bald bekam die OTRAG das Geld für die weitere Entwicklung zusammen. Die wichtigsten Personen in der OTRAG waren nach Lutz Kayser (Vorstandsvorsitzender) Frank Wukasch (Vorstandsassistenz und Nachfolger im Vorstand), Bayer (Fertigung), Mok (Flugmechanik ab 1980), Bierling (Telemetrie), Niviadomski (Elektronik), Statezny (Triebwerksentwicklung und Startanlagen), Ziegler (Startleitung). Rechtlich war die OTRAG eine Aktiengesellschaft, doch ohne Aktien, sondern in den Händen von etwa 1.000-2.000 stillen Gesellschaftern. Kayser hatte Anrecht auf 3-5% des Reingewinns. Von 1974-1976 entwickelte man die Triebwerke und Module. Die Tests fanden in Lampoldsheim statt, das recht froh war, da man dort neue Prüfstände für die Europa III in Betrieb genommen hatte und nach Ende des Programms es keine Arbeit gab. Gleichzeitig suchte man nach einem geeigneten Startgelände. Schon zu dieser Zeit gab es Widerstände seitens der etablierten Konzerne und Wissenschaftler gegen das Konzept. MBB schickte damals einen ihrer besten Leute, Dieter Koelle, auf Vortragsreise um gegen das Konzept zu wettern. Andere vertraten die Ansicht, selbst wenn die Rakete erfolgreich fliegen würde, wäre sie nicht wirtschaftlich, angesichts der Entwicklung des Space Shuttles, der ab 1980 den Raumtransport revolutionieren sollte.

Ein Start in Europa schied wegen der Bevölkerungsdichte von vorneherein aus. Die Tests der Triebwerke erfolgten in Lampoldshausen, ebenso zehn Tests von kompletten Modulen. Kayser trat 1975 in Verhandlungen mit mehreren äquatorial gelegenen Staaten über einen Startplatz (Zaire, Brasilien, Uganda, Singapur, Nauru). Auch versuchte man über Debus einen Start von den USA aus zu erreichen, jedoch ohne Erfolg. Ideal wäre nach Kaysers Vorstellungen ein Start in Indonesien gewesen, da es ein äquatoriales Gebiet aus vielen Inseln ist, in dem die Raketenstufen ins Wasser fallen würden. Gegen Indonesien sprach vor allem die große Entfernung von 14.000 km zu den Produktionsstätten der Rakete in Baden Württemberg.

Kayser bekam nach einem halbstündigen persönlichen Gespräch eine Zusage vom Diktator Mobutu, Staatschef in Zaire (heute Demokratische Republik Kongo). Den Kontakt hatte ein Kaufmann vermittelt und im November 1975 trafen sich Kayser und Mobuto zu einem Gespräch. Ein Vertrag wurde am 9.12.1975 abgeschlossen und am 24.3.1976 veröffentlicht. Er soll sich an dem 1903 abgeschlossenen Vertrag über die Pacht des Panamakanals durch die USA orientiert haben. Die OTRAG pachtete ab 1976 ein 100.000 km² großes Startgelände in der Provinz Shaba bis zum Jahr 2000. (100.000 km entspricht fast der Größe der früheren DDR). Die Größe war nach Kaysers Angaben notwendig, um zu gewährleisten, dass die ausgebrannten Stufen bei äquatorialen, wie polaren Starts, in unbewohntes Land fielen. Als Gegenleistung waren 5% des Reingewinns an Mobutu zu zahlen und ein Aufklärungssatellit für Zaire umsonst zu starten. Dieser sollte es erlauben, mit einem Teleskop jeden Punkt in Zaire mit 1 m Auflösung in Echtzeit zu erfassen. Es ist angesichts des technologischen Standes von Zaire offen, ob es jemals dazu gekommen wäre, selbst wenn die OTRAG-Rakete einsatzfähig gewesen wäre. Manche Quellen sprechen auch davon, dass die folgende Intervention der Sowjets wegen dieses Aufklärungssatelliten erfolgte, da damit das Monopol der Supermächte gebrochen worden wäre und insbesondere Zaires Nachbar Angola sozialistisch regiert wurde.

Andere Quellen sprechen auch von einer festen Jahrespacht von 25 Millionen Zaire, 58 bis 62,5 Millionen DM, die zinslos gestundet wurde, bis die Firma Gewinn machte. Die Pacht ermöglichte neue Möglichkeiten der Steuerabschreibung. Höck und Bader bewilligten, obwohl die Pacht erst später zu zahlen ist, jährliche Verlustabschreibungen in Höhe von 58 Millionen Dollar für die stillen Gesellschafter der OTRAG. Da Mobotu sich persönlich bereicherte, während Zaire verarmte, spricht viel dafür, dass er nur eine hohe Pacht und diese auch sofort haben wollte und nicht an einem Satellitenstart interessiert war. Der Pachtvertrag war unkündbar und beinhaltete Rechte, die weit über die Polizeigewalt hinaus gingen, wie die Möglichkeit Einwohner umzusiedeln oder alle Bodenschätze auszubeuten.

Zaire bot ideale Voraussetzungen für den Start in geostationäre Bahnen, da es am Äquator liegt. Startgelände war ein 1.300 m hoch gelegenes Hochplateau am Luvua Fluss. Die Startplattform befand sich am Rande eines mehrere hundert Meter abfallenden Kliffs. Doch zuerst musste das Gelände erschlossen werden. Das Erste, was man baute, war daher eine Landepiste für Flugzeuge. Sie ist bis heute auf Satellitenfotos noch zu sehen. Daneben sollen über 200 km Straßen und Brücken entstanden sein.

Seit Ende 1976 gab es eine 2.100 m lange und bis zu 40 m breite Landepiste und es hielten sich etwa 10-20 Techniker permanent in Shaba auf. Sie wohnten weitgehend unter primitiven Bedingungen in Zelten. Die meisten waren keine Raketenspezialisten, sondern Maurer und Zimmerleute, welche erst einmal die benötigte Infrastruktur errichteten. Die OTRAG entwickelte sich zum wichtigen Arbeitgeber für das nur dünn besiedelte Gebiet mit etwa 100.000 Einwohner in dem Pachtgelände und beschäftigte bis zu 450 Eingeborene. Zwei ausgemusterte britische Argosy Flugzeuge transportierten Material nach Zaire. Dazu gründete man eine eigene Tochterfirma namens OTRAS (OTRAG Range Air Service). Die OTRAG bezog sogar deutsche Entwicklungshilfe für die gebaute Infrastruktur. Drei ehemalige Fremdenlegionäre bewachten das Gelände und bildeten eine 30-köpfige Schutztruppe aus.

Im Westen wurde zweierlei an dem Deal bemängelt. Zum einen das sich Kayser mit dem Diktator Mobutu einließ, anstatt sich ein Startgelände in einem demokratisch regierten Land zu suchen. Zum andern wurde bemängelt, dass die OTRAG in dem Gebiet Rechte hatte, die eigentlich sonst nur dem Staat zufielen, wie z. B. Einwohner umzusiedeln. Es war die Rede von "modernem Kolonialismus". Was tatsächlich dahinter stand, war das Recht, Buschmänner, welche sich vor dem Start dem Startgelände näherten, aufzugreifen, und in Sicherheit zu bringen. Wie die OTRAG mit 40 Angestellten ein Gebiet von 100.000 km² "kolonialistisch" verwalten sollte, wurde nicht erörtert. Doch in den umgebenden Staaten sah man es anders und es begann langsam zu gären.

Der erste Start eines Moduls fand am 17.5.1977 statt. Diese erste Rakete hatte vier Module von jeweils 6 m Länge. Sie erreichte 10 km Höhe und schlug 4-6 km vom Startplatz entfernt auf. Es gab daraufhin massiven politischen Druck aus Südafrika, der DDR und der UdSSR. Die Prawda und TASS hetzten im Herbst 1977 mehrfach gegen die OTRAG. Diese würde im Auftrag von Deutschland Trägerraketen für nukleare Waffen entwickeln, und da bei der OTRAG Debus arbeitete, der schon an der A-4 in Peenemünde gearbeitet hatte, blieb natürlich auch der Nazivorwurf nicht aus. Unbestätigten Berichten zufolge sollen die Sowjets sogar eigens die Beobachtungssatelliten Kosmos 922 und 932 gestartet haben, um den OTRAG-Startplatz zu fotografieren. Die Bahnen beider Satelliten führten bei besten Sichtbedingungen zumindest über Zaire. Nach Ansicht des Autors wäre es aber viel einfacher gewesen, vom kommunistisch regierten Nachbartsaat Angola mit Flugzeugen Aufklärung zu betreiben und Kayser berichtete auch von MIG-23, die in niedriger Höhe über den Startplatz flogen.

Kayser betonte zwar immer, dass die OTRAG als militärisch genutzte Rakete ungeeignet wäre, weil sie eine zu geringe Zielgenauigkeit aufweisen würde, doch geglaubt hat ihm dies keiner. Zudem benötigte eine OTRAG-Rakete Startvorbereitungen, die sich über Stunden hinweg ziehen. Auf eine entsprechende Anfrage des MdB Norbert Gansel antwortete die

Bundesregierung im Jahr 1978: "*Nach unseren Feststellungen ist die Rakete aufgrund ihrer Konstruktionsmerkmale für militärische Zwecke nicht geeignet*". In einem Interview mit der Zeitschrift "Transatlantik" revidierte Kayser 1980 dieses Urteil und gab an, dass die Rakete zwar nicht sofort startbereit wäre, aber viel zielgenauer als eine Feststoffrakete, weil sie steuerbar wäre.

Der zweite Start am 17.5.1977, der erste bei Nacht, war ebenfalls erfolgreich. Nach OTRAG Angaben erreichte der Träger 30 km Höhe. Inzwischen war die OTRAG international bekannt. Im März 1978 berichtet sogar der „Playboy“ über die Firma. Ted Szulc schrieb die OTRAG entwickele eine "V3" gegen andere afrikanische Staaten.

Zum dritten Start reiste Mobutu selbst an. Wie meistens bei Vorführungen ging dieser Start am 5.6.1978 schief. Die Rakete begann schon kurz nach dem Start sich zur Seite zu drehen und schlug bald darauf wieder auf dem Boden auf. Die Ursache war ein Ventil, das in der 40% Einstellung hängen blieb und dadurch zu einer Schubasymmetric führte. Schuld daran war das durch Verspätung von Mobuto die Rakete über Stunden startbereit stand und der Druck in den Tanks das Ventil festklemmte.

Die OTRAG war nur ein Bauer im Schachspiel des kalten Kriegs. Zaire war damals eines der wenigen westlich orientierten Länder in Afrika und mit der OTRAG und der angeblichen Bedrohung der Nachbarstaaten durch Raketen wollte Russland Stimmung gegen den Westen machen. Auch die DDR startete eine Hetze gegen die OTRAG. Mit der Firma wolle Deutschland das im Kontrollratsgesetz Nr. 25 festgelegte Verbot der militärischen Raketenentwicklung in Deutschland umgehen. Nur legte das Gesetz auch ein Verbot der militärischen Flugzeugforschung fest, an das sich dreißig Jahre später weder Ost noch West hielten.

Die russische Propaganda erzielte Wirkung. Am 5.4.1978 intervenierte das sozialistisch regierte Angola bei der UN wegen einer neuen Welle "zairischer Angriffe". Im selben Monat veröffentlichte Nigerias größte Tageszeitung "Daily Times" einen Artikel, der von der Bedrohung von Anrainerstaaten durch zairische Raketen sprach. Am 1. Juni 1978 sprach der Premierminister von Angola von einer Bedrohung seines Landes durch den "westdeutschen Raketentestplatz". Als Helmut Schmidt im Juni 1978 durch Afrika tourte, hörte er überall Beschwerden über die OTRAG. Im August 1978 zitiert der „Spiegel“ Bundeskanzler Helmut Schmidt mit den Worten: „Ich könnte dem Kerl den Hals umdrehen". Im Herbst 1978 soll Breschnew persönlich bei Helmut Schmidt vorstellig geworden sein.

Kayser vertritt die Meinung, dass Bundeskanzler Schmidt persönlich Mobutu genötigt habe, den Pachtvertrag zu lösen. Mobutu sollte umfangreiche Kompensationen in Form von Entwicklungshilfe (10,5 Millionen DM) bekommen. In jedem Falle versuchte die Bundesregie-

rung der OTRAG das Leben schwer zu machen. Die 36.te Änderung der Ausfuhrliste bedeutete, dass nun jede Rakete und jedes Bauteil genehmigt werden muss. Man beschloss die Steuerschlupflöcher zu schließen, erreicht das jedoch erst in den Achtzigern.

Egal was der Auslöser war, (1977/78 gab es auch den Katanga Aufstand von Angola kommend, in dem Gebiet in dem die OTRAG ihre Startbasis hatte) Mobutu kündigte den „unkündbaren“ Vertrag am 15.4.1979. Die OTRAG musste Zaire verlassen. Es war aber kein Rausschmiss, sondern man konnte das gesamte technische Gerät auszufliegen. Man verlor aber viel Geld, das man in die Infrastruktur investiert hatte. Die OTRAG brauchte nun dringend neue Finanzmittel.

Sieben OTRAG-Mitarbeiter kamen im Sommer 1979 bei einem Betriebsausflug, die Frank Wukasch als "Spritztour auf eigene Faust“ bezeichnete, am Luvua Fluss ums Leben. Sie erkundeten den Fluss zwar aus der Luft, verloren aber am Boden die Orientierung. Sie starben, als sie ohne Schwimmwesten und andere Sicherungsmaßnahmen in einem Schlauchboot den Fluss befuhren und bei einer falschen Abzweigung über einen 30 m tiefen Wasserfall herabstürzten und dabei ertranken. Zumindest einige Hinterbliebene äußerten gegenüber dem Autor Zweifel an dieser offiziellen Version.

Die optimistischen Pläne, die für 1979 einen Start einer zweistufigen Rakete und 1980/81 für einen orbitalen Test vorsahen, waren nun nicht mehr zu halten. Frank Wukasch trat erneut in Verhandlungen mit Brasilien und suchte nach einer Insel im Pazifik, die als Startbasis dienen könnte. Zeitweilig wurde sogar der Start von einem 20.000 t Schiff (einem Vorläufer von Sealaunch) erwogen, aber als zu teuer aufgegeben. In einem Interview gab Wukasch an, dass man mindestens 6-12 Monate durch den Verlust des Startplatzes verloren habe. Finanziell verschärfte dies die Situation und Kayser strich alle Pläne für größere Module und konzentrierte sich auf Starts die auch einen militärischen Nutzen versprachen und fand so in Gaddafi einen neuen Gönner.

Man fand ein neues Startgelände bei Tawiwa, 600 km südlich von Tripolis. Im Januar 1980 wurde man mit Ghaddafi einig. Er überwies sofort 1,5 Millionen DM als „Umzugskosten" und stellte weitere 100 Millionen in Aussicht. Libyen wurde nach Angaben Kaysers gewählt, weil es durch seine Erdölvorkommen unabhängig war. Doch dem Ruf von Kayser und der OTRAG war es noch weniger zuträglich als Zaire.

Schließlich regierte schon damals Gaddafi. Er verfolgte damals einen anti-westlichen Kurs. Es gab im August 1981 Duelle zwischen libyschen Jagdfliegern und der US-Navy. Die Nachbarstaaten fühlten sich bedroht von Libyen und schossen deren Aufklärungsflugzeuge über ihrem Territorium ab. Die wichtigen Figuren der OTRAG landeten auf Listen der CIA und anderer Geheimdienste und der Druck auf die Bundesregierung wurde noch größer – diesmal nicht vom Osten, sondern dem verbündeten Frankreich und den USA. Man befürchtete die OTRAG würde für den Diktator Kurz- und Mittelstreckenraketen bauen. Mit dem Umzug nach Libyen verschwand auch die OTRAG aus der Öffentlichkeit. Es wurden nichts mehr über die Testflüge veröffentlicht.

Im August 1980 vereinigte man Produktionsstätten in Stuttgart-Vaihingen und die Verwaltung in Neu-Isenburg zu einem neuen Werk in Garching bei München. Es war ein viel zu großes Areal für eine Firma, die nur etwa 40 Mitarbeiter hatte. Angeblich soll Franz Josef Strauß die Firma eingeladen haben, um den Technologiestandort aufzuwerten. Inoffizieller Grund des Umzugs war die ausstehende Grund- und Gewerbesteuer in eine Höhe von 1,3 Millionen DM, die man der Stadt Stuttgart schuldete. Es war billiger umzuziehen. Jeder Mitarbeiter bekam 10.000 DM für den Umzug.

Das war das erste Indiz, das die finanzielle Lage prekär war. OTRAG hatte neben der OTRAS auch Tochterfirmen in Frankreich (OTRAG France), zeitweise in Zaire (OTRAG Zaire). Geplant war auch eine USA-Niederlassung. Kritiker sprachen von einer Manie von Kayser, denn bevor man überhaupt einen einsatzfähigen Träger hatte, machten die Niederlassungen keinen Sinn. Wukasch führte bei 31. IAA Kongress im September 1980 einen 25-Minuten-Film über die OTRAG vor und warb um neues Kapital, nachdem die Entwicklung schon 145 Millionen DM verschlungen hatte, und er schätzte, dass man 660 Millionen brauchte bis zu einem Start einer Orbitalversion. 10-12 orbitale Starts sollte es zwischen 1984-1990 geben. 1981 sollte es einen Test mit einer zweistufigen Version geben, 1982 einen Start mit 48 Modulen und 1984 sollte die größte Version mit 10 t Nutzlast zur Verfügung stehen.

Der Grund für das Engagement in Libyen war laut Kayser die Möglichkeit für geringe Summen gegen Personenschäden haftpflichtversichert zu sein. Der Weltraumvertrag schreibt eine Haftpflichtversicherung von 200.000 $ pro Person vor und die Sahara ist eines der am wenigsten bevölkerten Gebiete der Erde. Auch hoffte man so, den Aufklärungssatelliten der Sowjets zu entgehen.

Andere Quellen hingegen sprechen davon, das er sich zumindest erhoffte ein Geschäft mit dem libyschen Militär zu machen. Schon beim ersten Start am 3.3.1981 waren libysche Generäle anwesend. Kayser räumt ein, dass das Militär Interesse hatte und auch versuchte, auf die Starts Einfluss zu nehmen. Ob die Wahl von Libyen eine Dummheit war, oder sich Kayser Mittel von Libyen versprach, wird wohl nicht zu klären sein. In jedem Fall vergrößerte er die Schwierigkeiten der OTRAG im Inland. In einem Interview gab, Kayser unumwunden zu, dass er meinte, dass man nicht die Proliferation von Hochtechnologie in Entwicklungsländer verhindern könnte und er keine Probleme hätte, seine Technologie weiterzugeben. Im Nachhinein räumt Kayser ein, dass der Pazifik für Starts wohl besser gewesen wäre. Das Startgelände befand sich bei einer Oase in der Sahara, 600 km südlich von Tripolis und trug den Namen "Camp Tawiwa". Es war gelegen bei 27° 02' 00" Nord und 14° 26' 00" Ost.

In Libyen fanden wie in Zaire nur Starts von kleineren Modulen statt. Man ging ab dem 7.ten Start (dem vierten in Libyen) sogar von vier Triebwerken auf eines zurück. Von einer Erhöhung der Bündelung auf 16 und 32 Triebwerke, Start einer zweistufigen Version war nicht mehr die Rede. Laut Kayser, um die Einflussnahme durch libysches Militär zu verringern. Es ging nach Lutz Kayser nun darum die Parameter eines Moduls zu optimieren und um Kosten zu sparen, betrieb man nur einen Motor pro Versuch.

Der erste Start von Libyen aus fand am 3.3.1981 statt. Über ihn gibt es unterschiedliche Berichte. Kayser selbst bezeichnet ihn als vollen Erfolg. (Allerdings bezeichnet Kayser auch den Fehlstart zuvor als 50% Erfolg). Der OTRAG-Ingenieur Christoph Gleich berichtet dagegen,

dass sich die Rakete nach 21 Sekunden auf die Seite gelegt habe, weil die zylinderförmige Nutzlast wohl zu schwer war. Verlautbart wird nach dem Start, dass die getestete 4-Modul Version eine Nutzlast von 400 kg in 80 km Höhe und eine von 100 kg in 230 km Höhe bringen kann. Kayser gibt insgesamt 14 Starts an, die erfolgten, solange er noch bei der OTRAG war. Doch verifizierbar sind diese nicht, da nun die Öffentlichkeit ausgeschlossen war.

Im Frühjahr 1981 gab es Berichte in marokkanischen Tageszeitungen und der New York Times, dass Libyen und die OTRAG einen Vertrag über die Lieferung von Mittelstreckenraketen abgeschlossen hätten. Die OTRAG dementierte die Existenz eines solchen Vertrages. Der Space Digest (Vorläufer der heutigen RSS-Feeds) meldet am 29.12.1981, dass die OTRAG ihre Aktivitäten in Libyen für zwei Monate eingestellt hat, weil es interne Auseinandersetzungen gab.

Die Geschichte der OTRAG in Libyen ist auch heute noch ein rätselhaftes Kapitel. Nach Darstellung von Herrn Kayser wählte er Libyen, „weil die libysche Regierung anders als viele andere nicht erpressbar ist". Diesen Schluss zog er nach der Ausweisung aus Zaire. Ein anderes Argument sollte die relativ günstige Haftpflichtversicherung für Personenschäden sein. In Libyen wurde er damit konfrontiert, dass das Militär sich für seine Raketen interessierte. Als Folge wurden dann nur noch Starts mit einem Modul gemacht. Als sich Kayser weigerte, zu einer zweistufigen Version überzugehen, wurde er enteignet. Soweit die Schilderung Kaysers. Es gibt aber noch Starts nach dem Abzug der OTRAG, die von ihm dokumentiert sind. Er wohnte mindestens zehn Jahre in Tripolis, forschte dort und bekam eine Professur. Das alles passt nicht zu der Story der Enteignung. Nach der „Konfiskation" wurden etwa 20 Ingenieure und Techniker von den Libyern weiterbeschäftigt und bezahlt.

Nach Angaben Kaysers fanden noch weitere, hier nicht aufgeführte, Starts statt. Diese wurden vom libyschen Militär durchgeführt. Die Frequenz nahm jedoch nach 1984 stark ab und der letzte Start soll 1987 erfolgt sein. Es soll seinen Angaben bei seiner „Enteignung" noch 400 Tankrohre gegeben haben, die dann wahrscheinlich nach und nach verfeuert wurden. Schräg gestartet unter einem Winkel von 71 Grad erreichten mit 50% Treibstoff beladene Raketen eine Reichweite von 50-70 km. In Libyen ging man bald zum Start von einzelnen Modulen über, obwohl diese aufwendiger zu fertigen waren (die beiden Tanks waren nun unterschiedlich lang und mussten durch eine eigene Trennplatte getrennt werde. Aber diese Regime passte besser zu dem späteren militärischen Einsatz.

Hier die Daten des 12.ten unter libyscher Regie gestarteten Moduls:

Ergebnisse Flug 12	20. Mai 1984	Einheit
Leermasse	185,00	kg
Treibstoff	240,00	kg
Länge Oxidatortank	4,34	m
Länge Treibstofftank	1,65	m
Oxidatortank Druck	37,00	bar
Treibstofftank Druck	40,00	bar
Oxidatortank Füllung	52,00	%
Treibstofftank Füllung	53,00	%
Startwinkel Vertikal	70,50	°
Startwinkel Azimut	216,00	°
Flugergebnisse		
Schub beim Abheben	3,00	t
Ausbrennen nach	32,00	sec
Ausbrennen bei	3,00	mach
Gesamtflugzeit	3,00	min
Aufschlag nach	50 - 70	km

Das Libyenabenteuer hatte Folgen. Nicht nur Außenpolitische, so beschwerte sich der ägyptische Außenminister in Bonn, sondern auch firmeninterne. Carl E. Press, der 26% der OTRAG hielt, betrieb die Entmachtung von Kayser. Den Gesellschaftern wurde eröffnet, dass die OTRAG zahlungsunfähig sei. Von dem Geld war nichts mehr übrig, stattdessen hatte die Firma Schulden in Höhe einer halben Milliarde Mark! Im September 1981 musste Kayser seinen Posten räumen und seine 74% der OTRAG an einen Treuhändler abgeben. Wukasch wurde neuer Vorsitzender und zog die OTRAG aus Libyen ab. „Was der in Libyen getan hat", so Wukasch, „konnte der Vorstand einer deutschen AG nicht tolerieren.". Es gelang die Gläubiger zu einem Verzicht von 70% der Forderungen (mithin 350 Millionen DM zu bewegen). Nur Zaire wollte noch 70 Millionen DM Pacht haben. Zähneknirschend zeichneten die stillen Gesellschafter für weitere 13,5 Millionen DM – wäre die OTRAG bankrottgegangen, so müssten sie die eingesparte Einkommenssteuer zurückzahlen.

Schließlich verließ Lutz Kayser die OTRAG. Am 4.10.1982 berichtet Aviation Week & Technologie, dass die OTRAG nun unter der alleinigen Leitung von Frank Wukasch versucht, ihr gestörtes Verhältnis zur deutschen Regierung zu bereinigen und sich nun auf die Entwicklung von Höhenforschungsraketen als Zwischenstufe zur Orbitalversion konzentriert. Eine einzelnes Modul kann 200 kg in 50 km Höhe bringen oder 30 kg in 90 km Höhe. Eine zweistufige Version mit sechs Modulen als Erster und einem Modul als zweiter Stufe soll 500 kg in 280 km Höhe oder 50 kg in 655 km Höhe bringen. Wukasch agierte intelligenter als Kayser. Kayser berichtete jedem der es wissen wollte (oder auch nicht) wie er von der deutschen Regierung verfolgt würde, anstatt eine Lösung abseits der Öffentlichkeit zu finden. Frank Wukasch wusste, dass ein Konfrontationskurs aussichtslos war, und wechselte die Firmenpolitik - zuerst einmal Zusammenarbeit mit Deutschland, indem man die OTRAG als Höhenforschungsrakete anbot. Folgende Varianten waren vorgesehen:

	1-6-P	3-9-P	4-9-P	3-6-P2	4-6-P2	6-9-P2
Module Stufe 1:	1	3	4	3	4	6
Module Stufe 2:	-	-	-	1	1	1
Gesamtlänge:	9,4 m	14,1 m	14,1 m	4,4 m	14,4 m	15,1 m
Durchmesser:	0,27 m	0,58 m	0,64 m	0,58 / 0,27 m	0,64 / 0,27 m	0,98 / 0,27 m
Nutzlastlänge:	1,4 m	3,1 m	3,1 m	1,4 m	1,4 m	4,0 m
davon zylindrisch:	0,5 m	1,1 m	1,1 m	0,5 m	0,5 m	1,5 m
davon Spitze:	0,9 m	2,0 m	2,0 m	0,9 m	0,9 m	0,9 m
Durchmesser Nutzlast:	0,27 m	0,64 m	0,64 m	0,27 m	0,27 m	0,98 m
Maximale Nutzlastmasse:	200 kg	250 kg	300 kg	250 kg	350 kg	500 kg

Doch es war zu spät für eine Kehrtwende. Das Programm tröpfelte langsam aus. Die Steuerbehörden und der Bundesfinanzgerichtshof sprachen der OTRAG die Gewinnerzielungsabsicht ab. Damit war die OTRAG für Anleger unattraktiv geworden, denn nun fielen die Verlustabschreibungen weg. Sofern der Wechsel nach Libyen die Anleger nicht vorher verprellt hatte, so kam die OTRAG nun auf jeden Fall nicht mehr an neues Geld. Die technische Entwicklung kam zum Stillstand.

Es kam dann noch zu einem Start unter Leitung von Frank Wukasch bei der ESA in Kiruna (Norwegen) im Jahre 1983. Dieser verlief nicht erfolgreich. Es wurden Experimente der RWTH und Uni München gestartet. Allerdings drang Luft durch eine Öffnung im Instrumentenbehälter ein, brachte die Rakete zum Drehen und zerbrechen. Kaysers Firma wurde im Jahre 1986 von den Gesellschaftern aufgelöst.

Bis dahin hatte die Trägerraketenentwicklung 173 Millionen DM verschlungen, davon jeweils 25% für die Aktivitäten in Zaire und Libyen. Lutz Kayser rechnete damit, dass die Entwicklung einer Trägerrakete mindestens 500 Millionen DM erfordert hätte. Diesen Mitteln standen 18 Starts von Raketen mit maximal 2,5 bis 10 t Schub gegenüber. Damit war die OTRAG-Entwicklung um einiges ineffektiver als die Entwicklung bei der Ariane. Der Mittelfluss ist enorm hoch, für eine Firma mit niemals mehr als 40 Angestellten. Dafür verfügte Lutz Kayser über einen Privatjet mit Piloten, eine Villa an der Costa Esmeralda und ein Motorboot. Selbst wenn alles nur gemietet war, kann man aus Artikeln der siebziger Jahre entnehmen, dass Herr Kayser auf sehr großem Fuß lebte.

Die Behörden der Schweiz und Australiens verhängten 1997 ein Einreiseverbot gegen Lutz Kayser. Sie beriefen sich dabei auf eine schriftliche Vereinbarung zwischen libyschen Stellen und Kayser, die ihnen der CIA zugespielt hatte. Daraus gehe hervor, dass Kayser noch immer an Gaddafis Raketenprogramm mitarbeite. Offiziell arbeitete Lutz Kayser an der Entwicklung von Aufwindkraftwerken. Er hatte 2002 den Grad eines Professors inne und war Direktor Technical Education an der Libyschen Akademie der Wissenschaften.

Im Jahre 2001 kam die OTRAG nochmals indirekt in die Schlagzeilen, als ein ehemaliger Mitarbeiter der OTRAG wegen illegaler Lieferungen von Raketenteilen in den Jahren 1991 bis 1996 verurteilt wurde. Diese stehen jedoch in keinem Zusammenhang zur OTRAG und fanden erst nach Ende der Versuche in Libyen statt.

Kayser verfolgte weitere theoretischen Arbeiten am Trägersystem mit physikalischer Grundlagenforschung (Berechnung von atomaren und Nanostrukturen und deren Dynamik), solarer Seewasserentsalzung und atmosphärischen Aufwindkraftwerken. Danach lebte er für einige Jahre in San Mateo in Florida. Er ist CEO und Präsident der Firma "von Braun Debus Kayser Rocket Science LLC", ansässig in Wilmington, Delaware, USA. Er versucht seitdem, die Technologie der OTRAG in den USA zu vermarkten. Nach Auskunft von Kayser war es von Brauns und Kurt Debus Ziel die Technologie in die USA zu bringen und daher hat er diesen Namen für die Firma verwendet.

Das Gesellschaftsrecht im Bundesstaat Delaware / USA ist für Unternehmensgründer und -betreiber das günstigste innerhalb der Vereinigten Staaten. Delaware hat bei 700.000 Einwohnern 200.000 registrierte Gesellschaften. Google, Apple und viele andere Firmen sind deswegen in Delaware registriert. Der Bundesstaat ist eine Steueroase innerhalb der USA. Eine LLC (Limited Liability Company) ist eine besonders günstige Form einer "Einpersonengesellschaft", bei der vor allem die Registrierungsgebühren sehr gering sind.

Die von Braun Debus Kayser Rocket Science LLC ist nach Kaysers Angaben daher zunächst nur ein Mantel zur Übertragung der Lizenzrechte in die USA für die eventuelle zukünftige Einführung der CRPU-Massenfertigung und ihrer kommerziellen Verwendung in Raumfahrt-Trägerraketen. Kayser gibt an, nicht von der OTRAG für seine Erfindungen ausbezahlt worden zu sein und noch das Recht an ihnen zu besitzen. Frank Wukasch, Nachfolger von Kayser im Vorstand der OTRAG vertritt dagegen die Ansicht, dass die Rechte an den Entwicklungen der OTRAG noch immer bei den Gesellschaftern der OTRAG liegen. Da es die OTRAG nicht mehr gibt, ist diese Frage aber nur von akademischen Interesse.

Im Juni 2005 gab die kleine Firma Armadillo Aerospace, die damals an LOX/Ethanol angetriebenen suborbitalen Systemen für bemannte Flüge arbeitete, bekannt, dass Lutz Kayser ihnen einen Einspitzkopf für ein Triebwerk überlassen hat und Sie von dem Konzept begeistert sind. Allerdings wollen Sie es mit Wasserstoffperoxid / Kerosin probieren, eine Treibstoffkombination, die nicht viel besser als Salpetersäure/Kerosin ist, aber dafür eine geringere Dichte hat, also eher ein Rückschritt, als ein Fortschritt. 2007 hielt Kayser sich auf den Marshallinseln auf.

Im Jahre 2008 vermeldete die Firma Interorbital, dass Kayser sie bei der Antriebstechnik berät. Ihre neue Klasse von "Neptun" Raketen verwendet die OTRAG-Triebwerke und das Modulkonzept, soweit die veröffentlichten Daten dies erkennen lassen. Es gibt nur kleinere Änderungen. So ist nun die Form der Rakete kleeblattförmig und die erste Stufe wird in Form von Außenbündeln abgeworfen. Die zweite und dritte Stufe scheinen nun echte Düsen aufzuweisen. Die Brennkammer soll nun aus CFK-Werkstoffen bestehen. Der Schub liegt in der Region, in der man schon bei der OTRAG war: anfangs 6.000 Pfund, rund 27 kN. Später spricht die Firma von 7.500, 10.000 und 15.000 Pfund Schub (bis 67 kN). Die Tanks verwenden Aluminium für die Abschlüsse und CFK-Werkstoffe als Verstärkung für den Mantel. Der Einsatz von CFK-Werkstoffen ist eigentlich ein Widerspruch zu Kaysers Konzept, denn zwar sind diese zwar leicht und belastbar (keramische Werkstoffe auch hochtemperaturbeständig), aber nicht gerade billig. Der Treibstoff sind nun natürliche Öle, die hypergol mit der Säure reagieren. Videos zeigen Testläufe (allerdings nur über 9 Sekunden Brennzeit) und einen Start eines CRM (offensichtlich in 6 m Konfiguration), wobei dieses aber vom Start weg sich neigt. Auch hier brannte das Modul nur einige Sekunden lang.

Dabei scheint die Nutzlast beträchtlich gesteigert worden sein - ein 33 CRPM Träger "Neptun 1000" hat eine Nutzlast von 1.000 kg in einen polaren Orbit - zu OTRAG Zeiten benötigte man dazu noch 64 Module. Dafür ist es aber nun vierstufig (24 Module erste Stufe, sechs zweite, zwei als Dritte und ein Modul als vierte stufe. Damit will die Firma den Google Lunar X-Price gewinnen. Ein größeres Modell "Neptun 4000" soll dann Touristen für 5 Millionen Dollar für eine Woche ins All bringen. Daten gibt es noch weniger als früher, aber das Grundkonzept von Druckluftförderung, langen Rohrtanks und Salpetersäure/Kerosin (oder andere Kohlenwasserstoffe) ist geblieben. Einzige Änderungen sind, dass nun ein Triebwerk von vier Tanks gespeist wird und einen höheren Schub aufweist. Die Bezeichnungen der Träger wechseln. Das kleinste Modell zuerst genannt „Neptun 30“, nun „Neptun 5“ setzt vier Booster mit je vier Tanks, aber nur einem Triebwerk als erste Stufe, eine Zentralstufe mit größerer Expansionsdüse als zweite Stufe und einen kleinen Feststoffantrieb als dritte Stufe ein und soll so 30 kg in einen 300 km hohen Orbit befördern. Ein Start soll von einem schwimmenden Container auf der See aus möglich sein. Größere Raketen sollen von den Marshallinseln aus starten. Die kleinste Version nur aus CRPM hat sieben Module (4:2:1) und transportiert 50 kg ein einen Orbit.

Interorbital bietet den Transport von Cubesats an, für die es auch fertige Kits gibt. Nach der Homepage hat man auch 77 im Frühjahr 2014 verkauft. Drei Starts sind von 2014 bis 2016 geplant. Später will man den Google Lunar X-Price gewinnen und auch etwa 1,8 kg Mondgestein zur Erde zurückbringen. Auch dieses soll verkauft werden. Zeitweise bot die Firma auch bemannte Raumflüge an, doch diese sind mittlerweile von der Webseite verschwinden.

Bisher steht ein Start noch aus. Immerhin hat die Firma schon Triebwerktests absolviert. Ein spezifischer Impuls von 2.400 m/s (Meereshöhe, äquivalent 2.990 m/s im Vakuum, erreichbar wahrscheinlich nur mit den größeren Expansionsdüsen) wurde erreicht. Doch wie schon bei der OTRAG hinkt man dem Testprogramm hinterher, so sollten schon 2011 zwei Flüge erfolgen, die 10 bis 17 km Höhe erreichen sollten. Versprochen wird eine Reduktion der Startkosten um den Faktor 10.

Heute ist Kayser Propulsion System Consultant/Lunar Mission Consultant bei Interorbital. Er lebt mit seiner vierten Frau auf den Marshallinseln, auf dem halben Weg zwischen Papua-Neuguinea und Hawaii und vermietet Ferienwohnungen.

Die OTRAG Rakete

Lutz Kayser vertritt die Ansicht, dass die bisherigen Träger nicht auf Kosten hin optimiert sind. Die als "Billigrakete" in die Gazetten eingegangene Rakete verwandte folgende Prinzipien, um die Kosten zu senken:

- Kostenreduktion durch Verwendung kommerziell verfügbarer Technologien: Die Tanks bestehen aus dem Stahl für Pipeline Rohre, die Motoren zum Öffnen/Schließen der Treibstoffventile stammen von Bosch und treiben sonst Scheibenwischer an.
- Reduktion der Entwicklungskosten durch Einsatz vieler kleinerer Triebwerke, anstatt der teuren Entwicklung größerer Triebwerke
- Reduktion der Produktionskosten durch eine einfache Bauweise und hohe Stückzahlen (Serienprinzip)
- Reduktion der Produktionskosten durch preiswerte Treibstoffe

In der Rakete stecken nach Lutz Kaysers Angaben 31 von ihm patentierte Entwicklungen. Im Jahre 2005 sollten davon 20 noch Bestand haben.

Das grundlegende Prinzip war das massive Bündeln einzelner sehr einfacher Triebwerke. Die ersten Raketen bestanden aus vier Tanks und vier Triebwerken. Intern wurde von "1-Pack", "4-Pack" und so weiter je nach Triebwerksanzahl gesprochen. Heute spricht Kayser von "**C**ommon **R**ocket **P**ropulsion **M**odules" abgekürzt CRPM oder auch "Common Rocket Propulsion Units" (CRPU). Einen deutschen Namen für die Module scheint es nie gegeben zu haben. Das Gleiche gilt für die Rakete. Bei der Gesellschafterversammlung wurde "WOTAN" vorgeschlagen, fiel aber zum Glück durch. In der Presse war meist von der "OTRAG Rakete" oder "Billigrakete" die Rede.

Die Tanks sollten aus modifizierten Pipelinerohren aus der Erdölindustrie bestehen. Sie wurden in einem speziellen Kaltwalzprozess hergestellt, um die relativ hohe Leermasse zu reduzieren. Der Stahl hatte eine Beanspruchungsgrenze von 1.600 N/mm². Die Verbindung sollte ursprünglich im Spiralschweißverfahren erfolgen. Man wich jedoch auf normale tiefgezogene Rohre aus. Jedes Rohr ist 27 cm dick und 3 m lang. Es besteht aus 0,5 bis 1 mm dicken, kohlenstoffarmen Edelstahl. Eine Maschine konnte weitgehend automatisch 10 Tanks pro Tag produzieren. Für die Tankdicke wurde 1979 ein Wert von 1,0 mm genannt, Lutz Kayser gab ihn 2005 mit 0,5 mm an. Harry O. Ruppe schreibt von 0,38 mm, allerdings bei 30 bar Innendruck. Die geflogenen Exemplare wiegen dreimal mehr, als aufgrund der Tankdicke zu erwarten ist, für sie ist eher eine Dicke von 1,5 mm anzunehmen.

Aufgrund der dünnen Wand waren die Tanks in der Querrichtung instabil und der Tankdruck war nötig um sie zu stabilisieren, wie man dies bei der Atlas tat. Die Tanks wogen bei 0,5 mm Wandstärke etwa 3,3 kg pro laufenden Meter. Dazu kam bei jeder Verbindungsstelle ein Zwischenboden von 2 kg Masse. Er war stärker (Dicke aufgrund der Masse etwa 4,3 mm), weil er sich sonst durchwölben würde. Ein 3 m langes Modul wog mit den M10 Schrauben zum Verbinden etwa 12 kg.

Bis zu acht dieser Rohre, mit einem Bajonettverschluss zusammen verbunden, bilden einen Tank von 27 cm Durchmesser und bis zu 24 m Länge. Es sind aber auch Tanks mit kürzeren Längen möglich. (Geplant waren 12 m und 18 m lange Module). Jedes Segment hat einen Tankboden, der unterbrochen sein kann, damit die Tanks durchgängig gefüllt werden können. Die Treibstofftanks werden nur zum Teil gefüllt, der Rest ist Druckluft mit bis zu 40 bar Anfangsdruck, welche die Treibstoffförderung übernimmt. Infolge der Leerung der Tanks sinkt der Druck dann auf 15 bar zum Schluss ab (bei 60% Füllungsgrad).

Als Treibstoff wird die preiswerte Kombination Salpetersäure / Dieselöl verwendet. Diese Kombination ist erheblich preiswerter als die sonst übliche Kombination Hydrazin/Stickstofftetroxid. Die Verwendung von flüssigem Sauerstoff scheidet wegen der hohen Verdampfungsrate bei den dünnen Tanks aus.

Salpetersäure hat den Vorteil sehr viel zu wiegen. Ein Liter wiegt 1,52 kg. Die Zumischung von Stickstofftetroxid macht die Mischung nochmals etwas dichter. Die im amerikanischen

Sprachgebrauch als HDA (High density acid) oder "IRFNA IV" bezeichnete Flüssigkeit, ist eine Mischung von 50% Salpetersäure und 44-49% Stickstofftetroxid und kleinen Mengen von Fluorwasserstoff und Wasser. HDA ist noch dichter als Salpetersäure und hat bei 0 Grad Celsius eine Dichte von 1,66 g/cm³. Sie wurde wegen der etwas höheren Dichte für die Orbitaleinsätze von Kayser favorisiert. Die Tests fanden jedoch noch mit normaler 98% Salpetersäure statt. Da die Tanks durch ihr ungünstiges Oberflächen/Volumenverhältnis und den dicken Hüllen (wegen der Beaufschlagung mit Druckluft) und der nur teilweisen Befüllung ein hohes Strukturgewicht aufweisen, ist eine hohe Dichte des Oxydators von Vorteil.

Salpetersäure / Kerosin ist ein sehr alter Treibstoff, der schon während des Zweiten Weltkriegs in der deutschen Wasserfallrakete eingesetzt wurde. Auch die Innendruckförderung und die radiale Einspritzung stammen beiden noch aus deutschen Entwicklungen zur Zeit des Zweiten Weltkriegs für die Wasserfallrakete. Letztere wurde in der Sowjetunion als R-101 und in den USA als Hermees nachgebaut. Die Diamant setzte die gleiche Kombination in der ersten Stufe ein, ebenso die Coralie Stufe der Europa. Experten sehen hier eine Querverbindung zu Wolfgang Pilz, der 1962 für Nasser in Ägypten Trägerraketen mit derselben Technologie entwickelte und mit dem Kayser befreundet war.

Ein Nachteil der Säure - dass die Dichte stark temperaturabhängig ist - spielte bei den nur teilweise gefüllten Tanks der OTRAG-Rakete keine Rolle. Zwei Tankkonzepte wurden eingesetzt. Bei den kleinen Trägern die erprobt wurde befanden sich die beiden Tanks übereinander. Die Salpetersäure befand sich oben, während man normalerweise, um einen tieferen Schwerpunkt zu erhalten, die schwerere Komponente in den unteren Tank füllt. Durch die nur teilweise Befüllung der Tanks ergab dies aber eine bessere Schwerpunktslage als die umgekehrte Befüllung. Der Oxidatortank war dreimal länger als der Brennstofftank, was einem Masseverhältnis von 1:5,5 (HDA) beziehungsweise 1:6,0 (Salpetersäure) entspricht. In der Literatur wird ein Mischungsverhältnis von 4,8 zu 1 bei Tests genannt. Es wurden so mehrere Tanks für die Salpetersäure benötigt. Ein nicht durchlöcherter Abschluss bildete denn Tankboden, eine Leitung führte außen am Dieseltank zum Triebwerk. Für die kürzeren Module wie sie zum Schluss eingesetzt wurden, waren die Tanks auch nicht aus 3 m lang sondern bestanden aus kürzeren Segmenten.

Später sollte eine effizientere Lösung bei den großen Versionen eingesetzt werden. Dabei waren jeweils zwei lange Tanks oben mit einem Abschluss verbunden der einen Druckausgleich erlaubte. Der eine Tank war fast voll gefüllt und enthielt die Salpetersäure, der andere zu einem Drittel und enthielt das Diesel. Ein Dieseltank speiste zwei Triebwerke, ein Salpetersäuretank nur eines. So konnte man auf Leitungen an der Außenseite und Abschlüsse verzichten.

Die OTRAG hat auch andere Kombinationen wie rotrauchende Salpetersäure (zugesetztes Stickstofftetroxyd, das an der Luft wieder ausgast) als Oxidator und andere Kohlenwasserstoffe (Kerosin, JP-1) als Treibstoffe erprobt. Der Einspritzkopf des Triebwerks zeigte sich als sehr robust gegenüber unterschiedlichen Oxidatoren und Verbrennungsträgern. Das Betankungsverfahren war ungewöhnlich:

- Betankung mit Pressluft bis 40 bar Innendruck.

- Die Öffnung der Treibstoffventile lässt den Luftdruck durch die Triebwerke bis auf 15 bar ab. Dies dient der positiven Funktionskontrolle der Ventile und Freiheit des Einspritzkopfes von etwaigen Verstopfungen.

- Druckbetankung gleichzeitig mit Oxidator und Brennstoff bis auf 40 bar Tankdruck.

Der ganze Vorgang konnte in minimal 3 Minuten erfolgen und geschieht zeitlich parallel und vollautomatisch in allen Modulen mit separaten Betankungsanlagen. Der Druck nimmt beim Betrieb auf 15 bar ab (den Druck den die Tanks vorher leer hatten). Die Ventile sind so justiert, dass der Widerstand beim Verbrennungsträger höher ist als bei Oxidator, sodass ein gleichmäßiger Treibstofffluss entsteht und das Volumenverhältnis von Oxidator zu Brennstoff immer gleich bleibt.

Da das Triebwerk immer gleich schwer ist, nimmt das Voll-/Leermasseverhältnis bei steigender Länge der Tanks zu. Als optimal wurde eine Länge von 24 m angesehen. Darüber hinaus steigen die Gravitationsverluste durch den zu geringen Schub wieder stark an. Der Schub würde eine Verlängerung auf bis zu 40 m zulassen.

Das Leer-/Vollmasseverhältnis wurde 1980 für eine 24 m Version mit 0,15 angegeben, etwa doppelt so hoch wie bei konventionellen Raketen. Die Daten, die mir 2005 Lutz Kayser gab, sind erheblich besser und liegen bei 0,1 für eine 24-m-Version, 0,15 für eine 18-m-Version und 0,18 für eine 12-m-Version. Bei der 24 m Version enthielt ein Modul 1.130 kg HDA und 220 kg Dieselöl, also 1.350 kg Treibstoffe bei einer Startmasse von etwa 1.500 kg.

Bei den ersten Modulen wandte man noch eine andere Technologie an und füllte den Oxidatortank voll und erzeugte den Druck durch eine Druckleitung aus dem Brennstofftank, der nur teilbefüllt wurde. Später kam man auf die konventionelle Lösung zurück, weil der

Mehraufwand nicht den Vorteil einer etwas besseren Gewichtsbilanz (man konnte die Tanks etwas voller befüllen) rechtfertigte.

Tank	
Länge eines Tanksegmentes	3,00 m
Durchmesser eines Tanksegments	0,27 m
Masse eines Tanksegments	10 kg
Masse eines Verbindungsstückes	2 kg
Tankvolumen	171 l
Zuladung Salpetersäure bei 66% Füllung (3 m Segment)	174 kg
Zuladung HDA bei 66% Füllung (3 m Segment)	188 kg
Zuladung Diesel bei 66% Füllung (3 m Segment)	92 kg
Tankdruck (Zündung)	40 bar
Tankdruck (Brennschluss)	15 bar
Tankmasse bei den Testexemplaren:	43,1 kg
Treibstoffzuladung bei den Testexemplaren (50% Füllung)	106,8 kg
Tankmasse (geplant)	14 kg
Treibstoffzuladung (Volumen 3:1, 66% Füllung)	153,5 kg

Das Triebwerk

Jedes Triebwerk ist wie die Tanks 27 cm breit und 1 m lang. Davon entfallen 60 cm auf die Brennkammer und der Rest auf Ventile und Einspritzblock. Das Triebwerk ist nicht schwenkbar. Es wird nicht aktiv gekühlt, sondern verwendete eine Ablativkühlung aus Kunstharz und Asbest. Die einzigen beweglichen Teile sind die Ventile, welche den Treibstofffluss regeln. Die Kugelventile stammen von Argus aus der chemischen Industrie und sie werden von Gleichstrom-Elektromotoren aus der Automobilindustrie angetrieben. (Zuerst waren es 50 Watt Bosch Motoren für Scheibenwischer, diese waren jedoch nicht leistungsfähig genug, weshalb der dritte Start mit einer Schubregelung scheiterte, sodass man auf 100-120 Watt Motoren überging). Schwierig war vor allem die Entwicklung der radialen Einspritzung des Treibstoffs. Jedes Triebwerk hat einen mittleren Schub von etwa 25 kN. Dieser kann jedoch in einem weiten Bereich variiert werden, und nimmt während des Abbrandes ab.

Ein Triebwerk bezog also den Oxidator aus einem Tank und den Brennstoff aus einem zweiten Tank des nebenstehenden Moduls. Diese Konstruktion erlaubte es, das Triebwerk mit einer Schraube fest anzubringen. Es saß zwischen den Tanks. Die Masse des Triebwerks betrug 65 kg. Eine Reduktion des Gewichts auf 50 kg sollte nach Angaben von Lutz Kayser möglich sein.

Das Triebwerk wurde noch zusammen mit der DFVLR erprobt und getestet. Schon in der ersten Projektphase bis 1972 gab es schon 200 Brennversuche mit drei Fehlschlägen. Bis zum Ende der Förderung durch das BMFT im Jahre 1974 waren es 2.000 Versuche und bis zur Einstellung erfolgten 6.000 Tests, mit einer akkumulierten Betriebsdauer von 1 Million Sekunden.

Jedes Triebwerk hat eine Leitung von dem oben liegenden Oxidator und Brennstofftank. Anders als bei anderen Triebwerken wird der Treibstoff nicht durch einen Einspritzkopf oben am Triebwerk, sondern radial von der Außenseite eingespritzt. Lutz Kayser nennt dies als eine von Entwicklung, die erst nach einigen Rückschlägen funktionierte. Sie ist aber auch von französischen Raketen bekannt. Die Einspritzung erfolgt durch drei Ringe mit je 144 Öffnungen, welche eine besonders gute Vermischung ermöglichen sollen. Das radiale Konzept verhindert, das Treibstoff auf die Brennkammerwand gelangt, und sich so der Reaktion entzieht. Die Folge ist ein besonders hoher Wirkungsgrad bei der Verbrennung. Der Einspritzkopf kostet rund 1.000 DM und ist aus Metall. Auf ihm befinden sich Ventile, Elektromotoren und die Regelung.

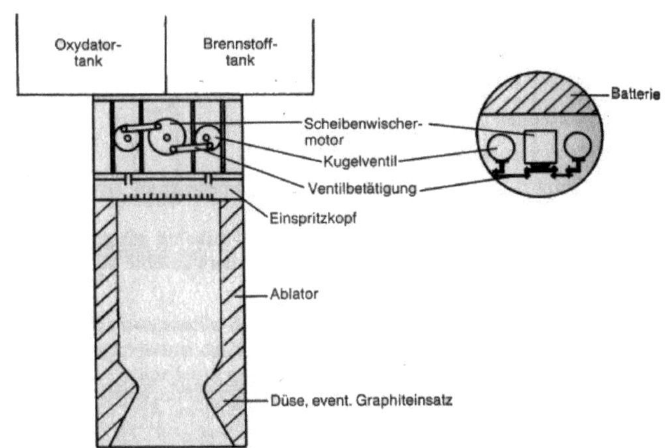

Die eigentliche Brennkammer ist aus einem massiver Block aus Phenolharz / Asbest (derselben Mischung aus der Hitzeschutzschilde bestehen) herausgefräst. Während des Betriebs verdampft ein Teil der Brennkammerwand und dies kühlt den Rest.

Der Düsenhals ist ein einfacher Graphitring. Durch seine Öffnung kann der Schub in einem sehr weiten Bereich geregelt werden. Der Schub ist so variierbar in einem Bereich von 5-50 kN. Eine Öffnung von 80 mm wurde bei den Tests mit 6 oder 12 m langen Modulen verwendet. Diese Öffnung ergibt einen Schub von 25 kN, der beim Betrieb auf 15 kN abnimmt (durch die Abnahme des Brennkammerdruckes von 30 auf 10 bar). Bei den größeren 24 m langen Modulen für eine Trägerrakete hätte die Öffnung einen Durchmesser von 100 mm gehabt. Der Schub hätte dann 35 kN zum Beginn, abnehmend auf 15 kN betragen.

Da der Tankdruck durch die zunehmende Entleerung der Tanks abnimmt, sinkt der Brennkammerdruck während des Betriebs von 30 auf 10 bar ab, analog der Schub. Das Brennkammer- zu Düsenmündungsdruckverhältnis muss bei diesem geringen Durchmesser unter 15 liegen, die eingesetzten Exemplare hatten aber keine Düse, da sie alle noch in der unteren Atmosphäre ausbrannten. Geplant war, dass auch die Düse aus einem Block ausgefräst wird.

Es gab keine spezielle Anpassung für den Betrieb in großen Höhen für die zweite und dritte Stufe. Das Triebwerk verlor beim Betrieb 15 kg an Masse, weil die Ablation verdampfte. Dadurch soll der spezifische Impuls um 1-2% gesteigert worden sein. Auf der anderen Seite verändern sich so Größe der Brennkammer, Düsenhalsdurchmesser etc. Wie sich dies auf die Performance auswirkt, ist nicht geklärt. Die Abbildung eines realen Schubverlaufs, zeigt das dieser durchaus komplex ist.

Die Brenndauer war abhängig vom Befüllungsgrad der Tanks und dem Schub und lag bei 20 bis 150 Sekunden. Für die 24 m Version wurden 150 Sekunden angegeben, für die 15 m Version 120 Sekunden. Die getesteten kurzen Module brannten viel schneller aus. Sie waren auch weniger stark befüllt und kürzer. Der spezifische Impuls für die 24 m Version wurde von Kayser mit 2.648 m/s bei 1 bar Außendruck und 2.913 m/s im Vakuum angegeben. Dies sind jedoch Werte, die nicht experimentell bestätigt sind. Bei den Tests in Lampoldshausen hatte das Triebwerk einen spezifischen Impuls von lediglich 1.800 m/s entsprechend etwa 2.000-2.100 m/s im Vakuum.

Das Triebwerk hat so einen sehr einfachen Aufbau. Keine Möglichkeit den Schubvektor zu variieren, keine Pumpen oder Gasgeneratoren. Auch entfiel eine aufwendige Konstruktion der Brennkammer. Es gibt keine doppelwandige Brennkammer mit Regenerationskühlung, ebenso entfiel eine aufwendige Konstruktion der Düse. Es ähnelt in dem grundsätzlichen Aufbau keinem bestehenden Triebwerk und ist als ehesten noch mit Satellitentriebwerken zu vergleichen, die ebenfalls im "Blowdown" Verfahren arbeiten. Im Vergleich zu diesen ist es aber nochmals einfacher ausgelegt.

Aufgrund der Konstruktion der Rakete kann ein Triebwerk nur maximal 27 cm breit werden, das bedeutet, dass die Düsenfläche begrenzt ist und man nur einen Teil der Energie im Treibstoffstrahl nutzen kann. Das Flächenverhältnis von Düsenhals zu Düsenmündung beträgt nur 6. Lutz Kayser hält Expansionsverhältnisse von >=20 für unwirtschaftlich (dieser Wert beträgt bei modernen Oberstufen 100-240, um den Treibstoff effizient zu nutzen). Er nimmt an, dass die eng nebeneinanderliegenden Triebwerke einen gemeinsamen gebündelten Strahl ergeben, der einen Staudruck erzeugt, welchen die niedrige Expansion wieder zum Teil ausgleichen soll.

Die Zündung erfolgt durch 50% Furfurylalkohol in 50% Wasser am Boden der Dieselöltanks, Die 0,3 kg Furfurylalkohol sind in wässriger Lösung schwerer als Dieselöl und nicht mit diesem mischbar. Sie strömen also zuerst in die Brennkammer. Die Mischung ist mit Salpetersäure hypergol, entzündet sich also bei Kontakt. Die Zündung erfolgt innerhalb von 10 ms und das nachströmende Dieselöl hält die Verbrennung aufrecht. Eine Wiederzündung ist nicht möglich und eine Zündung unter Schwerelosigkeit auch nicht (hier würde der Furanol sich mit dem Kerosin vermischen).

Die Steuerung geschieht über Ventile mit einem Planetengetriebe, die den Treibstofffluss in drei Stellungen regeln. (Zu, halber Durchfluss, voller Durchfluss). Der halbe Durchfluss entsprach einem Schub von 40% des Nominalwertes. Die Rakete würde sich neigen, indem man den Zufluss an einer Seite absenkt und so den Schub lokal erniedrigt. In der aerodynamischen Phase sollten bei den einfachen Modellen Rohrflossen (kurze Rohre) anstatt Finnen die Rakete stabilisieren. Dieses Konzept wurde in Windkanälen der DFVLR erprobt. Die größeren Versionen würden dann eine Regelung der Schubkraft einsetzen, um die Bahn zu ändern.

Neben der Regelung der Schubkraft über den Zufluss war es auch möglich, den Schub über den Förderdruck zu regeln. Dieser sank, während sich die Tanks entleerten, von alleine von 40 auf 15 bar ab. Es wäre aber auch möglich gewesen, den Anfangsdruck zu verringern. Der minimale Schub für einen stabilen Betrieb betrug 40% des Nominalschubs, also etwa 10 kN.

Jedes Triebwerk beherbergt einen einfachen Mikrocontroller, der nur feststellen kann, ob ein Triebwerk funktioniert. Es handelte sich um ein einfaches ASIC von Motorola, welches mit der Nickelcadmiumbatterie und zwei Darlington-Transistoren in einem Polyurethanblock eingegossen war. Die Darlington Transistoren erlaubten es die hohe Stromlast für die Motoren zu erzeugen, ohne die Versorgungsspannungen der Batterie zu belasten.

Bei einer Fehlfunktion wird das Ventil geschlossen und eine Nachricht an den Hauptrechner zur Steuerung der ganzen Rakete über Funk geleitet. Dieser schaltet bei einer Fehlfunktion das zugehörige entgegengesetzte Triebwerk ab, damit der Schub symmetrisch ist. Diese Steuerung wurde durch Rechnersimulationen erprobt. Dasselbe Verfahren setzte die russische Mondrakete N-1 ein.

Kayser gibt die Zuverlässigkeit der Triebwerke als "6 Sigma" an. Doch dabei handelt es sich um eine Größe aus der Produktionstechnik, die für einen Produktionsausschuss von 3,4 Teilen bei 1 Million Stück beziffert. Es ist kein Zuverlässigkeitswert für Raketentriebwerke.

Das Triebwerk zeichnet sich dadurch aus, dass zahlreiche Parameter sich während des Fluges ändern. Der Brennkammerdruck sinkt während des Betriebs ab, das Brennkammervolumen steigt durch Abtragung des Isolationsmaterials. Die Düse und der Düsenhalsdurchmesser werden laufend größer. Insgesamt sollen in 20 Jahren über 50 Millionen DM in die Optimierung des Triebwerks geflossen sein.

Unabhängige Daten gibt es nur seitens der Tests bei der DFLR. Vieles spricht dafür, dass die weiteren Daten prognostiziert wurden aus den Ergebnissen der Tests. Das DFVLR sah insbesondere in der Reduktion des Ablationsschutzes als ein Risiko. Wie stark dieser über die gesamte Brennzeit abgetragen würde, wäre schwer vorhersagbar. Sowohl eine Düse mit einem hohen Expansionsverhältnis wie auch ein hoher Startschub macht eine Reduktion der Wandstärke notwendig. Vieles spricht dafür, dass das DFVLR mit der Einschätzung recht behielt. Bei diesen Tests zeigte das Triebwerk die ausgeprägte Tendenz, mit einer Frequenz von 600 Hz zu vibrieren. Ein Problem, das bis zum Abschluss der Arbeiten nicht gelöst war.

Daten von Testtriebwerken bei dem DFVLR	Testversion	Testversion mit reduziertem Ablationsschutz
Schub	30 kN	30 kN
Gewicht:	74,8 kg	52,8 kg
Expansionsverhältnis	1	1

Parameter	Wert
Masse (Zündung):	65 kg
Masse (Brennschluss):	52 kg
Länge:	1 m
Durchmesser:	0,27 m
Länge Brennkammer und Düse:	0,6 m
Brennkammerdruck (Zündung):	30 bar
Brennkammerdruck (Brennschluss):	10 bar
Charakteristische Länge bei Zündung:	2,0 m
Charakteristische Länge bei Brennschluss:	1,5 m
Schubvariationsbereich:	5-50 kN
Schub bei den Tests (Boden):	30 kN
Schub bei den Tests (Vakuum, theoretischer Wert):	36,2 kN
max. Schub bei 100 mm Düsenhalsdurchmesser:	35 kN
max. Schub bei 80 mm Düsenhalsdurchmesser:	25 kN
Minimaler Schub in % des Startschubs:	40%
minimale Brenndauer:	20 Sekunden
maximale Brenndauer:	150 Sekunden
Expansionsverhältnisse (geplant)	4 erste Stufe, 8,45 zweite Stufe, 16,2 dritte Stufe

Stufen

Ein Tank und ein Triebwerk bilden eine kleinste Einheit. Lutz Kayser nennt heute diese Technologie "Common Rocket Propulsion Units", abgekürzt CRPU.

Die Länge der Rakete kann durch die Anzahl der 3-m-Tankmodule variiert werden. Die Tests fanden mit Modulen von 6 bis 12 m Länge statt. Ideal sind wegen des Volumenverhältnisses von Oxidator zu Brennstoff von 3:1 die Raketen von 12 und 24 m Länge, da dann der Dieseltank aus einem beziehungsweise zwei 3 m Segmenten besteht. Bei den Zwischengrößen ist es nicht möglich, die volle Kapazität eines Tanks auszunutzen.

Die einfachste OTRAG-Rakete besteht aus konzentrisch ineinander geschachtelten Würfeln mit folgender Stufung:

- Stufe 3: 4 × CRPM (2 × 2 Würfel)
- Stufe 2: 12 × CRPM (+ die inneren 4 CRPM = 16 CRPM = 4 × 4 Würfel)
- Stufe 1: 48 × CRPM (+ die inneren 16 CRPM = 64 CRPM = 8 × 8 Würfel)

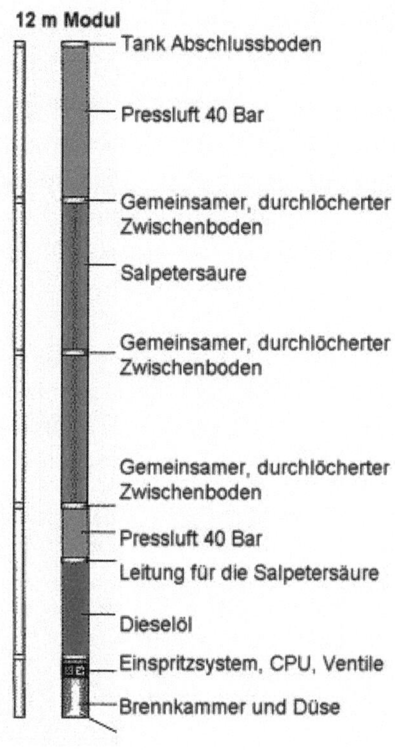

Diese Rakete mit einer Startmasse von etwa 100 t besäße eine Nutzlast von 1 t und wäre ohne Nutzlast 25 m hoch und 2,4 m breit. Die Höhe bleibt, nur die Breite wird bei den folgenden Modellen immer größer. Die äußeren Stufen umgeben die Inneren ringförmig. Prinzipbedingt sind so zahlreiche Variationen möglich, wobei die innerste Stufe immer ein Viererkern ist.

Analog ist eine rechteckige Konfiguration möglich. Dies zeigt dieses Modell:

- Stufe 3: 8 × CRPM (2 × 4 Rechteck)
- Stufe 2: 24 × CRPM (+8 CRPM = 32 CRPM = 4×8 Rechteck)
- Stufe 1: 96 × CRPM (+24 CRPM = 128 CRPM = 8×16 Rechteck)

Diese Rakete wäre 4,8 × 2,4 m breit bei einer Höhe von 24 m. Man hat auch erwogen den äußeren Ring um 3 m zu verlängern, um so den Nutzlastraum zu bilden. Diese Triebwerke würden dann 15 s länger brennen. Später hat man diese Idee wieder verworfen.

Die stark anwachsende Breite der Rakete und das Bündeln vieler Triebwerke sollten nach Kaysers Vorstellungen einen zusätzlichen Rückstoß erbringen. Wie beschrieben endet die Düse schon kurz nach der Brennkammer, sodass die Gase bei Düsenaustritt noch sehr wenig Energie auf die Rakete übertragen haben. Die sich aus vielen Triebwerke verbindenden Gasströme stauen sich und so kommt es zu einem weiteren Rückstoß, der nach Kaysers Überlegungen den spezifischen Impuls um 10-12% steigern soll.

Folgende Standardversionen waren angedacht (Nutzlast in einen 200 km hohen LEO-Orbit)

Gesamtzahl an CRPM	Nutzlast	Startmasse	Stufe 1	Stufe 2	Stufe 3
64	1 t	100 t	48	12	4
128	2 t	200 t	96	24	8
256	4 t	400 t	192	48	16

512	8 t	800 t	384	96	32
1024	16 t	1600 t	768	192	64

Die Nutzlastdaten beziehen sich auf einen niedrigen Erdorbit. Die Nutzlast für den GTO Orbit betrug nach OTTRAG Angaben etwa 40% davon und die Nutzlast für den GSO-Orbit etwa 20% davon (dies wäre auch in etwa die Nutzlast zu Venus oder Mars). Eine 200 t schwere Rakete mit 128 Modulen hätte also die Nutzlast einer Delta 3914 gehabt, dem Standardmodell der damaligen Zeit und eine Version mit 256 Modulen wäre etwas schlechter als eine Atlas-Centaur oder Ariane 1 gewesen.

Dies sind nur einige der möglichen Trägerraketen. Es ist möglich, jederzeit Module hinzuzunehmen oder wegzulassen. Bei den größeren Raketen ist es auch möglich, eine vierte oder fünfte Stufe einzubringen, indem man zum Beispiel bei der 256 CRPM Version die zentralen 16 CRPM in 12 CRPM (dritte Stufe) und 4 CRPM (vierte Stufe) aufteilt. Dies wäre nötig gewesen für einen Transport in den geostationären Orbit oder für Planetenmissionen. Diese Flexibilität ist einer der Pluspunkte des OTRAG Konzeptes. Eine kleinste Einheit mit 4 Treibstoffbündeln und 4 Triebwerken würde heute 33.200 Dollar kosten.

Herr Kayser gab mir Werte eines 24 m Moduls, und als ich Unstimmigkeiten bemängelte, neue Daten, die in Schub und Brennzeit von den Ersten erheblich abwichen. Ich habe daher beide angegeben, getrennt durch einen "/". Weiterhin waren die realisierten Module erheblich schlechter als die Zielparameter. Hier die Daten eines 24 m langen Moduls bestehend aus einem Tank und einem Triebwerk. Diese Länge wäre für eine Orbitalversion vorgesehen gewesen.

Modul	Geplante Daten	Aus den Daten der gestarteten Module extrapoliert
Länge	25 m	25,1 m
Durchmesser	0,27 m	0,27 m
Tankmasse	100 kg	273,1 kg
Triebwerk	65 kg	74,8 kg
bei Brennschluss	50 kg	
Schub beim Start	35 kN / 25 kN	27,5 kN
Schub bei Brennschluss	15 kN / 15 kN	
Brenndauer	150 sec / 120 sec	90,8 s - 96 s
Oxidator HDA	1.130 kg	943,8 kg
Füllung	66%	66%
Länge Oxidatortank	18 m	18,1 m
Verbrennungsträger Dieselöl	220 kg	184 kg
Füllung	78,1%	66%
Länge Brennstofftank	6 m	5,9 m
Startmasse	1.515 kg (1978: 1.361 kg)	1.475,7 kg
Leermasse	165 kg (1978: 172 kg)	347,9 kg
spezifischer Impuls (Boden)	1778 / 2.648 m/s	
spezifischer Impuls (Vakuum)	2276 / 2.913 m/s	

Auf die voneinander abweichenden Werte werde ich noch unten eingehen. Intern rechneten Ingenieure durchaus konservativer. Ein mir von einem OTRAG-Mitarbeiter zugesandtes Dokument, dass den handschriftlichen Vermerk von Kayser "Gute Arbeit" trägt, geht von folgenden Faktoren aus:

- Strukturfaktor (Anteil der Leermasse an der Startmasse): 12-15% bei 24 m langen Modulen. 20-25% bei 12 m langen Modulen und 30% bei 6 m langen Modulen.

- Spezifischer Impuls 230s (2.256 m/s) bei den ersten Stufen, 260 s = 2.550 m/s) bei den oberen Stufen.

Diese wesentlich schlechteren Daten bedeuten, dass eine dreistufige Rakete gerade einmal mit wenig Nutzlast einen Orbit erreicht und es sind vier bis fünf Stufen nötig um sie zu steigern. Ein Träger mit 676 Modulen und fast 1.000 t Startmasse weist so nur eine Nutzlast von 8 t (anstatt 10,5 t) auf. Bei GTO Nutzlasten wird die Differenz noch größer. Das obige Gerät würde nur 1,5 bis 2 t in die GTO-Bahn transportieren (anstatt 4,2 t). Ariane 1 hatte die gleiche GTO-Nutzlast (1,86 t, aber die LEO-Nutzlast betrug nur 4,5 t - das die Nutzlast bei höheren Anforderungen stark zurückgeht ist die logische Folge aus der Kombination schlechter Strukturfaktoren und ineffizienter Verbrennung.

Der Zusammenbau der Rakete gestaltete sich relativ einfach. Man brauchte nur eine Arbeitsbühne mit festen Zugängen in jeweils 3 m Abstand, um jeweils die Rakete um ein Modul zu erhöhen. Viel komplexer als ein Baugerüst ist daher die Startanlage nicht. Das ermöglichte letztendlich auch den Start in Zaire. Das Betanken der Stufe erfolgte zuerst mit Druckluft und dann nach Dichtigkeitsprüfung mit dem Treibstoff. Ob dies noch so einfach bei 500 Modulen gewesen wäre, ist zu bezweifeln.

Der Start erfolgte folgendermaßen:

Jeder Triebwerkskontroller jedes Moduls erhält Befehle vom Zentralrechner (in der letzten Stufe) und wandelt diese in Leistung an die Gleichstrom-Motoren zur Ventilbetätigung:

- Ventilöffnung bis 40% Schub
- Meldung vom Controller, wenn der Brennkammerdruck 40% erreicht ist zum Zentralrechner.
- Wenn Zentralrechner die 40%-Rückmeldung von allen Triebwerken erhalten hat, wartet er 0,2 s und gibt dann das Kommando "100% Schub" an alle Triebwerke.

- Ventilöffnung auf 100% (innerhalb von 0,5 s hebt die Rakete ab, ohne dass sie am Boden festgehalten werden müsste)

- Bei Abweichung der Nick- und Gier-Bewegung von dem Sollwert erhalten die entsprechenden Triebwerkskontroller das Kommando zur Schubdrosselung / Schuberhöhung.

- Bei Erreichen der Zielgeschwindigkeit Kommando zum Drosseln der Triebwerke auf Null.

Innerhalb von 1,2 Sekunden hebt die Rakete ab. Dies ist ein Rekordwert.

Ein Nachteil dieses Konzepts ist, dass beim Drosseln und Abschalten von Triebwerken größere Treibstoffmengen in den Tanks verbleiben, welche von den anderen Triebwerken nicht genutzt werden können. Sie erhöhen daher die Leermasse. Für die Rollsteuerung erwog man zuerst, die Triebwerke des äußersten Ringes um 10 Grad aus der Schubachse versetzt anzubringen. Eine Reduzierung des Schubs eines Triebwerks bewirkt dann ein Rollen der ganzen Rakete. Später fasste man ein zusätzliches Kaltgassystem ins Auge.

Rollen an den Tanks erlauben eine Stufentrennung, indem die nächste Stufe aus dem Gerüst der sie umgebenden Stufe herausrollt. Die jeweils obere Stufe ist durch fünf Auflagen pro CRPM (Modul) auf die jeweils untere Stufe gestützt, sodass sie nicht nach unten "fallen", aber nach oben bei Zündung heraus starten kann. Die Trennung soll etwa 2 s dauern.

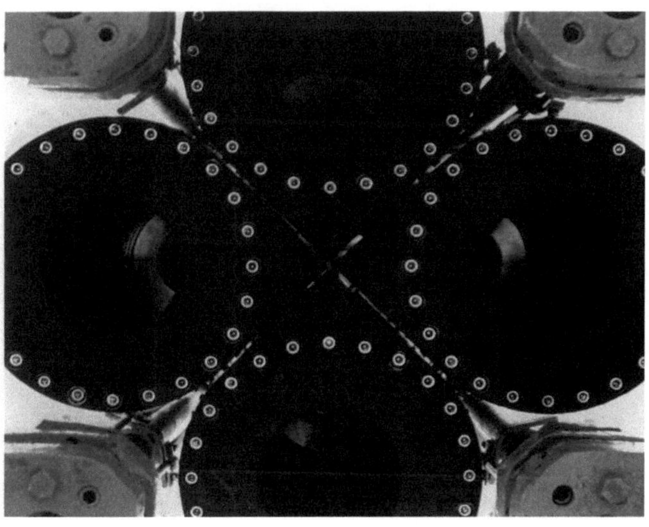

Es gibt keine Vorbeschleunigungstriebwerke, welche bei einem Start in der Schwerelosigkeit die Treibstoffe am Boden sammeln. Da der Furfurylalkohol zuerst in die Brennkammer strömen muss, muss die obere Stufe gezündet werden, solange die untere noch in Betrieb ist. So verbleiben in jedem Falle noch Treibstoffreste. Ob man den geringen Restschub durch die Druckluft (die ausströmt, wenn der Treibstoff verbraucht ist) zur Vorbeschleunigung nutzen kann, ist offen, vor allem aber riskant.

Über der letzten Stufe befindet sich ein Zentralrechner. Er sollte über ein Kreiselsystem zur Feststellung der Beschleunigungen und Lage verfügen. Dieses dient zum Berechnen der Geschwindigkeit und Ort der Rakete. Die Steuerung erfolgte durch ein konventionelles Programm, welches die Rakete auf eine vorgegebene Sollflugbahn lenkt. Die Triebwerkskontroller würden durch einen 600 Kanal Funksender/Empfänger angesteuert. Heute würde Kayser nach eigenen Aussagen dafür WLAN einsetzen. (Da es bei WLAN aber nur etwa 10 nutzbare Funkbänder gibt wäre dies wohl in der Praxis nicht möglich). Die erste und zweite Stufe sollten betrieben werden, bis die Treibstoffe aufgebraucht sind. Dies soll nach Angaben von Kayser auf 0,1% genau möglich sein. Die dritte Stufe wird bei Erreichen der gewünschten Endgeschwindigkeit abgeschaltet. Dies soll mit einer Genauigkeit von 0,01 s möglich sein.

Die Testflüge der kleineren Versionen wurden durch Programm gesteuert und waren aerodynamisch stabilisiert. Störmomente um die Rollachse erachtet Kayser wegen der hohen Bausymmetrie der gebündelten Module als sehr gering. Sie sollten durch ein tangentiales Kaltgasschubsystem in jeder Stufe kompensiert werden.

Für die Entwicklung einer Rakete mit 2 t GTO Nutzlast hätte die OTRAG etwa 500-700 Millionen DM gebraucht, also etwa ein Viertel bis Viertel der Ariane Entwicklungskosten. Ein derartiger Träger sollte innerhalb von 10 Jahren entwickelt werden. Später sollte die OTRAG bis zu 2.000 Personen direkt beschäftigen und 40.000 Arbeitsplätze in Zulieferunternehmen sichern. Wäre die OTRAG-Rakete wirklich erfolgreich geworden, so wäre sie mit Sicherheit der skalierbarste und preiswerteste Träger gewesen.

Varianten

Wie schon erläutert wäre es möglich, jede beliebige Nutzlast durch eine geeignete Kombination von Modulen zu starten. Kayser hat folgende Standardgrößen vorgeschlagen. Für größere Raketen wären hexagonale Anordnungen anstatt quadratische oder rechteckige günstiger. Die Trägerraketen sollten aus 24 m Modulen bestehen. Kürzere Module dienten der Erforschung der Technologie.

Bei Typen, die eine vierte oder fünfte Stufe ermöglicht hätten habe ich die Daten für eine vierte Stufe in runden Klammern () und die für eine fünfte Stufe in eckigen Klammern [] gesetzt. Die Rakete sollte eine Nutzlast der Delta Klasse (2,5 t Gewicht) für 7 Millionen, eine der Atlas Klasse (5 t Gewicht) für 12 Millionen und eine der Titan Klasse (10 t Gewicht) für 15 Millionen Dollar zu starten.

Typ	Abmessungen (Breite × Länge × Höhe)	Stufe 1 Module	Stufe 2 Module	Stufe 3 Module	Stufe 4 Module	Stufe 5 Module	Nutzlast	Startmasse
Pak-64	2,4 × 2,4 m × 25 m	48	12	4	–	–	1 t	97 t
Pak-128	2,4 × 4,8 m × 25 m	96	24	8	–	–	2 t	194 t
Pak-256	4,8 × 4,8 m × 25 m	192	48	16 (12)	(4)	–	4 t	388 t
Pak-512	4,8 × 9,6 m × 25 m	384	96	32 (24)	(8) [6]	[2]	8 t	784 t
Pak-1024	9,6 × 9,6 m × 25 m	768	192	64 (48)	(16) [12]	[4]	16 t	1.578 t
Pak-676	8,0 × 8,0 × 25 m	508	131	36 (27)	(9) [6]	[3]	10 t	1.031 t
Pak-289	5,0 × 5,0 m × 25 m	225	48	16 (12)	(4)	–	5 t	388 t
Pak-169	4,0 × 4.0 × 25 m	121	36	12 (10)	(2)	–	2,5 t	255 t
Pak-100	3,0 × 3,0 × 25 m	75	21	4	–	–	1,5 t	151 t
Pak-36	1,8 × 1,8 × 25 m	27	8	1	–	–	0,5 t	54,3 t
Pak-25	1,5 × 1,5 × 13 m	16	4	2	–	–	0,2 t	20,2 t

Folgende Höhenforschungsraketen waren geplant:

Parameter	1-3-B	1-6-B
Gesamtlänge:	6,035 m	9,185 m
Davon Nutzlastsektion:	1,935 m	2,085 m
Durchmesser:	0,27 m	0,27 m
Länge Treibstofftank:	3,00 m	6,00 m
Trockenmasse Rakete:	218,7 kg	261,8 kg
Treibstoff:	106,8 kg	213,6 kg
Startmasse:	325,5 kg	475,4 kg
Schub:	27.500 N	27.500 N
Brennkammerdruck:	15-30 bar	15-30 bar
Entfernung beim Aufschlag im 84° Startwinkel	8,22 km	23,34 km
Gipfelhöhe:	11,9 km	34 km
Brennzeit:	15,1 s	

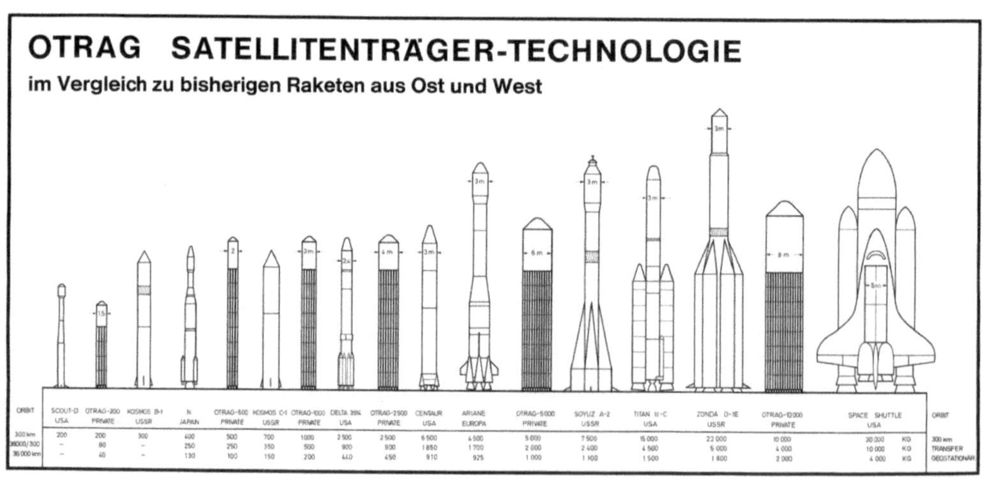

Entwicklungsgeschichte

Das grundlegende Konzept wurde im Jahre 1971 entwickelt und bis 1974 mit 4 Millionen DM aus dem Forschungsetat des BMFT gefördert. Die damals publizierten Triebwerksteile entsprechen auch denen, die noch 1980 in der Fachliteratur auftauchten. Es gab jedoch eine Änderung in der Art der Bündelung.

Der erste Vorschlag der Technologieforschungs GmbH, sah zwar schon eine massive Triebwerksbündelung vor, jedoch noch einen gemeinsamen Tank. Jeweils 36 Triebwerke sollten an einem gemeinsamen Tank von 2,54 m Durchmesser sitzen. Der Schub eines Triebwerks sollte je nach Tanklänge bis zu 75,2 kN betragen. Der Schub wäre abhängig von der Länge gewesen, das bedeutet, dass der Druck bei längeren Treibstofftanks höher gewesen wäre.

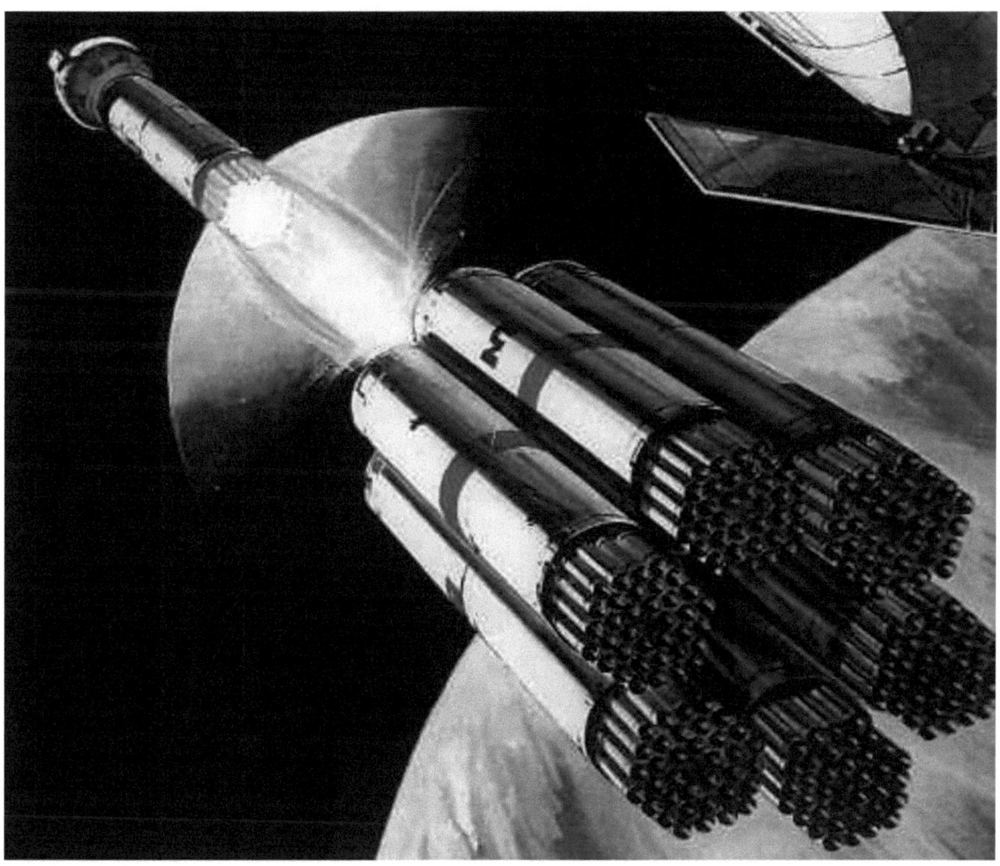

Die erste Stufe wäre nach diesen Planungen von 1971 etwa 24 m lang gewesen und hätte aus sechs Modulen mit je 36 Triebwerken bestanden. Die zweite Stufe wäre dann etwa 16 m lang gewesen und sollte aus ebenfalls 36 Triebwerken bestehen. Sie wäre von den 6 Modulen der ersten Stufe umgeben gewesen. Die dritte Stufe sollte anders als beim späteren Konzept der OTRAG noch auf der zweiten Stufe positioniert werden und nur 8 m lang sein, bei ebenfalls 36 Triebwerken. Hier die vom Autor aus Daten einer Zeitschrift rekonstruierte Rakete. Sie hätte eine Nutzlast von 10 t in eine 200 km hohe Kreisbahn gehabt. Die Startmasse hätte 978 t betragen.

	Stufe 1	Stufe 2	Stufe 3
Triebwerke:	6 * 36 = 216	36	36
Schub:	16.245 kN	2.008 kN	1.035 kN
Länge:	22 m	13,9 m	8,1 m
Durchmesser:	2,54 m	2,54 m	2,54 m
Startmasse (geschätzt):	831.500 kg	94.900 kg	51.100
Leermasse (geschätzt):	76.800 kg	11.900 kg	9.700 kg
Brenndauer:	113 Sekunden	112 Sekunden	112 Sekunden
spezifischer Impuls (geschätzt):	2.433 m/s	2.709 m/s	2.800 m/s

Dieses Konzept wurde von einem ehmaligen Mitarbeiter der Technologieforschungs GMBH/OTRAG der ersten Stunde als „eine Katastrophe“ bezeichnet und er entwickelte ein anderes Konzept. Kaysers Konzept mit einem Tank für 36 Triebwerke hatte zum einen sehr schlechte Stufungsverhältnisse (6 zu 1 und 2 zu 1, ideal wären sie beide gleich groß z.b. 4 zu 1 gewesen) und vor allem mussten die Tankböden um 36 Triebwerke gleichmäßig mit Treibstoff zu versorgen, plan sein. Sie würden sich aber durch den hohen Druck durchwölben oder müssten sehr dick sein, was die Leermasse stark erhöht. Schönherr entwickelte das Konzept mit einem Triebwerk pro Tank und einer schmalen Röhre. Damit war das heutige Konzept geboren. Kayser gab es als seine Entdeckung aus und lies es patentieren.

Die DFVLR, die das Konzept begutachtete kam zu einem vernichtenden Urteil: Die Nutzlast dieser Rakete läge bei Null! Dies lag daran, dass die Angaben der Technologieforschungs-GmbH sehr optimistisch waren. So waren die spezifischen Impulse erheblich höher als die Daten, welche die DFVLR errechnete, das benötigte Triebwerk mit 78,9 kN Startschub existierte nicht. Die Technologieforschungs-GmbH nahm an, dass es genauso viel wiegen würde, wie das 30-kN-Triebwerk das getestet wurde, während das DFVLR eine Mehrmasse von 120 kg pro Triebwerk ansetzte. Auch waren die Angaben über den Resttreibstoff sehr optimistisch. Hier kam das DFVLR auf eine um 5 t höhere Leermasse. So verwundert es nicht das ein 1975 veröffentlichter Abschlussbericht über das Konzept zu dem Urteil kam, es sei nicht umsetzbar.

Viele innovative Konzepte, die Kayser anfangs verfolgte wurden nach und nach eingestellt. So sollten die Tanks im Spiralschweißverfahren hergestellt werden. Man ging dann zu "normalen" tiefgezogenen Stahlröhren über. Auch unterschiedlich große Module, unterschiedliche Triebwerkstypen und ein Start von einem 20.000-t-Schiff aus wurden nicht weiter verfolgt (erwogen als Alternative, nachdem man aus Zaire ausgewiesen wurde). Im Laufe der Zeit wurde das Modul immer einfacher und einheitlicher.

Bei den Triebwerken gab es eine Evolution. Man blieb im wesentlichen bei der Mischung Diesel/Salpetersäure. Bei den Leistungsdaten ging es jedoch permanent bergab hin zu niedrigeren Schüben. Von den 75 kN die man 1974 ansetzte, hin zu 25 kN in den achtziger Jahren. Damit einher ging auch die Reduktion des Durchmessers von 36 auf 27 cm.

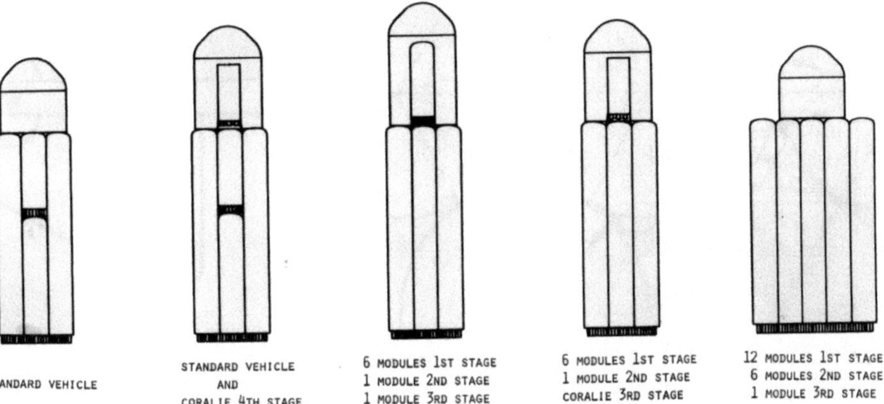

Starts der OTRAG-Rakete

Der erste Start am 17.5.1977 erprobte vier Triebwerke mit vier Tanks von je 3 m Länge. Die Module waren zu 30% betankt. Dieser war erfolgreich, genauso wie der zweite Start bei Nacht. Die ersten Raketen hatten noch konventionelle aerodynamische Finnen. Abgeschnittene Tankrohre als Stabilisatoren, die beim dritten und vierten Start eingesetzt wurden, bewährten sich nicht.

Zeit (s)	Ereignis beim ersten Start
0.00	Zündungskommando
0.74	Triebwerk 2 zündet
0.76	Triebwerk 1 zündet
0.77	Abheben
0.79	Triebwerk 3 zündet
0.92	Triebwerk 4 zündet
10.39	Treibstofftank 2 leer, Brennschluss Triebwerk 1 und 2
10.49	Treibstofftank 2 leer, Brennschluss Triebwerk 3 und 4
64.98	Gipfelhöhe bei 12 km
103.04	Aufschlag in 5 km Entfernung

Beim zweiten Start wurde erstmals eine 12 m lange Version eingesetzt. Hier zündeten drei Triebwerke zu spät. Das führte zu einem Flug mit einer schrägen Bahn, da auch die Triebwerke nach 20 anstatt 24 s abschalteten. Die Tanks waren zu 60% gefüllt. Eine Höhe von 9 km wurde erreicht, die Rakete schlug in 16-18 km Entfernung auf. Hier war viel Glück im Spiel, weil das zweite Triebwerk das zündete, entgegengesetzt dem ersten war, sonst bestand die Gefahr, dass die Rakete sich überschlug. Es gab auch einen Schubabfall nach 16 s, der mit strukturellen Problemen der Düse zusammenhängen soll. Nach 20 s wurde das Hbeck zerstört. Auffällig am Schubdiagramm, ist das der Maximalschub erst nach 4 Sekunden erreicht wurde. So startete die Rakete auch langsam. Die ersten 200 m führte sie eine Schleppleine zur Telemetrieübermittlung mit und für diese 200 m brauchte sie 4 Sekunden. Zehn Kameras, darunter einige Hochgeschwindigkeitskameras, aber auch Messgeräte bildeten die Nutzlast. Der Flug sollte 200 s lang dauern. Bei diesem Flug gab es keine Expansionsdüsen, sondern eine gemeinsame Lochplatte um den postulierte „Lochplatteneffekt“ zu testen. Er lieferte ohne Expansionsdüsen 4000 N zusätzlichen Schub.

Beim dritten Start versagte ein Ventil und die Rakete wich vom Start nach links ab. Bei diesem war Mobuto persönlich anwesend. Die durch Tankdruck schwer belasteten Metallkugeln der Treibstofföffnungshähne standen unter Tankdruck, also mit mit großer Kraft im Gehäuse fest, der Scheibenwischermotor konnte sie nicht mehr aufdrehen. Während der stundenlangen Wartezeit auf Präsident Mobutu waren die Teflondichtungen zwischen Kugel und Gehäuse weggeknautscht worden, bis die Kugel auf der Umlaufkante des Gehäuses festgefressen war. Zwei Kugelhähne schafften die Öffnung und vom exzentrischen Schub erfolgte die Drehbewegung. Dies war schon in abgeschwächter Form beim Flug 20.519.78 der Fall und Grund für den Schrägstart.

Der Fehler konnten alsbald durch verbesserte Bettung des Teflonrings und durch neue Glockenankermotore völlig behoben werden. Der werbeträchtige Scheibenwischermotor hatte damit aber ausgedient.

Der erste Start in Libyen soll nach Auskunft eines Augenzeugen ebenfalls ein Fehlstart gewesen sein. Es gibt aber im Libyen anders als bei den Starts in Zaire keine veröffentlichten Daten mehr. Das bedeutet dass ich alle Starts von 2L-14L nur von einer Liste von Herrn Kayser dokumentiert habe. Herr Kayser wertet aber selbst den Fehlstart bei Flug 3 als 50%-Erfolg und lässt den letzten Start im Esrange in Kiruna, weg. Dieser scheiterte, was jedoch nicht an der Rakete lag. Die Rakete sollte 12 km Höhe erreichen, doch nach 12,1 s wurde eine Abdeckplatte für die Videokamera zerstört. Die herein strömende Luft führte zu einer Zerstörung der Instrumentensektion und die veränderte Form zuerst zu einem Rollen und dann einem Neigen der Rakete durch die aerodynamischen Kräfte. Nach 13,4 s zerfiel die Rakete. Die Meßkapsel konnte trotzdem geborgen werden. OTRAG-Mitarbeiter berichten von 37 Versuchen in Libyen, davon vier Fehlschläge.

Auffällig ist an der Liste zweierlei. Zum einen die hohe Startfrequenz in Libyen nach „offiziellem“ Ausstieg von Kayser (erfolgte im September 1981) und zum Zweiten, das es eine Rückentwicklung gab, hin auf nur noch ein Triebwerk anstatt vier, geschweige denn, dass man mehr Module kombiniert.

Nr.	Datum	Startplatz	Tanks pro Triebwerk	Triebwerke	Ergebnis / Zweck
1Z	17.05.1977	Shaba (Zaire)	2	4	12 km Höhe
2Z	20.05.1978	Shaba (Zaire)	4	4	Nachtstart, 5 km Höhe
3Z	05.06.1978	Shaba (Zaire)	4	4	Fehlstart, Rakete weicht vom Start an ab.
1L	01.03.1981	Tawiwa (Libyen)	4	4	Fehlstart, Rakete dreht nach 21 sec.

2L	07.06.1981	Tawiwa (Libyen)	4	4	Hochbeschleunigungstest, 20% Treibstoff
3L	17.09.1981	Tawiwa (Libyen)	4	1	„Rollen um die Achse“-Test
4L	01.10.1981	Tawiwa (Libyen)	?	1	Brennen bis zum Verbrauch des Treibstoffs
5L	24.10.1981	Tawiwa (Libyen)	?	1	Verbrauch des Oxidators (rauh)
6L	19.11.1981	Tawiwa (Libyen)	?	1	Verbrauch des Dieselöls (weich)
7L	12.12.1981	Tawiwa (Libyen)	?	1	Test mit Fernsehkamera an Bord
8L	02.06.1982	Tawiwa (Libyen)	?	1	Niedrigschubtest (10 kN)
9L	24.06.1982	Tawiwa (Libyen)	?	1	Test der Selbstzerstörung
10L	02.09.1982	Tawiwa (Libyen)	?	1	Roll Kontrolltest.
11L	11.09.1982	Tawiwa (Libyen)	?	1	Stufentrennungssimulation
12L	10.11.1982	Tawiwa (Libyen)	2	1	60 Grad Start (siehe Bilderserie)
13L	16.11.1982	Tawiwa (Libyen)	?	1	Konzentrierte Salpetersäure als Oxidator.
14L	09.12.1982	Tawiwa (Libyen)	?	1	JP-4 als Treibstoff
1K	19.09.1983	Kiruna (Schweden)	1	1	Öffnung in Nutzlastsektion führt zur Zerstörung der Rakete

Woran scheiterte die OTRAG?

Die OTRAG war ein Pionier des privaten Raketenbaus und sie zeigt auch, wie man es nicht machen sollte.

Betrachten wir zuerst einmal die Konzeption. An dieser scheiden sich die Geister. Die einen halten es für genial, andere glauben, dass die Leistung nicht ausreicht, eine Nutzlast in den Orbit zu befördern. Vielleicht schauen wir uns, an was die OTRAG geleistet hat: Sie hat Raketen mit maximal vier Triebwerken und 12 m langen Tanks gestartet. Diese flogen senkrecht in den Himmel. Der einzige Test einer Schubvektorsteuerung misslang.

Nur: Bis zu einer Orbitalversion ist es von da aus ein langer Weg. Dann muss man Hunderte von Module koordinieren. Man muss die Schubrichtung steuern und man muss Stufen trennen und in der Schwerelosigkeit zünden. Eine Nutzlast muss einen gewünschten Orbit erreichen. Das ist nicht trivial: Die Triebwerke der russischen N-1 wurden einzeln erprobt und treiben heute die Antares an. Eine Stufe mit 30 dieser Triebwerke scheiterte in allen vier Testflügen.

Darüber hinaus sind die Angaben nach Ansicht von Fachleuten falsch. Das Triebwerk hatte z. B. bei den Tests am Boden einen spezifischen Impuls von 1.800 m/s. Ruppe geht von einem von 2.276 m/s im Vakuum aus. Das sind, wie ich im durch Simulation feststellte, reale Werte für ein Triebwerk dieser Konstruktion. Lutz Kayser meint, viele Triebwerke geben einen zusätzlichen Schub und damit läge der spezifische Impuls höher bei 2600 am Boden und 2900 im Vakuum. Nur: So etwas wurde bei keiner anderen Rakete, auch nicht der Sojus, bei der 20 Brennkammern simultan arbeiten, je beobachtet und es gibt auch keinen Beweis für diese Behauptung. Die Rohrflossen zur Stabilisierung sollten diesen Effekt unterstützen, da sie (in der Atmosphäre) die Luft kanalisieren. Lutz Kayser ignoriert auch die Masse der Druckluft und das sein Triebwerk nicht nutzbare Treibstoffreste hinterlässt. Sie entstehen durch das Herunterregeln, um die Rakete zu neigen. Zudem sind die getesteten Module viel schwerer als die für eine Trägerrakete geplanten. Berücksichtigt man dies, so sinkt die Nutzlast auf weniger als ein Viertel der OTRAG-Angaben - schon kommt die Rakete in Preisregionen, in denen sie teurer als herkömmliche Träger ist.

Vor allem ist die OTRAG dadurch bekannt geworden, dass sie als Waffenschmiede von Diktatoren angesehen wurde. Nachdem die deutsche Regierung zwar das Konzept gefördert, sich aber bei Ariane beteiligt hatte, war Kayser ohne politische Unterstützung. Doch anstatt diese zu suchen, ging er auf Konfrontation. Sich mit Diktatoren einzulassen, war noch nie ein kluger Schachzug. Dass es Probleme mit den Nachbarn von Zaire geben würde, war abzusehen und das Russland dies als Propaganda nutzen würde, war auch keine Überraschung. Dass Kayser dann zu einem Regime mit einem noch schlechteren Leumund flüchtete, war eine ziemlich große Dummheit.

Die Hersteller von US-Trägern prüften schon vor Kayser, ob sie diese nicht für kommerzielle Starts selbst starten könnte, und bekamen eine eindeutige Absage seitens der US-Regierung. Sie waren schlau genug diese zu akzeptieren. Demgegenüber ging Kayser auf Konfrontationskurs und erzählte jedem Journalisten, wie er von der deutschen Bundesregierung kaputtgemacht gemacht werden soll und der KGB Killer auf ihn angesetzt habe.

Trägerraketenstarts gehen nicht ohne staatliche Unterstützung. Selbst wenn man alles selbst finanziert, braucht man das staatliche Wohlwollen, das dieses Unternehmen gut heißt. Über Exportbeschränkungen kann man leicht jedem Unternehmen den Geldhahn zudrehen. Dies gilt auch heute noch. Zwar rühmt sich die Firma SpaceX, „privat“ eine Trägerrakete entwickelt zu haben. Doch 85% der Entwicklungskosten stammen von der NASA. Die Firma nutzt die Infrastruktur der beiden großen US-Weltraumbahnhöfe Cape Canaveral und Vandenberg.

Die OTRAG war eine Aktiengesellschaft, doch alle Entscheidungen fällte Kayser alleine. Wie schon im politischen Teil angedeutet gab es dabei krasse Fehlentscheidungen. Kayser war auch die Person, die in Interviews immer die OTRAG und ihr Konzept präsentierte.

Kayser neigte dazu, alles zu groß zu dimensionieren. Die OTRAG hatte nie mehr als 40 Mitarbeiter, doch eine Tochtergesellschaft OTRAS für den Transport und Niederlassungen in Frankreich und Zaire. Das Firmengelände, das man ab 1980 bezog, war so groß, dass sich die wenigen Mitarbeiter verloren. Bei einer Pressepräsentation buchte er den Bayrischen Hof und fuhr im Rolls-Royce mit Chauffeur vor. Ein Reporter, der ihn über einige Wochen begleitete berichtete von einem Privatflieger, Villa mit ausgedehntem Gelände auf Sardinien und einem eigenen Rennboot. Als er ESTEC besuchte, kam er im Privatjet gekleidet in einen Wolfsfellmantel und wollte das Piano im Hotel kaufen. Obwohl er selbst von einem Finanzbedarf sprach, der um ein Vielfaches höher als die Einlagen war, scheint er nie mit dem Geld gewirtschaftet zu haben. Als die OTRAG 1976 Deutschland verließ, hatte sie abgeschlossene Tests der Module. Nun hätte Sie den Tests immer größerer Raketen angehen müssen. Stattdessen hat sie in den folgenden sieben Jahren praktisch nur diese schon im statischen Test geprüften Module Flugtests überprüft, dabei aber nicht nur das Kapital verbraucht, sondern Schulden in Höhe von 500 Millionen DM angehäuft. Wie man so eine Rakete entwickeln soll, wenn man mit weniger als 100 Personen für das wenige das erreicht wurde, fast die Hälfte der Ariane 1 Entwicklungskosten ausgibt (und an Ariane arbeiteten mehrere Tausend Personen) ist mir ein Rätsel. Auch der Personalbestand der OTRAG scheint nicht gewachsen zu sein. Wie sollte sie aber mit diesem die größeren Träger starten?

Vieles spricht dafür, dass es Kayser nur darum ging, Geld mit seinem Konzept zu verdienen, woher das kam, war ihm weitgehend egal. Dafür spricht der geringe Fortschritt, die Geldverschwendung und das es ihm egal war, woher das Geld kam: ob von einem afrikanischen Diktator, einem Putschisten oder nun von Firmen in den USA. Dafür spricht auch ein Zitat aus dem Jahre 2007 von Kayser: „In den USA", sagt er, „gibt es neuerdings viel Interesse für private Raketenentwicklungen." und so wechselte er eben in die USA, was Frank Wukasch sehr verwunderte, empfand er nach doch die US-Behörden als seine Feinde. Ein Mitarbeiter sagte mir, das Kayser in Zaire noch eine Trägerrakete anstrebte, sich aber nach dem Rauswurf nur noch darauf konzentrierte kurzfristig an Geld zu kommen.

Für ihn selbst hat es sich sicher gelohnt, wie viel Kayser von dem Geld der OTRAG bekam ist offen. Ein Spiegelbericht spricht von 21 Millionen die er schon vom Gründungskapital bekam, er selbst gibt ein Honorar von 4 Millionen DM pro Jahr während der ersten drei Jahre zu.

Diskussion

Auf dem Papier hat das OTRAG-Konzept einige Vorteile:

Die massive Bündelung führt zu einer hohen Produktionsrate und damit geringeren Herstellungskosten pro Stück. Da die gesamte Konstruktion sehr einfach ist, kann auch rationell produziert werden. Zum Teil wurden auch Technologien aus anderen Bereichen einbezogen, sodass man sich auf schon preiswert in Serie gefertigte Teile stützen konnte. Dieser Einsatz sollte zwanzig Jahre später unter der Bezeichnung „commerical on the Shelf", abgekürzt COTS eine Renaissance erleben. Bei den Tanks sprach die OTRAG zum Beispiel von einer Reduktion der Herstellungskosten um 95% bei Personalkostenanteilen von 20% anstatt den sonst üblichen 80%. Zudem braucht man nur ein Triebwerk für eine Trägerrakete, die einen sehr breiten Nutzlastbereich abdeckt. Theoretisch wäre die OTRAG mit Sicherheit der günstigste und skalierbarste Träger, der jemals entwickelt wurde.

Technisch ist die Druckluftförderung zuverlässiger als Turbopumpen und man verlagert die Energie die man für die Treibstoffförderung auf das Bodensegment, während andere Triebwerke einige Prozent des Treibstoffs dafür verbrennen. Dir Druckluft erzeugt auch etwas Schub, der zu ¾ der Rakete zugute kommt und die hohe Leermasse wird etwas durch die Abtragung des Ablators abgesenkt.

Ein weiterer Vorteil betrifft den für die Nutzlast verfügbaren Raum. Bei der OTRAG-Rakete wird die Nutzlastverkleidung automatisch breiter, wenn man mehr Module verwendet, da die Rakete immer gleich hoch bleibt, aber der Durchmesser der Rakete zunimmt. In der Praxis würde man wahrscheinlich eine Reihe von Standardtypen anbieten.

Als Nachteil ist der Luftwiderstand bei dieser Rakete größer als bei anderen Typen. Dies ist auch ein Grund, warum die Startbeschleunigung der OTRAG so hoch war, damit sie möglichst schnell die dichten Schichten der unteren Atmosphäre passiert.

Auch wenn es nach Aussage Kaysers über 6.000 Versuche der Triebwerke im Prüfstand gab, ist es doch etwas völlig anderes eine Rakete zu starten, insbesondere wenn man bisher nur einzelne Triebwerke getestet hat und nun 500 auf einmal gezündet werden. An dem Konzept gab es schon in den siebziger Jahren starke Kritik. Mit dem technischen Konzept beschäftigte sich Prof. Ruppe, Mitarbeiter Wernhers von Braun und Inhaber des Lehrstuhls Raumfahrttechnik an der TU-München. Er kam zu dem Schluss, dass zum einen die Angaben der OTRAG zu optimistisch sind und es fraglich ist, ob das Konzept technisch umsetzbar ist. Andere Fachleute bemängelten zahlreiche "weisse Flecken" im Konzept, sprich völlig ungelöste Teilaspekte des Trägers. An dieser Stelle einige persönliche Überlegungen, was an dieser Rakete kritisch zu beurteilen ist.

Alle Tests welche die OTRAG gemacht hat fanden mit relativ kurzen Modulen (6 oder 12 m Länge) statt. Die aufgrund ihrer kürzeren Länge nicht ganz so empfindlich reagieren. Zu berücksichtigen ist weiterhin, dass die Tanks sehr dünnwandig sind und daher ein Bruch leichter möglich ist. Kayser selbst räumt ein, dass die Konstruktion von langen Stufen (18, 24 m) nur möglich ist durch das Bündeln vieler Triebwerke. Sonst wäre die Konstruktion nicht steif genug. Andererseits ist die Rakete völlig anders aufgebaut als andere Typen und wird immer breiter je mehr Module es gibt. Dies kann auch Auswirkungen haben. Wahrscheinlich wird es bei der OTRAG-Rakete so wie bei anderen Raketen sein: Erst die Flüge zeigen, wie sich die Rakete verhält.

Bei den Tests des DFVLR war das Triebwerk sehr empfänglich für hochfrequente Schwingungen, wenn der Injektor der OTRAG verwendete wurde. Bei einem normalen Injektor der DFLVR und nicht hypergolem Vorlauf gab es keine Schwingungen. Ob diese gelöst wurden, ist offen. Ebenso gab es bei starke Schubschwankungen bei in der Größenordnung von 5% des Schubs, die bei Brennschluss anstiegen. Diese wirken sich natürlich auch auf die Vibrationen aus und die Lenkbarkeit der Rakete wird beeinträchtigt.

Es ist ein Irrtum zu glauben ein Triebwerk, welches man ausgiebig am Boden getestet hat, wäre damit auch automatisch flugqualifiziert. Das hat die europäische Raumfahrt bitterlich beim Erststart der Ariane 5 ECA erlebt, als das Vulcain 2 Triebwerk im Flug den Belastungen nicht standhielt, obgleich es am Boden ausgiebig vorher getestet wurde.

Noch komplexer ist das Bündeln von Triebwerken. Jedes Triebwerk beeinflusst das andere. Es überträgt Schwingungen, es gibt Wärme ab, es belastet die Struktur. Das wohl bekannteste Beispiel für die Folgen ist die russische Mondrakete N-1. Ihre Triebwerke wurden intensiv am Boden getestet und galten als flugqualifiziert. Die Erststufe mit 30 Triebwerken wurde nicht als Ganzes getestet, weil man die Kosten für einen Teststand der den enormen Schubkräften von 46.000 kN standhält, einsparte. Dies rächte sich. Alle vier Starts der N-1 scheiterten an Problemen mit dem Block A mit 30 Triebwerken.

Die OTRAG-Rakete steht vor demselben Problem: Nur sind es hier bis zu 500 Triebwerke, die auf einmal gezündet werden. Anders als bei anderen Raketen ist es auch nicht möglich, die Triebwerke vor dem Start zu testen: Nach einem Probelauf ist die Ablationsschicht weggeschmolzen und das Triebwerk Schrott. Wahrscheinlich könnte sich die OTRAG auch einen entsprechend leistungsfähigen Teststand nicht leisten. (500 Triebwerke würden einen Startschub von bis zu 17.500 kN ergeben, 15-mal mehr als ein Teststand für das Vulcain Triebwerk der Ariane 5 an Last aufnehmen muss).

Ein weiterer Punkt betrifft die Folgen eines Triebwerksausfalls. Bei den Versuchen bei der DFVLR bis 1974 gab es drei Ausfälle bei 200 Versuchen. Drei Ausfälle bei 200 Versuchen ist eine in der Raketentechnik übliche Größe. Zuerst scheint es, ist ein Triebwerksausfall bei einer Rakete mit so vielen Triebwerken unkritisch. Betrachtet man nur den Schubverlust, so gilt dies auch uneingeschränkt. Was man jedoch nicht vergessen sollte: Da jeweils ein Triebwerk an einem Tank hängt, verbleibt bei vorzeitiger Abschaltung noch Treibstoff, der nicht genutzt wird und so verändert sich das Voll/Leermasseverhältnis. Zudem verändert sich der Schwerpunkt.

Bei anderen Raketen mit mehreren Triebwerken kann man den Ausfall eines Triebwerks auffangen, indem man die anderen länger brennen lässt. Dies geschah zum Beispiel bei der Mission von Apollo 13, als eines der Triebwerke der zweiten Stufe ausfiel. Diese Möglichkeit hat die OTRAG-Rakete nicht. Für die Version mit 256 Triebwerken habe ich mal die Wahrscheinlichkeit und die Folgen eines Triebwerkausfalls bei einer Zuverlässigkeit von 99% ausgerechnet (Ein Ausfall bei 100 Zündungen). Die Änderung der Leermasse gilt für das "Worst Case" Szenario, dass das Triebwerk gleich nach der Zündung ausfällt:

Stufe	Anzahl Triebwerke	Wahrscheinlichkeit für einen Ausfall	Änderung der Leermasse	Geschwindigkeitsänderung	Verlust an Nutzlast
1	192	85,5%	4,7%	-27 m/s	-75 kg
2	48	38,3%	18,8%	-97 m/s	-260 kg
3	16	14,8%	56,3%	-497 m/s	-1.350 kg

Obgleich der Ausfall eines Triebwerks in der ersten Stufe relativ wahrscheinlich ist und praktisch bei jeder Mission auftreten sollte, sind die Auswirkungen noch abzufangen. Ein Polster von 100 m/s ist dagegen heute bei Raketen eher die Ausnahme und ein Polster von fast 500 m/s entspricht einer Reduktion der Nutzlast um ein Drittel. Das bedeutet, dass die OTRAG-Rakete entweder mit einem sehr großen Sicherheitspolster starten muss, oder jeder sechste Start geht statistisch schief. Bei einer Zuverlässigkeit von 99% müsste man zumindest bei den ersten beiden Stufen auch die Wahrscheinlichkeit von zwei Triebwerksausfällen untersuchen. In dieser Rechnung ist noch nicht einmal berücksichtigt, dass man bei Ausfall eines Triebwerks das gegenüberliegende abschalten will, um die Schubsymmetrie aufrechtzuerhalten. Macht man dies, so verdoppeln sich die Auswirkungen. Einfach ein Triebwerk „abschalten“ und den Treibstoff ablassen wäre eine Möglichkeit dieses Problem zu lösen (ohne hypergolen Vorlauf zündet das Gemisch nicht, es reicht also kurzzeitig den Treibstofffluss zu unterbrechen). Der Treibstoff würde aber in den Flammen der dicht danebenstehenden Triebwerke nachverbrennen – die Folgen dessen müssten simuliert werden.

Als Summe kann man vereinfacht sagen, dass die OTRAG-Rakete mit hundertmal mehr Triebwerken als eine „normale Rakete" auch hundertfach höhere Anforderungen an die Zuverlässigkeit stellt. Lutz Kayser ist sich sicher, dass das Triebwerk so zuverlässig ist.

Schon die bei der Steuerung entstehenden Treibstoffreste sind immens. Jede Rakete muss nach dem Start von der Horizontalen in die Vertikalen umgelenkt werden. Bei der OTRAG macht man dies, indem man die Triebwerke an einer Seite auf 40% Schub herunterfährt. Es verbleiben dann Treibstoffreste. Diese sind relativ groß: Nimmt man an, dass die OTRAG-Rakete dieselbe Endgeschwindigkeit wie einer Ariane erreichen muss, so kann man rückrechnen, dass die erste Stufe noch über etwa 5.000 kg Resttreibstoff bei der Stufentrennung verfügen müsste.

Was die OTRAG nie erreichte, war der komplette Test eines Trägers. Im Prinzip hat man eine Höhenrakete entwickelt - aber keine Trägerrakete. Die Regelung des Schubvektors, die Abschaltung von Triebwerken bei Ausfällen, die gesamte Regelung von über hundert Triebwerken, die Stufentrennung und die gesamte Steuerung. Das alles wurde nie erprobt. Nicht umsonst setzte Lutz Kayser den Finanzaufwand für die Entwicklung einer Trägerrakete mit weiteren 500 Millionen DM an. Es ist zu erwarten, dass es hier noch einige Rückschläge geben würde.

Bei anderen Raketen ist es ein großer Schritt von einem Triebwerk zu einer zuverlässigen Rakete. Es gibt selbst heute im Zeitalter von Computersimulationen und bei Firmen mit Jahrzehnten Erfahrung noch Rückschläge, wie zum Beispiel bei der Delta III die nach zwei Fehlschlägen und einem teilweise gelungenen Demonstrationsstart eingestellt wurde. Heute geht der Trend dazu, weniger Triebwerke einzusetzen. Ariane 5 besitzt nur noch vier Triebwerke anstatt bis zu zehn in der Ariane 4. Dies hat auch den Grund die Fehlermöglichkeiten zu verringern.

SpaceX setzte als Newcomer wieder neun Triebwerke in der ersten Stufe ein und verlor bei einem Start, als ein Triebwerk ausfiel, die Sekundärnutzlast, weil die Performance nicht mehr ausreichte, um den Orbit anzuheben. Auch die primäre Nutzlast erreichte einen zu niedrigen Orbit. In der Folge reduzierte die Firma ihre Nutzlastangaben für die Rakete um 12%, um Reserven für den Schubabfall zu haben.

Ruppe führt auch an, das das modulare Konzept nicht frei skalierbar ist. Es gibt geometrische Randbedingungen einzuhalten, die praktisch dazu führen, dass die einzelnen Raketen immer die doppelte Nutzlast der Vorgängerversion haben. Erweitert man eine Rakete um Module links oder rechts, so steigert dies nur das Verhältnis der Masse von Erststufe zu Zweitstufe. Das ist jedoch für die Nutzlast nicht so wichtig. Der Preis der Rakete steigt an, aber die Nutzlast kaum. Zwischengrößen sind nur durch teilweise Betankung möglich, was einer gezielten Verschlechterung der Rakete entspricht. Da der Treibstoff das billigte an der Rakete ist, ist dies nicht sinnvoll.

Die Steuerung der OTRAG-Rakete erfolgte wie geschrieben durch Drosseln eines Triebwerks. Es ist daher nicht möglich den Schub beliebig fein zu regeln, sondern nur in festen Stufen. Herkömmliche Triebwerke schwenken dagegen ihre Triebwerke und können so die Schubrichtung feiner beeinflussen. Sofern man sehr viele Triebwerke hat, ist dies unwichtig. Wenn bei einer 128 Module Rakete ein Triebwerk auf 40% herunter geregelt wird, so beeinflusst dies den Schub in der ersten Stufe um weniger als 1%. Je kleiner die Stufen aber werden, desto größer ist die Auswirkung. Für vier Module macht die Schubregelung schon 15% des Gesamtschubs aus. Als beim dritten Test in Zaire ein Ventil in der 40% Stellung hängen blieb, drehte sich die Rakete vom Start weg sofort zur Seite, wie man auf der Fotosequenz sieht. Ein Mitarbeiter der Simulationen durchgeführte, äußerte mir gegenüber Zweifel, dass man eine Version mit vielen Triebwerken steuerungstechnisch beherrschen könnte.

Diese Vorgehensweise ist also nur für große Raketen sinnvoll. Aber selbst Oberstufen müssen ihren Kurs ändern können. Es erscheint also nicht praktikabel für Oberstufen oder kleinere Raketen. Es gibt noch ein zweites Problem: Durch die langen nur teilweise gefüllten Rohre ist der Schwerpunkt der Rakete sehr ungünstig. Beim ersten Start in Libyen war der

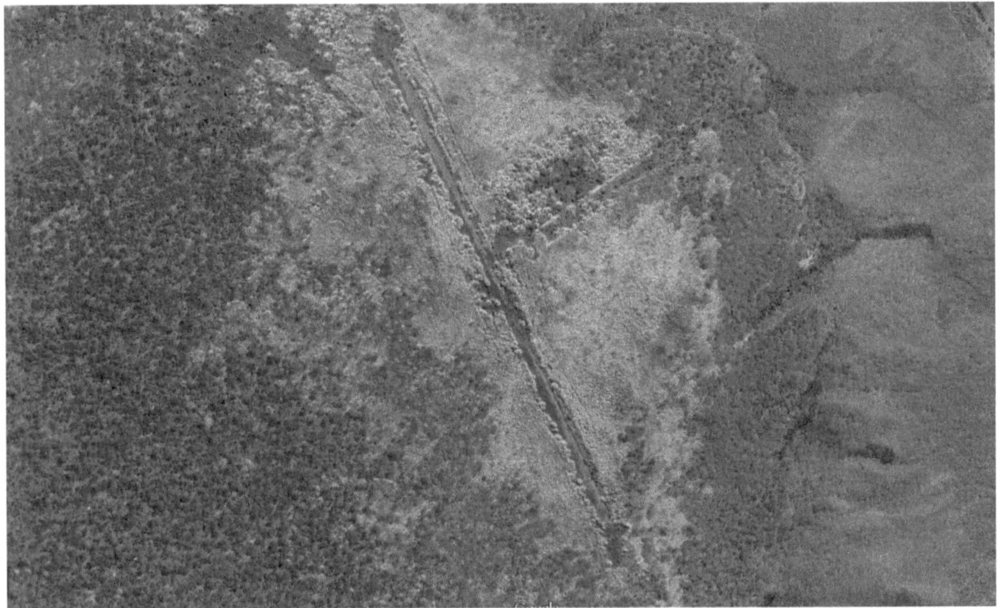

Nutzlastteil zu schwer und die Rakete neigte sich nach 20 s, als ein Teil des Treibstoffs verbraucht war, zur Seite und schlug auf dem Boden auf. Dieses Problem dürfte auch bei den Oberstufen auftreten, die eine schwere Nutzlast transportieren müssen. Ein Kaltgassystem, welches die Regelung um die Rollachse übernehmen sollte, wurde nie getestet. Durch den hohen Druck der Treibstoffe reagieren die Motoren träge, für eine breite Rakete, die ja viel empfindlicher gegenüber Störkräften ist, wahrscheinlich zu langsam. Professor Ruppe zeigte in einer Untersuchung, dass die Motoren wegen des hohen Drucks sehr träge reagieren. Er hielt aufgrund dieser Eigenschaft die Rakete für nicht steuerbar, weil man nicht schnell genug reagieren könnte. Erst nach 1 s würde eine Reaktion eintreten. Lutz Kayser erklärte, dass man beim Fehlstart am 5.6.1978 auch der Elektromotor zu schwach war (100 W Leistung) und man mindestens einen 150-W-Motor brauchte. Alle folgenden Starts machten von der Möglichkeit den Schubvektor zu steuern keinen Gebrauch. Damit ist die Steuerung niemals erfolgreich getestet worden.

Anmerkungen zu den Daten

Der Autor hat keine technischen Beschreibungen der Rakete, aus der Zeit als sie gebaut wurde. Berichte erschienen vor allem in populären Magazinen und enthalten sehr wenige technische Details. Im August 2005 hat mich Lutz Kayser persönlich kontaktiert und mir Daten per E-Mail zukommen lassen. Diese sind aber viel besser, als man sie für eine derart massive Konstruktion erwarten könnte. Sie passen auch nicht zu wenigen bekannten Daten. Es gibt auch einige Widersprüche, die ich im Folgenden erläutern werde.

Planungsdaten	24 m	18 m	12 m
Treibstoff	1.350 kg	1012,5 kg	675 kg
Tanks	93,2 kg	69,4 kg	45,6 kg
Triebwerk	65 kg	65 kg	65 kg
Startmasse	1.508 kg	1.147 kg	790,6 kg
Leermasse	158 kg	134,4 kg	110,6 kg
Leermasse%	10,5%	11,7% / 15%	14% / 18%
Brennzeit:	120 s		
Spezifischer Impuls Meereshöhe:	2.648 m/s	2.648 m/s	2.648 m/s
Spezifischer Impuls Vakuum:	2.913 m/s	2.913 m/s	2.913 m/s
Schub (Mittel)	20 kN		

Bedenkt man, dass die Tanks ein extrem ungünstiges Volumen/Oberfläche Verhältnis aufweisen und zudem nur teilweise befüllt wurden, so sind die Strukturmassen sehr optimistisch. Bei einer Orbitalversion müssten die umliegenden Module als zusätzliche Last die inneren Stufen tragen, das ist eine zusätzliche Kraft, die noch dazu einseitig wirkt, nämlich an der Innenseite jedes Moduls. Erhöht man aber die Tankstärke auf 1 mm, wie es in einem Bericht von 1979 stand, so steigt die Leermasse eines 24-m-Moduls von 158 kg auf 251 kg und man erhält den in früheren Veröffentlichungen angegebenen Leermasseanteil von 15%. Ein in Libyen getestetes Modul mit nur 6 m Länge wies schon eine Leermasse von 185 kg auf, leider ist nicht bekannt, wie viel davon auf die Nutzlast entfiel.

Im Jahre 1979 veröffentlichte Harry O. Ruppe in seinem Buch "Die grenzenlose Dimension" Band 1 ganz andere Daten: Ein Vierer Modul von 24 m Länge sollte folgende Daten besitzen:

Größe	Otrag	Ruppe
Treibstoff	1.350 kg	1.176 kg
Druckgas		28 kg
Treibstoffreste		11 kg
Gesamt Flüssigkeiten und Gase	1.350 kg	1.215 kg
Startmasse	1.508 kg	1.361 kg
Leermasse	158 kg	197 kg
Spezifischer Impuls	2.648 m/s	2.276 m/s

Die OTRAG lässt Treibstoffreste und Druckgas unter den Tisch fallen. In der Tat wiegt die Druckluft in einem 24-m-Modul (bei einer $^2/_3$ Betankung) bei einem Druck von 40 bar etwa 22 kg. Treibstoffreste, die nicht genutzt werden können, gibt es in einer Größenordnung von 1% bei jeder Rakete. Sie müssen bei der Leermasse berücksichtigt werden.

Zwar bläst das Druckgas den restlichen Treibstoff aus und erzeugt so einen geringen Schub (anfangs 270 N, in 13 Sekunden auf 135 N abfallend). Doch ist dieser nutzbar? Sobald der Schub abfällt, beginnt sich der Furanol mit dem Kerosin zu vermischen und die nächste Stufe kann nicht mehr gezündet werden. Eine Stufentrennung muss also erfolgen, solange der Schub noch nicht absinkt, kurz vor Brennschluss der äußeren Stufen.

Kayser gibt einen spezifischen Impuls von 2.648 m/s am Boden und 2.913 m/s im Vakuum an. Diese Werte wären für diese Treibstoffkombination ein Rekord. Wenn ein Modul wie angegeben eine Treibstoffmasse von 1350 kg und einen Schub von 25 kN, linear abnehmend auf 15 kN hat, bei einer Brennzeit von 120 s, dann erhält man einen spezifischen Impuls von 1.778 m/s. Auf dieselben Werte kommt man, wenn man die veröffentlichten Daten über Höhen und Nutzlasten von OTRAG Testschüssen zurückrechnet. Zwei ehemalige OTRAG-Mitarbeiter bestätigten mir übereinstimmend, dass der Wert korrekt sei und ein spezifischer Impuls von 1.800 m/s gemessen wurde.

Harry O. Ruppe schreibt in seinem Buch "Die grenzenlose Dimension" von einem recht niedrigen Expansionsverhältnis von 6 und einem spezifischen Impuls von 2.286 m/s. Auch er bemängelt, dass die OTRAG-Angaben um 12% höher als berechnete Werte seien, weil "... Herr Kayser meint, viele Parallelstrahlen eine Düsenwirkung aufbauen. Das scheint mir nur sehr begrenzt zuzutreffen". Das DFVLR bei dem Kayser bis 1976 die Triebwerke testete, hat auch die Performance untersucht. Nach deren Daten gibt es neben den offensichtlichen Einschränkungen (Treibstoff mit geringem Energiegehalt, geringes Expansionsverhältnis) noch den Effekt des absinkenden Brennkammerdrucks. Zusammen mit anderen Verlusten kam das DFVLR auf Effizienzverluste je nach Größe der Düse zwischen 12,06 und 13,56%. Das ist ein sehr hoher Wert. Übliche Raketentreibwerke erreichen eine Effizienz von 97 bis 99%, also Verluste von 1-3%. Zu diesem Zeitpunkt waren die Angaben der Technologieforschungs GmbH auch weitaus weniger optimistisch als später, obwohl es keine wesentlichen Änderungen in den Triebwerken gab:

Performanceparameter (1975)	Technologieforschung	DFVLR
Spezifischer Impuls Meereshöhe erste Stufe	2.125 m/s	1.875 m/s
Spezifischer Impuls Vakuum erste Stufe	2.439 m/s	2.181 m/s
Spezifischer Impuls Mittel erste Stufe		2.120 m/s
Spezifischer Impuls Vakuum zweite Stufe	2.601 m/s	2.334 m/s
Spezifischer Impuls Vakuum dritte Stufe	2.711 m/s	2.450 m/s

Der spezifische Impuls ist eine Maßeinheit, wie viel Energie aus einem Treibstoff herausgeholt werden kann. Je kleiner er ist, desto kleiner die Nutzlast.

Dabei liegt der schwarze Peter nicht so sehr an der Treibstoffmischung. Sie ist zwar der Kombination Hydrazin/Stickstofftetroxid unterlegen. Doch liegt sie in dem Bereich, den auch feste Treibstoffe erreichen. Zudem ist ja nicht gesagt, dass die OTRAG bei dieser Treibstoffkombination bleiben muss. Es spräche technisch nichts dagegen, auf Hydrazin und Stickstofftetroxid umzusteigen. Das man damals die Kombination gewählt hat, lag an dem hohen Preis dieser Treibstoffe.

Das Problem ist die Düse, die wegen der Konstruktion niemals breiter als die Brennkammer sein kann. Das Expansionsverhältnis ist niedrig, das bedeutet, dass die Gase das Triebwerk noch mit einem relativ hohen Druck verlassen und damit verschwendet man viel Energie. Da der Düsenhalsdurchmesser variabel ist, erscheint es zumindest für die Oberstufen möglich diesen zur verkleinern und damit den spezifischen Impuls auf Kosten des Schubs zu steigern. Bei der Entwicklung bei Interorbital hat man schubstärkere Triebwerke verwendet, die jeweils vier Tanks nutzen. So kann man die Düse vergrößern. Vielleicht werden so die gewünschten Werte erreicht.

Bei den Versuchsflügen wurde ein spezifischer Impuls von 1.800 m/s gemessen. Nimmt man diesen für die Erste und 2.100-2.200 m/s für die oberen Stufen an, so reduziert sich die Nutzlast beträchtlich. Eine vierstufige Version ist nötig um einen Orbit zu erreichen. Selbst diese läge aber nur bei etwa einem Fünftel der Angaben von Lutz Kayser. Für die 256 Modul Version errechne ich eine Nutzlast von maximal 800 kg anstatt 4.000 kg.

Harry O. Ruppe hat auch die OTRAG-Rakete mit realistischen Angaben durchgerechnet und kommt auf 2.900 kg anstatt 10.000 kg bei der großen Version. Prof. Ruppe geht von einem maximalen spezifischen Impuls von 2.286 m/s aus. Dies passt auch zu meinen Berechnungen. Die interne Simulation ging von 230 s auf Meereshöhe und 260 s im Vakuum aus, ebenfalls realistische Werte (2256 / 2250 m/s)

Durch die Größe des Graphitringes (als Düsenhals) soll der Schub geregelt werden. Klar ist: größere Düsenhalsfläche - mehr Schub. Aber: Die Fördermenge ist immer gleich und der Förderdruck ebenfalls. Dadurch sinkt die Strahlgeschwindigkeit in gleicher Weise. Das 24-m-Modul muss aber mehr Schub aufweisen als ein 12-m-Modul, weil es schwerer ist. Das verschlechtert den spezifischen Impuls weiter. Am deutlichsten ist dies beim Schubbeiwert zu sehen: Dieser liegt bei einem Ring mit 10 cm Durchmesser bei 1,27, schlechter als bei jeder anderen Rakete (übliche Werte 1,4 – 1,9) und schon nahe bei dem einer Feuerwerksrakete (1,0 = keine Düse).

Aufgrund dieser Einschränkungen spricht vieles dafür, dass die OTRAG-Rakete wohl nie erfolgreich einen Satelliten starten kann. Kayser sieht dies anders: "Es geht um eine komplett privat finanzierte Mondmission ... das deutsche Raketenteam lebt wieder", schreibt er auf der Webseite von Interorbital. Von SpaceX die heute das verspricht was er anstrebt, nämlich eine Reduktion der Startkosten hält er wenig: „Im übrigen ist die SpaceX Technologie (Pumpentriebwerke, Titan, Lithium) völlig ungeeignet die Kosten zu verringern. Bemühungen zur Wiederverwendung werden im selben Kostenfiasko wie das Spaceshuttle enden. Die derzeitig etwas billigeren Satellitenstarts sind NASA subventioniert, was aber nicht den WTO-Verträgen widerspricht. Die vorgetäuschte Angst der ESA vor SpaceX dient ausschließlich dazu, dem Steuerzahler neue Milliarden für Ariane 6 aus der Tasche zu ziehen". Dem letzten Satz kann der Autor zu 100% zustimmen.

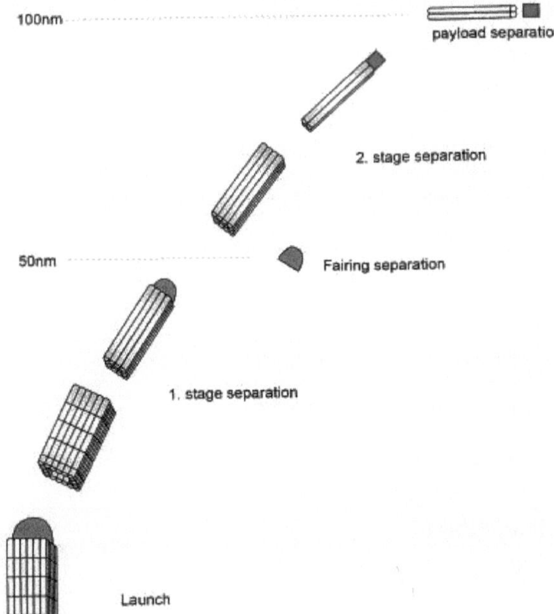

Das Typenblatt enthält eine mittelgroße Version. Die technischen Werte entsprechen den optimistischen Angaben der OTRAG.

Typenblatt OTRAG Rakete „PAK-512“	
Länge: maximaler Durchmesser: Startgewicht:	33,20 m (ohne Nutzlastspitze) 9,600 m 786.500 kg
Einsatzzeitraum: Starts: Fehlstarts: Zuverlässigkeit:	1977 - 1987 42 7 83,3%
Nutzlast:	8.000 kg (in einen 200 km hohen äquatorialen Orbit)
Stufe 1: 384 Module	
Länge: Durchmesser: Startgewicht: Leergewicht: Triebwerk: Schub: Brenndauer: Treibstoff: Spezifischer Impuls:	25,00 m 9,60 × 4,80 m 581.760 kg 63.360 kg 384 Module 13.440 kN (Start), 5.760 kN (Brennschluss) 150 s Salpetersäure / Dieselöl 2.276 m/s (Meereshöhe), 2.913 m/s (Vakuum)
Stufe 2: 96 Module	
Länge: Durchmesser: Startgewicht: Trockengewicht: Triebwerk: Schub: Brenndauer: Treibstoff: Spezifischer Impuls:	25,00 m 4,80 × 2,40 m 145.440 kg 15.840 kg 96 Module 3.660 kN (Start), 1.440 kN (Brennschluss) 150 s Salpetersäure / Dieselöl 2.276 m/s (Meereshöhe), 2.913 m/s (Vakuum)
Stufe 3: 32 Module	
Länge: Durchmesser: Startgewicht: Leergewicht: Triebwerke: Schub: Brenndauer: Treibstoff: Spezifischer Impuls:	25,00 m 2,40 × 1,20 m 48.480 kg 5.280 kg 32 Module 1.220 kN (Start), 480 kN (Brennschluss) 150 s Salpetersäure / Dieselöl 2.276 m/s (Meereshöhe), 2.913 m/s (Vakuum)
Nutzlasthülle	
Länge: maximaler Durchmesser: Gewicht:	8,20 m 9,60 m 2.500 kg

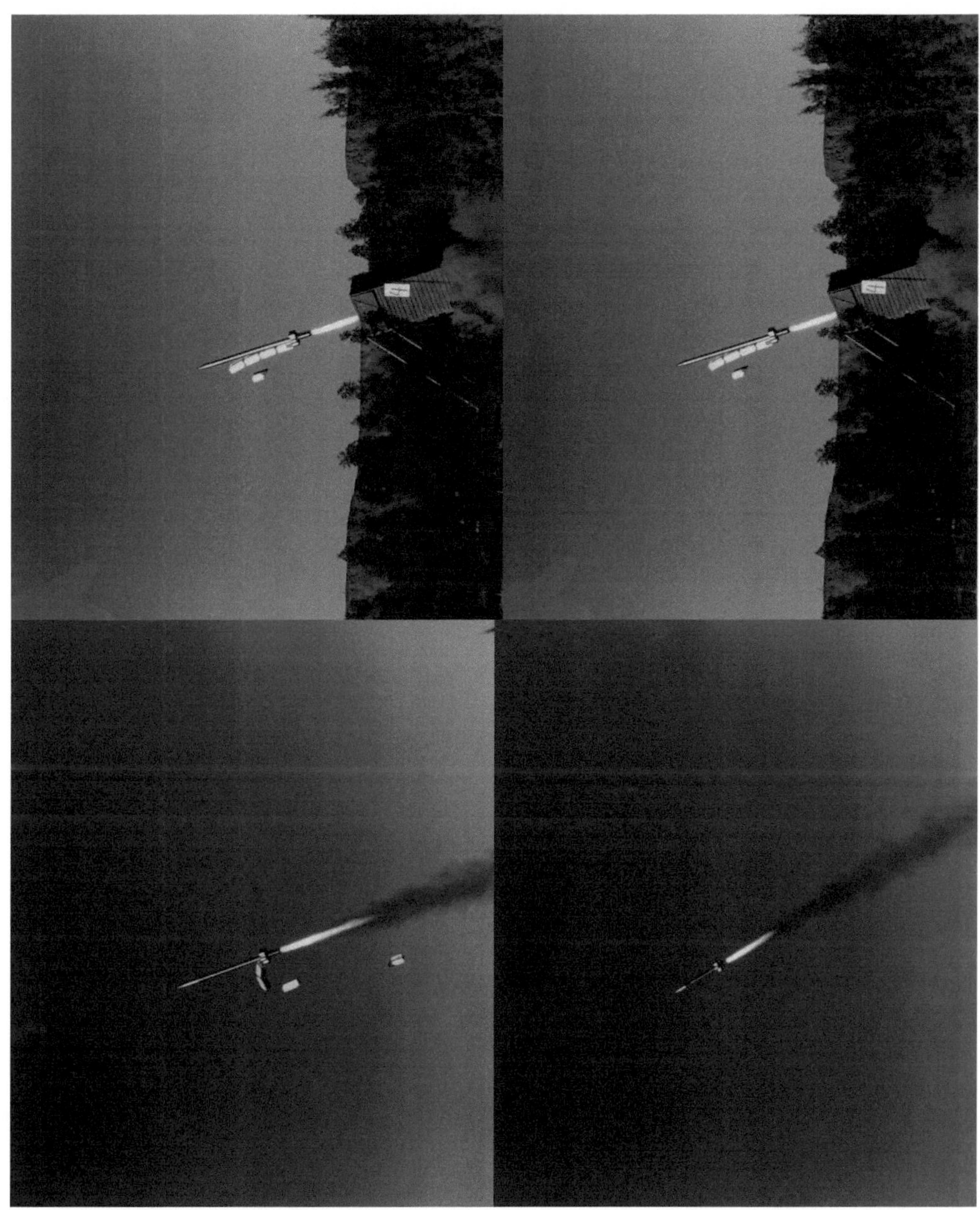

Quellen und Referenzen

Lutz Thilo Kayser, E-Mail, Fotos
Christoph Gleich, Telefonat, E-Mail
Frank K. Wukasch, Telefonat
Michael Schönherr, E-Mail, Fotos
Stuttgarter Zeitung Nr. 185/78
P.M. 7/81 "Auch so kann man Raketen bauen" S. 12-18
Harry O. Ruppe "Die grenzenlose Dimension" Band 1+2, Econ Verlag 1979/80
Hobby 17/1974 S.13-18, 88-89, Richard Höhn "Deutschland revolutioniert den Raketenbau"
FAZ Nr. 120/1977, K. Rudzinski "Muss Raumflug teuer sein ?"
FAZ Nr. 261/1977, 9.11.1977 S. 31 K. Rudzinski "Der Raumtransport braucht ein billiges Arbeitspferd"
FAZ Nr. 140/1978, 5.7.1978 S. 25, K. Rudzinski "Die Billigrakete - Technik, Wirtschaft und Politk"
Aviation Week & Space Technologie 12.9.1977, Robert R. Ropelewski "Low Cost Launcher developed by Germans"
Aviation Week & Space Technologie Dezember 1980 Eugene Kozicharow "OTRAG locates Rcoket Testing on Libyan Site" S. 18-20
Aviation Week & Space Technology, "OTRAG Ends Libyan Launch Work", 14.12.1981
Aviation Week & Space Technologie 4.10.1982
Theo Pirard, German Rockets in Afrika, the explosive Heritage of Peenemunde, IAA.96 Votrag
Spiegel 27/1978, "Deutsche entwickeln in Afrika Raketen"
Popular Science 3/1978 S. 26-32 "Bargain basement rocket"
Reason 7/1978, Robert Poole "Rockets in Africa - African Deception"
Charles Kallu Kalamiya, "Rape of Sovereignty: OTRAG in Zaïre",Review of African Political Economy - Vol. 6 No. 14
Neue Züricher Zeitung 10.10.1978
Shechaba, Vol 12, "OTRAG: Implications and repercussions"
Africa Nr. 76, Dezember 1977 "Space Technologie and Africa"
Trans Atlantik 10/1980 S. 44-55, Gaston Salvatore: "Das OTRAG Dossier"
Technologie Forschungs GmbH Endbericht TF-021-EB 74: Experimentalprogramm zur Untersuchung eines Antriebsystems mit Druckförderung und Vielfachbündelung: Phase II
Technologie Forschungs GmbH: Die Durchführbarkeit eines wirtschaftlichen orbitalen Trägers, Abschlussbericht 1971
Arbeitsgemeinschaft für Raketentechnik und Raumfahrt an der Universität Stuttgart (AGRR) , Stuttgart (de): Berechnung, Konstruktion und Entwicklung eines radial kavitierenden Steuerventils, 1968

Lutz T. Kayser: Eine radiale membrangetrennte Einspritzmethode für Flüssigkeitraketen-triebwerke mit variablem Schub und/oder variablem Mischungsverhältnis
Frank Wukasch: Entwicklung eines numerischen Simulationsprogramms des Antriebs-systems einer Trägerrakete mit gebündelten Triebwerken
OTRAG 79 Prospekt
Süddeutsche Zeitung 18.9.1998 S. 3, Walter Guthermuth "In Afrika starten deutsche 'Billig' Raketen"
OMNI Magazin, Juni 1981
Harro Zimmer, "Aufbruch in den Weltraum", Safari Verlag 1979
Space World, August/September 1978
Space World, Januar 1979
Peter Always, Rockets of the World, 2.nd Edition 1996
Kenneth Gatland: "Illustrated Encyclopedia of Space Technology", 1980
James E. Oberg, "The Sky's No Limit to Disinformation", "AIR FORCE magazine, Vol 69. März 1986 S. 52-56
52.stes Afrika Wirtschaftsforum
Peenemünde in Nahost
Space Digest V2 Nr.73
L5 News Februar 1978
L5 News April 1979
OTRAG Artikel auf www.astronautix.com
Kayser Artikel auf www.astronautix.com
Libyan Missiles
Informationsstelle Wissenschaft & Frieden Dossier Nr. 8 Die heimliche Raketenmacht
Flug Revue 9/1978 Gottfried Hilscher "Rakete aus dem Baukasten"
Ein Steuerparadies in Hessen: http://www.zeit.de/1985/09/ein-steuerparadies-in-hessen
Otrag-Raketen für Syrien?, Die Zeit Ausgabe 20, 1979
Raketen für Afrika, Die Zeit, Ausgabe 32, 2008
Extravaganzen mit Gaddafi, Der Spiegel 45/1981
Dann wäre Deutschland führend in der Welt, Der Spiegel 33/1978
Zwischen den Fronten des kalten Krieges: Frankfurter Allgemeine Sonntagszeitung Nr. 36 12.9.2010
Ein schwäbisches Himmelfahrtskommando: Stuttgarter Zeitung Nr. 148 30.6.2007

ELDO / Europa

Die erste europäische (nicht nationale) Trägerrakete wurde zunächst unter der Bezeichnung ELDO-A entwickelt. Erst 1964 erhielt sie den Namen „Europa". Bei der Europa wurde jede Stufe von einem Land gebaut. Großbritannien steuerte mit der „Blue Streak" die erste Stufe bei, Frankreich lieferte die „Coralie" genannte, zweite Stufe, und die dritte, „Astris" getaufte Stufe stammte aus Deutschland.

Da die britische Blue Streak schon bei Entwicklungsbeginn vorhanden war und als erste Stufe feststand, mussten folgende Spezifikationen eingehalten werden:

- Die Startbeschleunigung durfte 1,3 g nicht unterschreiten. Bei 136 t Startschub entspricht das einem Maximalgewicht der Rakete von 106,7 t.

- Die Masse der Oberstufen und der Nutzlast sollte 16.100 kg nicht überschreiten, um einen Kollaps der Tanks der Blue Streak zu vermeiden.

- Die Eigenfrequenz der Rakete musste größer als 2,7 Hz sein.

- Der Durchmesser der zweiten Stufe musste mindestens 1,98 m betragen.

- Der Betrieb aller Stufen sollte von Australien aus verfolgbar sein, wodurch die Betriebsdauer der Oberstufen zeitlich begrenzt war.

Das waren enge Grenzen für die Größe und das Gewicht der Oberstufen, welche die Leistung der Rakete von vornherein begrenzten. Mit größeren Oberstufen hätte die Europa eine höhere Nutzlast transportieren können. Doch dies hätte umfangreiche Änderungen der Blue Streak erfordert. Die ELDO kannte die Problematik und arbeitete an Alternativen, um den Startschub zu steigern oder die Oberstufen durch leistungsfähigere Modelle auszutauschen.

Zwei Missionstypen wurden festgelegt, um die Nutzlast zu optimieren: ein 550 km hoher, polarer Orbit mit einer Nutzlast von 1 t und eine Bahn in 10.700 km Höhe mit einer Nutzlast von 180 kg. Daraus ergab sich, dass die zweite Stufe etwa 11.300 kg wiegen und 274 kN Schub aufweisen musste. Die dritte Stufe sollte dann etwa 3.300 kg wiegen, wobei die Brenndauer nicht genau festgelegt war. Es musste aber die Zündung der dritten Stufe vom Festland aus beobachtbar sein.

Das Design der Europa-Rakete wurde in den Jahren 1961 bis 1963 festgelegt. Es gab in diesem Zeitraum vor allem bei den Oberstufen diverse Veränderungen zur Erhöhung der Nutzlast. Der Zeitplan sah erste Testflüge mit den Oberstufen für 1966 und eine Einsatzreife für 1968 vor.

	Vorschlag 1961	Optimierung 1963	Europa-I
Blue Streak:	94.160 kg	88.250 kg	89.400 kg
zweite Stufe (voll/leer)	8.124 kg / 1.093 kg	11.510 kg	11.894 kg / 2.100 kg
dritte Stufe (voll/leer)	1.496 kg / 226 kg	3.270 kg	3.578 kg / 528 kg
Nutzlastverkleidung:	130 kg	440 kg	340 kg
Nutzlast 550 km Bahn:	910 kg	1.200 kg	900 kg (Polare Umlaufbahn)
Startgewicht:	104.790 kg	104.670 kg	104.530 kg

Die Entwicklung der Europa im historischen Kontext

Schon alleine der politische Hintergrund der Entwicklung der Europa-Rakete würde ein eigenes Buch füllen. Es folgt an dieser Stelle ein kleiner Einschub über die politischen Aktivitäten rund um die ELDO/Europa.

Alles fing an, als das Verteidigungsministerium in Großbritannien darüber nachdachte, die Mittelstreckenrakete Blue Streak in einen Weltraumträger zu verwandeln. Als der Entschluss gefallen war, die amerikanische Thor Rakete in England zu stationieren, gab es keinen Bedarf für eine eigene, britische, Mittelstreckenrakete mehr. Zudem passte die Blue Streak nun nicht mehr ins strategische Konzept. Wie die Atlas, und andere Trägerraketen der ersten Generation, musste sie vor dem Start betankt werden und war somit nur als Erstschlagswaffe geeignet. So war die Blue Streak als militärische Rakete schon obsolet geworden, bevor 1960 die ersten Erprobungsflüge begannen. Ab April 1959 suchte England daher intensiv nach einer Möglichkeit für die weitere Verwendung der Blue Streak. Bedingt durch die langjährige Entwicklung stiegen die Kosten für das gesamte Blue Streak Programm von 50 auf 300 Millionen Pfund an. Bis zur Einstellung der Entwicklung als militärischer Träger hatte Großbritannien 84 Millionen Pfund ausgegeben.

England versuchte nun, unter der Bezeichnung „Black Prince" eine eigene Trägerrakete mit der Blue Streak als erster Stufe zu bauen. Da diese alleine nicht zu finanzieren war, suchte die englische Regierung in Europa nach Partnern. Der Aufwand zur Entwicklung einer eigenen Trägerrakete auf Basis der Blue Streak wurde auf weitere 100 Millionen Pfund geschätzt.

Um Satelliten transportieren zu können, musste die Blue Streak um zwei Stufen erweitert werden. Als zweite Stufe dachte Großbritannien an einen Einsatz der Black Knight, einer etwa 6 t schweren, britischen Höhenforschungsrakete. Für die Entwicklung der dritten Stufe suchte England nun Partner, die auch einen Teil der Kosten übernehmen sollten.

1960

Im Januar 1960 kam bei der COSPAR-Sitzung (Committee on Space Research – Dachverband für das Gebiet der Weltraumforschung) erstmals die Idee einer europäischen Trägerrakete auf. Es wurde ein Komitee gegründet, um ein Konzept auszuarbeiten. Kurz darauf, am 24.2.1960, gab die britische Regierung die Einstellung ihres nationalen Blue Streak Programms bekannt. Im April 1960 kontaktierte England verschiedene europäische Länder und unterbreitete den Vorschlag für die Entwicklung und den Bau einer Trägerrakete, damals allerdings noch mit der Idee, die zweite Stufe selbst zu bauen.

Bei dieser Suche nach Partnern wurde Großbritannien schnell bei den Franzosen fündig. Frankreich war damals an einer Erforschung der Raketentechnologie sehr interessiert, um eine eigene Atomstreitkraft aufzubauen. Allerdings wollten die Franzosen nicht die dritte, sondern die leistungsfähigere zweite Stufe bauen. Diese versprach für Frankreich einen höheren Erkenntnisgewinn für die Entwicklung von eigenen militärischen Raketen. Das kam England sehr gelegen, da so die eigenen Entwicklungskosten reduziert werden konnten. Eine Einigung scheiterte aber damals, weil Großbritannien von Frankreich eine Beteiligung an den Kosten in gleicher Höhe wie England erwartete. Frankreich plante schon die Diamant und wollte den Rahmen seiner finanziellen Beteiligung begrenzen.

Das Vereinigte Königreich unterbreitete den Vorschlag, insgesamt 50 Millionen Pfund (über fünf Jahre verteilt) für die Entwicklung bereitzustellen. Großbritannien machte aber die Benutzung von Woomera in Australien als Startplatz zur Bedingung, nachdem Frankreich den viel einfacher erreichbaren, algerischen Startplatz Colomb-Béchar ins Spiel gebracht hatte. Die australische Regierung befürchtete eine Schließung von Woomera und drohte mit „katastrophalen Folgen" für das angloaustralische Verhältnis.

Im Laufe des Jahres 1960 wurden sich Frankreich und England über die Verteilung der Aufgaben einig. Die USA gestatteten die Nutzung der von England lizenzierten Technologie in der Blue Streak für die Trägerrakete. England wollte wegen der laufenden Kosten des Blue Streak-Programms, die selbst bei einem Stopp der Entwicklung 350.000 Pfund pro Monat betrugen, eine möglichst schnelle Einigung mit seinen Partnern erreichen. Hinzu kam, dass England die Fachleute weiterhin an das Projekt binden wollte.

1961

Noch immer war offen, wer die dritte Stufe bauen sollte. Bisher war eine Stufe auf Basis der Black Knight mit Wasserstoffperoxid/Kerosin vorgesehen, wodurch der englische Beitrag aber höher war, als von der britischen Regierung gewünscht. Die ersten Schritte zur Klärung dieser Frage gab es bei einer europäischen Konferenz, die vom 30.1.1961 bis zum 2.2.1961 in Straßburg stattfand. Die Regierungen von England, Frankreich, Deutschland, Belgien, Holland, Italien und Spanien vereinbarten die Gründung einer europäischen Organisation, welche eine Trägerrakete entwickeln sollte – der ELDO (European Launcher Development Organisation). England konnte Frankreich zur Mitarbeit gewinnen, indem es sich bereit erklärte, 33% der Kosten zu übernehmen. Die Kosten für die Entwicklung der ELDO-A wurden auf 70 Millionen Pfund (196 Millionen Dollar) geschätzt, und es wurde ein erster Orbitaltest in fünf Jahren erwartet. Danach sollten drei bis vier Starts pro Jahr erfolgen.

Im Laufe des Jahres 1961 entwickelte sich die Rakete zu einer echten Europa-Rakete. Die deutsche Regierung war zuerst gespalten. Der Wirtschaftsminister Ludwig Erhardt und der Außenminister von Brentano waren für das Projekt, der Verkehrsminister Seeblohm dagegen. Er plädierte für eine Lizenzfertigung der amerikanischen Thor, was in London als „Sabotage" bezeichnet wurde.

Seeblohm gab im wesentlichen die Argumentation seines wissenschaftlichen Beraters Eugen Sänger wieder, der nicht wiederverwendbare Träger für technisch veraltet hielt und dafür plädierte, mit den verfügbaren Mitteln einen wieder verwendbaren Raumtransporter zu bauen. Sänger war der führende Experte auf dem Gebiet des Raketenbaus in Deutschland, und sein Wort hatte Gewicht. Seine Ideen wären aber mit den Finanzmitteln Europas nicht umsetzbar gewesen, und die Technologie dafür war damals noch nicht einmal in den USA erforscht.

Bis zum April 1961 hatten sich Frankreich und England geeinigt. Wollte Deutschland noch die dritte Stufe bauen, so musste es schnell handeln. Eine kurzfristig eingesetzte Expertenkommission unter der Leitung von Günter Bock empfahl der Bundesregierung die Mitwirkung an dem Projekt. So gab es am 28.6.1961 die Zusage Deutschlands für eine Beteiligung. Damit war die Entwicklung der Rakete im wesentlichen auf solide Beine gestellt.

Auch andere Länder waren an der Trägerrakete interessiert. Italien sollte einen Testsatelliten bauen, Belgien die Bahnverfolgung aufbauen, die Niederlande die Telemetriesender fertigen, und Australien stellte das Startgelände in Woomera. Italien musste beschwichtigt werden, weil es auch eine Stufe bauen wollte. Man sicherte Italien daher zu, den Antrieb bauen zu dürfen, wenn die Rakete einmal Satelliten in den geostationären Orbit transportieren würde und an der Entwicklung einer zukünftigen, kryogenen, Oberstufe beteiligt zu werden.

Bei der Finanzierung der ELDO wurde zwischen dem Wunsch Englands nach einem Kostenschlüssel wie beim CERN und der Forderung der kleineren Länder nach geringeren Ausgaben ein Kompromiss gefunden. Im Endeffekt zahlten Deutschland und Italien denselben Anteil wie beim CERN, Frankreich etwas mehr und Großbritannien deutlich mehr. Dafür war der Anteil von Belgien und Holland deutlich kleiner als deren Beteiligung am CERN.

Während die Regierungen noch über den Bau der ELDO-A Rakete entschieden, absolvierte am 15.4.1961 die Blue Streak bereits ihren ersten statischen Test.

1962

Am 29.3.1962 wurde inoffiziell die ELDO gegründet, und die Rakete bekam den Namen ELDO-A. Offiziell war die ELDO erst ab dem 1.5.1964 tätig, nachdem die meisten Länderparlamente (mit Ausnahme von Italien) den Gründungsvertrag ratifiziert hatten.

Die ELDO entpuppte sich bald als eine zahnlose Organisation. Als sie ihre Arbeit aufnahm, hatten die einzelnen nationalen Ministerien schon weitgehend die Kontrolle über ihren Anteil an der ELDO-A übernommen. Die ELDO wurde zum Spielball nationaler Interessen. Es gab weder eine echte, internationale Zusammenarbeit noch einen Hauptkontraktor, also eine Firma oder einen Konzern, der für die Rakete als Ganzes verantwortlich war. Dafür gab es etwa ein Dutzend Subkontraktoren.

Die Probleme zeigten sich schon bei so einfachen Dingen wie technischen Zeichnungen und Handbüchern. Diese Dokumente waren jeweils in der nationalen Sprache gehalten. Es gab auch keine einheitliche und umfassende Systemdokumentation. England verwandte das imperiale System auf der Basis von Inch, Fuß und Pfund, die restlichen Länder das metrische System auf der Basis von Meter und Kilogramm. Welche Folgen das haben kann, sollte die NASA dreißig Jahre später feststellen als die die Raumsonde Mars Climate Orbiter verlor, weil Tabellen für die Kräfte bei Kurskorrekturen vom Hersteller in imperialen Einheiten abgefasst waren und die NASA im metrischen System rechnete. Als Folge überkompensierte die Raumsonde Abweichungen, kam dem Mars zu nahe und verglühte. Alle Beschriftungen an den Stufen waren in der Landessprache gehalten und auch die Techniker sprachen in der Regel nur ihre Landessprache. Die Ausnahme bildeten die Deutschen, wie wegen der Steuerung, die sich auf ihrer Stufe befand, mit den Engländern und Franzosen unterhalten können mussten. Diese fehlende Zusammenarbeit sollte sich später in Kostensteigerungen und Fehlschlägen niederschlagen.

Das ELDO-Sekretariat mit etwa 200 Mitarbeitern hatte weder personell die Möglichkeit noch hatte es die Befugnis, Entscheidungen zu treffen. Diese traf ein Ministerrat, der zweimal im Jahr tagte. Weiterhin standen das Design der Rakete und die Zuständigkeiten für die Subsysteme schon fest, als die ELDO gegründet wurde. Somit konnte sie nur noch die weitere Entwicklung verwalten.

Nutzlasten für die Europa-I sollten wissenschaftliche Satelliten aus Europa in einem niedrigen Erdorbit sein. Diese wurden von einer zweiten Organisation, der ESRO (European Space Research Organisation), entwickelt, die parallel zur ELDO gegründet wurde.

1963

Im Mai 1963 stand das Design der Coralie fest. Im Dezember hatte England seine Teststände für die Tests der Blue Streak umgerüstet, die dort mit Massenmodellen der oberen Stufen statische Tests absolvierte.

1964

Schon 1964 zeigte sich, dass die Rakete erheblich teurer werden würde als geplant. Im Jahre 1961 war von Entwicklungskosten von 70 Millionen Pfund Sterling ausgegangen worden (das entsprach damals 800 Millionen DM). Als die ELDO 1964 formell ihre Arbeit begann, ging sie aber schon von 300 Millionen Dollar Entwicklungskosten aus. Das entsprach 1.700 Millionen DM, mehr als doppelt so viel wie veranschlagt. Im April beschloss die ELDO, die neue Trägerrakete „Europa" zu taufen.

Im Jahre 1964 wurde eine neue Regierung in England gewählt, welche die Prioritäten in der Weltraumforschung neu setzte. In den folgenden Jahren wechselten die Zuständigkeiten für das Ressort Raumfahrt laufend. Ab 1966 begann die englische Regierung sogar darüber nachzudenken, sowohl das eigene nationale Programm für eine Trägerrakete (das 1964 gerade begonnen hatte) einzustellen, als auch die Arbeit in der ELDO zu beenden!

Während die technische Erprobung der Europa-I Fortschritte machte – 1964 startete die Blue Streak (Flüge F1 und F2) zweimal erfolgreich – begann eine politische Krise in der ELDO. Während Großbritannien seine finanzielle Beteiligung verringern wollte, trat Frankreich für das Gegenteil ein – für eine beschleunigte Weiterentwicklung der Europa und den Start von Kourou aus.

1965

So preschte im Januar 1965 Frankreich mit einem Vorschlag vor, die Entwicklung eines Nachfolgemodells unter der Bezeichnung ELDO-B in Angriff zu nehmen. Die Begründung war, dass die Europa-I (ELDO-A) eine zu kleine Nutzlast habe und keinen geostationären Orbit erreichen könne. Es wurden zwei Lösungsvarianten vorgeschlagen: die ELDO-B1 und die ELDO-B2, beide mit kryogenen Oberstufen und der Fähigkeit, signifikant mehr Nutzlast in den GEO-Orbit zu transportieren. Von der Europa-I wäre höchstens die Blue Streak übrig geblieben, wobei auch hier Frankreich eine neue Stufe mit 95 t lagerfähigem Treibstoff favorisierte. Die ELDO-A Entwicklung hatte gerade erst begonnen, warum also dieser radikale Wandel?

1963 war der erste geostationäre Kommunikationssatellit Syncom-2 gestartet worden. Ihm folgten bald weitere. Eine US-nationale Organisation (COMSAT) und eine internationale Organisation (Intelsat) waren für den Bau, den Betrieb und die Vermarktung solcher Satelliten bereits gegründet worden. Ein einziger der Intelsat-1 Satelliten verdoppelte die Übertragungskapazität zwischen Europa und den USA und ließ erstmals die Übertragung von TV Programmen zu. Es war offensichtlich, dass diese Satelliten wirtschaftlich bedeutend waren. Frankreich befürchtete (wie sich später zeigen würde, zu Recht), dass die USA sich weigern könnten, europäische Satelliten zu starten, und stattdessen die Dienste der eigenen Satellitenbetreiber vermieten wollten. Zu diesem Zeitpunkt waren die anderen Partner aus Europa aber noch nicht zum Wechsel ihrer Strategie zu bewegen. Zeitweise stand der Austritt Frankreichs aus der ELDO im Raum und es wurde schon überlegt, wie die Europa-I mit nur der ersten und dritten Stufe gebaut werden könnte. Italien brachte einen Vorschlag ein, der Frankreich wieder mit ins Boot holte: Jede Nation sollte mindestens 80% der Investitionen in die ELDO in Form von Aufträgen wieder zurück erhalten, und die Arbeiten der ELDO, ESRO und CETS (Conférence européenne des télécommunications par satellites – Organisation zur Entwicklung von Kommunikationssatelliten) sollten besser koordiniert werden.

Bis dahin hatten alle Länder zusammen etwa 420 Millionen Francs ausgegeben, die nächsten drei Jahre erforderten eine weitere Milliarde Francs. Die Kosten des gesamten Programms lagen nun schon bei 404 Millionen Pfund. Das ELDO-Direktorat rechnete aus, dass die ELDO-B-Entwicklung mindestens 245 Millionen Dollar kosten würde. Weitere 80 Millionen Dollar wären nötig, um Ausrüstung (wie Teststände) bereitzustellen, die sonst für die Europa-I gebaut werden müsste. Die ELDO-A Entwicklung wurde auf 455 Millionen Dollar geschätzt, sodass der Wechsel auf die ELDO-B und Abbruch der ELDO-A Entwicklung nur 130 Millionen Dollar einsparen würde. Bedingt durch die völlig neue Technologie für die kryogene Oberstufe war es wahrscheinlich, dass die Einsparungen noch geringer wären. Dieses Argument überzeugte schließlich auch Frankreich.

Technisch machte die Europa weitere Fortschritte. Mit den Flügen F3 und F4 konnte die Phase 1 des Erprobungsprogramms erfolgreich abgeschlossen werden. Die Coralie war noch nicht so weit, um fliegen zu können, absolvierte im September 1965 aber ihre ersten statischen Test am Boden.

1966

Schon ein Jahr später kam die nächste Krise: Bedingt durch die steigenden Kosten verweigert Großbritannien die Freigabe der Mittel für 1966. England verwies darauf, dass von den 80 Millionen Pfund, welche das ELDO-Programm bisher gekostet hatte, 31 Millionen vom Vereinigten Königreich bezahlt worden waren. Von den 87 Millionen, welche die „Blue Streak“ Entwicklung bislang gekostet habe, seien 65 Millionen für die ELDO relevant. So habe England bis zu diesem Zeitpunkt fast 100 Millionen Pfund ausgegeben und müsse seinen Anteil nun reduzieren. Diese Argumentation stieß auf Widerspruch, denn schließlich hatte das Vereinigte Königreich die Blue Streak vor Gründung der ELDO entwickelt, und diese Investitionen konnten nicht auf den eigenen Anteil angerechnet werden.

Vom 26. bis 28. April tagte der Ministerrat und fand schließlich einen Kompromiss: Englands Beteiligung wurde auf 27% reduziert, im Gegenzug stieg vor allem Deutschlands Beteiligung an. Frankreichs Forderung nach einem Träger, der einen geostationären Orbit erreichen konnte, wurde nachgegeben, eine vierte Stufe sollte entwickelt werden. Dies führte zur Entwicklung der Europa-II, einem neuen Startplatz in Kourou und weiter steigenden Gesamtkosten. Vorstöße Englands, Darwin im Norden Australiens als Startplatz zu verwenden, waren angesichts der Reduktion des eigenen Anteils erfolglos.

Bis 1966 waren 216 Millionen Dollar für die Europa ausgegeben worden. 420 Millionen Dollar sollte das gesamte Europa-I Programm kosten. Die Europa-II ließ die Programmkosten auf 626 Millionen Dollar ansteigen. Davon entfielen 25 Millionen auf die Erschließung von Kourou. Es wurden Studien für die Entwicklung eines Perigee/Apogee Systems (PAS) beschlossen, jedoch noch nicht die eigentliche Entwicklung, da diese auf weitere 30 bis 80 Millionen Pfund geschätzt wurde.

Damit schien nach der „französischen Krise“ und „britischen Krise“ eigentlich eine Lösung gefunden – doch dieser Zustand währte nicht lange. Nun gab es auch technische Probleme. Während der Test F5 als Generalprobe für die Blue Streak noch erfolgreich verlief, waren die Flugerprobungen der Coralie durchwachsen. Bei allen Tests gab es Probleme, und der nächste Flug F6.1 musste um sechs Monate verschoben werden.

1967

Am 1.1.1967 wurde beschlossen, für die Europa-II eine einfache vierte Oberstufe mit festen Treibstoffen zu bauen und einen zweiten Antrieb mit festen Treibstoffen in den Satelliten zu integrieren, um eine geostationäre Umlaufbahn zu erreichen. Dies erschien angesichts der laufend ansteigenden Kosten des PAS als die beste Lösung.

Die Starts F6.1 wie auch F6.2 scheiterten. Das Design der Coralie musste nachgebessert werden, und das Programm verlängerte sich um weitere sechs Monate. Die Reserven, die 1966 eingeplant worden waren, schmolzen dahin. Das PAS-System hatte schon 36,5 Millionen Dollar mehr gekostet als geplant, und neue Schätzungen gingen nun von 750 bis 780 Millionen Dollar bis zum Abschluss des Europa-I und -II Programms aus.

Um Kosten zu sparen, beschloss die ELDO, die aufwendigen STV-Testsatelliten durch sehr einfache Versionen zu ersetzen. Das Jahr endete mit dem Abschluss der Entwicklungsarbeiten an der Astris am 23.12.1967.

1968

Im März musste der erste Start einer dreistufigen Europa-I um sechs Monate auf November verschoben werden, weil die „Coralie“ noch nicht flugbereit war. Im November kündigte England seinen Ausstieg aus dem Projekt an. Frankreich forderte daraufhin, die Entwicklung sofort einzustellen und zur Europa-III (ohne britische Stufe) überzugehen. Es wurde beschlossen, Geld einzusparen – allerdings wusste niemand, wo und wie dies möglich sein sollte. Im gleichen Monat scheiterte mit Flug F7 der erste Start einer dreistufigen Europa-I.

1969

Im Februar stieg England – wie 1968 angekündigt – aus dem Projekt aus, bot die Blue Streak aber den anderen Ländern zum Kauf an. Großbritannien reduzierte seine Beteiligung auf 5,24%, welche in einem Block für das Finanzjahr 1970 gezahlt wurden (17 Millionen Dollar). Damit endete das Engagement Englands in der ELDO. Ab 1971 musste diese ohne das Vereinigte Königreich auskommen.

Ab Mai 1969 entstand die Startrampe für die Europa-II in Kourou. Im Juli scheitert der Flug F8 aufgrund desselben Designfehlers, der auch schon F7 zum Verhängnis wurde. Im Dezember 1969 wurde der Flug F9 noch für April 1970 angesetzt. Der zusätzlich eingeplante Flug F10 musste aus Kostengründen gestrichen werden. Aus den gleichen Gründen war bei Flug F11 kein Testsatellit an Bord. F13, mit Symphonie-1 sollte im März 1972 als erster kommerzieller Start folgen.

1970

Im April wurde von Frankreich und Deutschland die Entwicklung der Europa-III beschlossen, auch wenn die genaue technische Auslegung noch nicht feststand. Begonnen werden sollte mit der Vorentwicklung für die Viking-Triebwerke in Frankreich und der Erforschung der Technologie von kryogenen Treibstoffen in Deutschland. Ziel war eine Qualifikation im Jahre 1979 nach sieben Jahren Entwicklung und fünf Erprobungsstarts (drei mit aktiver erster Stufe, zwei mit der kompletten Rakete). Die Programmkosten wurden auf 475 Millionen Dollar geschätzt.

Im Juni endete die Flugerprobung der Europa-I mit Flug F9. Es wurde ein Fast-Erfolg: Alle Stufen arbeiteten ordnungsgemäß, doch erreichte der Satellit keine Umlaufbahn, da sich die Nutzlasthülle nicht löste.

Im August 1970 ging der Streit über die Zukunft der Europa weiter. Der einzige zukunftsweisende Beschluss, der in dieser Zeit fiel, war, die ELDO, die ESRO und die CETS zu einer Organisation zusammenzulegen. Aus diesen unterschiedlichen Gruppierungen sollte später die ESA entstehen.

Im Oktober machte Frankreich den Vorschlag, die Blue Streak durch eine eigene erste Stufe, genannt L95 (mit 95 t flüssigem Treibstoff), zu ersetzen. Damit hätte das laufende Programm auch beim Ausscheiden Englands weiterlaufen können. Diese Stufe hatte wie die Blue Streak einen Durchmesser von 3,0 Metern und eine Länge von 16 Metern. Vier Triebwerke der Diamant B hätten sie antreiben sollen. Der Vorschlag war nicht neu. Schon im Dezember 1968 waren Pläne über eine solche Stufe als „Versicherung“ gegen das Ausscheiden Englands veröffentlicht worden.

Nach Frankreichs Vorstellungen sollte das derzeitige ELDO-Programm eingestellt und mit einer neuen Führung ein Neuanfang gestartet werden. Deutschland wollte dagegen das ELDO-Programm in der beschlossenen Form zu Ende führen, auch weil England dann gemäß den abgeschlossenen Verträgen weitere 40 Millionen Dollar in das Programm hätte pumpen müssen.

1971

Im Mai fanden in Kourou mit einer leicht veränderten Europa-I die ersten statischen Tests für Flug F11 statt. Im September wurden bei Hawker-Siddeley zwei modifizierte Blue Streak für die Flüge F13 und F14 bestellt. Zu diesem Zeitpunkt ging die ELDO noch von mindestens neun Flügen der Europa-II aus.

Politisch spitzte sich die Situation zu: Nun trat auch Italien aus der ELDO aus. Als dann im November auch noch der erste Flug der Europa-II von Kourou aus scheiterte, war auch die Geduld Deutschlands erschöpft. Nach dem Fehlschlag der ersten Europa-II gab auch in Bonn Forderungen nach dem Ausstieg aus der ELDO. Klaus von Dohnanyi, der neue Bundeswissenschaftsminister, vertrat eine neue Politik: Weg von der Trägerentwicklung als Alleinzweck, hin zu finanzierbaren und schnell umsetzbaren Lösungen. Bis zum Oktober 1972 hatte die Bundesrepublik 600 Millionen Mark in die Europa-I und -II investiert, weitere 200 Millionen Mark wären für eine Fortführung über die nächsten drei Jahre notwendig gewesen. Einen noch schlechteren Stand hatte die Europa-III, die Investitionen in der Höhe von 900 bis 1.350 Millionen DM erfordern würde.

Die Neuausrichtung der Forschung umfasste nun die Entwicklung des Spacelabs und Anwendungssatelliten sowie die Einstellung aller Arbeiten an der Europa-III. Die Gesamtkosten der Entwicklung von Europa-I bis -III nun mit 650 Millionen Dollar angegeben (bei einer deutschen Beteiligung von 45% im laufenden Finanzjahr).

1972

Die CNES präsentierte im Januar einen eigenen Entwurf L3S als Alternative zur Europa-III. Basierend auf der vorhandenen ersten Stufe sollte durch eine zusätzliche zweite Stufe und eine kleinere dritte Stufe eine preiswerte Alternative geschaffen werden.

Im Mai präsentierte eine unabhängige Untersuchungskommission die Ergebnisse zum Scheitern des Fluges F11. Der Bericht zeigte recht deutlich das Kernproblem der ELDO: Man hatte die Rakete nicht als Gesamtsystem gesehen, sondern die beteiligten Nationen meinten,

Im Dezember beschlossen Frankreich und Deutschland alleine die Verwirklichung der L3S, aus der später die Ariane werden sollte. Deutschland würde sich beteilligen unter der Bedingung, dass seine finanzielle Beteiligung auf einen Festbetrag von 320 Millionen DM (40 Millionen DM über acht Jahre) begrenzt wurde und Frankreich sich im Gegenzug am „Post Apollo“ Programm beteiligte, dem späteren Spacelab. Gleichzeitig wurde die Einstellung aller Arbeiten an der Europa-III beschlossen.

1973

Frankreich wollte allerdings noch einen Start der Europa-II durchführen und gab dem Bodenpersonal in Kourou den Auftrag, den Start F12 für den Oktober vorzubereiten. Im Februar beschloss Frankreich auf Druck von Deutschland, das Europa-II Programm vorerst zu unterbrechen. Trotzdem gingen im März noch die Stufen für Flug F12 auf den Weg nach Kourou. Als sie schließlich im April dort ankamen, hatte auch Frankreich das Projekt aufgegeben.

Die ELDO wurde formell aufgelöst. Die Entwicklung hatte bis dahin 732 Millionen Dollars (damals 2,5 Milliarden DM) verschlungen, ohne dass ein Satellit den Orbit erreicht hatte. Etwa 2000 Personen in Europa (davon allein 500 in Deutschland) waren an dem Projekt direkt beteiligt. Die Gesamtkosten wurden wie folgt beziffert:

Nation	Finanzielle Beteiligung 1962	Ab dem 1.1.1967	Ab dem 15.4.1969	Reale Gesamtausgaben
England	38,8%	27,0%		12,3% (90 Mill. $) +100 Millionen für die Blue Streak
Frankreich	23,9%	27,0%	42,3%	28,7% (210 Mill. $)
Deutschland	18,9%	25,0%	45,6%	28,7% (210 Mill. $)
Italien	9,7%	12,0%		22,4% (164 Mill. $)
Belgien	2,8%	4,5%	7,4%	3,7% (27 Mill. $)
Niederlande	2,6%	4,5%	4,7%	3,1% (23 Mill. $)
Australien				8 Millionen $
Gesamt:	70 Millionen Pfund / 200 Millionen Dollar	732 Millionen Dollar / 626 Millionen Pfund		732 Millionen Dollar: 690 Mill. Europa-I+II 40 Millionen Europa-III

Die britische Seite wies die Entwicklungskosten der Blue Streak separat aus. Diese waren von 1954 bis 1962, vor der Gründung der ELDO, angefallen.

Die Testflüge

Die Europa-I wurde stufenweise getestet. Man erprobte also zuerst die erste Stufe, dann die Kombination von erster und zweiter Stufe und zuletzt alle drei Stufen. Diese Vorgehensweise war damals gängig. Das Gesamtsystem „Rakete“ wurde so im Laufe der Tests zunehmend komplexer, und es war möglich, auf den Erfahrungen der ersten Flüge aufzubauen. Bei der ELDO-A kam noch hinzu, dass die Blue Streak schon entwickelt war und früher zur Verfügung stand als die oberen Stufen.

So wurde auch bei der Entwicklung der Atlas, Titan und Saturn 1 vorgegangen. Trotzdem hatten auch diese Träger bei ihren ersten Flügen zahlreiche Ausfälle. Die Öffentlichkeit war aber Ende der Sechziger Jahre an erfolgreiche Flüge seitens Russlands und der USA gewohnt. Es kam die Frage auf, warum nicht gleich die gesamte Rakete getestet wurde (wie bei den späteren Saturn-V Modellen). Es gab es offene Kritik, und entsprechend verzerrt war auch die öffentliche Wahrnehmung. So wurde nach Flug F9 bemängelt, dass die Europa-I in zehn Flügen keinen einzigen Satelliten in einen Orbit gebracht hatte, obwohl von diesen zehn Flügen nur drei Starts mit allen Stufen erfolgt waren. Ein Nachteil dieser Vorgehensweise war, dass es sehr lange dauerte, bis es zu einem vollständigen Test kam. Weiterhin wurden so zwangsläufig mehr Testflüge benötigt, und die Entwicklung war teurer als bei einem vollständigen Test der gesamten Rakete.

Die Erprobung der Europa-I erfolgte in vier Phasen:

- Phase I: statische Bodentests der einzelnen Stufen
- Phase II: Flüge nur mit aktiver Blue Streak (F1 – F5)
- Phase III: Flüge mit aktiver Blue Streak und Coralie (F6.1 und F6.2)
- Phase IV: Test der kompletten Rakete (F7 – F9)

Die Phase I wurde von jedem Land auf eigenen Testständen durchgeführt. Die Zusammenarbeit begann erst am Ende von Phase II.

Der Testplan wurde 1964 als „sehr ambitioniert“ und als „hoch riskant“ beschrieben. Er sah zu diesem Zeitpunkt den letzten Erprobungsflug F9 für den Juni 1967 vor. Tatsächlich fand dieser aber erst im Juni 1970 statt, also drei Jahre später. Mit Flug F10 hätte die Rakete den ersten kommerziellen Start durchführen sollen.

F1

Bei diesem ersten Flug ging es um die Erprobung der Blue Streak als erster Stufe. Es hatte für die ELDO-A zahlreiche Änderungen an der Blue Streak gegeben, die bei F1 bis F5 getestet werden sollten. Oberstufen flogen bei diesem Test nicht mit. Es war wie bei einer militärischen Rakete ein rein ballistischer Flug. Da die Entwicklung der Blue Streak schon vor dem ersten Test abgebrochen worden war, war F1 gleichzeitig auch der erste Flug der Blue Streak überhaupt. Dies unterschied die Europa-I von den ersten Trägern Russlands und der USA, welche vor ihrem ersten zivilen Flug schon militärische Teststarts absolviert hatten.

Der Start hätte am 25.5.1964 erfolgen sollen, musste aufgrund von schlechtem Wetter jedoch verschoben werden. Am 2.6.1964 wurde der erste Versuch wenige Sekunden vor der Zündung wegen eines Fehlers im Sicherheitssystem abgebrochen. Drei Tage später verlief der Countdown dann reibungslos. Allerdings schaltete sich das elektrische Einspritzsystem der Blue Streak durch starke Vibrationen vorzeitig bei 146 Sekunden (7,3 Sekunden vor Brennschluss) ab. Die Rakete erreichte so nur eine Distanz von 998 km, statt der geplanten 1.614 km. Der Start wurde als „Erfolgreich mit Beanstandungen" gewertet. Zu diesem Zeitpunkt lag die Europa-I noch im Zeitplan. Der Start fand nur vier Wochen nach dem ursprünglichen Termin statt.

F2

Bis zum zweiten Testflug F2 am 15.10.1964 hatte die ELDO zahlreiche Änderungen vorgenommen, um die Eigenvibrationen der Blue Streak zu minimieren. Wichtigstes Ziel des Flugs F2 war der Test des neuen Autopiloten. Der Flug verlief erfolgreich, und die Rakete erreichte eine Reichweite von 1.609 km und eine Gipfelhöhe von 240 km.

F3

Auch der letzte Alleinflug einer Blue Streak am 22.3.1965 verlief programmgemäß und ohne Beanstandungen. Der vorzeitige Brennschluss wurde bei diesem Test vom Boden ausgelöst und die Triebwerke nach 145 Sekunden abgeschaltet. Dabei wurde eine Reichweite von 1.600 km erreicht.

F4

Erst ein Jahr später konnte der letzte Test der Blue Streak angesetzt werden. Verantwortlich waren Verzögerungen bei der Fertigung der Coralie. Dafür standen nun die Mark-II Versionen der RZ2 Triebwerke mit 1.360 kN Bodenschub zur Verfügung. F4 und F5 unterschieden sich von den ersten drei Flügen dadurch, dass sie sich der späteren Rakete annäherten. Bei diesen Flügen sollte die Blue Streak nun Dummy-Oberstufen mitführen, und das spätere Flugprofil wurde getestet. Danach galt die Blue Streak als qualifiziert, und die Tests gingen eine Stufe weiter zur Coralie.

F4 führte Attrappen der Coralie und der Astris mit. Die Attrappen waren Stufen mit der Struktur der Flugexemplare und den Treibstofftanks, aber ohne den Antrieb und die Elektronik. Anstelle von Aerozin und UDMH wurde Wasser in die Tanks gefüllt, statt Stickstofftetroxid wurde eine Dichromatlösung verwendet. Diese Flüssigkeiten wiesen in etwa dieselbe Dichte wie die verwendeten Treibstoffe auf. Die Nutzlasthülle war ein Flugexemplar, und auch der STV-Satellit war fähig, Messungen zu machen und diese während des kurzen Fluges zum Boden zu senden.

Der Start am 24.5.1966 erfolgte zunächst reibungslos, dann jedoch kam die Rakete nach den Daten der primären Radarstation immer mehr vom Kurs ab. Um einen Aufschlag in bewohntem Gebiet zu verhindern, wurde das Signal zum Brennschluss vorzeitig erteilt. Der Rechner bestätigte diesen bei T+135 Sekunden.

Die übermittelten Messwerte von der Blue Streak zeigten allerdings keinerlei Abweichungen von den Sollwerten. Auch stieg die Rakete gemäß den Informationen einer zweiten Radarstation genau im geplanten Korridor auf. Nachträgliche Auswertungen zeigten schließlich, dass die F4 niemals vom Kurs abgekommen war, sondern dass es sich um eine Fehlfunktion

der ersten Radarstation handelte. Der Flug wurde daher als Erfolg gewertet. Im Jahre 1993 wurden Teile der Rakete im australischen Dschungel gefunden. Sie sind seitdem in Woomera ausgestellt.

F5

Beim zweiten Flug mit einer Dummy-Coralie gab es keine Probleme. Der Flug am 15.11.1966 war erfolgreich und lieferte sehr viele Daten über die aerodynamische Belastung der Rakete. Auch die Flugführung und die Bodenanlagen von Woomera waren nun qualifiziert.

F6.1 und G1-G3

Bei Flug 6.1 ging es darum, die Coralie im Flug zu erproben. Dieser Flug markierte den Beginn von Phase III. Die dritte Stufe war wie bei den beiden vorherigen Flügen eine Attrappe. Die Blue Streak hatte nun die endgültigen Mark-III Versionen der RZ2 Triebwerke.

Parallel zur Erprobung der Blue Streak erfolgte ein Test der Coralie alleine. Dafür wurde eine als „Cora“ bezeichnete Variante mit einer Drittstufenattrappe und der Nutzlastattrappe von Hammaguir in Algerien gestartet. Es gab drei Starts (G1 – G3), die am 27.11.1966, 18.12.1966 und 25.3.1967 stattfanden. Bei allen drei Flügen gab es Beanstandungen am Autopiloten der Coralie. Keiner konnte daher als voller Erfolg angesehen werden.

Der Flug G1 endete mit einer vorzeitigen Abschaltung der Coralie nach 62 Sekunden. Die Stufe explodierte aufgrund des Resttreibstoffs beim Wiedereintritt in die Atmosphäre. Beim Flug G2 schaltete der Autopilot die Stufe nicht vorzeitig ab, doch auch hier gab es Abweichungen von den Vorgaben im Flugprofil. Frankreich wertete den zweiten Testflug als Erfolg und den Ersten als Teilerfolg.

Beim Flug G3, der nach der Räumung des Startgeländes im algerischen Hammaguir von der Atlantikküste Frankreichs aus stattfand, kam die Coralie vom Kurs ab und musste nach 80 Sekunden gesprengt werden.

Eigentlich waren drei weitere Flüge G4 – G6 vorgesehen, bei denen die Abtrennung der Astris und deren Zündung im Vakuum erprobt werden sollte. Diese wurden jedoch ersatzlos gestrichen. Die Coralie war im Verzug und die ELDO hatte Finanzierungsprobleme. Dass ihre Durchführung jedoch durchaus sinnvoll gewesen wäre, zeigte sich bei den Flügen F7 und F8.

Start F6.1 umfasste auch eine Testnutzlast mit Messeinrichtungen und Peilsender. Auch die Nutzlastverkleidung entsprach der endgültigen Version, und ihre Abtrennung sollte getestet werden. Beim Testflug F6.1 am 4.8.1967 schaltete die Blue Streak etwas zu früh ab (nach 150 anstatt 153 Sekunden). Doch viel gravierender war, dass nach der Trennung der Stufen die Coralie nicht zündete.

Nach längerer Untersuchung wurden zwei Ursachen angegeben:

- Erstens hatte der Oxidator der Coralie sich während der langen Warte- und Vorbereitungszeit zersetzt. Dies verursachte einen Ventilfehler bei der Coralie. Da die Treibstoffe selbstentzündend waren, gab es kein separates Zündsystem. Ursprünglich war der Start für den 10. Juli vorgesehen gewesen, wurde aber wegen ungünstiger Wetterbedingungen und Fehlfunktionen wie z. B. beim Autopiloten der ersten Stufe immer wieder verschoben.

- Zweitens wurde vermutet, dass elektrostatische Entladungen den Flight Sequencer zum Aussetzen brachten.

F6.2

F6.2 sollte den Flug von F6.1 wiederholen und als neues Element die Drittstufenabtrennung erproben. Die dritte Stufe war allerdings wie bei F6.1 eine Attrappe. Der gescheiterte Start von F6.1 machte eine Verschiebung des Starts von Oktober auf Dezember 1967 nötig.

Am 4.12.1967 fand der erste Startversuch statt, doch der Countdown musste abgebrochen werden, als es einen Energieverlust in einem Subsystem gab. Am 5.12.1967 lief der Countdown bis Null herunter – aber die Blue Streak zündete nicht. Schließlich fand der Start einen Tag später statt, am Nikolaustag des Jahres 1967.

Die Blue Streak arbeitete ordnungsgemäß und schaltete sich zum vorgegebenen Zeitpunkt ab. Nun zündete zwar die Coralie, doch versagte die Stufentrennung. Die Stufe blieb mit der Blue Streak verbunden. Es hatten sich bei der Stufentrennung einige elektrische Verbindungen nicht gleichzeitig getrennt, und der Flight Sequencer setzte aus. Da es bei anderen Tests ebenfalls Verkabelungsprobleme in der Coralie gegeben hatte und der Flight Sequencer auch bei den Flügen G1 – G3 und eventuell auch beim Flug F6.1 nicht korrekt funk-

tioniert hatte, musste die Elektronik der Coralie vollständig überarbeitet werden.

Bei diesem Versuch konnte erstmals das Steuer- und Kontrollsystem für die Europa getestet werden.

Obgleich kein Flug der Coralie erfolgreich gewesen war, ging die ELDO nun zu Phase IV über, den Flügen der kompletten Rakete. Allerdings machten Änderungen an dem Trennungsmechanismus und am elektronischen System der Coralie eine Verschiebung des nächsten Starts von April auf November 1968 nötig. Damit war der Plan, in den Jahren 1968 und 1969 jeweils zwei Flüge mit der dritten Stufe durchzuführen und in die operationelle Phase überzugehen, nicht mehr durchführbar.

Der Flug F6.2 wirkte sich auch auf das Testprogramm selbst aus. Die 107 Millionen Dollar, die 1966 als Reserve eingeplant worden waren, wurden nun schon teilweise benötigt. Der Zeitplan war Makulatur und die Starts von F11 – F13 wurden von Woomera nach Kourou verlegt, das ab 1970 dann alle Starts übernehmen sollte.

Zeitweise wurde erwogen, F6.3 mit einer Dummy-Coralie einzuschieben, um die Astris zu testen. Doch da der Erkenntnisgewinn eines solchen Tests nur gering war, ließ die ELDO von diesem Vorhaben wieder ab.

F7

Testflug F7 war der erste Flug der Phase IV, also des Tests des kompletten Trägers inklusive des Testsatelliten. Es ging bei diesem Flug primär um den Test der dritten Stufe Astris, die den rund 250 kg schweren Testsatelliten STV in eine 400 × 640 km hohe Bahn bringen sollte. Am 30. November 1968 startete die Europa-I von Pad 6A in Woomera.

Der Flug verlief zunächst ohne Probleme. Diesmal gab es keine Probleme mit der Coralie. Auch die Stufentrennung zur dritten Stufe funktionierte, doch nur 0,5 Sekunden später kam es zur Explosion der Astris. Am Boden konnte man diesen Fehlschlag mit Teleskopen beobachten. Leider gab es zu diesem Zeitpunkt noch keine Daten von der Astris. Denn die Telemetriekanäle mit hoher Datenrate übertrugen zu diesem Zeitpunkt noch Daten der Stufentrennung. Das Einzige, was an Daten verfügbar war, waren wenige Messungen des Leitungsdrucks der Triebwerke, der kurz vor der Explosion rasch anstieg.

Die Fehlersuche konzentrierte sich zuerst auf den Stufentrennungsmechanismus. Schließlich hatte dieser auch bei Flug F6.2 Probleme gemacht, dort allerdings bei der Coralie. Es gab zwar Abweichungen, doch wie sich bei F8 zeigen sollte, war der Stufentrennungsmechanismus unschuldig an der Explosion der Astris.

F8

Aufgrund der Probleme bei F6 und F7 hatte die ELDO den Plan, mit F8 erstmals einen echten Satelliten (und keinen Testsatelliten) zu starten, aufgegeben. Am 2.7.1969, nur sieben Monate nach F7, hob die neunte Europa-I in Woomera vom Boden ab.

Im wesentlichen war F8 eine Wiederholung des Fehlschlags von F7. Wieder fiel die Astris 1,3 Sekunden nach der Stufentrennung aus. Da dies später als bei F7 war und es daher auch mehr Messungen von der Astris gab, konnte anhand von 36 Messwerten aus diesen 1,3 Sekunden die wahrscheinliche Fehlerursache erkannt werden.

Die Ursache war ein Bruch des Tankzwischenbodens und dadurch eine Explosion der Drittstufe. Nun musste geklärt werden, wie ein solcher struktureller Bruch entstanden sein konnte. Es gab Vibrationsversuche, den Beschuss des Oxidatortanks mit einer Pulverpatrone und Messungen der Reaktionsgeschwindigkeit von Oxidator und Treibstoff bei einem 8 mm großen Loch. Das Ergebnis bestätigte, dass die Tanks alleine durch die Belastung beim Flug nicht zerstört werden konnten. Weitergehende Untersuchungen konzentrierten sich auf die Sprengbolzen und die pyrotechnischen Komponenten, denn als wahrscheinlichste Fehlerursache kam sehr bald eine Selbstzerstörung durch das Selbstzerstörungssystem der Astris in Betracht. Die Untersuchungen des Tanks zeigten, dass Vibrationen oder kleine Löcher niemals eine so schnelle Reaktion ergeben konnten. Der Tank musste buchstäblich gesprengt worden sein.

Die Zünder des Selbstzerstörungssystems reagierten bei einem Versuch auch unterhalb der Sicherheitsschwelle von 36 Volt. Bei einem Test der Sprengbolzen zur Stufentrennung war es möglich, die Sprengbolzen für die Selbstzerstörung der Astris zu zünden, ohne diese durch ein elektrisches Signal zu aktivieren. Somit hatten die Ingenieure der Herstellerfirma ERNO die Ursache gefunden. Bei der Stufentrennung durch andere Sprengbolzen entstanden elektrisch leitfähige Gase, die zu einem Kurzschluss in den Kontakten der Sprengbolzen der Astris führten und die Selbstzerstörung der Rakete auslösten.

Es wurden umfangreiche Änderungen am Zündmechanismus der Sprengbolzen der Astris durchgeführt. Alle Minuskontakte der Zünder wurden miteinander verbunden und über einen 100-kOhm-Widerstand auf Masse gelegt. Das Selbstzerstörungssystem wurde galvanisch vom Stufentrennsystem getrennt und mit dem Satellitentrennungssystem verbunden. Eine Selbstzerstörung war nun nur noch während des Betriebs der ersten Stufe und nach Abtrennung der zweiten Stufe möglich. Sensoren wurden häufiger abgefragt, sodass nun 200 Messungen pro Sekunde erfolgten. Dies sollte es im Wiederholungsfall einfacher machen, Fehler zu erkennen.

Um diese Änderungen durchführen zu können, wurde im September 1969 der Flug F9 vom 24.11.1969 auf April 1970 verlegt. Die Verzögerung warf auch neue finanzielle Probleme auf. Es bedeutete, Woomera weitere sechs Monate offen zu halten, falls ein weiterer Testflug (F10, geplant für August 1970) notwendig wäre. Die Kosten dafür wären von Deutschland zu tragen, da die deutsche Stufe zweimal hintereinander versagt hatte.

In den Achtziger Jahren bekam ich in einem persönlichen Gespräch mit einem ASAT-Mitarbeiter allerdings auch eine zweite Erklärungsmöglichkeit genannt. Demnach waren in der dritten Stufe Verbindungsstecker auf beiden Seiten unterschiedlich verbunden: Stromführende Leitungen auf Masse und umgekehrt. Dies sollte, sobald die Stufe aktiviert wurde, ihre Selbstzerstörung ausgelöst haben. Da der Untersuchungsbericht nach F11 sehr deutlich gravierende Mängel in dem elektrischen System der dritten Stufe, insbesondere in der Abstimmung zwischen MBB und ERNO aufzeigte (und dies war immerhin drei Jahre später) erscheint mir diese Erklärung ebenfalls recht plausibel.

F9

Der letzte Flug einer Europa-I erfolgte erst nach einem Jahr Pause, in dem das elektrische System der Astris überarbeitet wurde. Am 12.6.1970 hob die letzte Europa-I von Woomera aus ab.

Flug F9 war von der ingenieurtechnischen Seite her gesehen ein voller Erfolg. Sowohl Blue Streak, wie auch Coralie arbeiteten wie vorgesehen. Die Astris arbeitete ordnungsgemäß, obwohl es einen Druckabfall beim Haupttriebwerk gab. Die Folge war ein Schubabfall nach einiger Zeit, wodurch diese 367 anstatt 356 Sekunden lang brannte. Die Ursache war ein zu hoher Heliumverlust, bedingt durch eine Verschmutzung eines Druckminderungsventils. Der spezifische Impuls blieb jedoch gleich hoch, sodass die Stufe bei einem Schubabfall weniger Treibstoff pro Sekunde verbrauchte und die Betriebszeit anstieg.

Leider beförderte auch dieser Start keinen Testsatelliten in einen Orbit, denn die Nutzlastverkleidung wurde nicht abgetrennt. Der entsprechende Stecker löste sich vorzeitig durch Vibrationen in der 78sten Flugsekunde, sodass das Abwurfsignal nach 222 Sekunden nicht übertragen wurde. Damit hatte die dritte Stufe die doppelte Nutzlast zu transportieren (560 anstatt 260 kg), und dies war nach ELDO Angaben zu viel. Die Stufe arbeitete, bis der Treibstoff verbraucht war, erreichte aber nur eine Endgeschwindigkeit von 7.100 m/s, statt der geplanten 7.893 m/s. Die Stufe fiel mit der Nutzlast in die Karibik.

In der Retrospektive ist dieser letzte Flug allerdings weiterhin rätselhaft. Die Europa-I war für rund 900 kg Nutzlast in einen polaren Orbit ausgelegt, und selbst mit nicht abgetrennnter Nutzlasthülle wog die Nutzlast nur rund 570 kg. Der Satellit sollte ursprünglich in einen exzentrischen Orbit von 485 × 3.400 km Höhe abgesetzt werden – dafür hätte er eine deutlich höhere Geschwindigkeit als 7.893 m/s – nämlich rund 8.262 m/s erreichen müssen. Da die Nutzlast für das Erreichen einer kreisförmigen, niedrigen Erdumlaufbahn (welche den von der ELDO angegebenen 7.893 m/s entspricht) aber nicht nur 570 kg, sondern sogar 870 kg betrug, musste die dritte Stufe rapide an Leistung verloren haben, deutlich mehr als angegeben. Eventuell wurde die Astris vom Boden aus abgeschaltet, zu einem Zeitpunkt, als sie durch den verringerten Schub noch beträchtliche Mengen an Resttreibstoff in ihren Tanks hatte oder es wurde eine Treibstoffkomponente schneller verbraucht und es gab so Reste der Zweiten, wie die bei einem Ariane 5 Start der Fall war, bei der die Nutzlast auch eine zu geringe Bahn erreichte, obwohl die letzte Stufe bis zum Erschöpfen einer Komponente arbeitete. Diese Hypothese ist vereinbar mit den veröffentlichten Angaben zum Start. Eine dritte Möglichkeit ist das durch den Heliumverlust die Abschaltung nach 367 s ausgelöst wurde, als der Tankdruck unter eine kritische Grenze fiel und die Stufe noch Resttreibstoff enthielt.

Eine genaue Erklärung für den Fehlstart wurde niemals veröffentlicht. Für die ELDO war er dennoch ein Erfolg: 12 der 16 Ziele des Fluges wurden erfüllt. Die Öffentlichkeit sah dies jedoch anders. Nach sechs Jahren Entwicklung und zehn Starts hatte die Europa-I noch keinen einzigen Satelliten in den Orbit gebracht. Von den beteiligten Firmen wurde ein weiterer Start gefordert, damit sicher war, dass die Europa-I nun voll einsatzfähig war. Doch nach dem Flug F9 wurde die Entwicklung der Europa-I für beendet erklärt, und die ELDO zog von Woomera nach Kourou um. Die Europa-II sollte nun den bisherigen Träger ablösen. Der letzte Flug einer Europa-I, F10, wurde gestrichen.

Das Vermächtnis

Obgleich die Europa nie über das Testprogramm herauskam, hinterließ sie ein Vermächtnis. Sie war das erste Projekt einer europäischen Zusammenarbeit in der Raumfahrt. Die Fehler, die bei der ELDO begangen wurden, wurden bei Ariane nicht nochmals begangen.

Die Entwicklung hinterließ eine Infrastruktur in ganz Europa, um die Rakete und ihre Stufen zu testen. Am wenigsten konnte sich Deutschland beschweren, auch wenn zur damaligen Zeit Artikel erschienen, die beklagten, wie viel der deutsche Steuerzahler für die ELDO ausgegeben hatte. Vor der Entwicklung der Astris gab es in Deutschland seit 1945 keine eigene Raketenentwicklung. Nun gab es nicht nur die Teststände in Lampoldshausen, sondern auch zwei Firmen mit der Fähigkeit, eigene Raketenstufen zu fertigen. MBB verfügte sogar durch das Europa-III Programm über Erfahrungen mit Wasserstoff als Treibstoff. Die Astris setzte viele Technologien ein, die damals als bahnbrechend galten. Deutschland hätte wahrscheinlich mindestens genauso viel investieren müssen, um sich dasselbe Know-How zu erarbeiten.

Das traf auch auf die anderen Länder zu. Es gab in Europa nun Teststände für Raketentriebwerke bis zu 1.000 kN Schub. Es gab Höhenteststände, in denen im Hochvakuum die Zündung und der Betrieb von Stufen im Vakuum erprobt wurden. Und es gab Weltraumsimulationskammern, in denen Satelliten auf ihre Funktion im Weltraum getestet werden konnten.

Kourou war als Weltraumbahnhof erschlossen worden. Für die „Ariane“ musste der Startkomplex der Europa-II nur umgebaut werden. Ohne Zweifel wäre die Entwicklung der Ariane ohne diese Vorarbeiten deutlich teurer geworden.

Der deutsche Anteil an der ELDO betrug rund 600 Millionen DM, im Mittel waren 700 Personen in Deutschland an dem Projekt beteiligt.

Warum scheiterte die Europa?

Obgleich die Rakete „Europa“ hieß, gab es keine echte europäische Zusammenarbeit. Die Rakete wurde aus Komponenten zusammengestellt, welche aus fünf europäischen Ländern stammten. Zwar funktionierte jede Stufe für sich, aber die Zusammenarbeit der verschiedenen Systeme klappte nicht:

- Bei den Flügen F7 und F8 sprengte sich die dritte Stufe selbst, als Pulvergase eine elektrische Entladung verursachten und den Selbstzerstörungsmechanismus aktivierten.

- Beim späteren Flug F11 war der Steuerungsrechner nicht ins System integriert worden und fiel im Flug durch elektrostatische Aufladung aus.

Das alles waren typische Fehler, die entstehen, wenn jeder Hersteller zwar sein eigenes Produkt ausgiebig testet, aber das Gesamtsystem nicht getestet wird. Der Untersuchungsbericht, der zu F11 veröffentlicht wurde, zeigte diese Mängel recht deutlich, nur kam diese Erkenntnis zu spät. Eine solche Untersuchung und vor allem wirksame Maßnahmen hätte es schon einige Starts früher geben müssen. Sehr merkwürdig ist auch, dass die ELDO trotz mehrfacher Fehlstarts an dem ursprünglichen Plan der Startreihenfolge stur festhielt, statt erst einmal die offenen Probleme endgültig zu beseitigen.

Auch die ESA bezeichnet es als Kardinalfehler, dass es keinen „Prime Contractor“ gab, also einen Hauptauftragnehmer. Dieser ist für das gesamte Produkt verantwortlich und damit auch für die Integration der einzelnen Komponenten und Verträglichkeitsprüfungen. Bei Ariane wurde dieser Fehler vermieden. Darin lag auch eine Chance zur Kosteneinsparung, indem doppelte Entwicklungen in verschiedenen Ländern vermieden werden konnten. Die ELDO versuchte dem gegenzusteuern, so war z. B. für die zweite Stufe der Europa-III mit Cryorocket eine Firma beauftragte, die aus zwei Unternehmen (SEP und MBB) aus verschiedenen Ländern bestand.

Charakterisiert war die ELDO dadurch, dass sich die Interessen der beteiligten Länder im Laufe der Entwicklung verschoben. England war anfangs die treibende Kraft, welche die Europa auf den Weg brachte. Ab 1966 verschoben sich aber die Interessen der britischen Regierung. Das Ziel war zuerst eine Reduktion der Beteiligung und später dann ein Ausstieg aus dem Projekt. Aus dem gleichen Grunde wurde 1970 auch die Entwicklung der Black Arrow beendet. Der wesentliche Grund war, dass die 1964 gewählte Labour Regierung in der Entwicklung von Trägerraketen keinen offensichtlichen Nutzen für die Wirtschaft des Landes oder die technologische Forschung sah. Dies war anders bei den Satelliten, doch hier gab es

Startzusagen von der NASA. Bis heute ist England in der Raumfahrt kein großer Spieler in Europa.

Anders argumentierte Frankreich: Schon bald erkannte die französische Regierung die Bedeutung von geostationären Satelliten. Für den Start dieser Systeme war die Europa-I jedoch zu klein. So drängte Frankreich schon 1965 darauf, die ELDO B1 und B2 zu bauen, noch bevor überhaupt die Phase I (mit Tests der Blue Streak alleine) abgeschlossen war.

Frankreich entwickelte eine Opposition zu England. Es gab schon früh Vorschläge, die Blue Streak durch eine französische Stufe zu ersetzen. Kourou konnte sich gegen Darwin als Startplatz durchsetzen, und auch der französische Vorschlag für die Europa-III wurde angenommen. Als wären diese nationalen politischen Interessen nicht schon Zündstoff genug, klappten auch die Starts nicht, was natürlich England (und später Italien) den Grund lieferte, die Mitwirkung an dem Programm zu beenden.

Innerhalb Deutschlands gab es das Problem, dass der Rückstand im Raketenbau gegenüber Frankreich und England sehr hoch war, denn anders als bei diesen Nationen war es die erste Stufe, die man nach dem Krieg entwickelte, sondern auch politische Interessen das Projekt tangierten. So gab es erst 1962 ein eigenes Forschungsministerium und dieses wurde während der sechziger Jahre bei Großprojekten von den Interessen zur Verbesserung der innereuropäischen Zusammenarbeit und der transatlantischen Zusammenarbeit beeinflusst.

Das gesamte europäische Weltraumprogramm war falsch organisiert. Es gab eine ESRO, die Satelliten baute und eine ELDO, die Raketen baute. Beide arbeiteten unabhängig voneinander. Die ESRO zeigte aber auch, dass es anders ging. Sie baute eine eigene Organisation auf, hatte übernationale Einrichtungen wie das ESTEC oder ESRIN, erwarb sich Kompetenzen und leitete selbst die Entwicklung der Satelliten. Der ELDO-Rat hatte dagegen keinerlei eigene Kompetenzen und Befugnisse. Alle wesentlichen Entscheidungen fielen auf Ministertreffen bei internationalen Konferenzen. Als 1975 die ESA gegründet wurde, wurde derselbe Fehler nicht noch einmal begangen. Die ESA wird zwar durch regelmäßige Ministerratstreffen finanziert, doch sie behält die Kontrolle über die Durchführung der Programme. Dabei gibt es Programme, an denen alle Mitglieder teilnehmen müssen und Programme, an denen nur daran interessierte Nationen teilnehmen. Die ESA ist heute wesentlich stärker, als es ESRO und ELDO zusammen waren. Das hat sich ausgezahlt. Charakteristisch war auch, dass die Industrie bei der Europa kein Eigeninteresse an der Weiterentwicklung, Verbesserung und Vermarktung der Trägerrakete hatte. Warum sollte dies dann von den Regierungen erwartet werden?

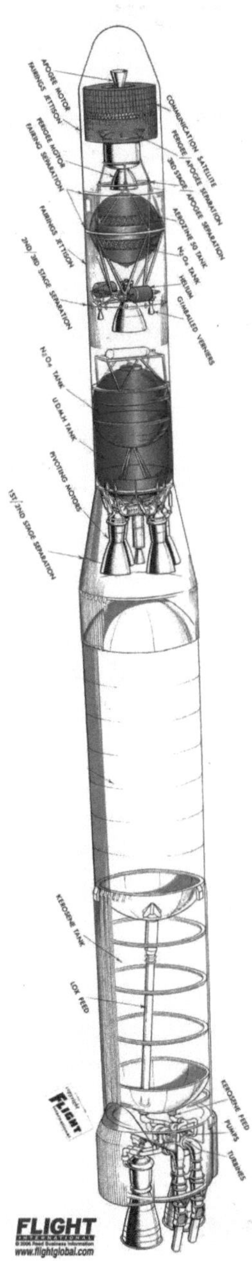

Aufbau der Europa-I

Die Europa bestand aus drei Stufen und einem Lenkungssystem. Dazu kamen die Bodenanlagen zur Bahnverfolgung, Installationen am Testgelände in Woomera und spezifische Testsatelliten. Für eine dreistufige Trägerrakete von rund 100 t Startmasse beförderte die Europa-I eine recht kleine Nutzlast von nur etwa 0,9 t. So hatte die Atlas-Agena mit denselben Treibstoffen und ca. 130 t Startmasse eine Nutzlast von rund 2,7 t. Woran lag dies?

Die Blue Streak als erste Stufe der Europa-I entsprach technisch der Thor oder Atlas. Um die Investitionskosten zu senken, wurde die Mittelstreckenrakete im Schub nur geringfügig gesteigert. Damit musste auf die Mitführung von sehr großen Oberstufen verzichtet werden. Schon dadurch verringerte sich die Nutzlast. Adäquat bei einer 90 t schweren Erststufe wäre eine über 20 t schwere zweite Stufe und eine 5 bis 6 t schwere dritte Stufe.

Die zweite Raketenstufe Coralie wurde schnell entwickelt. Sie war nicht nur zu klein, auch ihr Leergewicht war zu groß. Normal wäre ein Leergewicht von etwa 1,2 t gewesen, doch durch den massiven Tank wog sie 2 t. Alleine das reduzierte die Nutzlast um 300 kg.

Die dritte Stufe entsprach zwar dem Stand der Technik, war aber zu klein. Die Nutzlast war ausreichend für die Wissenschaftssatelliten der ESRO. Diese starteten in der Regel auf der Scout, ein Satellit (TD-1) auch auf der Delta. Für diese Projekte war die ELDO-A anfangs eher zu groß. Ihre Nutzlast wurde erst zu klein, als 1964 die ersten geostationären Satelliten gestartet wurden und deren Nutzen praktisch sofort sichtbar war.

Die Blue Streak

Die Blue Streak war eine britische Mittelstreckenrakete, die einen 2 t schweren Sprengkopf über eine Distanz von 4.400 km tragen sollte. Entwickelt wurde die Rakete ab 1954. Die Reichweite sollte ursprünglich 2.500 km betragen, aber schon 1958 wurde sie auf 4.000 km erhöht. Der Name „Blue Streak“ folgte einer Tradition der Air Force, die ihre Raketen mit „Blau“ benannte. Schon vorher war die Boden-Luft Rakete „Blue Steel“ nach diesem Muster benannt worden.

Die Blue Streak basierte im wesentlichen auf der Technologie der Atlas. Einige Bauteile wurden in Lizenz gebaut. So waren die Rolls-Royce Triebwerke eine verbesserte Version des S-3 Triebwerks der Jupiter. Verbesserte Versionen dieses Triebwerks wurden auch in der Atlas A bis C oder der Thor eingesetzt. Aufgrund der Konstruktion ist die Blue Streak mit der Atlas zu vergleichen.

Die Triebwerke stammten größtenteils von Rocketdyne. Einige Teile, wie das Sauerstoffventil oder der Gasgenerator, wurden in England selbst entwickelt. Von der Atlas unterschied sich die Blue Streak durch das fehlende Zentraltriebwerk. Zudem war bei der Atlas der Triebwerksblock abtrennbar. Bestrebungen, eigene Triebwerke zu entwickeln, wurde schon während der Definitionsphase aufgrund der hohen Entwicklungskosten aufgegeben.

Moderner als bei der Atlas war die Steuerung der Rakete. Anstatt Verniertriebwerke einzusetzen, waren die beiden Triebwerke unabhängig voneinander schwenkbar und kardanisch aufgehängt. Jedes Triebwerk konnte in der Gier- und Nickachse geschwenkt werden. Das Triebwerk Rolls-Royce RZ2 hatte in der militärischen Variante einen Schub von 610 kN auf Meereshöhe. Für die Europa-I wurde der Schub auf 667 kN gesteigert, um die Oberstufen befördern zu können. Der Triebwerksblock RZ2 bestand aus zwei Triebwerken des Typs RZ-13. Innerhalb des Erprobungsprogramms der ELDO-A kamen drei Typen des RZ2 zum Einsatz: Mark I, II und III. Diese unterschieden sich im verfügbaren Schub. Die operationelle Rakete sollte die Mark III Version einsetzen.

Der Gasgenerator verbrannte Kerosin im Überschuss (0,35 zu 1) und erzeugte so 650 °C heißes Gas. Mit diesem Gas wurde die Turbine zur Förderung des Treibstoffs angetrieben. Für die Schmierung der Pumpen, Turbinen und Getriebelager wurden 13,5 l Öl pro Minute durch Druckstickstoff gefördert. Die Turbopumpe wurde als Kreiselpumpe ausgelegt. Die Zündung erfolgte pyrotechnisch, wobei zum Starten des Gasgenerators und der Turbopumpe ein separater Starttank benutzt wurde. Die Turbine hatte einen gemeinsamen Schaft für beide Turbopumpen mit einem festen Übersetzungsverhältnis von 4,88 zu 1. Das Verbrennungsverhältnis Kerosin zu Sauerstoff war mit 2,2 zu 1 sehr niedrig, das begrenzte die Verbrennungstemperatur, aber auch die Ausströmgeschwindigkeit.

Neben den Triebwerken befanden sich, von einer aerodynamischen Verkleidung umhüllt, die Hydraulik und Elektrik sowie Druckgasflaschen. Diese Verkleidung wurde wie Flugzeugteile gefertigt und bestand aus Aluminium: Eine dünne Haut verstärkt durch Spanten und Stringer. (Stringer sind in Längsrichtung verlaufende Holme in Leichtbauweise, Spanten entsprechende Ringe in der Querrichtung. Beide zusammen bilden ein Gerüst, welche die Hülle versteift).

Stickstoff in sieben Gasflaschen in der Triebwerkssektion diente zur Druckbeaufschlagung der Tanks vor dem Start und zur pneumatischen Betätigung von Ventilen. Die Zündung erfolgte durch pyrotechnische Zünder und Glühdrähte in Brennkammer und Gasgenerator. Dabei wurde das Triebwerk zuerst mit einer Flamme mit Sauerstoffüberschuss gestartet. Im oberen Teil der Blue Streak befand sich neben dem Stufenadapter auch der Autopilot. Er veranlasste den Brennschluss der Stufe, wenn entweder ein Schubabfall das Verbrauchen des Treibstoffs signalisierte oder wichtige Parameter der Rakete außerhalb der Spezifikationen lagen.

Wie die Atlas verfügte die Blue Streak über durch Druck versteifte Tanks mit teilweise nur 0,5 mm Wandstärke. Ohne einen entsprechenden Innendruck wären die Tanks kollabiert. Sie standen daher auch leer unter einem Überdruck von 0,35 bar (LOX) und 0,11 bar (Kerosin). Vor dem Start und während des Betriebs der Stufe wurde der Druck auf 1,8/0,82 bar (LOX/Kerosin) erhöht. Die Tanks bestanden aus Stahl, da sie sich beim Aufstieg durch die

Luftreibung bis auf 500°C erhitzten. Der untere Tank nahm das Kerosin auf, der Obere den flüssigen Sauerstoff. Der Kerosintank wurde mit Stringern verstärkt, um die Lasten besser aufzunehmen und die Neigung zur Vibration zu verringern. Im Sauerstofftank wurde darauf verzichtet. Die Druckbeaufschlagung der Tanks erfolgte vor dem Start mit Stickstoff. Nach dem Start wurden die Abgase des Gasgenerators nach Passieren der Turbine durch einen Wärmetauscher geleitet. Er erhitzte flüssigen Sauerstoff aus dem LOX-Tank, um diesen damit unter Druck zu halten und flüssigen Stickstoff, um den Kerosintank am Kollabieren zu hindern. Der Vorrat an flüssigem Stickstoff betrug 66 kg. Die Flasche für gasförmigen Stickstoff hatte ein Volumen von 17 l mit einem Anfangsdruck von 211 bar.

Die Blue Streak hatte eine eigene Stromversorgung bestehend aus Silber-Zink Batterien, welche maximal 2.100 Watt Leistung lieferten. Der Spitzenstromverbrauch betrug 1.180 Watt. Es wurden zwei Wechselspannungen mit 400 und 2400 Hz Frequenz benutzt. Weiterhin hatte die Stufe eine eigene Steuerung und Sender. Die Telemetrie wurde bei 249 und 465 MHz zum Boden übertragen. Es gab vier Empfänger für das redundant vorhandene Selbstzerstörungssystem. Vom Boden aus konnte per Kommando die Tankwand zerstört werden. Die Steuerung der Blue Streak erfolgte mittels Kreiselplattformen als interner Referenz. Sie wurden programmgesteuert geneigt, und die Rakete folgte dieser Neigung. Die Elektronik befand sich in der oberen Gerätezelle, die als Stufenadapter ausgelegt war.

Entwickelt und gefertigt wurde die Blue Streak von Hawker-Siddeley Dynamics. Die wesentliche Modifikation der Rakete für die Europa-I bestand in der Schubsteigerung. Als Mittelstreckenrakete hätte die Blue Streak einen Gefechtskopf von 1,36 t Gewicht transportieren müssen. Nun galt es, zwei Oberstufen und einen Satelliten im Gesamtgewicht von 18 t zu transportieren. Der maximale Schub (im Vakuum) musste so von 1.334 auf 1.575 kN angehoben werden. Die Struktur musste ebenfalls verstärkt werden, und das Strukturgewicht stieg um 500 kg von 6.124 kg bei der militärischen Variante an. Die obere Gerätezelle wurde für den Stufenadapter der Coralie angepasst. Wegen der auftretenden, höheren Kräfte wurde für die Zelle eine Spanten- und Stringerbauweise eingesetzt. Die für die Flüge F13 und F14 bestellten Stufen hatten einen Wert von 3 Millionen Pfund.

Für die operativen Europaraketen wurden die Mark III Exemplare des RZ2 verwendet, die am Boden 670 anstatt 610 kN Schub entwickelten. Das erlaubte es, in der Blue Streak etwa 5 t mehr Treibstoff zuzuladen. Der Tank wurde allerdings nicht verlängert. Dies wurde bei der Europa II genutzt.

RZ2	
Gewicht:	2 × 750 kg
Maximaler Durchmesser:	1,53 m
Brennkammerdruck:	39,6 bar
Expansionsverhältnis:	8:1
Treibstoffe:	LOX/Kerosin im Verhältnis 2,16: 1
Temperaturen:	3190 °C Verbrennungstemperatur 470 °C am Düsenhals 400 °C an der Brennkammerwand
Kühlung:	Regenerativ mit 312 Nickelröhren
Schub:	MK I: 2 × 610 kN (Meereshöhe), 2 × 775 kN (Vakuum) MK II: 2 × 667 kN (Meereshöhe), 2 × 786 kN (Vakuum) MK III: 2 × 735,5 kN (Meereshöhe), 2 × 886 kN (Vakuum)
Steuerung:	Hydraulisches Schwenken mit Druckgas 211 bar, maximal 0,7 Grad/s Bereich ± 7 Grad.
Spezifischer Impuls:	2.438 m/s Meereshöhe, Vakuum

Blue Streak	
Länge:	18,75 m
Durchmesser:	3,05 m Tanks, 3,80 m (maximal)
Startgewicht:	89.400 kg (Europa-I), 94.940 kg (Europa-II)
Treibstoffe:	Max. 87.720 kg, davon maximal 61.700 kg LOX und maximal 26.700 kg Kerosin
Trockengewicht:	6.400 kg (Europa-I), 6.289 kg (Europa-II)
Tanks:	1.500 kg, 14 m Länge, 56,6 m³ LOX, 35,4 m³ Kerosin
Gewicht Triebwerke:	2 × 750 kg
Maximale Betriebsdauer:	155 s Europa I, 160 s Europa II

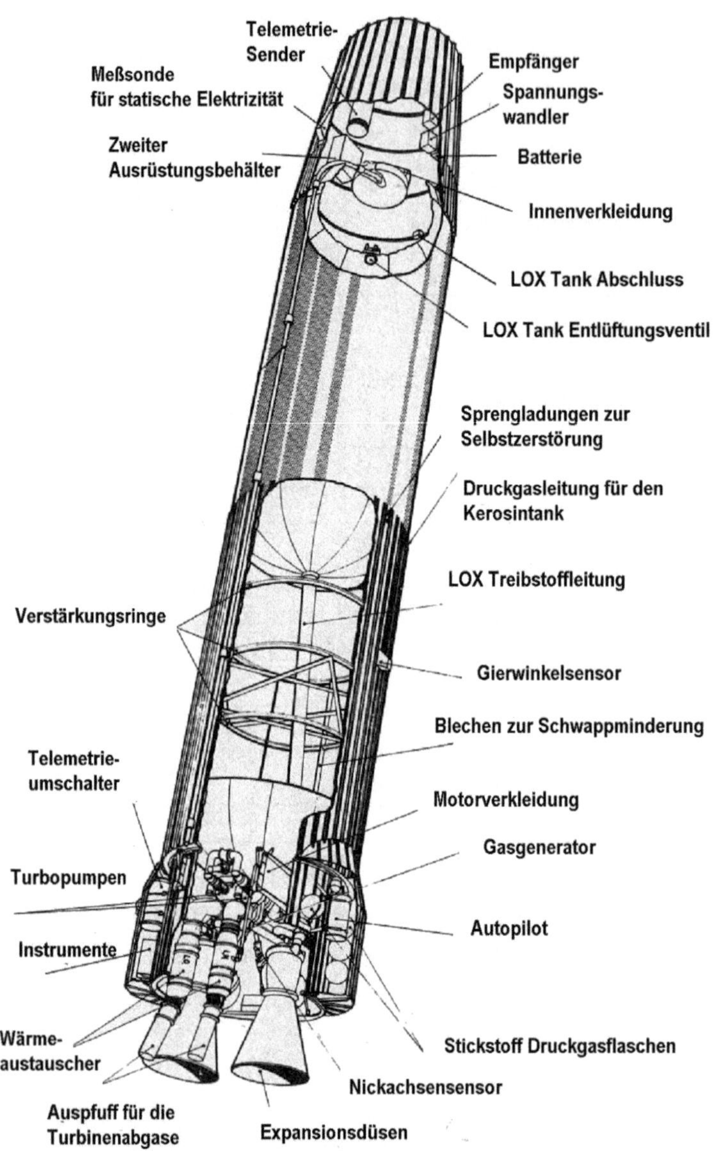
Telemetrie-
Sender
Meßsonde
für statische Elektrizität
Empfänger
Spannungs-
wandler
Zweiter
Ausrüstungsbehälter
Batterie
Innenverkleidung
LOX Tank Abschluss
LOX Tank Entlüftungsventil
Sprengladungen zur
Selbstzerstörung
Druckgasleitung für den
Kerosintank
LOX Treibstoffleitung
Verstärkungsringe
Gierwinkelsensor
Blechen zur Schwappminderung
Telemetrie-
umschalter
Motorverkleidung
Gasgenerator
Turbopumpen
Autopilot
Instrumente
Wärme-
austauscher
Stickstoff Druckgasflaschen
Nickachsensensor
Auspfuff für die
Turbinenabgase
Expansionsdüsen

Die Coralie

Getreu der französischen Tradition, neue Raketenstufen nach Edelsteinen zu benennen, bekam die dritte entwickelte Rakete bzw. Stufe, den Namen „Coral“ (Koralle) nach „C“, dem dritten Buchstaben im Alphabet. Um Australien die Referenz zu erweisen, das im Französischen „Australie“ heißt, wurde daraus die „Coralie“. Gefertigt wurde sie von LBRA Nord Aviation. Verantwortlich für die Entwicklung war wie bei der Diamant das SEREB. Zeitweise wurde darüber nachgedacht, die Coralie in einer eigenen französischen Rakete namens Vulcain einzusetzen.

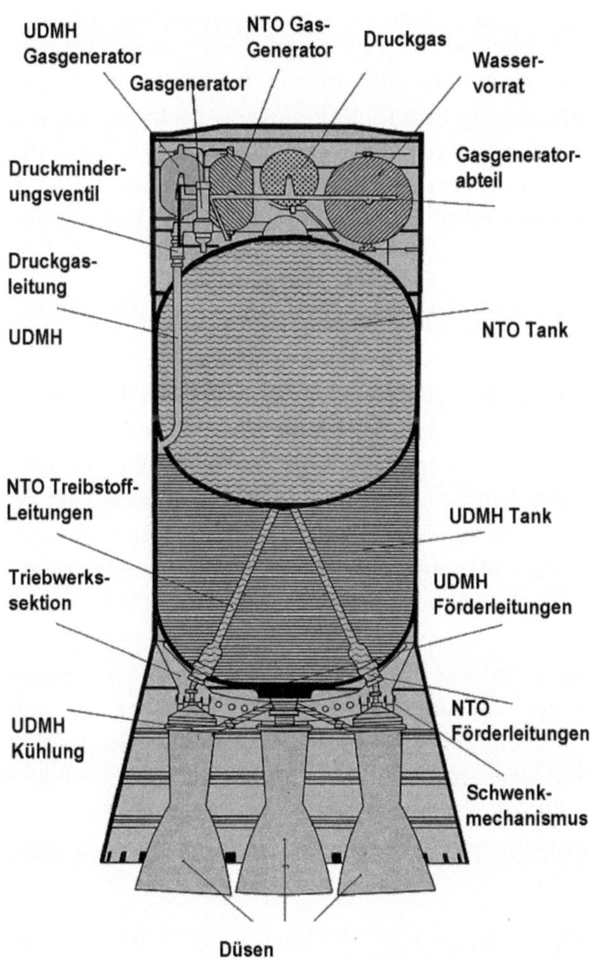

Die französische Zweitstufe Coralie wurde rasch entwickelt, die Konstruktion wurde deswegen bewusst einfach gehalten. Der Termindruck bei dieser Stufe war am größten, denn die Astris sollte erst fliegen, wenn die Coralie im Flug erprobt war. Das bedeutete, ASAT konnte sich für die Entwicklung der dritten Stufe mehr Zeit lassen. Die erste Stufe, die Blue Streak, existierte dagegen bereits. Im Laufe der Entwicklung wurde der Durchmesser von 1,40 auf 2,01 m erhöht, und die Länge von 6,10 auf 5,50 m reduziert. Die Treibstoffzuladung stieg dennoch wegen des größeren Durchmessers 6.260 auf 10.000 kg an. Der Schub wurde nur leicht von 250 auf 284 kN gesteigert.

Das Design der Coralie hatte Ähnlichkeiten mit der Erststufe der Diamant. So entsprach der ursprünglich vorgesehene Durchmesser von 1,40 m genau dem der Diamant. Man verzichtete auf eine Turbopumpe und verwendete eine Druckgasförderung. Diese Entscheidung war durch den Termindruck begründet. Auch das Triebwerk Vexin wurde in der Diamant verwendet, die Europa setzte das Vexin A ein, die Diamant die schubstärkere B-Version, das mit einer anstatt vier Brennkammern auskam.

Wie bei der Emeraude (Diamant Erststufe) resultierte daraus eine hohe Leermasse. Das hatte bei der Europa-I erheblich größere Auswirkungen auf die Nutzlast als bei der Diamant. Der Einfluss der zweiten Stufe auf die Nutzlast ist deutlich höher als derjenige der Ersten.

Vor dem Start betrug der Druck in den Tanks 10 bar, während des Flugs wurde er auf 18,4 bar erhöht. Er musste höher sein als der Brennkammerdruck von 13,8 bar. Die Leermasse war vor allem durch die Tankform so hoch. Für druckgeförderte Triebwerke ergibt sich das geringste Strukturgewicht durch kugelförmige Tanks. In der Coralie kamen jedoch zylinderförmige Tanks zum Einsatz. Bei dieser Bauform muss der untere und obere Boden sehr dick sein, um nicht unter dem Druck auszubeulen. In den Tanks befanden sich bis zu 6.500 kg NTO und 3.500 kg UDMH. Die Tanks wurden aus 40 Stahlblechen gefertigt. Der verwendete Stahl 40 CDV 20 hatte eine Festigkeit von 155 kg/mm² und einen hohen Vandiumanteil. Es gab vier Ventile für die Treibstoffleitung des NTO, aber nur eines für das UDMH. Das erlaubte es, die Coralie weich in zwei Stufen zu starten.

Die Druckbeaufschlagung geschah mit einem Druckgasgenerator oberhalb der Treibstofftanks. Er verbrannte Treibstoff aus eigenen Tanks und nutzte Wasser zur Kühlung und zur Erzeugung des Hochtemperaturdampfes. Der Gasgenerator wurde mit den Triebwerken gestartet und arbeitete bis 75 Sekunden nach der Zündung. Die letzten 20 Sekunden des Betriebs nahm der Druck in den Tanks nur noch geringfügig ab, da sie zu diesem Zeitpunkt schon zu ¾ leer waren und sich damit das dem Druckgas zur Verfügung stehende Volumen nur noch geringfügig vergrößerte. Die Verbrennung im Gasgenerator musste vollständig sein, damit das Arbeitsgas weder mit dem UDMH noch mit dem Stickstofftretoxyd reagierte, wenn es in deren Tanks injiziert wurde. Diese Technologie wurde später auch bei der Ariane eingesetzt.

Das Triebwerk wurde nicht regenerativ gekühlt, sondern verwendete wie bei der Emeraude das Prinzip der Filmkühlung. Die Filmkühlung führt zu einem geringeren Druckverlust bei der Passage der Triebwerkswand als eine regenerative Kühlung. Da am Injektor mindestens eine Druckdifferenz von 5 bar zum Tankdruck vorhanden sein musste, kam nur diese Kühlungsmethode in Frage. Die Energieausbeute ist aber geringer als bei einer regenerativen Kühlung.

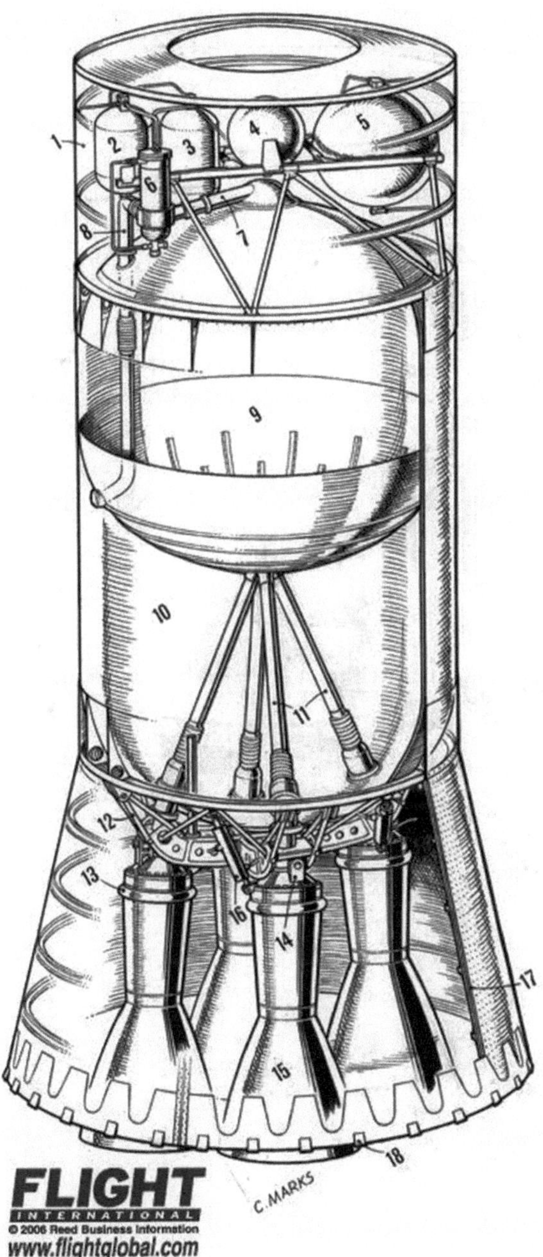

Um die Stufenlänge zu verkürzen, hatte sich die SEREB für ein Triebwerk Vexin mit vier Brennkammern entschieden. Jede Brennkammer hatte eine eigene Treibstoffleitung und erzeugte einen Schub von 71 kN. Das Triebwerk war in einem Diagonalträger aufgehängt. Das Schwenken erfolgte durch hydraulische Aktoren. Es gab an jeder Brennkammer eine eigene Hydraulik. Jede Brennkammer war nur in einer Raumachse schwenkbar, was die Konstruktion des Schwenkmechanismus vereinfachte. Der spezifische Impuls war kleiner als bei einem größeren Triebwerk. Doch andere praktische Vorteile, wie die Möglichkeit mit vier Triebwerken, ohne die Notwendigkeit von Verniertriebwerken, in jeder Raumachse steuern zu können, wogen dies auf.

Die Düsen wurden passiv strahlungsgekühlt, der Düsenhals war mit einem hochtemperaturfesten Graphitring ausgekleidet. Die Abgase der Hydrauliksteuerung trafen auf die Unterseite der Stufe, daher wurde diese mit einem asbesthaltigen Material als Thermalschutz beschichtet.

Die aktive Steuerung der Flugbahn erfolgte durch den Autopiloten der dritten Stufe. Die Coralie verfügte zusätzlich über einen einfachen Steuerungsrechner. Er war für die Triebwerkssteuerung zuständig und übersetzte die Signale des Autopiloten in Impulse für die Schwenkmechanismen der vier Düsen. Der Start der Triebwerke und die Stufentrennung erfolgten programmgesteuert durch einen eigenen Zeitgeber (Flight Sequencer).

Die vier schwenkbaren Triebwerke erlaubten es, auf eine Rollsteuereinrichtung zu verzichten. Das Schwenken erfolgte durch eine Hydrauliksteuerung. Die Stufe wurde noch vor der Stufentrennung, ähnlich wie bei sowjetischen Raketen, gezündet. Damit umging man Probleme mit der Zündung in der Schwerelosigkeit. Sprengbolzen sorgten dann für die Abtrennung von der Blue Streak. Dieses Manöver wurde als kritisch angesehen, weil es dabei nicht zu Bewegungen in der Nick- und Gierachse kommen dürfte, um eine Stufenkollision zu vermeiden. Einen separaten Stufenadapter zur ersten Stufe gab es nicht, stattdessen trug die Coralie einen fest verbundenen Ringadapter als Verbindung mit der ersten Stufe. Dieser wurde bei der Stufentrennung pyrotechnisch in der Mitte durchtrennt. Feststofftriebwerke im Adapter beschleunigten die Coralie, bewegten sie dabei von der unteren Stufe weg und sammelten die Treibstoffe am Boden. Danach erfolgte die Zündung.

UDMH und Stickstofftetroxid entzünden sich bei Kontakt spontan, sodass kein Zündmechanismus eingebaut werden musste. Sie befanden sich in einem gemeinsamen Tank mit

einem Zwischenboden. Das Mischungsverhältnis von NTO zu UDMH betrug 2,0 zu 1. Das UDMH war in größerer Menge vorhanden, da dieser Treibstoff zugleich auch zur Filmkühlung benötigt wurde.

1964 gab die SEREB an, dass die Entwicklungskosten für die Coralie, für sechs Tests am Boden und für die Variante Cora (für Flugtests) nur 150 Millionen Franc betragen würden. Schon Ende 1963 konnte SEREB 20 Tests der Einzeltriebwerke vorweisen, aber es fehlte noch ein Test aller vier Triebwerke zusammen. In der Folge geriet die Erprobung dann jedoch mehr und mehr in Verzug.

Mit der Cora fanden 1966 und 1967 drei Testflüge mit Dummy-Satelliten und einer Nutzlastverkleidung statt. Obgleich es bei allen drei Flügen Probleme mit der Elektronik gab, galt die Coralie nach diesen drei Flügen als qualifiziert. Ursprünglich sollte auch ein Massenmodell der dritten Stufe mitgeführt werden und die Stufentrennung durchgeführt werden, um ein realistisches Flugprofil zu erproben. Dieses wurde aber wegen der auftretenden Probleme niemals mitgeführt.

Die Testflüge erfolgten mit einer Cora genannten Version, bei der die Triebwerke für einen Start am Boden modifiziert waren und die Stufe mit einer aerodynamischen Verkleidung

umhüllt war. Die Düsen der Cora waren für den Betrieb am Boden kürzer. Der Schub betrug beim Start 268 kN. Vier Finnen stabilisierten die Rakete während des Fluges durch die Troposphäre. Die Startmasse einer Cora lag bei 16,5 t. Davon entfielen 12 t auf die Stufe selbst und 4,5 t auf den Ballast (als Simulation einer Astris) und die Verkleidung.

Nord Aviation arbeitete daran, die Leistung der Coralie zu verbessern:

- Einsparung der separaten Tanks für den Treibstoff des Gasgenerators und Nutzung des Treibstoffs aus dem Haupttank. Ergebnis: Gewichtsersparnis und Verkürzung der Zellenlänge.

- Wechsel von UDMH auf Aerozin-50 und damit Steigerung der mittleren Dichte des Verbrennungsträgers von 0,8 auf 0,9. Ergebnis: Erhöhung des spezifischen Impulses um 30 m/s und Verkürzung des Tanks oder eine um rund 400 kg höhere Treibstoffzuladung. Damit hätten auch die zweite und dritte Stufe denselben Treibstoff verwendet, was die Vorbereitung zum Start vereinfacht hätte.

- Wechsel auf einen höher belastbaren Stahl (Vasomax 300CVM). Ergebnis: 100 kg Gewichtsersparnis.

Da jede dieser Maßnahmen die Einsatzreife der Stufe um mindestens 1 Jahr verschoben hätte, unterblieben aber diese Änderungen, denn die Erprobung der Coralie hinkte schon zu diesem Zeitpunkt dem Zeitplan hinterher.

Coralie	
Länge:	5,50 m + 1,75 m Stufenadapter zur Blue Streak + 1,24 m Stufenadapter zur Astris
Durchmesser:	2,01 m im zylindrischen Teil, 2,814 m an der Basis
Startgewicht:	11,510 kg
Treibstoffe:	Max. 10.000 kg, max. 6.500 kg NTO, max. 3.500 kg UDMH Nominell: 9.850 kg
Mischungsverhältnis:	2,0 zu 1 (NTO zu UDMH)
Trockengewicht:	1.750 kg, mit Stufenadaptern: 2.144 kg
Triebwerke:	4 × 71 kN Vexin A
Brenndauer:	96,5 s
Spezifischer impuls (Vakuum):	2.717 m/s
Brennkammerdruck:	13,8 bar
Tankdruck:	18,4 bar

Die Astris

Rückblickend gesehen profitierte Deutschland von der Europa-I und -II wahrscheinlich am meisten. Anders als Frankreich und England gab es in Deutschland seit dem Zweiten Weltkrieg keine Raketenentwicklung. Man musste praktisch von Null beginnen. Die Astris wurde von wenigen „alten Hasen“, die schon bei der A4 tätig waren, vor allem aber von vielen jungen Ingenieuren entwickelt.

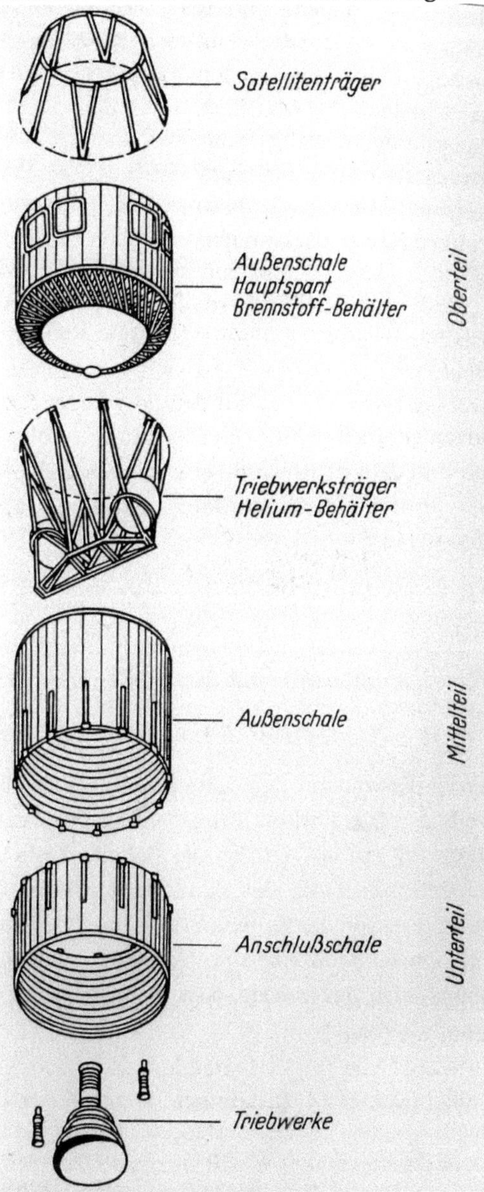

Das Design der Astris wandelte sich gravierend von den ersten Entwürfen im Februar 1961 bis zum umgesetzten Entwurf im Januar 1965. Anfangs ging ASAT noch von drei gleich großen Triebwerken aus. Im Dezember 1961 wurde dann der Entwurf mit einem Zentraltriebwerk und zwei Verniertriebwerken ausgewählt. Danach wurde überlegt, wie das Leergewicht gesenkt werden könnte. Man kam schließlich auf die Idee, die Stufe in drei Teile aufzuteilen, die im Flug getrennt werden konnten. Der Durchmesser stieg dabei von 1,80 m auf 2,01 m an – auf denselben Wert wie bei der Coralie. Die Länge stieg von 1,40 auf 3,81 m. Das Gesamtgewicht erhöhte sich von 1.496 kg auf 3.578 kg (1,360 / 3,378 kg ohne Unter- und Mittelteil, die als Stufenadapter anzusehen sind). Der Schub musste von 19,6 auf 22,5 kN erhöht werden.

Die Astris war der modernste Part der drei Stufen. Sie wurde vorwiegend aus Titan in Leichtbauweise gefertigt. Wichtige vorgegebene Parameter waren, dass die Höhe 3,815 m, der Durchmesser 2,00 m und das reine Strukturgewicht der Zelle 194 kg nicht überschreiten durften. Da die Außenhaut eine Minute lang Temperaturen von über

300 Grad Celsius ohne strukturelle Einbußen überstehen musste, kam Aluminium als Werkstoff nicht in Frage. Wegen des niedrigen Schmelzpunktes von 660 Grad Celsius wäre Aluminium bei 300 Grad Celsius schon zu weich geworden.

Das Design hatte folgende grundlegende Elemente:

- Es gab keinen Stufenadapter. Die Struktur bestand stattdessen aus drei Teilen: einem Unterteil, welches dauerhaft mit der Coralie verbunden blieb und als Ersatz für einen Stufenadapter fungierte, einem Mittelteil, welches nach der Zündung abgetrennt wurde und dem Oberteil mit dem eigentlichen Antrieb.

- Es wurden ein Zentraltriebwerk und zwei Vernier-Triebwerke eingesetzt. Diese Lösung erlaubte, es den Treibstoff optimal auszunutzen und auch Wiederzündungen des Triebwerks und längere Freiflugphasen zu ermöglichen. Triebwerke für eine separate Rollachsensteuerung waren so nicht nötig.

- Eingesetzt wurden wie bei der Coralie lagerfähige Treibstoffe. Die Förderung erfolgte durch Druckgas. Die Nutzung von Wasserstoff und Sauerstoff wurde erwogen. Diese leistungsfähigere Lösung wurde allerdings wegen der höheren Entwicklungskosten und der zur Verfügung stehenden Zeit wieder verworfen.

Die Stufe bestand aus drei Bestandteilen:

- Das **Unterteil** blieb fest mit der Coralie verbunden und wurde mit dieser fest vernietet. Der obere Teil bildete einen hohlen Ringspant.

- Das **Mittelteil** umgab die Düse des Triebwerks. Es war mit dem Unterteil durch zwölf Sprengbolzen verbunden und endete in jeweils zwei verstärkten Ringspanten. Die Verbindung zum Oberteil erfolgte über dem Triebwerk am oberen Teil des Schubgerüstes. Am oberen Bereich waren Sprengschnüre eingelassen. Nach der Zündung des Haupttriebwerks wurde auch dieses Teil abgeworfen, sodass von der Stufe nur noch das Oberteil übrig blieb. Mittelteil und Unterteil bildeten so zusammen einen Stufenadapter, der in zwei Teilen abgesprengt wurde. Diese Vorgehensweise verhinderte, dass die lange Triebwerksdüse beim Abtrennen mit dem Adapter kollidierte.

- Das **Oberteil** enthielt die eigentliche Stufe: das Triebwerk, die Treibstofftanks, die Elektronik und das Druckgas. Das Oberteil endete zum Satelliten hin in einem massiven Anschlussring zur Anbringung des Satellitenadapters (mit 123 Schraubnieten) und in einem besonders dicken Ringspant bei der Verbindung zum Mittelteil, an dem die Tankaufhängung angebracht wurde. Es gab an der Außenseite acht große, quadratische, Öff-

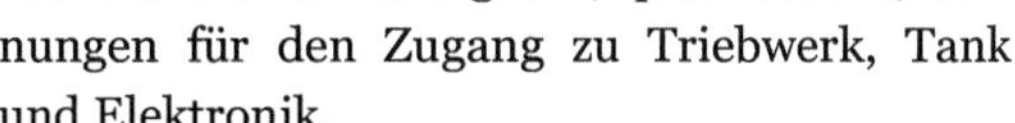

nungen für den Zugang zu Triebwerk, Tank und Elektronik.

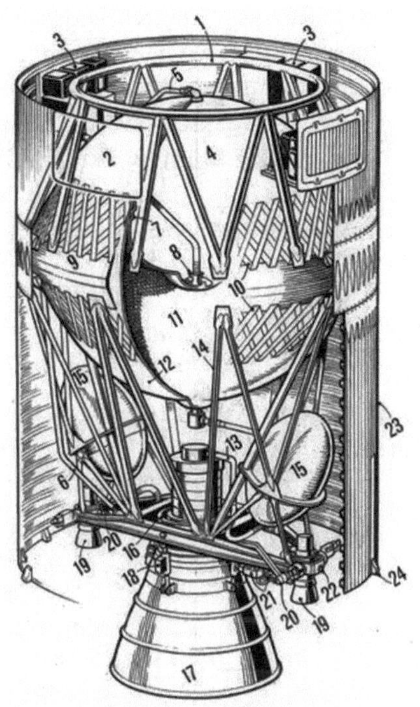

Der Aufbau der Außenhülle war in allen drei Teilen identisch. Auf einem zylindrischen Glattblech befand sich ein punktverschweißtes Wellblech mit den Wellen in Längsrichtung. Dieses Wellblech wurde im Elektronenschweißverfahren mit dem Glattblech verbunden. Der Abstand der einzelnen Schweißpunkte betrug nur wenige Millimeter.

Innen gab es im Abstand von 10 cm Ringspanten, also hohle Ringe in der Querrichtung. Durch Spanten und Wellblech wurde die Struktur in beiden Achsen versteift. Die Tragfähigkeit betrug 1.200 N/cm Axialkraft und 200 N/cm Schubkraft. Oben und unten wurde diese Verschalung durch zwei Montageringe abgeschlossen, welche die Last und die auftretenden Kräfte auf die Stufe verteilten.

Das Oberteil bestand aus einer Titanlegierung mit 13% Vanadium, 11% Chrom und 3% Aluminium. Titan wurde gewählt, weil es leichter als Stahl ist. Für das Unter- und das Mittelteil, die beide abgeworfen wurden, war eine Leichtbauweise nicht nötig. So wurde für diese Teile gewöhnlicher korrosionsbeständiger Edelstahl mit 18% Chrom und 8% Nickel gewählt. Ab dem ersten Fluggerät für F7 war das Wellblech 0,2 mm, das Glattblech und das Ringspantblech je 0,15 mm dick.

Der kugelförmige Treibstofftank bestand aus einem 1,27 mm dünnem Titanblech. Er hatte einen Durchmesser von 1,72 m. Der Tank wurde im Elektronenstrahl-Schweißverfahren verbunden. Auf der Astris gab es 350.000 Schweißpunkte, die mit einer Genauigkeit von 0,025 mm platziert werden mussten.

Die zwölf Einzelteile des Tanks wurden im Explosionsverformungs-Verfahren hergestellt. Beide Verfahren mussten erst entwickelt und erprobt werden und waren nicht nur für Deutschland technisches Neuland. Verschweißt wurden die Bleche in einer 2,6 m hohen und 5,6 m langen Vakuumkammer. Der Tank bestand aus zwei kugelförmigen Tanks, die ineinander geschachtelt waren. Jeder Kugeltank wurde durch einen halbkugelförmigen „Sumpf" abgeschlossen, in dem der Treibstoff gesammelt wurde. An diesem Sumpf befanden sich die Leitungen zum Triebwerk. Durch den Sumpf konnte die Astris die Tanks auch leeren, wenn die Stufe geneigt war.

In beide Teile wurden Schwappkäfige eingebaut, um die Schwingungen des Treibstoffes durch den POGO-Effekt zu verringern. Der Einsatz von Schwappkäfigen (16 Bleche im NTO-

Tank und 11 im Aerozin Tank) war bei einer Druckgas-geförderten Stufe ungewöhnlich, da druckgeförderte Antriebe normalerweise weniger anfällig gegenüber diesem Phänomen sind.

Die Treibstoffkombination bestand aus dem Verbrennungsträger „Aerozin 50“ (ein Gemisch aus 50% UDMH und 50% Hydrazin) und Stickstofftetroxid als Oxidator.

Fixiert wurde der Tank durch ein Spannband aus Titan. Der Tank wurde an diesem Spannband mit 192 sich kreuzenden Titanblech-Bändern von 30 mm Breite und 0,1 mm Stärke am unteren Ringspant des Oberteils befestigt. Der Tankdruck zur Treibstoffförderung wurde durch eine Druckbeaufschlagung mit Helium erreicht. Zwei Heliumdruckgasflaschen aus Fiberglas waren dazu am Schubgerüst befestigt. Zwei Druckminderer reduzierten den Druck aus den Heliumflaschen erst von 290 auf 55 bar, dann auf 19 bar.

Die Stufe arbeitete mit einem um sechs Grad schwenkbaren Haupttriebwerk. Durch Erhöhung des Brennkammerdrucks hätte der Schub bis auf 35 kN erhöht werden können. Das Triebwerk saß in einem Schubgerüst aus acht Haupt- und vier Diagonalröhren aus Aluminium. Ein weiteres Gerüst diente zur Aufnahme der Steuertriebwerke und der Steckerverbindungen. Die Verbindung zum Satelliten bestand aus acht Aluminiumröhren von je 50 mm Durchmesser und 1 mm Wandstärke. Auf diesem befand sich eine Platte, welche mit dem Oberteil durch ein Z-Profil verbunden war.

Die zwei Verniertriebwerke waren um 80 Grad in der Gier- und 40 Grad in der Nickachse schwenkbar. Dadurch konnte die räumliche Lage in allen drei Raumrichtungen kontrolliert werden. Die Astris wäre für den Einschuss in exzentrische Erdbahnen oder hohe Kreisbahnen auch wieder zündbar gewesen. Dabei hätte die Stufe mit den Verniertriebwerken zuerst eine geringe Beschleunigung erzielt, um die Treibstoffe an den Tankböden zu sammeln und dann das Haupttriebwerk gezündet.

Ursprünglich waren die Verniertriebwerke mit 500 N Schub geplant, doch die Probleme beim Kühlen so kleiner Treibwerke (an der Grenze, wo eine aktive Kühlung nötig ist) ließen sich in der zur Verfügung stehenden Zeit nicht lösen. So musste der Schub auf 400 N (von der ELDO vorgeschlagen waren auch 300 N) beschränkt werden.

Diese aufwendige Konstruktion mit zwei Steuertriebwerken – alternativ hätte auch ein Haupttriebwerk und eine Rollachsensteuerung mit Druckgas ausgereicht – wurde aus mehreren Gründen verwendet. Zum einen war es damit möglich, das Haupttriebwerk abzuschalten, kurz bevor der Treibstoff zu Ende ist und diesen Rest dann mit den kleineren Verniertriebwerken nahezu komplett zu verbrauchen. Zudem war es so einfacher, das Haupttriebwerk erneut zu zünden. Dazu konnte die kleine Treibstoffmenge, welche die Steuertriebwerke zum Start brauchten, am „Sumpf" der Tanks gebunden werden und diese sanft starten. Der Schub der Verniertriebwerke bewirkte eine Beschleunigung von 1 m/s. Das reichte aus, um den Treibstoff am Tankboden zu sammeln und damit das Haupttriebwerk erneut zu zünden. Die Verniertriebwerke waren für eine Betriebsdauer von eineinhalb Stunden ausgelegt, während das Haupttriebwerk nur sechs Minuten lang arbeiten musste.

Das Haupttriebwerk hatte mit 1000:1 ein sehr hohes Expansionsverhältnis. Bis zu einem Verhältnis von 90:1 wurde die Düse durch das Aerozin-50 gekühlt, danach entfiel die Kühlung der Düse.

Astris	
Länge:	3,81 m
Durchmesser:	2,01 m
Startgewicht:	3.578 kg (mit Adapter), 3.378 kg (ohne Adapter)
Trockengewicht:	728 kg (nach der Zündung auf 528 kg sinkend)
Treibstoffe:	2.850 kg
Oberteil:	528 kg schwer, 1,23 m lang
Zelle:	194 kg
Haupttriebwerk	68 kg
Mittelteil:	116 kg schwer, 1,61 m lang
Unterteil:	84 kg schwer, 1,07 m lang
Tank	1,72 m Durchmesser, 2.665 m^3 Volumen
Tankdruck:	19,5/3,5 bar Aerozin (Lagerung/Betrieb) 18,5/2,5 bar Stickstofftetroxid (Lagerung/Betrieb)
Mischungsverhältnis:	1,5 zu 1 Haupttriebwerk 2,0 zu 1 Steuertriebwerke
Triebwerke	22,56 + 2 × 0,4 kN
Brennkammerdruck:	9 bar
Expansionsverhältnis:	1000: 1
Spezifischer Impuls:	2.864 m/s (Haupttriebwerk) 2.786 m/s (Verniertriebwerke)
Brenndauer:	368 s Haupttriebwerk, 391 s Verniertriebwerke

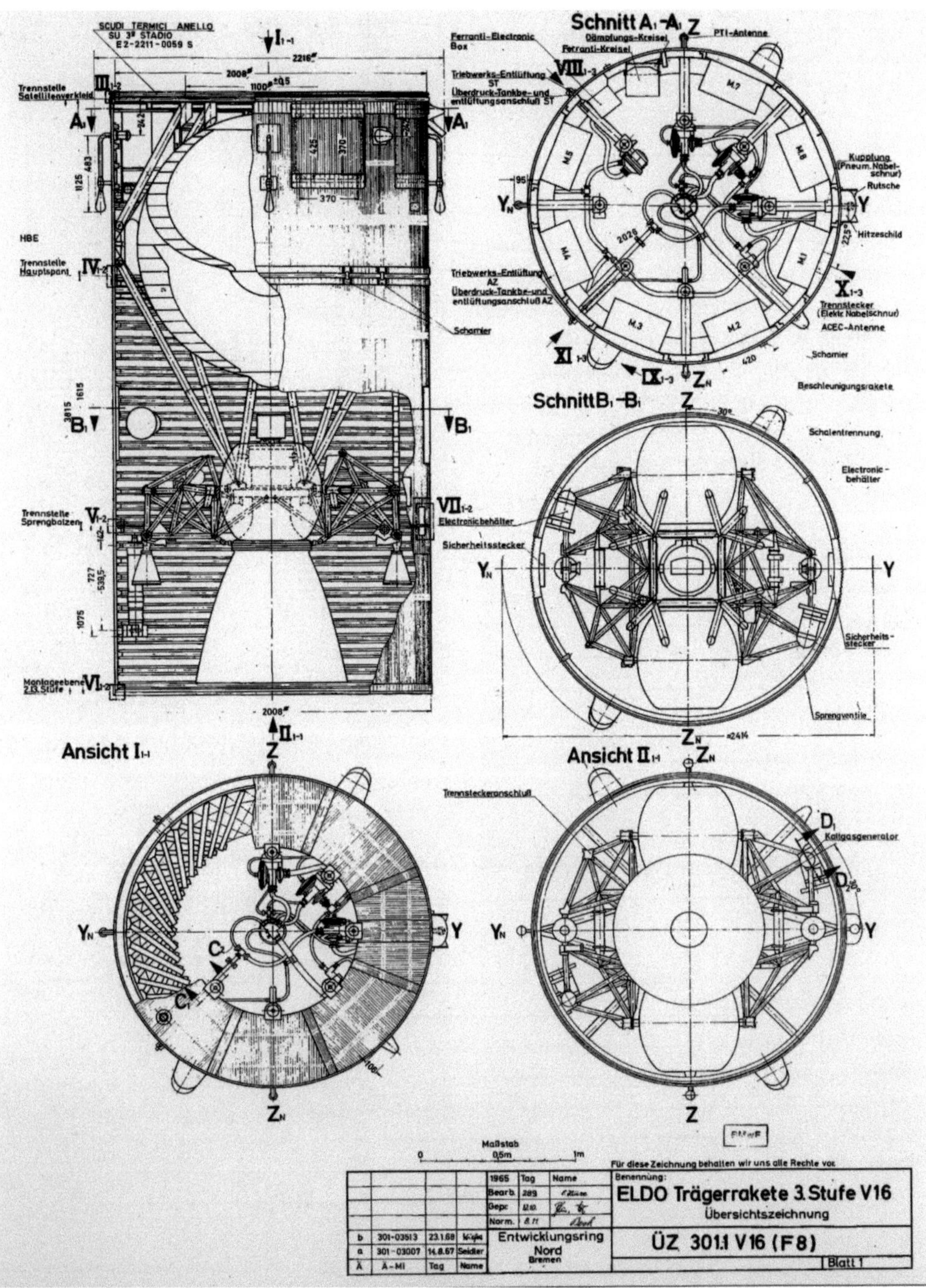

Schnitt A1-A1
Schnitt B1-B1
Ansicht I1-1
Ansicht II1-1
Ferranti-Electronic Box
Dämpfungs-Kreisel
Ferranti-Kreisel
PTI-Antenne
Kupplung (Pneum. Nabelschnur)
Rutsche
Hitzeschild
Trennstecker (Elektr. Nabelschnur)
ACEC-Antenne
Scharnier
Beschleunigungsrakete
Schalentrennung
Electronic-behälter
Sicherheitsstecker
Sprengventile
Trennsteckeranschluß
Kaltgasgenerator
Trennstelle Satellitenverkleid.
Trennstelle Hauptspant
Trennstelle Sprengbolzen
Montageebene z.B. Stufe
Electronicbehälter
Triebwerks-Entlüftung ST
Überdruck-Tankbe- und entlüftungsanschluß ST
Triebwerks-Entlüftung AZ
Überdruck-Tankbe- und entlüftungsanschluß AZ
SCUDI TERMICI ANELLO SU 3° STADIO E2-2211-0059 S
Maßstab
Für diese Zeichnung behalten wir uns alle Rechte vor.
ELDO Trägerrakete 3. Stufe V16
Übersichtszeichnung
ÜZ 301.1 V16 (F8)
Entwicklungsring Nord Bremen
Blatt 1

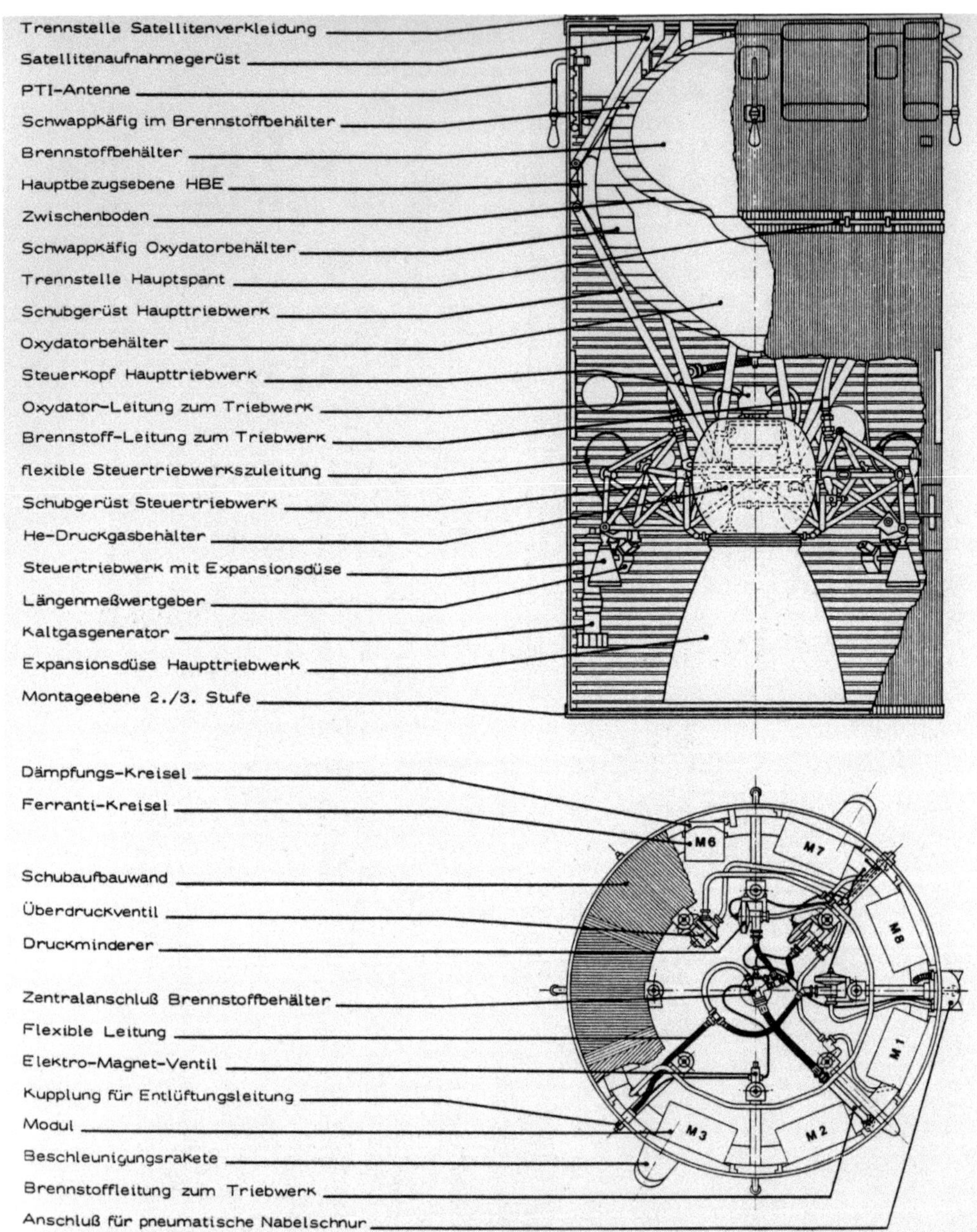
Trennstelle Satellitenverkleidung
Satellitenaufnahmegerüst
PTI-Antenne
Schwappkäfig im Brennstoffbehälter
Brennstoffbehälter
Hauptbezugsebene HBE
Zwischenboden
Schwappkäfig Oxydatorbehälter
Trennstelle Hauptspant
Schubgerüst Haupttriebwerk
Oxydatorbehälter
Steuerkopf Haupttriebwerk
Oxydator-Leitung zum Triebwerk
Brennstoff-Leitung zum Triebwerk
flexible Steuertriebwerkszuleitung
Schubgerüst Steuertriebwerk
He-Druckgasbehälter
Steuertriebwerk mit Expansionsdüse
Längenmeßwertgeber
Kaltgasgenerator
Expansionsdüse Haupttriebwerk
Montageebene 2./3. Stufe
Dämpfungs-Kreisel
Ferranti-Kreisel
Schubaufbauwand
Überdruckventil
Druckminderer
Zentralanschluß Brennstoffbehälter
Flexible Leitung
Elektro-Magnet-Ventil
Kupplung für Entlüftungsleitung
Modul
Beschleunigungsrakete
Brennstoffleitung zum Triebwerk
Anschluß für pneumatische Nabelschnur
M6
M7
M8
M1
M2
M3

Entwicklungsgeschichte

Die Astris wurde von der Arbeitsgemeinschaft Satellitenträger (ASAT) gefertigt. Diese umfasste die Firmen Bölkow Entwicklungen KG und den Entwicklungsring Nord (ERNO) zu jeweils 50%. ERNO wiederum bestand aus der Hamburger Flugzeugbau (HFB) und der Vereinigung Flugtechnischer Werke (VFW). Ab 1965 war ERBNO eine eigenständige Firma. ASAT war mehr eine Zweckgemeinschaft, als ein einziger Hauptauftragnehmer. Die Ursache für die Aufteilung des Auftrags war, dass beide Konsortien gute Vorschläge vorgelegt hatten und das BMWF im November 1962 entschieden hatte, beide Entwürfe zu vereinigen.

Im Februar 1963 wurde ASAT gegründet. Das Verhältnis der ASAT zu ERNO und Bölkow war jedoch das gleiche wie das der ELDO zu den Subkontraktoren der Europa-I. Die gewünschte koordinierende und weisungsgebende Funktion konnte die ASAT niemals wahrnehmen. Ansprechpartner für die ELDO war das Bundesministerium für Wissenschaft und Forschung und nicht ASAT.

Bölkow war vorwiegend für die Steuerung, das Referenzsystem, den Autopiloten, die Telemetrieeinheiten und die Triebwerkssteuerung verantwortlich. Bölkow führte auch die Vakuumtests durch und nahm die Stufe ab. ERNO fertigte die Struktur, die Tanks sowie die Triebwerke und integrierte die Stufe bis auf die Steuerung.

Es gab ausgiebige Versuche bis hin zu Bruchtests, um zu ermitteln, wo bei der Struktur noch Gewicht einspart werden konnte. Bis zur letzten Version der Stufe wurde die Wandstärke immer wieder geändert, wobei es aber ab dem Fluggerät für Start F7 nur noch wenige Änderungen gab. Beim Versuchsgerät V-5 ergab der Zellenbelastungsversuch, dass die Zelle die 1,56-fache Normalbelastung aushalten konnte. Bei einem Wärmebruchversuch hielt die Stufe die 1,29-fache Auslegungslast aus. Bei unbemannten Raketen liegt der Sicherheitsfaktor bei NASA-Anforderungen bei 1,25. In beiden Fällen erfolgte der Bruch 400 mm oberhalb des Verbindungsteils zum Mittelteil.

Das 400-N Triebwerk war schon in einem Bereich angesiedelt, wo es aktiv gekühlt werden musste. Dafür wurden drei Verfahren eingesetzt: Die Brennkammer wurde filmgekühlt, der Düsenhals regenerativ gekühlt und die Düse strahlungsgekühlt.

Die Verniertriebwerke hatten neben der Rollachsenregelung auch eine wichtige Funktion bei der Zündung und dem Brennschluss. Sie wurden zehn Sekunden vor dem Haupttriebwerk gezündet, stabilisierten die Stufe und sammelten den Treibstoff am Boden der Tanks. Auch nach dem Brennschluss des Haupttriebwerks liefen sie noch fünf Sekunden weiter. So konnte sich durch den Brennschluss die räumliche Lage der Stufe nicht ändern.

Das Steuertriebwerk wurde weitaus intensiver getestet als das Haupttriebwerk. Der erste Test fand im Herbst 1964 statt. Bis zum 1.3.1967 gab es 1.988 Bodenversuche mit einer Brenndauer von insgesamt 247.850 Sekunden, 255 Höhensimulationen mit einer Gesamtdauer von 56.010 Sekunden und 12 Hochvakuum-Zündversuche mit einer Brenndauer von 150 Sekunden.

Die Entwicklung des Haupttriebwerks erfolgte in mehreren Schritten. Zuerst wurde ein Triebwerk mit 10 kN Schub entwickelt, welches die Treibstoffe Tonka 250 und Salpetersäure verbrannte. Tonka 250 war ein schon im Dritten Reich verwendeter Treibstoff aus 57% 2,4-Dimethylanilin und 43% Triethylamin. Dieses Triebwerk wurde am 3.3.1963 zum ersten Mal getestet. Es folgte das Triebwerk mit dem vollen Schub von 22,5 kN, aber Wasserkühlung der Brennkammer und UDMH und Salpetersäure als Treibstoff. Schließlich wurde auf Aerozin-50 und NTO umgestellt und die Brennkammer mit dem Aerozin gekühlt.

Bis Ende 1963 gab es auch eine Dummy-Oberstufe für Belastungstests. Die ersten Versuche fanden im neu entwickelten Versuchsstand in Trauen, in der Lüneburger Heide, statt. Es gab insgesamt 25 Tests in Trauen, und der Prüfstand dort wurde bis 1966 verwendet.

Abgelöst wurde Trauen ab dem April 1965 durch den neu errichteten Teststand bei Lampoldshausen. Hier wurde auch eine Höhenforschungskammer gebaut, in der die Zündung im Vakuum erprobt werden konnte. Diese war die größte und modernste Anlage außerhalb der USA. Sie konnte die Bedingungen in 220 km Höhe bei einem Druck von 10^{-6} Torr simulieren. Die Kammer hatte einen Durchmesser von 4 m und eine Höhe von 7 m. Bis heute ist Lampoldshausen ein wichtiges Testgelände. Hier erfolgt gegenwärtig die Erprobung des Vinci Triebwerks der ESC-B-Oberstufe für die Ariane 5.

Am 9.12.1964 erfolgte der erste Test eines Triebwerks mit Regenerativkühlung, welches Aerozin und Stickstofftetroxid verbrannte. Probleme gab es bei der Entwicklung des Antriebs mit dem Strömungsabriß ab einem Expansionsverhältnis von 90:1 und mit der Kühlung des Einspritzkopfes. Eine Querbewegung der Einspritzgase führte in kürzester Zeit zu einer Beschädigung von Einspritzkopf und Querwand.

Zahlreiche Versuche, bei denen ERNO das Kühlmittel mit Wasser simulierte, waren nötig, um dieses Problem zu lösen. Dies führte zu einer Aktivitätsspitze im ersten Quartal 1967 mit 140 Versuchen pro Monat.

Am 3.4.1965 fand der erste Test einer provisorischen Oberstufe im Höhenforschungsstand statt. Allerdings war die Stufe zu diesem Zeitpunkt noch nicht fertig, und die Treibstoffe kamen noch aus externen Versorgungsleitungen.

Beim Versuch 13/C am 19.10.1966 brach ein Feuer aus. Die Stufe wurde zerstört, und der Versuchsstand musste renoviert werden. Ein Rückschlagventil hatte bei der Betankung der Stufe versagt, wodurch der Druck in den Tanks so groß wurde, dass der Tankboden barst und die Treibstoffe sich nach Kontakt entzündeten. Innerhalb von zwei Monaten konnte der Prüfstand aber wieder in Betrieb genommen werden, und am 21.12.1966 fand der nächste Versuch 14/C statt.

Es wurde auch geprüft, wie lange die Stufe betankt bleiben konnte. Zuerst lag die Dauer bei zehn, später dann bei 30 Tagen unter 3,5 bar Druck im Brennstofftank und 2,5 bar Druck im Oxidatortank.

Viel umfangreicher waren die Tests in Lampoldshausen auf den Versuchsständen P3 und P4. Hier lief das Erprobungsprogramm bis zum Sommer 1967. Bis zum 1.3.1967 gab es schon 65 Bodenversuche mit einer Brennzeit von 3.125 Sekunden und 76 Höhenversuche mit einer Brennzeit von 8.625 Sekunden. Es wurden insgesamt 22 Astris Stufen gebaut. Von diesen 22 Exemplaren waren aber nur vier Fluggeräte. Jede fertige Stufe wurde in Ottobrunn in einer Hochvakuumanlage auf Leckagen geprüft. Anschließend wurde jede Stufe vor dem Versand in Lampoldshausen einem Brenntest unterzogen.

Der Transport der dritten Stufe nach Woomera erfolgte per Flugzeug und dauerte wegen der Flugstrecke von 24.000 km und den sieben Zwischenlandungen in Ankara, Teheran, Karacho, Rangun, Singapur, Jakarta und Darwin etwa sieben Tage. Dies erwies sich als äußerst kostenintensiv und führte dazu, dass später bei der Ariane alle Bauteile per Schiff nach Kourou gebracht wurden.

Die Astris war auch eine Experimentalstufe, bei der viele neue Technologien ausprobiert wurden. So testete man z. B. drei Kühlungsmethoden bei den kleinen Verniertriebwerken, die Nutzung von sehr schwer zu verarbeitendem Titan als Werkstoff zur Gewichtsreduzierung und den Einbau von Schwappkäfigen in eine druckgeförderte Stufe. Die Vergabe des Auftrags an zwei Subunternehmer wurde zwar damals kritisiert, hatte aber den Vorteil, dass es zum Ende der Entwicklung zwei Unternehmen in Deutschland gab, die eine Oberstufe entwickeln konnten. Daraus resultierten aber auch Reibungsverluste und Koordinationsprobleme.

Die folgende Vergleichstabelle mit der in Größe und Technik vergleichbaren Oberstufe der Thor-Delta zeigt, dass die Astris in den wesentlichen Performance-Parametern auf der Höhe der damaligen Technologie war.

	Astris	**Delta B**
Startgewicht:	3.378 kg	2.693 kg
Leergewicht:	528 kg	545 kg
Spezifischer Impuls:	2.864 m/s	2.727 m/s
Schub:	22,96 kN + 2 × 0,4 kN	33,8 kN
Länge:	3,81 m	6,00 m
Durchmesser:	2,01 m	0,80 m
Expansionsverhältnis:	1000:1	40:1
Brennkammerdruck:	9 bar	7 bar

Bordcomputer, Satellit und Bahnverfolgung

Oberhalb der Astris befand sich der Instrumentenring mit acht Buchten. Dreieinhalb Buchten nahmen Batterien, Messwertaufnehmer und Autopiloten (Bölkow) auf. Der Autopilot steuerte die Rakete nach einem vorgegebenen Profil, das aber vom Boden aus aktualisiert werden konnte. In je einer Instrumentenbucht befanden sich die Telemetrieeinheit (Phillips, Holland), die Programmeinheit (van der Heem, Holland), der Transponder (ACEC Charleroi, Belgien) sowie der Bahnverfolgungssender (Ferranti, England). Im letzten halben Segment waren die Selbstzerstörungseinheit und die Gyroskope (Bölkow) untergebracht. Die Instrumenteneinheit als eigenes Subsystem, wurde bei allen folgenden Trägern beibehalten. Bei den meisten Trägern ist die Instrumentierung und Lenkung in die Oberstufe integriert, doch auch die Saturn Trägerraketen hatten eine eigene Einheit nur mit der elektronischen Ausrüstung. Die Konzeption als eigenes System vereinfacht es, diese Einheit einem eigenen Auftragnehmer als Aufgabe zuzuteilen.

Die Europa-I war mit einer Radiolenkung ausgestattet. Dabei folgte die Rakete Funkleitstrahlen oder Kommandos, die von Bodenstationen ausgesandt wurden. Die Europa-I wurde von Radarstationen verfolgt und diese bestimmten die Bahn und Geschwindigkeit. Per Funk konnte bei Erreichen der Zielgeschwindigkeit der Brennschluss der Astris veranlasst werden. Eine autonome Steuerung konnte in dem Entwicklungszeitraum für die Europa-I nicht entwickelt werden.

Die Telemetriesender der Europa-I stammten von Phillips. Gesendet wurde auf 256 Messkanälen in binärer Form. Auf 96 dieser Messkanäle wurden je 20 Messwerte pro Sekunde überragen. Die anderen Kanäle übertrugen 5 oder 1,25 Messungen pro Sekunde. Die analogen Daten wurden in 7 Bit Digitalzahlen konvertiert, mit einem Paritätsbit und Rahmensynchronisationszahlen versehen. Daraus ergab sich eine Datenrate von 20 kbit/s. Gesendet wurde bei 136-137 MHz mit einem 5-Watt-Sender. Das System war für einen Empfangspegel von 20 dB über dem Hintergrund ausgelegt.

Die in Italien entwickelten Testsatelliten hatten die Aufgabe, die Umgebungsbedingungen für spätere Satelliten zu erforschen, Testverfahren für die Abtrennung von der Drittstufe zu erproben, sowie allgemein das Personal in der Operation und Flugführung zu schulen. Für Italien bedeutete die Konstruktion der 214 kg bis 270 kg schweren Testsatelliten eine große Herausforderung, vergleichbar mit derjenigen für Deutschland bei der Konstruktion der Drittstufe.

Die Aufgaben und die Komplexität der STV-Testsatelliten wurden vor allem aus finanziellen Gründen mehrmals reduziert. Anfangs plante die ELDO noch Satelliten von 500 – 600 kg

Startgewicht mit einer langen Betriebszeit. Da die Entwicklung der Europa immer teurer wurde, wurden nur Satelliten mit reinem Batteriebetrieb eingesetzt, deren einzige Aufgabe die Erprobung der Rakete war. Sie sollten Daten über die Umgebung der Nutzlast sammeln, das heißt, welchen Belastungen durch Vibrationen, Beschleunigung oder Temperaturen der Satellit ausgesetzt ist.

Italien entwickelte auch die Nutzlastverkleidung. Sie hatte eine Länge von 4,0 m, dabei stand für den Satelliten ein zylindrischer Raum von 2,50 m Länge zur Verfügung. Die Spitze mit einer abgerundeten Nase lief im 60-Grad-Winkel zusammen. Der Durchmesser betrug 2,01 m, wobei die Nutzlast mindestens einen Abstand von 20 cm zur Hülle aufweisen musste. Die Nutzlasthülle von Fiat Aviazione wog 345 kg und bestand aus einer 2 cm dicken Aluminium-Sandwich Struktur mit einer Aluminiumhaut. Die beiden Hälften der Nutzlasthülle wurden durch Sprengbolzen sowohl voneinander getrennt, als auch von der Drittstufe weggedrückt. Die Verkleidung wurde 222 s nach dem Start abgetrennt, das war kurz nach der halben Brennzeit der Coralie.

Belgien baute die Bodenstationen zur Bahnverfolgung. Es gab in Australien zwei Stationen. Eine befand sich bei Woomera, die andere Station 2.000 km nördlich in Nordaustralien. Zusammen reichten sie aus, die komplette Aufstiegsbahn bis zum Brennschluss zur verfolgen. Jede Station verfügte über sechs Parabolantennen mit 4,20 m Durchmesser. Sie empfingen die Telemetrie der Europa-I, sandten aber auch ein Bahnverfolgungssignal bei 1.428 MHz mit 10 kW Leistung zur Rakete. Diese verstärkte es und sandte es bei 1.525 bis 1.540 MHz mit einer Sendeleistung von 0,2 Watt zurück. Aus der gemessenen Dopplerverschiebung wurde die Geschwindigkeit ermittelt. Die Komponenten der Geschwindigkeit in jeder Raumrichtung wurden mittels interferometrischer Messungen durch mehrere Antennen bestimmt. Die gemessene Laufzeit ergab die Distanz zu der Bodenstation. Damit war die Aufstiegsbahn bekannt.

Das Startgelände in Woomera

Australien nahm am ELDO-Programm teil, indem es das Startgelände in Woomera bereitstellte. Woomera liegt im Süden Australiens auf 30°55' südlicher Breite und 136°30' östlicher Länge. Das Raketenzentrum wurde nach der 55 km entfernten Stadt Woomera benannt. Die nächste größere Stadt Roxy Down liegt 83 km nördlich. Das gesamte Equipment wurde vom 170 km südlich gelegenen Seehafen Port Augusta per LKW nach Woomera gebracht.

Die Infrastruktur in Woomera war seit 1955 aufgebaut worden, und hier waren bereits die Blue Streak und Black Knight getestet worden. Danach wurde der Startkomplex 6 für die Europa-I umgerüstet. Das Startgelände lag in einem ausgetrockneten Salzsee. Es gab ein 30 km von der Startrampe entferntes Kontrollzentrum und eine 6 km von der Rampe entfernte Werkhalle mit einer Grundfläche von 20 × 52 m. Hier wurde die Europa-I montiert. Die Arbeiten an den Startrampen gestalteten sich recht einfach. Sie wurden in die Steilküste hinein gebaut, sodass eine Grube für den Flammenablenkschacht entfallen konnte. Das Brauchwasser für die Kühlung wurde aus einem nahe gelegenen See gepumpt.

Gebaut wurden zwei Pads (Startrampen) mit den Bezeichnungen 6A und 6B. Ein Betrieb mit mehreren Satellitenstarts pro Jahr hätte beide Pads erfordert. Da aber schon während der Entwicklung abzusehen war, dass es dazu nie kommen würde, wurden die Arbeiten an Pad 6B abgebrochen. Der Hitzeschutz aus Keramikkacheln am Flammenschacht wurde z. B. nur zur Hälfte fertiggestellt.

Der Montageturm hatte eine Grundfläche von 18 × 13 m und eine Höhe von 33 m. Den Zugang zur Rakete erlaubten zehn in der Höhe verstellbare Bühnen. Die Stufen wurden mit einem Kran auf der zehnten Bühne aufgerichtet, aufeinander gesetzt und dann verschraubt. Vor dem Start wurde der Montageturm auf Schienen 100 m zurückgefahren.

Heute sind beide Pads durch Übungen militärischer Sondereinheiten zerstört. Mit dem Ende der ELDO-Aktivitäten sank die Einwohnerzahl des Testgeländes von 6.000 auf zeitweise nur noch 200 Personen. Seit Anfang der neunziger Jahre ist sie wieder auf rund 1.000 angestiegen, vor allem durch Touristen, welche die Überreste geborgener Raketen und die Pads besichtigen.

Startprofil

Vor jedem Start erfolgte ein statischer Test der Blue Streak. Dabei wurden die Treibwerke gezündet, bis sich nach sieben Sekunden der volle Schub aufgebaut hatte, danach wurden sie wieder abgeschaltet.

Nach dem Start schlug die erste Stufe 860 km vom Startplatz entfernt im australischen Kernland auf. Die Coralie fiel zwischen Neu-Guinea und der Marianen-Inselgruppe 2.720 km vom Startplatz entfernt, ins Meer. Die dritte Stufe erreichte einen Orbit. Besondere Vorkehrungen zur Passivierung oder Deorbitierung der letzten Stufe gab es zu dieser Zeit noch nicht.

Die Europa-I konnte einen niedrigen Erdorbit mit nur einer einzigen, ununterbrochenen Brennphase der dritten Stufe erreichen. Die Astris war zwar durch die Steuertriebwerke auf längere Freiflugphasen ohne Betrieb des Haupttriebwerkes ausgelegt, doch die Radiolenkung vom Boden aus ließ dieses Flugregime nicht zu. Dies war auch ein Grund für den Einbau einer autonomen Steuerung in die Europa-II, weil dadurch Zwei-Impuls-Transfers (Hohmann-Übergänge) möglich wurden und somit die Nutzlast für Bahnen oberhalb 555 km Höhe anstieg.

Die folgende Tabelle gibt die Abfolge bei Flug F9 wieder:

Zeit	Ereignis
- 7,0 s	Zündung
+ 0,7 s	Abheben
+ 20 s	Beginn Neigeprogramm
+ 157 s	Brennschluss Blue Streak v=3.000 m/s in 60 km Höhe
+ 162,5 s	Zündung Coralie
+ 222,7 s	Abtrennung Nutzlastverkleidung
+ 265,1 s	Brennschluss Coralie
+ 265,3 s	Zündung Beschleunigungstriebwerke Astris
+ 266,6 s	Abtrennung Unterteil Astris
+ 266,7 s	Zündung Steuertriebwerke Astris
+ 268 s	Zündung Haupttriebwerk Astris
+ 620,7 s	Brennschluss Haupttriebwerk
+ 631,8 s	Brennschluss Steuertriebwerke

Typenblatt Europa-I	
Länge: maximaler Durchmesser: Startgewicht:	31,67 m 3,69 m 104.530 kg
Einsatzzeitraum: Starts: Fehlstarts: Zuverlässigkeit:	1964 – 1970 10 5 50%
Nutzlast:	1.200 kg (in einen 200 km hohen polaren Orbit von Woomera) 1.150 kg (in einen 550 km hohen äquatorialen Orbit von Kourou aus) 850 kg (in einen 550 km hohen polaren Orbit von Woomera aus)
Stufe 1 Blue Streak	
Länge: Durchmesser: Startgewicht: Leergewicht: Triebwerk: Schub: Brenndauer: Treibstoff: Spezifischer Impuls:	18,37 m 3,05 m (3,69 m mit Triebwerksverkleidung) 89.400 kg 6.400 kg 2 Triebwerke RZ2 2 × 575 kN (Meereshöhe), 2 × 667 kN (Vakuum) 153 – 157s LOX / Kerosin 2.438 m/s (Meereshöhe), 2.790 m/s (Vakuum)
Stufe 2 Coralie	
Länge: Durchmesser: Startgewicht: Trockengewicht: Triebwerk: Schub: Brenndauer: Treibstoff: Spezifischer Impuls:	5,49 m 2,01 m 11.894 kg 2.100 kg 1 Triebwerk Vexin-A 274,55 kN (Vakuum) 96,5 s Stickstofftetroxid / UDMH 2.717 m/s (Vakuum)
Stufe 3 Astris	
Länge: Durchmesser: Startgewicht: Leergewicht: Stufenadapter: Triebwerke: Mittlerer Schub: Brenndauer: Treibstoff: Spezifischer Impuls:	3,815 m 2,01 m 3.370 kg 528 kg 200 kg (Unterteil:84 kg, Mittelteil 116 kg) 1 Triebwerk + 2 Verniertriebwerke 22,96 kN + 2 × 0,4 kN 356 s Stickstofftetroxid / Aerozin-50 2.864 m/s (Vakuum)

Nutzlasthülle	
Länge: maximaler Durchmesser: Gewicht:	4,00 m 2,01 m 345 kg

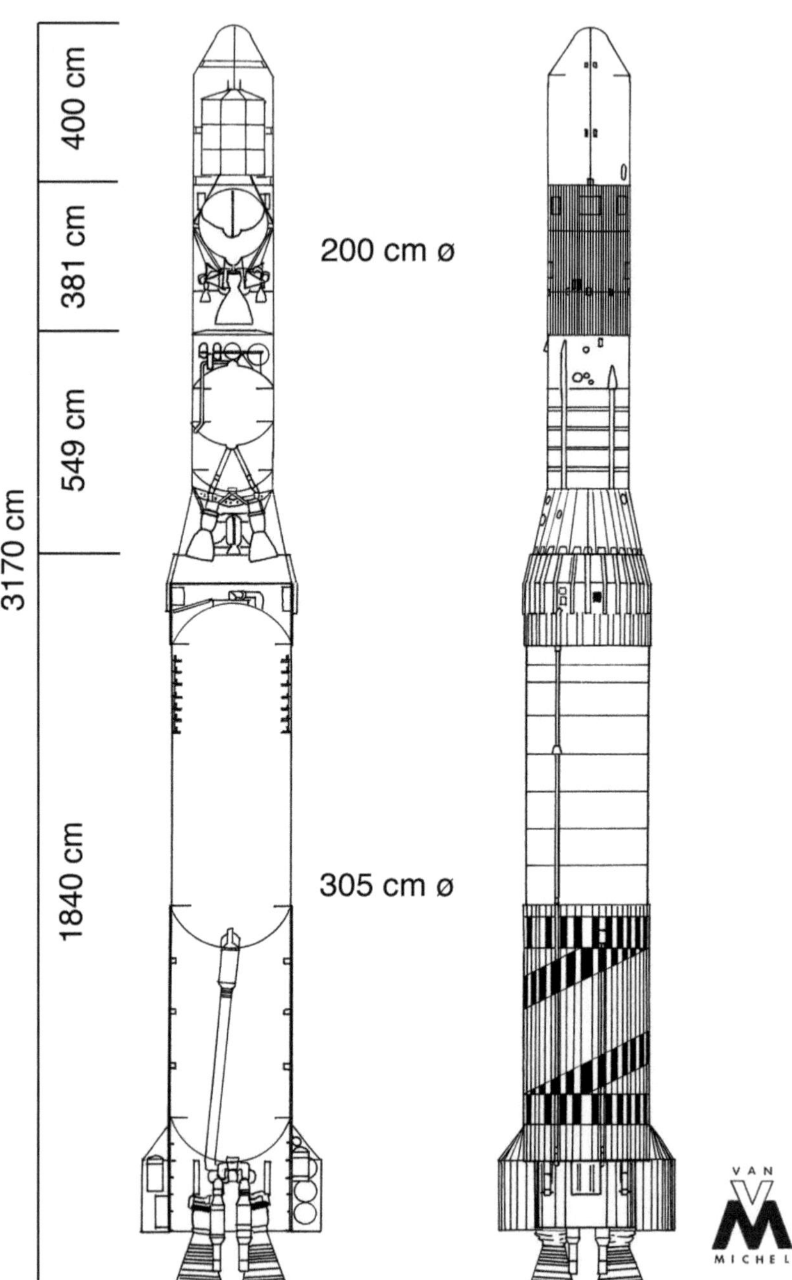
400 cm
381 cm
549 cm
3170 cm
1840 cm
200 cm ø
305 cm ø
VAN
MICHEL

Europa-II

Schon während der Entwicklung der Europa-I war absehbar, dass diese nie operationell fliegen würde. Zum einen wegen der Verzögerungen im Programm – mindestens zwei Jahre wurden für die Nachbesserungen an der zweiten und dritten Stufe benötigt. Dadurch mussten ESRO-Satelliten von der Europa-I auf die Delta und Scout umgebucht werden. Zum anderen wollte die ESRO Satelliten bauen und keine Raketenstarts kaufen. Für ihre Satelliten war die Europa schlichtweg zu teuer.

Die Pläne für eigene europäische Kommunikationssatelliten führten dazu, dass die ELDO ab 1966 die Europa-I nur noch als Testmodell für die Europa-II betrachtete. Mit dieser Rakete sollten die Kommunikationssatelliten Symphonie 1 und 2, der astronomische Satellit COS-B und der geodätische Satellit GEOS starten.

Ideen für eine Erweiterung der Europa-I um eine oder zwei Stufen gab es schon im Jahr 1964. Formell wurde die zuerst als „ELDO A/S" bezeichnete Rakete im Juli 1966 beschlossen. Ziel war es, eine Nutzlast von 170 kg direkt in den geostationären Orbit zu befördern. Damals ging die ELDO noch davon aus, dass die Satelliten von der Rakete in einem geostationären Orbit ausgesetzt werden sollten. Als Praxis etablierte sich aber ein im Satelliten integrierter Antrieb.

Damals waren noch alle Nationen für die Entwicklung der Europa-II. England schlug einen Start von Darwin (13 Grad Süd) als Alternative zu Kourou vor, aber angesichts der Forderung, nach einer Senkung des eigenen finanziellen Beitrags, konnte diese Änderung des Startplatzes nicht durchgesetzt werden.

Zusammen mit der Europa-I und den nötigen Investitionen in Kourou hatte das Gesamtprogramm nun schon einen Umfang von 636 Millionen Dollar. Einen Start von einem äquatornahen Startplatz hatte die ELDO bereits 1962 in ihrer Langzeitplanung vorgesehen.

Schon 1968 musste die ELDO durch die Senkung der Beiträge von Großbritannien Kosten einsparen. Man reduzierte zuerst das Programm. Versuchsflüge und ein fortschrittlicher italienischer Kommunikationssatellit als Testnutzlast wurden gestrichen. Die Europa-II sollte in zwei Testflügen nur zeigen, dass sie einen Satelliten in den GEO-Orbit bringen kann. Vier zusätzliche Versuchsflüge auf der Diamant – zur Erprobung der P0.7 Stufe – mussten entfallen.

Gerade dieses abgespeckte Billigprogramm nahmen die Engländer als weitere Begründung für ihren Ausstieg aus der ELDO. Denn dies wäre ein neues Programm. Aus der Europa-I Entwicklung konnte England wegen früher unterzeichneter Vereinbarungen nicht so einfach ausscheiden.

Um die Europa-II möglichst preiswert entwickeln zu können, wurde an der Europa nicht viel geändert. So war die Europa-II eine Europa-I mit einer zusätzlichen vierten Oberstufe, welche mit festen Treibstoffen betrieben wurde.

Dazu wurde eine Reihe von Konzepten untersucht. Um in einen geostationären Orbit zu gelangen, musste ein Satellit zuerst um 2,4 km/s gegenüber einer niedrigen Erdbahn beschleunigt werden. Danach musste der Orbit nach 5 Stunden zirkularisiert werden, indem der Flugkörper um weitere 1,5 km/s beschleunigte. Diese Aufgabe konnte mit einer oder zwei Stufen erledigt werden. Alternativ bestand die Möglichkeit, in den Satelliten einen eigenen Antrieb zu integrieren.

Zuerst wurde eine zweistufige Lösung, das PAS (Perigree-Apogee System) entwickelt. Nachdem dieses sehr früh den Kostenrahmen sprengte, musste auf ein einfacheres System gewechselt werden. Die Wahl fiel schließlich auf eine zusätzliche vierte Stufe und einen im Satelliten integrierten Antrieb. Diese relativ geringen Änderungen gegenüber der Europa-I hätten mit Aufwendungen von 50 Millionen Dollar durchführbar sein sollen.

P0.7 Stufe

Diese vierte Raketenstufe wurde von der CNES entwickelt und auch auf der Diamant B eingesetzt. Der Apogäumsantrieb für die Testnutzlast wurde von der italienischen Firma BPD hergestellt. Die vierte Stufe „Etage de Périgée“ wurde von S.N.I.A.S gebaut. Neben dem Feststofftriebwerk mit der Füllung aus Ammoniumperchlorat, Polyurethan und Aluminium umfasste sie einen Dralltisch, der auf der Astris befestigt wurde. Er beschleunigte die Stufe mit dem Satelliten vor der Zündung auf 120 Umdrehungen pro Minute. Zur Ausrüstung der vierten Stufe gehörten auch eine Fluglagensteuerung, Batterien und ein Telemetriesender.

Das Leergewicht der P0.7 lag mit 122 kg deutlich höher als bei der Diamant B, da der Dralltisch mit seinen vier Triebwerken von jeweils 1.250 Ns Impuls mit zum Leergewicht gezählt wurde. Bei der Diamant war dagegen der Dralltisch Bestandteil der Topaze Stufe.

Die P0.7 Stufe und der Satellit bildeten die Nutzlast der Astris und wurden von ihr in eine 300 km hohe Kreisbahn befördert. Die Nutzlasthülle war bei der Europa II um etwa 40 kg leichter als bei dem Vorgängermodell.

Es gab an den ersten beiden Stufen nur geringfügige Änderungen, an der dritten Stufe aber bedeutende Modifikationen. Dadurch erhöhte sich die Masse der Astris deutlich.

P0.7	
Länge:	2,02 m
Durchmesser:	0,73 m
Startgewicht:	807 kg
Leergewicht	122 kg
Schub (maximal):	41,2 kN
Brenndauer:	45 s
Spez. Impuls:	2.707 m/s
Treibstoff (Isolane 29/9)	9% Polyurethan, 20% Aluminium, 71% Ammoniumperchlorat

Lenksystem

Die autonome Steuerung mit vier Kreiselplattformen als Inertialsystem flog bei Flug F9 als Passagier mit und wurde erstmals bei Flug F11 aktiv eingesetzt. Sie hatte ein Gewicht von 20 kg. Der Programmgeber der Europa-I umfasste nur ein festgelegtes Nickprogramm, bei der Europa-II kam ein Programm für die Gier- und die Rollachse hinzu. Ein Zeitgeber mit einer maximalen Abweichung von einer Hundertstel Sekunde pro Tag lieferte das Zeitsignal für die Korrekturen. Die Steuerung der Triebwerke erfolgte anhand der Differenz zwischen einem vorgegebenen Signal für die Ausrichtung der Rakete und der aktuellen Ausrichtung.

Beim Start von Kourou aus gab es noch nicht die Möglichkeit, die über das Meer führende Bahn vollständig zu überwachen. So erhielt die Europa-II eine autonome Steuerung mit Kreiseln als Referenzplattformen, welche die Radiolenkung vom Boden aus ersetzte.

Bei der Radiolenkung werden die Kursdaten am Boden errechnet und per Funk an die Steuerung der Rakete übermittelt. Bei der Inertialsteuerung kann die Rakete nach dem Start selbstständig Kursabweichungen erkennen und korrigieren. Sie ist nach dem Abheben unabhängig. Das Referenzsystem zur Feststellung der Position im Raum, der Beschleunigung, Geschwindigkeit und dem zurückgelegten Weg (auf Basis von Kreiseln als Inertialsystem) kam von Ferranti.

Der Bordcomputer Elliot MCS 920M verfügte über einen 8.192 Wort Ringkernspeicher mit einer Zugriffszeit von 5 µs. Jedes Wort war 18 Bit lang. Die Logik war recht einfach aufgebaut. Es gab nur einen 18-Bit-Akkumulator und ein 17-Bit-Hilfsregister. Weiterhin standen nur 16 Instruktionen zur Verfügung. Immerhin umfassten diese Instruktionen auch Multiplikation und Division. Die Ausführungszeit betrug zwischen 15 µs und 39 µs pro Instruktion. Der Wechsel auf einen schnelleren Ringkernspeicher mit nur 2 µs Zugriffszeit hätte diese auf 10/31 µs reduziert und wurde als Aufrüstoption betrachtet. Die CPU alleine bestand aus 36 Schaltungen. Der gesamte Computer besaß 200 Schaltkreise und 19 verschiedenen Typen. Er wog 15,2 kg, nahm ein Volumen von 12 l ein und verbrauchte 45 Watt an elektrischer Leistung. Er steuerte die Europa-I nach einem vorgegebenen Aufstiegsprogramm und veranlasste den Brennschluss der Astris. Eine Erweiterung auf ein „Closed Loop" Verfahren wurde untersucht und sollte bei späteren Flügen implementiert werden. Bei diesem Verfahren versuchte der Bordrechner bei Abweichungen nicht wieder die vorgegebene Bahn zu erreichen, sondern errechnet auf Basis der vorliegenden Daten eine neue, optimale Lösung mit niedrigstem Treibstoffverbrauch.

Der Telemetriesender wurde von Phillips PTI produziert. In der dritten Stufe brauchte das neue System mehr Platz und mehr Strom, was zu einer Umkonstruktion des Instrumentenrings führte.

Es gab nun eine zusätzliche Freiflugphase. In höheren Orbits musste die dritte Stufe stabilisiert werden. Dazu wurde ein Stickstoff-Kaltgassystem mit acht Düsen in die Astris eingebaut. Sie konnten jeweils paarweise betrieben werden.

Änderungen an den ersten drei Stufen

Als Option konnte die Astris auch ohne Haupttriebwerk, nur mit den Steuertriebwerken, betrieben werden. Man testete die verbesserte Astris Stufe in über 1.000 Brennversuchen mit 79.000 Zündungen und einer kumulierten Dauer von 420.000 Sekunden. Freiflugphasen und der Betrieb nur mit Steuerdüsen waren erforderlich für Zweiimpuls-Übergänge. Damit konnte die Nutzlast für höhere Umlaufbahnen gesteigert werden.

Eine Neuqualifikation der Struktur der dritten Stufe war erforderlich, da die vierte Stufe und der Satellit nun über 1.250 kg wiegen konnten, die bisherige Astris aber nur für maximal 900 kg schwere Nutzlasten ausgelegt war. Weiterhin änderte sich der Schwerpunkt durch die Expansionsdüse der PAS Stufe gegenüber direkt auf die Stufe montierten Satelliten.

Da nun auch äquatoriale Bahnen erreicht werden konnten, erhöhte sich die maximale Nutzlast der Europa-II auf 1.440 kg. Die Struktur wurde verstärkt, und das Leergewicht stieg an. Allerdings wurden die Tanks auch mit 2.937 kg statt 2.850 kg Treibstoff gefüllt. Davon waren 63 kg als Reserve gedacht.

Auch bei der Blue Streak gab es Gewichtsoptimierungen. Die Struktur wurde leichter, und die Stufe nahm 5 t mehr Treibstoff auf. Der Leistung der Mark-III Triebwerke stieg leicht auf 1.342 kN Startschub. Ihr höherer Schub erlaubte die Mitnahme des zusätzlichen Treibstoffs. Die Coralie wurde weitgehend unverändert eingesetzt.

Optimierungen

Es zeichnete sich ab, dass die nominelle Nutzlast von 170 kg im GEO-Orbit (entsprechend etwa 340 kg in den GTO-Orbit) nicht ausreichen würde. Die Satelliten Symphonie 1 und 2 wurden schwerer und wogen schließlich 402 kg.

So überlegte die ELDO, wie diese schwerere Nutzlast trotzdem mit einer Europa-II transportiert werden könnte. Dies geschah durch die Optimierung des Flugprogramms. Ursprünglich sollte die Europa-II wie die Europa-I starten. Zuerst 20 s lang senkrecht und dann mit einer Winkelgeschwindigkeit von 0,7 Grad pro Sekunde sich in die Horizontale neigend. Dieses Profil war für den Startplatz Woomera ausgearbeitet worden, um die Belastung durch Höhenwinde in 10 km Höhe zu minimieren. Doch in Kourou gab es weniger starke Höhenwinde. So konnte der Träger früher beginnen, von der Senkrechten in die Horizontale umschwenken. Wenn schon nach 10 Sekunden senkrechtem Aufstieg mit 0,603 Grad/s umgelenkt wurde, konnte die Nutzlast leicht gesteigert werden.

Die zweite Optimierung betraf die Flugbahn. Eine Oberstufe mit festen Treibstoffen hat einen konstanten Gesamtimpuls. Sie ändert bei einer gegebenen Nutzlast die Geschwindigkeit immer um den gleichen Betrag. Wenn die Nutzlast höher sein soll, so sinkt die erreichbare Geschwindigkeit der Oberstufe. Durch ein neues Flugprofil der dritten Stufe mit einer elliptischen Bahn, mit einem erdnächsten Punkt von 150 – 200 km, statt einer 300 km hohen Kreisbahn, konnte die Geschwindigkeit und damit die Nutzlast gesteigert werden.

Beide Optimierungen zusammen führten zu einer Nutzlast von 420 kg in die GTO-Bahn. Etwa 80% des Gewinns wurden durch die elliptische Bahn ermöglicht und 20% durch die Änderung des Flugprogramms.

F11

Nach einem Jahr Pause fand der Jungfernflug der Europa-II am 5.11.1971 von Kourou aus statt.

Der Flug verlief nominal bis 104,9 Sekunden nach dem Start. Es gab zu diesem Zeitpunkt Signale auf nicht benutzten Telemetriekanälen. Bei T + 105,7 Sekunden fiel der Bordrechner aus. Die Rakete flog ungesteuert weiter und zerbrach 150 Sekunden nach dem Start durch die aerodynamische Belastung, nachdem sie sich um 35 Grad zur Flugrichtung geneigt hatte.

Der nächste Start einer Europa musste durch die Beseitigung des Fehlers um zwei Jahre auf den Oktober 1973 verschoben werden. Es zeigte sich bald, was die Ursache des Fehlschlags war. Das neue Lenkungssystem war nur ungenügend in das Gesamtsystem integriert worden. Laut der Untersuchungskommission wurden dabei „typische Integrationsfehler" begangen. Es handelte sich um Erdungsfehler, aber auch um eine unzureichende Abschirmung gegenüber elektromagnetischen Einflüssen. Dadurch konnten sich beim Aufstieg elektrische Aufladungen ausbilden, die zum Abschalten des Kursrechners führten. Es bestand sogar der Verdacht, dass die elektronischen Bauteile zu empfindlich waren.

Die Rekonstruktion des Versagens war durch die gesendeten Signale auf den unbenutzten Telemetriekanälen möglich. Diese Kanäle waren für Messfühler vorgesehen, die aber von der Mannschaft noch vor dem Start ausgebaut worden waren. Sie wirkten wie Antennen, fingen die Störungen auf und übermittelten diese als Spannungswerte an die Bodenstation.

Ein komplettes Redesign der Steuerung und weitere Verträglichkeitsprüfungen waren nötig. Da dies mindestens 18 Monate in Anspruch nehmen würde, wurde im August 1972 der nächste Start einer Europa-II auf den Zeitraum Mai – November 1973 verschoben.

Der im Mai 1972 veröffentlichte Bericht der Untersuchungskommission stellte für alle Beteiligten keine Überraschung dar. Er stellte dem Management kein gutes Zeugnis aus. So war der Bordrechner nur ein Prototyp. Ursprünglich für das „Jaguar" Kampfflugzeug entwickelt, wurde er „substanziell" modifiziert, um den Anforderungen für das Projekt gerecht zu werden. Er genügte keinen gängigen Standards an Fertigung, Inspektion und Abnahme und musste als nicht flugfähig erachtet werden. Das Gleiche galt für die Integration des Bordrechners in die dritte Stufe. Über eine 3 m lange Leitung bildete sich durch eine Impedanz eine Spannung von einigen Volt aus. Sie war schließlich der Auslöser für das Abschalten des Bordcomputers.

Weiterhin wurden Mängel bei der Integration der dritten Stufe aufgeführt. Die Verbindung der Verkabelung des oberen Teils (ERNO) und des unteren Teils (MBB) war nicht zufriedenstellend. Es fehlte an der Trennung von Datenleitungen und stromführenden Leitungen, und es wurden grundlegende Standards zur Erdung, Verbindung und Trennung von hohen und niederen Spannungen nicht eingehalten.

Die dritte Stufe konnte so nicht als qualifiziert gelten. Das gesamte elektrische System musste überarbeitet werden, auch die industrielle Organisation der Fertigung wurde als Schwachpunkt angesehen. Bei der Zusammenarbeit zwischen MBB und ERNO fehlte eine übergeordnete Stelle, welche die beiden Firmen koordinierte und überwachte (eigentlich sollte ASAT diese Funktion innehaben). Auch an der vierten Stufe gab es Kritik, jedoch in geringerem Ausmaß. Die Blue Streak und Coralie wiesen keine Probleme auf.

Das Ende der ELDO

Erstmals wurde ein Untersuchungsbericht der ELDO veröffentlicht. Er zeigte die Probleme schonungslos auf und war somit Munition für die Kräfte, welche die Europa-II einstellen wollten. Noch während die Fehler beseitigt wurden, gärte es schon hinter den Kulissen.

Das Treffen der für die Raumfahrt verantwortlichen Minister wurde vom 11. und 12.7.1972 auf den 20.12.1972 verschoben. Dort sollte über das weitere Fortführen der Programme Europa-II und -III beraten werden.

Am 20.12.1972 gab es noch keine Einigung zur Einstellung der Europa-II, aber mit dem französisch-deutschen Beschluss zur Aufnahme des L3S Programms war klar, dass die Europa-III nicht gebaut werden würde.

Am 19. und 20.1.1973 entschlossen sich Frankreich und Deutschland am Rande der deutsch-französischen Konsultationen zum Ausstieg aus der ELDO. Als Folge entschied der ELDO-Rat am 27.4.1973 auf Veranlassung der deutschen und französischen Regierung, alle Arbeiten an der Europa-II einzustellen und die ELDO aufzulösen. Aufgrund der Produktionszeit von drei Jahren war die Produktion der Stufen bei Einstellung des Programmes unterschiedlich weit fortgeschritten. Dies sind die bis zur Einstellung des Programms gefertigten Raketen:

- Die F12 war in Kourou in einem Kreisverkehr ausgestellt. Sie war nach Kourou geliefert worden, bevor das Projekt eingestellt wurde. Teile der Rakete sollen wegen des korrosionsfesten Metalls auch als Dächer für eine Hühnerfarm verwendet worden sein.

- Die Blue Streak von F13 ist zu besichtigen im Deutschen Museum München, Außenstelle Flugwerft Schleißheim. In der Zentralstelle in München findet man eine dazugehörige Astris Stufe.

- Die Blue Streak von F14 befindet sich im Aircraft Museum in East Lothian bei Edinburgh.

- Die F15 steht im Spacecamp bei Redu in Belgien, durch Plünderung seitens der „Besucher“ allerdings in einem sehr schlechten Zustand.

- F16 wurde nicht fertiggestellt. Die Blue Streak steht im National Space Centre in Leicester.

- Für F17 und F18 wurden nur Teile hergestellt. Eine Astris Oberstufe schmückt die Halle des Instituts für Luft & Raumfahrt der Uni Stuttgart, eine war bei der FH Aachen ausgestellt. Ebenso befindet sich ein Bremen eine Astris, die aber wahrscheinlich aus der Entwicklung stammt, schließlich wurden insgesamt 22 Astris-Oberstufen gefertigt, aber nur ein kleiner Teil davon gestartet.

Ein Irrweg oder Lektionen, die gelernt werden mussten?

Auch 40 Jahre nach dem letzten Start einer Europa bleiben offene Fragen: Wäre der nächste Start gelungen? War die Europa nur eine teure technologische Sackgasse?

Unbestreitbar war die Entwicklung und Fertigung der Europa-I und II sehr teuer. Allerdings wurde auch erst eine Raumfahrtindustrie in Europa aufgebaut. Ähnliche Anschubfinanzierungen gab es bei den ersten deutsch/französischen Kommunikationssatelliten (Symphonie-Projekt).

Auch in den USA waren die ersten Trägerraketen sehr viel teurer als die folgenden Modelle. Dies ist ebenfalls bei der Europa-III zu sehen. Hier sollte die Entwicklung nur noch 475 Millionen Dollar kosten, obwohl sie die vierfache Nutzlast einer Europa-II aufwies. Zweifellos war die Europa aber in der Produktion sehr teuer. Bei gleicher Nutzlast kostete sie dreimal mehr als eine Delta der 1000 er Serie.

Ob F12 und die folgenden Flüge geglückt wären, muss offen bleiben. Auf der Grundlage des Untersuchungsberichts zu F11 ist die persönliche Einschätzung des Autors, dass es in der Europa noch zahlreiche Fehlerquellen gab, die vor allem durch mangelhafte Zusammenarbeit aller Beteiligten entstanden waren. Ob bereits alle Fehler gefunden und eliminiert worden waren? Nach den Erfahrungen bei Ariane, bei der ein systematischer Fehler in der Zündung der dritten Stufe erst nach mehr als einem Dutzend geglückter Flüge auftraten, bin ich skeptisch. Die Europa-I und II waren Auslaufmodelle. Es hätte nur wenige Nutzlasten für sie gegeben. Schon um 1980 wären sie zu klein für jede ESA-Nutzlast gewesen.

Die geringe Nutzlast resultierte vor allem aus der Auslegung. Wegen des geringen Schubs der Blue Streak waren die Oberstufen etwa um den Faktor 2 zu klein, und die Coralie hatte eine zu hohe Leermasse. Die Reduktion ihrer Leermasse auf ein normales Maß hätte die Nutzlast um 300 kg auf 1.500 kg erhöht. Eine „ideale" Stufung mit einer zweiten Stufe von 24 t Startgewicht und einer dritten Stufe von 5 t Masse hätte etwa 1.700-1.800 kg Nutzlast ergeben. Das Versäumnis bei der Entwicklung war, dass diese Chancen gleich am Anfang verspielt wurden, indem Schubsteigerungen der Blue Streak unterblieben und das hohe Strukturgewicht der Coralie akzeptiert wurde.

Typenblatt Europa-II	
Länge: maximaler Durchmesser: Startgewicht:	31,70 m 3,69 m 112.000 kg
Einsatzzeitraum: Starts / Fehlstarts Zuverlässigkeit:	1971 1 / 1 0%
Nutzlast:	1.440 kg (in einen 200 km hohen äquatorialen Orbit) 420 kg (in einen GTO-Orbit) 230 kg (in einen GEO-Orbit)
Stufe 1 Blue Streak	
Länge: Durchmesser: Startgewicht: Leergewicht: Triebwerk: Schub: Brenndauer: Treibstoff: Spezifischer Impuls:	18,37 m 3,05 m (3,69 mit Triebwerksverkleidung) 94.940 kg 6.289 kg 2 Triebwerke RZ2 III 2 × 671 kN (Meereshöhe) 2 × 758 kN (Vakuum) 160,3 s LOX / Kerosin 2.438 m/s (Meereshöhe), 2.790 m/s (Vakuum)
Stufe 2 Coralie	
Länge: Durchmesser: Startgewicht: Trockengewicht: Triebwerk: Schub: Brenndauer: Treibstoff: Spezifischer Impuls:	5,49 m 2,01 m 12.019 kg 2.109 kg (2.276 kg mit Stufenadapter) 1 Triebwerk Vexin-A mit 4 Brennkammern 262 kN (Vakuum) 103 s Stickstofftetroxid / UDMH 2.757 m/s (Vakuum)
Stufe 3 Astris	
Länge: Durchmesser: Startgewicht: Leergewicht: Triebwerke: mittlerer Schub: Brenndauer: Treibstoff: Spezifischer Impuls (Vakuum)	3,815 m 2,01 m 3.993 kg 798 kg (+ 258 kg Unter+Mittelteil als Stufenadapter) 1 Triebwerk + 2 Verniertriebwerke 22,56 kN + 2 × 0,4 kN 375 s Stickstofftetroxid / Aerozin-50 2.942 m/s Haupttriebwerk (2.864 m/s Steuertriebwerke)

Stufe 4 P.07	
Länge:	2,02 m
Durchmesser:	0,73 m
Startgewicht:	807 kg
Leergewicht:	122 kg
Triebwerke:	1 Triebwerk SEP P6
mittlerer Schub:	41,2 kN
Brenndauer:	45 s
Treibstoff:	Polyurethan / Ammoniumperchlorat / Aluminium
Spezifischer Impuls (Vakuum)	2.707 m/s
Nutzlasthülle	
Länge:	4,08 m
maximaler Durchmesser:	2,01 m
Gewicht:	308 kg

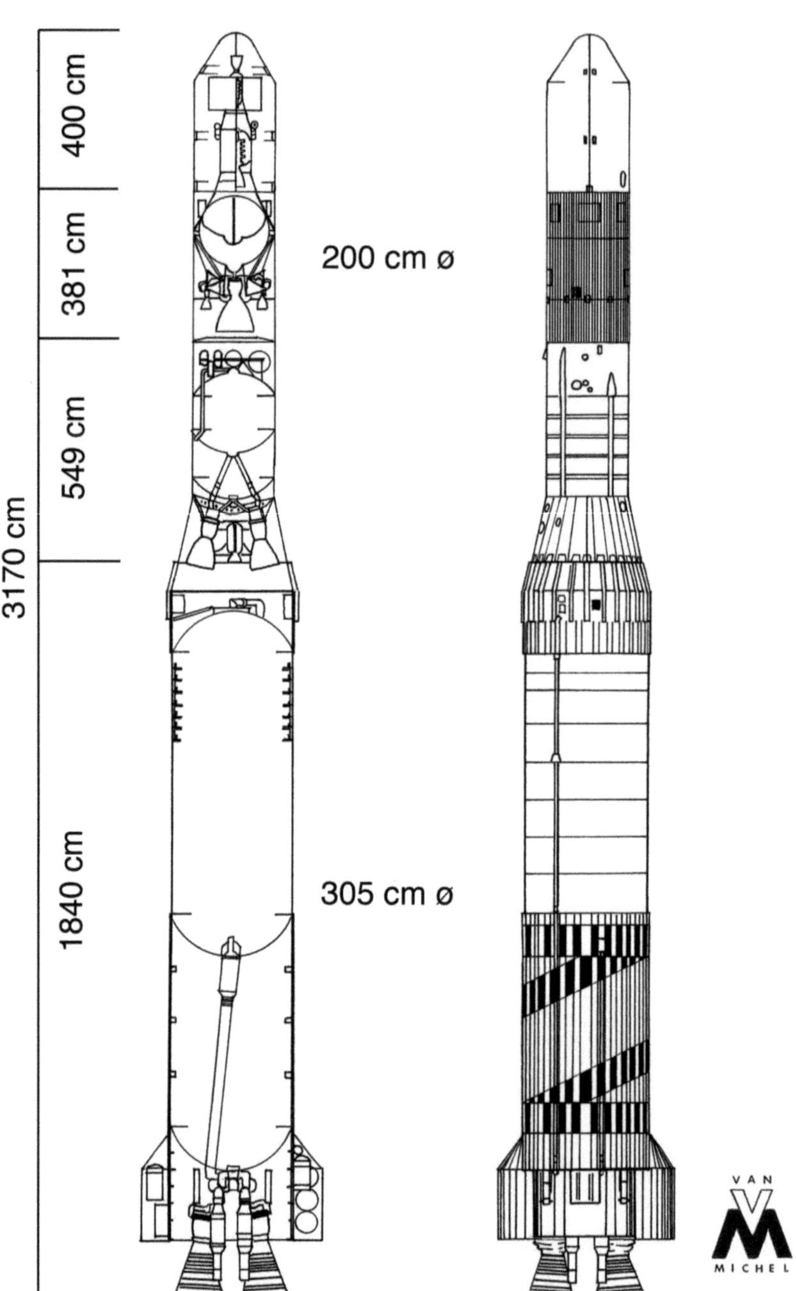

400 cm
381 cm
549 cm
3170 cm
1840 cm
200 cm ø
305 cm ø
VAN
M
MICHEL

Europa-III

Noch während die ELDO an der Europa-I und II arbeitete, plante sie bereits eine viel stärkere Rakete. Die Europa-I und II war ausreichend leistungsfähig für die ersten Satelliten der Europäer. Doch schon die nächste Generation von geostationären Satelliten sollte 800 kg wiegen, gefolgt von operationellen Exemplaren, die 1.000 bis 1.200 kg wiegen sollten (OTS 1978 und ECS 1982).

So erarbeitete die ELDO mehrere Vorschläge für einen Nachfolger, welcher Europa-III genannt wurde. Die Europa-III sollte 400-700 kg in eine geostationäre Umlaufbahn, entsprechend 800-1.400 kg in eine geostationäre Übergangsbahn bringen. Zudem sollte sie preiswerter als eine Europa-II sein, bei der ein Start 20 Millionen Dollar kostete.

Im April 1969 erging ein Aufruf an die Industrie, Vorschläge für die Europa-III einzureichen. Sie sollte eine minimale Nutzlast von 435 kg im GEO-Orbit, entsprechend 800 kg im GTO-Orbit aufweisen. Ein Potenzial zur Steigerung auf 570 – 600 kg in den GEO-Orbit sollte vorhanden sein. Im Januar 1970 wurde am Ministertreffen über die Vorschläge der Firmen beraten:

- Die „Europa-III A“ war eine unveränderte Blue Streak Erststufe mit einer hoch energetischen, kryogenen zweiten Stufe mit 14 t Treibstoffzuladung. Die Startmasse betrug etwa 110 t bei einer Höhe von 33 m und einem durchgängigen Durchmesser von 3,05 m. Die zweite Stufe sollte ein spezifischer Impuls von 4.393 m/s aufweisen. Die Nutzlast betrug 500 kg in den GEO-Orbit, ausbaubar auf 900 kg. Mit den Boostern der Europa-II TA wäre zum Beispiel eine Nutzlast von 720 kg in den GEO-Orbit erreicht worden. Diese Rakete wäre nicht vor 1979 zur Verfügung gestanden.

- Die Europa-III B setzte dagegen auf eine neue Erststufe. Die L120 mit französischen Viking-1 Triebwerken hatte bei 120 t Treibstoffzuladung einen Schub von 4 × 55 t oder 5 × 40 t. Die zweite Stufe nutzte auch LOX/LH2 und hatte eine Startmasse von 25 t. Der Schub ihres Triebwerks betrug 200 kN. Die Startmasse der Rakete betrug 160 t, die Nutzlast 560 kg in den GEO-Orbit, ausbaufähig auf 850 kg. Für die L120 Stufe sprach, dass es schon gefertigte Tanks gab, die Kosten der Stufe mit der Blue Streak vergleichbar waren und das Viking Triebwerk in Bodentests mit 41,5 t Schub erprobt war. Der Durchmesser betrug 3,60 m, die Länge 36 m.

- Bei der Europa-III C sollten vier anstatt zwei Rolls-Royce Triebwerke RZ2 in der ersten Stufe eingesetzt werden, wodurch sich die Treibstoffzuladung einer Blue Streak auf 140 t vergrößert hätte. In der zweiten Stufe wäre das gleiche Triebwerk wie bei der Europa-III B zum Einsatz gekommen. Sie wäre aber mit nur 17 t Treibstoff kleiner gewesen. Die Startmasse hätte 175 t betragen. Der Schub eines RZ2 wäre auf 63 t (618 kN) reduziert worden. Sie wäre mit 37 m Höhe und 3,60 m Durchmesser die längste aller Varianten gewesen. Die Nutzlast hätte in der Basisvariante 650 kg für den GEO-Orbit betragen. Dies war die von der ELDO favorisierte Version.

- Die Europa-III D bestand aus zwei hoch energetischen Stufen und war der Vorschlag mit der geringsten Startmasse (nur 78 t). Die erste Stufe hätte 55 t bei 50 t Treibstoffzuladung gewogen, die zweite Stufe 20 t, davon 17 t Treibstoff. Die Nutzlast in den GEO-Orbit hätte in der Basisversion 700 kg betragen, mit 70 t Treibstoff in der ersten Stufe wäre sie auf 900 kg gestiegen. Beide Stufen setzten dasselbe Triebwerk ein, nur die erste Stufe vier bis fünf der 200-kN-Triebwerke. Ihre Entwicklung hätte am längsten gedauert, und die Rakete wäre nicht vor 1982 verfügbar gewesen. Die Europa-III D hätte einen Durchmesser von 3,80 m und eine Länge von 34 m gehabt.

- Die Europa-III E sollte weitere Blue Streak Erststufen als Booster einsetzen. Die Rakete blieb aber eine Europa II ohne neue Stufen. Dieses Konzept wich von den anderen Varianten deutlich ab und wurde unter der Bezeichnung Europa-IV weiter verfolgt.

Je nach Variante betrug die Nutzlast für einen geostationären Übergangsorbit 1.160 bis 1.550 kg, also das drei bis vierfache der Nutzlast der Europa-II. Alle Vorschläge waren so ausgelegt, dass die Nutzlast noch gesteigert werden konnte, um auch für zukünftige Aufgaben gerüstet zu sein.

Die Vorschläge, welche die bisherige Blue Streak oder ihre Triebwerke nutzten, fanden angesichts des Rückzugs von England aus der ELDO wenig Zustimmung. Damit waren die beiden Vorschläge Europa- III A und -III C aus dem Rennen.

Die Europa-III D war technisch sehr anspruchsvoll und wäre daher teuer in der Entwicklung gewesen. Dagegen schien die Europa-III B umsetzbar zu sein. Die Viking Triebwerke der ersten Stufe basierten auf der Technologie der französischen Stufe Coralie und der Diamant Trägerrakete. Prototypen mit einem Schub von 400 kN existierten bereits. Die zweite Stufe sollte von Cryorocket, einem Joint-Venture von MBB und SEREB, entwickelt werden. Die Europa-III B hätte etwa 5.500 kg in eine äquatoriale, 200 km hohe Bahn befördern können oder 4.500 kg in eine polare Bahn in derselben Höhe. Die Nutzlast für den GTO-Orbit hätte 1.550 kg betragen. Nach längeren Beratungen entschied das Ministertreffen im April 1970, den Vorschlag der Europa-III B umzusetzen.

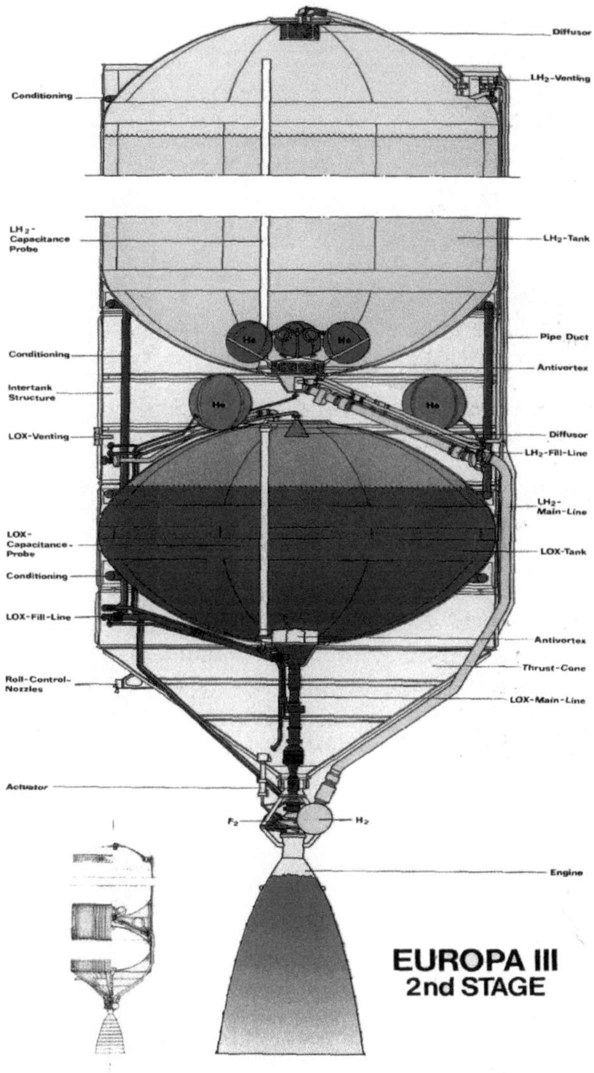

Bei der Detailplanung der Europa-III B gab es dann noch einige Anpassungen. So wurde die Treibstoffzuladung der ersten Stufe vergrößert, als die Viking Triebwerke 55 t (540 kN) anstatt 40 t Bodenschub (392 kN) erreichten. Durch den höheren Schub reichten in der ersten Stufe vier Triebwerke, statt der geplanten fünf. Der Durchmesser wurde auf 3,80 m erhöht, die Länge von der zweiten Stufe von 12,20 auf 10,50 m verkürzt und der ersten Stufe von 19,20 auf 18,40 m reduziert. Im Gegenzug wurde die Nutzlasthülle von 8,50 auf 11 m verlängert.

Deutschland hatte sich für die Entwicklung der zweiten Stufe qualifiziert, weil seit 1967 ein „LH2 Experimentalprogramm“ mit Vorarbeiten für eine mit Wasserstoff angetriebene Stufe durchgeführt wurde. Schon seit 1963 wurde bei MBB ein 130-kN-Triebwerk mit einem neuen Hauptstromverfahren entwickelt. Das Patent dafür wurde später von Rocketdyne lizenziert und war Grundlage für die Entwicklung der SSME (Space Shuttle Main Engine).

Der Antrieb für die H20 Stufe hätte 200 – 250 kN Schub geleistet. Der spezifische Impuls sollte 4.393 m/s und der Brennkammerdruck 130 bar betragen. Bei einem Expansionsverhältnis von 160 war das Triebwerk 2,62 m hoch und etwa 400 kg schwer. Wasserstoff sollte im „staged combustion“ Betrieb im Verhältnis von 6:1 (LOX/LH2) verbrannt werden. Die Entwicklung dieses Antriebs wurde als größter Kostenpunkt eingestuft.

Die Kosten für die Europa-III wurden anfänglich auf 470 Millionen Dollar geschätzt, inklusive 20% Sicherheitsspielraum auf 565 Millionen Dollar. Vor Einstellung des Projektes ging die deutsche Bundesregierung von 2.800 Millionen DM für das Programm aus. Deutschland war dies zu teuer, zumal der deutsche Anteil an der Finanzierung (nach dem Ausstieg Italiens) auf 45% geklettert war. Nach dem Beschluss über die Umsetzung des L3S Konzeptes wurden im Dezember 1972 die Arbeiten an der Europa-III eingestellt, und im Mai 1973 die ELDO aufgelöst. Bis dahin waren für die Europa-III 47 Millionen Dollar (90 Millionen DM) ausgegeben worden, wobei neben Vorstudien auch schon folgende Hardware entwickelt worden war:

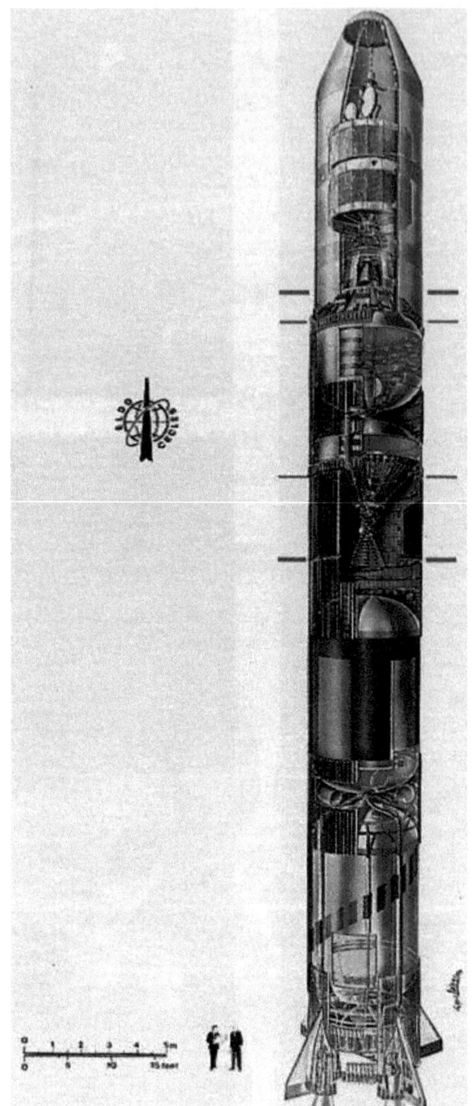

- der Treibstofftank der ersten Stufe
- die Triebwerke der ersten Stufe
- die Treibstofftanks der zweiten Stufe
- das Schubgerüst der ersten Stufe
- Teile des Triebwerks der zweiten Stufe (Brennkammer, Düse)

Typenblatt Europa-III B	
Länge: maximaler Durchmesser: Startgewicht: Nutzlast:	37,30-40,80 m 3,80 m 191.150 kg 5.500 (in einen 200 km hohen äquatorialen Orbit) 4.500 kg (in einen 550 km hohen äquatorialen Orbit) 1.550 kg (in einen GTO-Orbit)
Stufe 1 L150	
Länge: (Mit Stufenadapter) Durchmesser: Startgewicht: Leergewicht: Triebwerk: Schub: Brenndauer: Treibstoff: Spezifischer Impuls:	18,50 m 3,80 m 166.030 kg 13.590 kg 4 Triebwerke Viking-2 4 × 617 kN (Meereshöhe) 4 × 684 kN (Vakuum) 150 s Stickstofftetroxid / UDMH 2.438 m/s (Meereshöhe), 2.728 m/s (Vakuum)
Stufe 2 H20	
Länge: Durchmesser: Startgewicht: Trockengewicht: Triebwerk: Schub: Brenndauer: Treibstoff: Spezifischer Impuls:	10,50 m 3,80 m 23.000 kg 3.000 kg 1 Triebwerk 195 kN (Vakuum) 448 s LOX / LH2 4.392 m/s (Vakuum)
Nutzlasthülle	
Länge: Durchmesser: Gewicht:	8,50 m / 11,00 m 3,80 m 580 kg

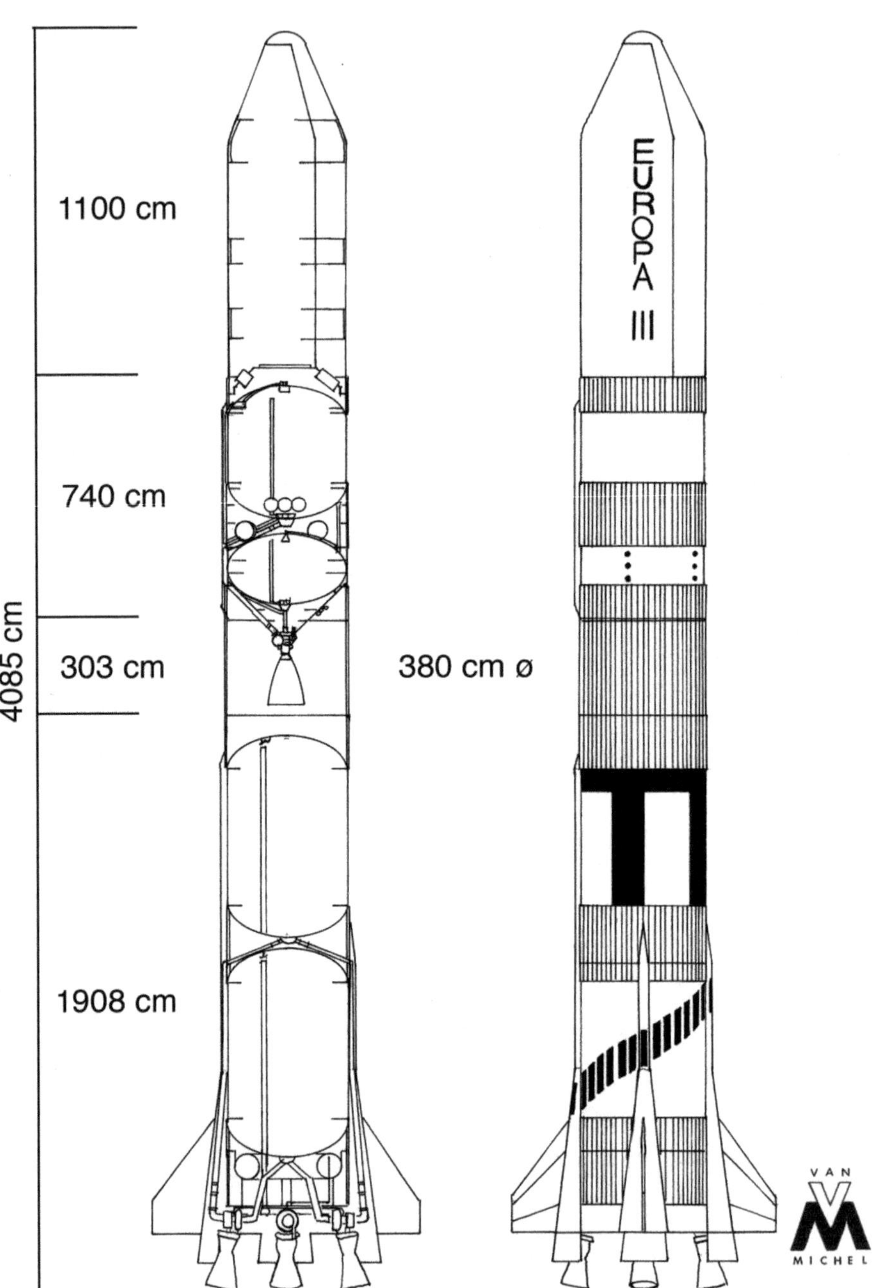

1100 cm
740 cm
4085 cm
303 cm
380 cm ø
1908 cm
EUROPA III
VAN
M
MICHEL

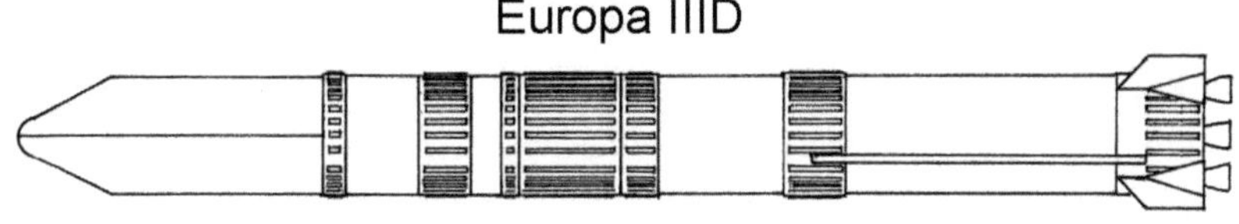
Europa IIID

Europa IIIC

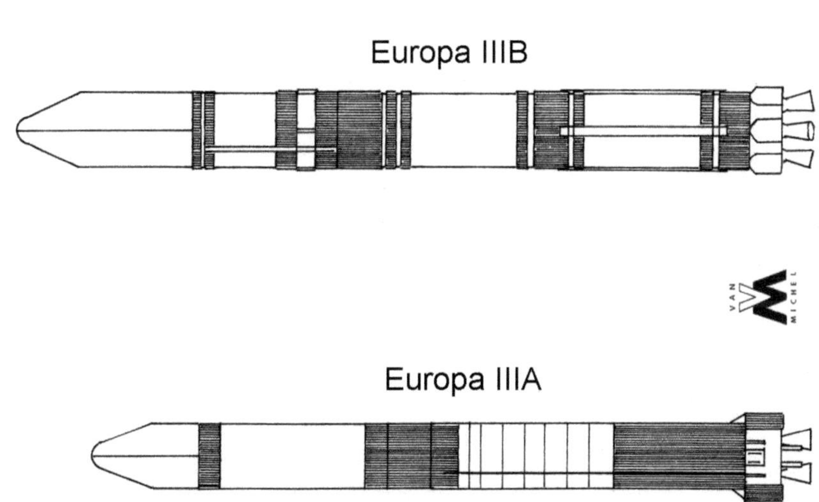
Europa IIIB
VAN
MICHEL
Europa IIIA

ELDO Projektstudien

Der ELDO war das Manko der begrenzten Nutzlast der Europa bekannt. Es gab eine Reihe von Studien, wie durch optimalen Einsatz der vorhandenen Technologie die Nutzlast gesteigert werden könnte. Allerdings wurde keines dieser Projekte umgesetzt.

Schon im Februar 1964 wurde angekündigt, nach der ELDO-A (Europa-I) an die Entwicklung der ELDO-B mit 2.500 kg Nutzlast und später an die Konzeption der ELDO-C mit 7.500 kg Nutzlast zu gehen. Die laufenden Kostenüberschreitungen der Europa-I und II verhinderten die Umsetzung dieser Pläne.

Die ELDO B1 und B2

Die ersten Entwürfe vom April 1965 wurden als ELDO-B1 und -B2 bezeichnet und waren die ersten Versionen, die einen geostationären Orbit erreichen konnten. Sie wurden von Frankreich präsentiert, welches zu diesem Zeitpunkt dafür plädierte, die ELDO-A Entwicklung zugunsten der ELDO-B einzustellen. Die beiden Konzepte bauten aufeinander auf.

Bei der ELDO-B1 und -B2 sollten die Coralie und Astris Oberstufe der ELDO-A durch leistungsfähigere Versionen abgelöst werden.

Die erste Stufe blieb die Blue Streak mit einer verstärkten Struktur. So sollte die Wanddicke der Tanks von 0,6 mm auf 1,5 mm angehoben werden, um eine schwerere Last tragen zu können. Dies erhöhte die Strukturmasse der Blue Streak um 850 kg. Der Schub der RZ2 Motoren hätte für die ELDO-B2 auf 740 kN (am Boden) pro Triebwerk gesteigert werden müssen. Die RZ2 Triebwerke sollten auch zuverlässiger werden und an die Weiterentwicklung der Rocketdyne Triebwerke, von denen sie abstammten, anschließen.

Die zweite Stufe der ELDO-B1 nutzte Wasserstoff und Sauerstoff als Treibstoff. Ein einzelnes Triebwerk, gemeinsam entwickelt von Rolls-Royce und SEREB sollte sie antreiben. Die ELDO-B2 sollte eine noch größere zweite Stufe mit vier dieser Triebwerke einsetzen.

Die ELDO-B1 und -B2 hätten sich mit ihrem durchgehenden Durchmesser von 3,0 m deutlich von der Europa I und -II unterschieden und ähnelten eher der Atlas Centaur und der späteren Europa-III.

Die Kosten für die Entwicklung der ELDO-B1 wurden 1965 auf zusätzliche 140 Millionen Dollar geschätzt. Sie wäre nach fünf Jahren (1970) zur Verfügung gestanden.

Die ELDO-B2 unterschied sich von der ELDO-B1 durch die Möglichkeit, die zweite Stufe der ELDO-B1 als optionale dritte Stufe einsetzen. Eine deutlich größere, neue, Stufe wäre dann die zweite Stufe gewesen. Zusätzlich zu den 140 Millionen Dollar für die Entwicklung der ELDO-B1, hätte die B2-Version weitere 100 Millionen Dollar Entwicklungskosten erfordert. Sie hätte nicht vor 1972 /1973 ihren Jungfernflug absolviert. Während der Studie wurden die Stufen etwas größer: Die ersten Entwürfe gingen noch von 5,5 t beziehungsweise 14 t Treibstoff aus. Doch selbst diese kleineren Versionen hätten schon 2,1 bzw. 3,5 t in einen erdnahen Orbit gebracht. Aus den ELDO-B Projektstudien sollte schließlich das Konzept der Europa-III entstehen.

Es gibt unterschiedliche Angaben zur ELDO B1/B2. Das Typenblatt zeigt zwei Versionen mit kleineren Oberstufen, die untere Tabelle zwei leistungsfähigere Versionen. Bei der ELDO B2 im Typenblatt hätte man trotz schubstärkerer Rolls-Royce Triebwerke in der Blue Streak die Erststufe nicht voll betankt, um die Startmasse (ohne Nutzlast) auf 110 t, die Startmasse der Europa II zu begrenzen.

	ELDO B1	**ELDO B2**
Abmessungen:	Durchmesser: 3,00 m Höhe: 30,23 m Startgewicht: 105 t Nutzlast: 2.500 kg LEO 300 kg GEO	Durchmesser: 3,00 m Höhe: 39,92 m Startgewicht: 125 t Nutzlast: 4,000 kg LEO 600 kg GEO
Erste Stufe:	„Blue Streak" Startgewicht: 96.000 kg Leergewicht: 7.300 kg Startschub: 1.480 kN Durchmesser: 3,0 m	„Blue Streak" Startgewicht: 96.000 kg Leergewicht: 7.300 kg Startschub: 1.480 kN Durchmesser: 3,0 m
Zweite Stufe:	H7.5 Startgewicht: 8.500 kg Leergewicht: 1.000 kg Startschub: 60 kN Durchmesser: 3,0 m Länge 4,96 m	H19 Startgewicht: 19.000 kg Leergewicht: 2.000 kg Startschub: 4 × 60 kN Durchmesser: 3,0 m Länge: 9,92 m
Dritte Stufe:	Keine	H7.5 Startgewicht: 8.500 kg Leergewicht: 1.000 kg Startschub: 60 kN Durchmesser: 3,0 m Länge: 4,96 m

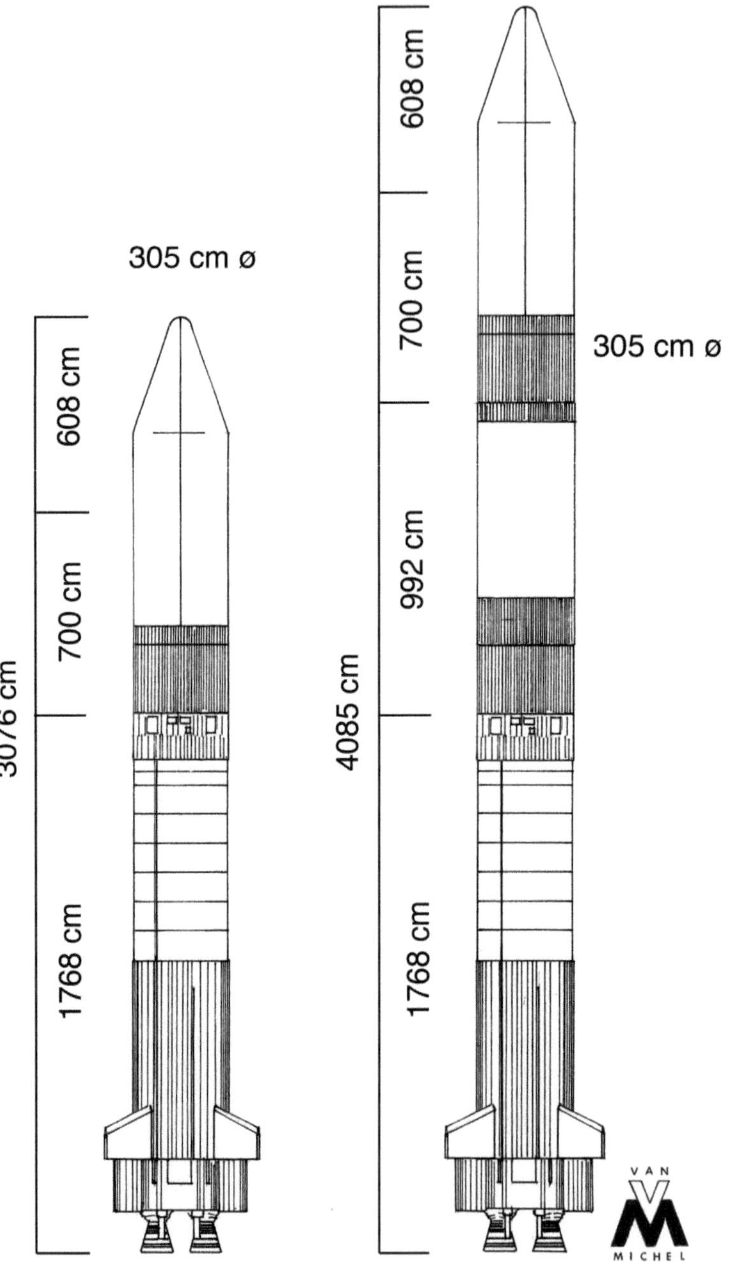
305 cm ø
608 cm
700 cm
3076 cm
1768 cm
608 cm
700 cm
305 cm ø
992 cm
4085 cm
1768 cm
VAN
MICHEL

Typenblatt ELDO B1	
Länge: maximaler Durchmesser: Startgewicht:	27,40 m 3,69 m max. 105.000 kg
Einsatzzeitraum: Starts / Fehlstarts Zuverlässigkeit:	 0
Nutzlast:	2.000 kg – 2.340 kg (in einen 200 km hohen polaren Orbit) 130 kg – 200 kg (auf eine Fluchtbahn)
Stufe 1 Blue Streak	
Länge: Durchmesser: Startgewicht: Leergewicht: Triebwerk: Schub: Brenndauer: Treibstoff: Spezifischer Impuls:	18,37 m 3,05 m (3,69 mit Triebwerksverkleidung) 94.350 kg 6.700 kg 2 Triebwerke RZ2 II 2 × 667 kN (Meereshöhe) 2 × 765 kN (Vakuum) 159,2 s LOX / Kerosin 2.428 m/s (Meereshöhe), 2.786 m/s (Vakuum)
Stufe 2 H5.5	
Länge: Durchmesser: Startgewicht: Trockengewicht: Schub: Brenndauer: Treibstoff: Spezifischer Impuls:	5,49 m 3,05 m 6.575 kg 1.075 kg 60 kN (Vakuum) 382 / 394 s LOX / LH2 4.169 m/s - 4301 m/s (Vakuum)
Nutzlastverkleidung	
Höhe: Durchmesser: Masse:	3,54 m 3,05 m 505 kg

Typenblatt ELDO B2	
Länge: maximaler Durchmesser: Startgewicht:	35,10 m 3,69 m max. 110.000 kg
Einsatzzeitraum: Starts / Fehlstarts Zuverlässigkeit:	1972/73 - 0
Nutzlast:	3.000 kg – 3.400 kg (in einen 200 km hohen polaren Orbit) 850 kg – 1.060 kg (auf eine Fluchtbahn)
Stufe 1: Blue Streak	
Länge: Durchmesser: Startgewicht: Leergewicht: Triebwerk: Schub: Brenndauer: Treibstoff: Spezifischer Impuls:	18,37 m 3,05 m (3,69 mit Triebwerksverkleidung) 86.400 kg 6.700 kg 2 Triebwerke RZ2 IV 2 × 710 kN (Meereshöhe) 2 × 813 kN (Vakuum) 159,2 s LOX / Kerosin 2.428 m/s (Meereshöhe), 2.786 m/s (Vakuum)
Stufe 2: H14	
Länge: Durchmesser: Startgewicht: Trockengewicht: Schub: Brenndauer: Treibstoff: Spezifischer Impuls:	7,70 m 3,05 m 16.520 kg 2.520 kg 4 x 60 kN (Vakuum) 243 / 251 s LOX / LH2 4.169 m/s - 4301 m/s (Vakuum)
Stufe 3: H5.5	
Länge: Durchmesser: Startgewicht: Trockengewicht: Schub: Brenndauer: Treibstoff: Spezifischer Impuls:	5,49 m 3,05 m 6.575 kg 1.075 kg 60 kN (Vakuum) 382 / 394 s LOX / LH2 4.169 m/s - 4301 m/s (Vakuum)
Nutzlastverkleidung	
Höhe: Durchmesser: Masse:	3,54 m 3,05 m 505 kg

Die Europa-II TA

Eine Ergänzung der Europa-II mit Boostern sollte den Startschub stark anheben (TA: **T**hrust **A**ugmented). Es gab zwei Vorschläge mit jeweils vier Feststoff- (P16) oder Flüssigboostern (L17).

Die ELDO bevorzugte die Lösung mit den Feststoffboostern. Sie enthielten je 16 t Treibstoff und erforderten weniger Änderungen an der Blue Streak. Bei den Boostern mit flüssigen Treibstoffen handelte es sich um angepasste Erststufen der Diamant, die mit jeweils 17 t Treibstoff einen Startschub von 353 kN aufbringen konnten. Die Booster wären an der Gerätesektion neben den Triebwerken und dem Kerosintank angebracht worden. Da diese Sektion schon durch Spanten verstärkt war, hätten die Kräfte gut auf die Blue Streak übertragen werden können.

Eine Untersuchung ergab, dass die höhere Startbeschleunigung von 1,39 g (statt 1,30 g) keine Probleme machte, wenn das Flugprofil angepasst wurde. Bei Beibehaltung des ursprünglichen Flugprofils hätte der Sauerstofftank strukturell verstärkt werden müssen. Dies war auch der Grund, warum eine Version mit zwei Feststoffboostern von jeweils 25 t Treibstoffmasse und 96 t (940 kN) Schub über 120 Sekunden verworfen wurde. Sie hätte die Nutzlast nur von 170 auf 220 kg in den GEO-Orbit gesteigert, aber eine viel höhere Startbeschleunigung ergeben. Die vier kleineren Booster wurden dagegen paarweise nacheinander gezündet und ergaben dadurch eine geringere Startbeschleunigung. Die Düsen der Booster hätten um 10 Grad von der Längsachse weggezeigt, damit beim Start die heißen Gase nicht auf die Düsen der RZ2 Triebwerke zurückgeworfen wurden.

Die Europa-II TA hätte rund 270 – 300 kg in den GEO-Orbit oder rund 600 kg in den GTO-Orbit transportiert und in etwa die Leistung einer Delta der 2000-Serie gehabt. Sie wäre ein Zwischenschritt zur Europa-III gewesen und hätte schon 1976 zur Verfügung gestanden. Eine Erweiterung der Europa-III um diese Booster wurde auch für denkbar gehalten.

Im Jahr 1969 glaubte die ELDO noch, die Europa-II TA mit einem Finanzaufwand von 34 Millionen Dollar bis zu einem Versuchsstart 1974 fertigstellen zu können. Damit hätte dieser Träger bei niedrigeren Investitionskosten fast dieselbe Nutzlast wie die ELDO-B1 gehabt.

fEine Zwischenform zwischen der Europa-II TA und der Europa-III schlug Hawker Siddeley im Jahr 1972 vor: eine Europa-II mit zwei Diamant L17 Erststufen als Booster und der Oberstufe der Europa-III. Die Nutzlast hätte 750 kg in den GEO-Orbit betragen. Diese Version hätte nur die Hälfte der Entwicklungskosten der Europa-III erfordert und wäre schneller zur Verfügung gestanden. Der Vorschlag war darauf ausgerichtet, die britische Regierung, der die Europa-III zu teuer war und zu spät zur Verfügung stand, wieder für das Projekt zu gewinnen. Eine Modifikation dieses Projektes war die Übernahme der Centaur-D als Oberstufe. Zwar entfiel dadurch ein Großteil der Entwicklungskosten der Europa-III, die der englischen Regierung zu hoch erschienen. Dafür wäre er wohl auf Widerstand bei den Franzosen gestoßen, die sicherlich nicht an einer Rakete mit einer amerikanischen Oberstufe beteiligt sein wollten. Auch Deutschland wäre von diesem Vorschlag wohl kaum begeistert gewesen, denn diese „Europa-Centaur" war nun ein Träger ganz ohne deutsche Stufe. Ob damit sich Deutschland an der Finanzierung beteiligt hätte, darf bezweifelt werden. Dieser Vorschlag fand nicht einmal bei der eigenen Regierung Anklang und verschwand bald wieder in den Schubladen.

Typenblatt Europa-II TA	
Länge: maximaler Durchmesser: Startgewicht:	31,70 m 6,51 m 153.000 kg
Einsatzzeitraum: Starts / Fehlstarts Zuverlässigkeit:	1976 - 0
Nutzlast:	2.000 kg (in einen 200 km hohen äquatorialen Orbit) 600 kg (in einen GTO-Orbit) 270 - 300 kg (in einen GEO-Orbit)
Stufe 1 Blue Streak	
Länge: Durchmesser: Startgewicht: Leergewicht: Triebwerk: Schub: Brenndauer: Treibstoff: Spezifischer Impuls:	18,37 m 3,05 m (3,69 mit Triebwerksverkleidung) 94.940 kg 6.289 kg 2 Triebwerke RZ2 III 2 × 671 kN (Meereshöhe) 2 × 758 kN (Vakuum) 160,3 s LOX / Kerosin 2.438 m/s (Meereshöhe), 2.790 m/s (Vakuum)

Booster: 2 x Améthyste	
Länge:	10,85 m
Durchmesser:	1,403 m
Startgewicht:	2 × 20.300 kg
Leergewicht:	2 × 2.200 kg
Triebwerk:	2 × Valois
Schub:	2 × 353 kN (Meereshöhe), 2 × 396 kN (Vakuum)
Brenndauer:	110 s
Treibstoff:	NTO / UDMH
spezifischer Impuls:	2.160 m/s (Meereshöhe), 2.461 m/s (Vakuum)
Stufe 2 Coralie	
Länge:	5,49 m
Durchmesser:	2,01 m
Startgewicht:	12.019 kg
Trockengewicht:	2.109 kg (2.276 kg mit Stufenadapter)
Triebwerk:	1 Triebwerk Vexin-A mit 4 Brennkammern
Schub:	262 kN (Vakuum)
Brenndauer:	103 s
Treibstoff:	Stickstofftetroxid / UDMH
Spezifischer Impuls:	2.757 m/s (Vakuum)
Stufe 3 Astris	
Länge:	3,815 m
Durchmesser:	2,01 m
Startgewicht:	3.993 kg
Leergewicht:	798 kg (+ 258 kg Unter+Mittelteil als Stufenadapter)
Triebwerke:	1 Triebwerk + 2 Vernier-Triebwerke
mittlerer Schub:	22,56 kN + 2 × 0,4 kN
Brenndauer:	375 s
Treibstoff:	Stickstofftetroxid / Aerozin-50
Spezifischer Impuls (Vakuum)	2.942 m/s Haupttriebwerk (2.864 m/s Steuertriebwerke)
Nutzlasthülle	
Länge:	4,00 m
maximaler Durchmesser:	2,01 m
Gewicht:	345 kg

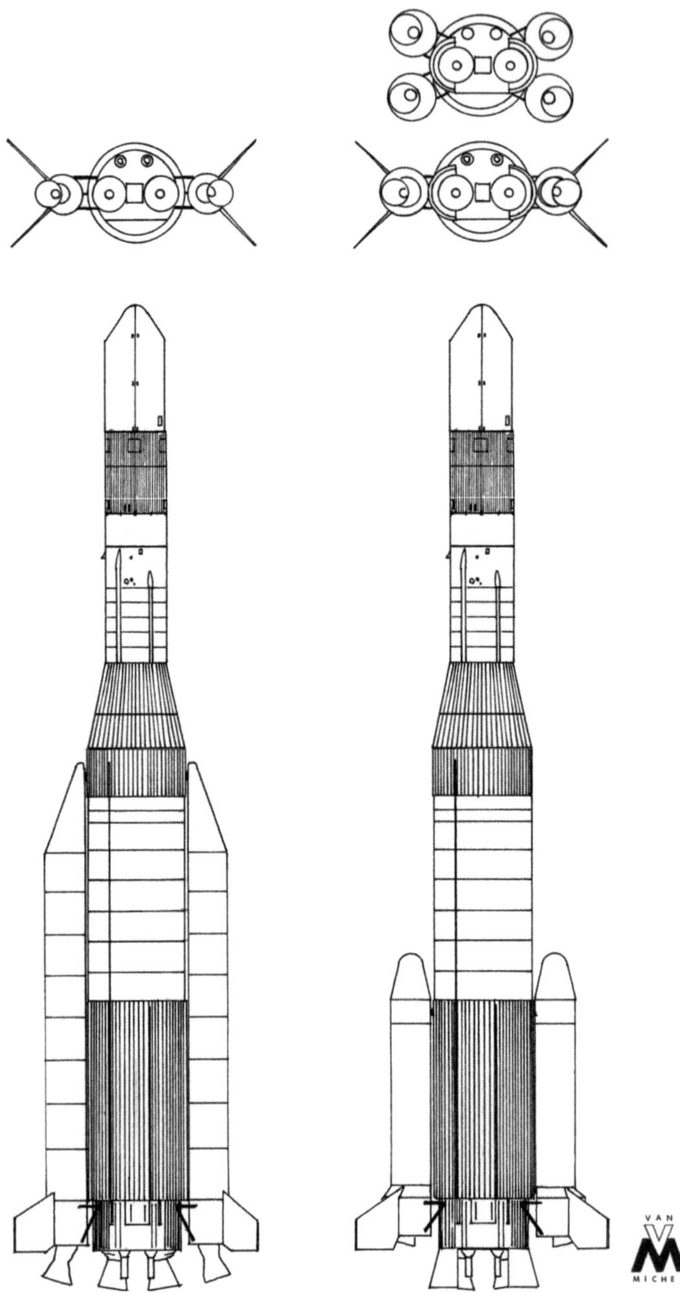
VAN
MICHE

Die ELDO-C / Europa-IV

Von ganz anderem Kaliber waren die zahlreichen Projektstudien für eine Rakete, die große Booster zur Startunterstützung einsetzte. Die Vorschläge für die ELDO-C gehen zurück bis ins Jahr 1964.

Die Zentralstufe der kleinsten Version war eine verlängerte Blue Streak von 19,6 m Länge und mit vier Triebwerken. Ihr folgte eine 12 m lange Zweitstufe mit vier Triebwerken, die LOX und LH2 als Treibstoff nutzte. Sie entsprach der zweiten Stufe der ELDO-B2. Die dritte Stufe nutzte festen Treibstoff. Sie war 5 m lang und hatte 10 t Treibstoff. Zwei Feststoffbooster von 22 m Länge lieferten beim Start den nötigen Schub.

Schon diese Version hätte 7.000 kg in einen erdnahen Orbit und 2.500 kg in den GTO-Orbit befördern können. Andere Versionen mit bis zu zwei Blue Streak Boostern oder vier französischen Boostern mit jeweils 2,4 m Durchmesser und 4 Diamant Triebwerken pro Booster wurden untersucht. Die Rakete mit Blue Streak Boostern hatte auf den Skizzen eine gewisse Ähnlichkeit mit der Titan 3C/D.

Weitere Ideen zur Bündelung sahen die Verwendung der Blue Streak als zweite Stufe mit der Zündung nach den Boostern vor und die Beibehaltung der Coralie, nun aber als dritte Stufe. Die erste Stufe wäre in dieser Variante aus zwei bis sechs Boostern gebildet worden. Diese Lösung hätte die geringsten Entwicklungskosten erfordert. Die größte Version mit sechs Boostern wies eine Nutzlast von 11 t in einen erdnahen Orbit auf und lag damit in der Leistungsklasse der größten US-Rakete, der Titan III. Hawker-Siddeley arbeitete auch an Versionen der RZ-Triebwerke, die für eine zweite Stufe geeignet waren (Zündung unter Schwerelosigkeit, verlängerte Expansionsdüsen für den Betrieb im Vakuum) und an der Bündelung von vier Triebwerken anstatt zweien für die Booster. Diese ELDO-C war eine interessante Idee, denn durch Verwendung der Blue Streak als Booster wurden die Entwicklungskosten minimiert und die ELDO hätte praktisch mit nur geringen Investitionen aus den Komponenten der Europa I eine Trägerrakete mit der achtfachen Nutzlast erhalten.

Gedacht war 1964 sogar an eine Verwendung der ELDO-C für bemannte Einsätze. Mit 7 bis 11 t Nutzlast hätte sie die nötige Leistung dafür gehabt. Ab 1972 lief das Projekt der ELDO-C unter der Bezeichnung Europa IV. Bis zur Auflösung der ELDO hatte es aber die Zeichenbretter nicht verlassen.

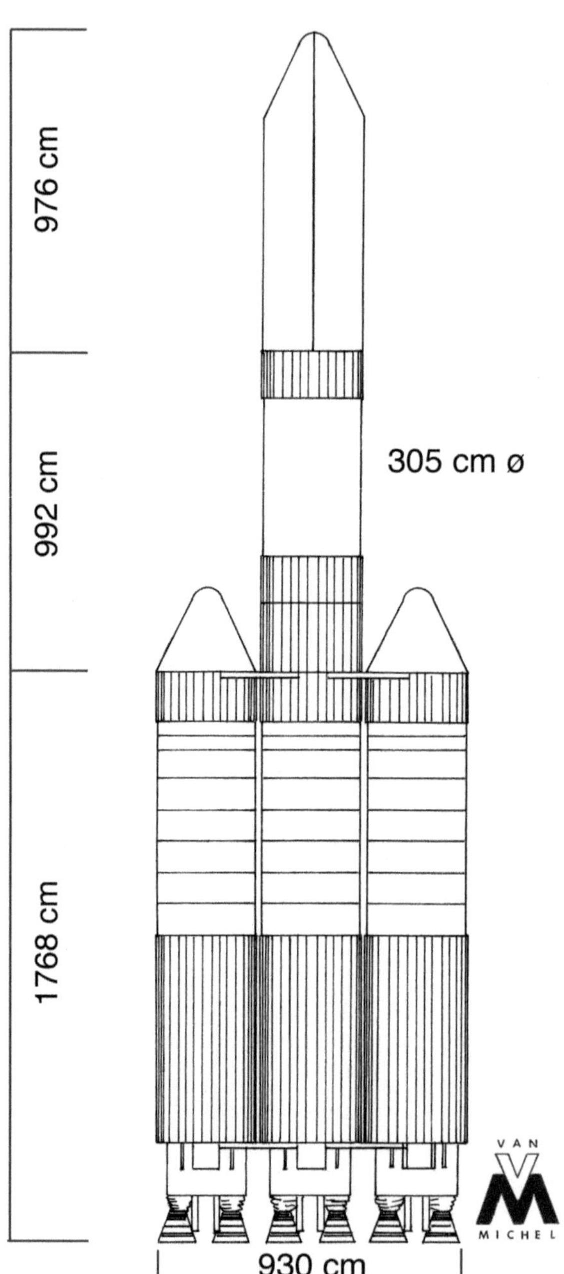

976 cm
992 cm
1768 cm
305 cm ø
930 cm
VAN
M
MICHEL

Europa Starts

Erfolg	Datum	Nutzlast	Trägerrakete	Nummer	Startplatz
√	25.05.1964	-	Europa-I	F1	Woomera LA6A
√	25.10.1964	-	Europa-I	F2	Woomera LA6A
√	22.03.1965	-	Europa-I	F3	Woomera LA6A
√	24.05.1966	Coralie Dummy + Astris Dummy	Europa-I	F4	Woomera LA6A
√	15.11.1966	Coralie Dummy + Astris Dummy	Europa-I	F5	Woomera LA6A
√	27.11.1966	-	Cora	G1	Hammaguir
—	18.12.1966	-	Cora	G2	Hammaguir
—	25.03.1967	-	Cora	G3	Biscarosse (CEL)
—	24.08.1967	Coralie + Astris Dummy	Europa-I	F6.1	Woomera LA6A
—	06.12.1967	Coralie + Astris Dummy	Europa-I	F6.2	Woomera LA6A
—	29.11.1968	STV 1	Europa-I	F7	Woomera LA6A
—	02.07.1969	STV 2	Europa-I	F8	Woomera LA6A
—	12.06.1970	STV 3	Europa-I	F9	Woomera LA6A
—	05.11.1971	STV 4	Europa-II	F11	CSG CECLES

Quellen/Referenzen

Kevin Madders: „A New Force at a New Frontier“

C.N. Hill: „A Vertical Empire“

ESA: „ESA Achievements BR-250“

ESA SP-1235: „A History of the European Space Agency 1958 – 1987“

Niklas Reinke: „Geschichte der deutschen Raumfahrtpolitik“

Arno Fellenberg: „ELDO/Europa die glücklose Europa Rakete“

F.-Herbert Wenz: „Die legendäre Europa Rakete“

T. Esch: „Raumfahrtantriebe“

Werner Büdeler: „Raumfahrt in Deutschland“

A. Riley: „Checkout Procedures for the computer program used in the ELDO Inertial Guidance System“

H. Dederra: „German Launchers“.

Die Zeit 50/1967: „Coralie hatte kein Feuer“

Die Zeit 27/1972: „Analyse des Fehlstarts – Kritik an der Europa Rakete“

Die Zeit 39/1972: „Raketen für Frankreich“

Die Zeit 44/1972: „Die Europa-Traumfahrt“

Flight International 17.2.1961: „Strasbourg Proposal detailed“

Flight International 27.2.1964: „ELDO Progress described“

Flight International 30.4.1964: „Space Projects“

Flight International 11.6.1964: „Europa I“

Flight International 3.9.1964: „Testing Europa“

Flight International 8.10.1964: „ELDO's High Risk Program“

Flight International 22.10.1964: „How good is Europa-I?“

Flight International 2.12.1965: „Preparing for ELDO-B“

Flight International 2.6.1966: „Space Symposium at Brighton“

Flight International 16.2.1967: „ELDO Guidance Plan“

Flight International 13.7.1967: „Towards ELDO A“

Flight International 21.12.1967: „F6.2 Analysis“

Flight International 17.10.1968: „The Crisis in Europe“

Flight International 14.11.1968: „ELDO at the Crossroads“

Flight International 28.11.1968: „ELDO and the European Space Conference“

Flight International 24.4.1969: „Blue Streak a European Investment“

Flight International 1.5.1969: „ELDO goes ahead“

Flight International 3.7.1969: „ELDO prospects“

Flight International 11.9.1969: „ELDO's F.10 be reinstated?“

Flight International 25.12.1969: „Future Plans for ELDO“

Flight International 7.5.1970: „ELDO to drop Blue Streak“

Flight International 21.5.1970 „ELDO's new Rocket“

Flight International 28.5.1970 „Preparing for ELDO F.9“

Flight International 3.7.1970 „ELDO's F.9 Flight“

Flight International 9.12.1971: „The flight of F.11“

Flight International 29.6.1971: „Eldo analyzed“

Flight International 26.10.1971: „Europa III upper Stage detailed“

Flight International 10.5.1973: „The end of the ELDO“

Flight International 6.6.1974: „European co-operation – lessons from the past“

Ariane 1

Mit der Ariane begann die europäische Zusammenarbeit bei der Entwicklung von Trägerraketen. Die Ariane wurde erfolgreicher und bekannter als alle vorhergehenden Entwicklungen. Der Name „Ariane“ wurde zum Synonym für den Erfolg Europas im kommerziellen Satellitentransport. So wurde er dann auch für die Ariane 5 und 6 übernommen, obwohl sich diese Raketen von den früheren Modellen unterscheiden.

L3S

Der ursprüngliche Entwurf der Rakete, die später einmal Ariane heißen sollte, wurde von Frankreich 1972 unter der Bezeichnung „L3S“ erarbeitet. Die L3S (**L**anceur **3**ième Génération **S**ubstitution, Ersatzträgerrakete der dritten Generation) übernahm die Teile der Europa-III, die nur niedrige Entwicklungskosten aufwiesen, und ersetzte die anderen Teile.

Die Viking Triebwerke waren zu dieser Zeit schon in der Erprobung. Die erste Version mit 40 t Schub war verfügbar, ein Upgrade auf 55 t wurde getestet, welches in Testläufen sogar schon 60 t Schub erreichte. Weitere Verbesserungen versprachen 70 t Schub. Vier dieser Triebwerke sollten eine relativ preiswerte erste Stufe antreiben, bei der auch nicht besonders auf das Gewicht geachtet werden musste. Die erste Stufe der Europa-III, die L150 (L für Liquid und 150 für 150 t Treibstoff) wurde so übernommen.

Die Entwicklung der zweiten Stufe der Europa-III und ihres leistungsfähigen, kryogenen Triebwerks wäre teuer gewesen. Die L3S reduzierte dieses Problem, indem die zweite Stufe viermal kleiner wurde und das Triebwerk nur 60 anstatt 200 kN Schub aufweisen sollte. Das Triebwerk basierte auf dem Triebwerk HM4. Dieses war 1967 zum ersten Mal in Vernon gelaufen. Frankreich hatte das Projekt jedoch schon 1968 nach 85 Tests wieder eingestellt. Das HM4 war mit vier Brennkammern und nur 40 kN Schub zu schubschwach und auch sein spezifischer Impuls war mit 4.040 m/s deutlich zu niedrig. Der Schub wurde beim HM6 für die L3S auf 60 kN gesteigert, der spezifische Impuls war auf 4.120 m/s geklettert. 1972 fanden die ersten Tests des HM6 statt.

Eine einfache Auslegung der dritten Stufe, der Verzicht auf die Fähigkeit zur Wiederzündung und die Nutzung des erprobten Nebenstromverfahrens sollten das Entwicklungsrisiko weiter senken. Doch alleine mit einer solchen Oberstufe wäre die mögliche Nutzlast noch zu gering gewesen. Die Maßnahme der Ingenieure bestand darin, eine weitere Stufe einzuführen und aus der zweistufigen eine dreistufige Rakete zu machen.

Die technisch einfachste Möglichkeit war es, eines der Viking Triebwerke dafür einzusetzen. Für die Arbeit im Vakuum musste nur die Düse verlängert werden. Charakteristisch an diesem ersten Entwurf war, dass beide Oberstufen einen Durchmesser von 2,00 m hatten. Da dies dem Durchmesser der Oberstufen von Europa-I und -II entsprach, vereinfachte sich die Erprobung auf schon existierenden Testständen.

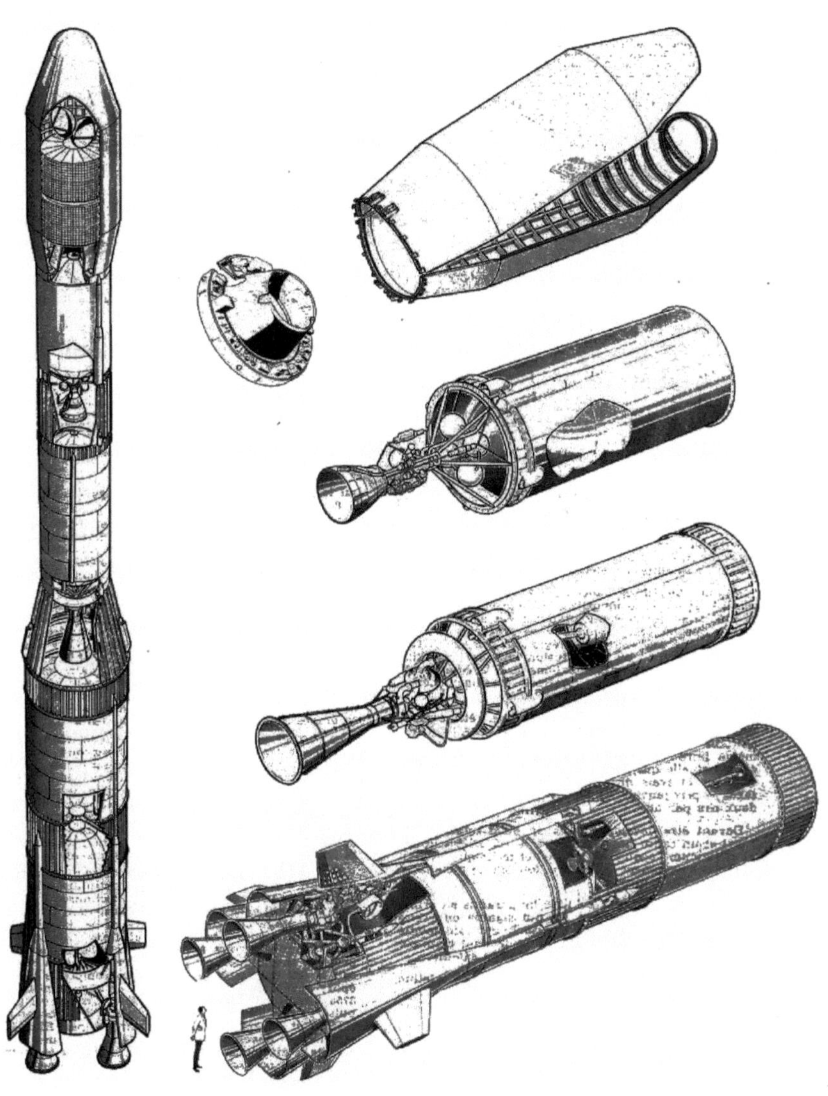

Dieses Konzept der L3S mit den Stufen L150, L30 und H6 wurde auf der europäischen Weltraumkonferenz im Dezember 1972 präsentiert. Die deutsche Regierung äußerte ihre Bedenken, dass die USA bereits den Markt dominierten und es keinen Bedarf für die L3S geben würde. Befürchtet wurde auch, dass der Erkenntnisgewinn im Einsatz neuer Technologien bei der L3S nur gering wäre, vor allem verglichen mit dem Europa-III Konzept.

Unter der Zusicherung, dass Deutschland nur einen fixen Anteil von 320 Millionen DM an den Entwicklungskosten zahlen müsste, wurde die Bundesrepublik mit ins Boot geholt. Frankreich selbst war bereit, 62,5% der Kosten zu tragen. Im Gegenzug gewann Deutschland die Franzosen für das Spacelab Projekt, das größtenteils von Deutschland finanziert wurde. Die bei der Europa I+II rapide angestiegenen Entwicklungskosten führten dazu, dass die bundesdeutsche Regierung eine Deckelung ihres Engagements verlangte.

Die Entwicklungskosten der L3S wurden auf 2.200 Millionen Franc (etwa 510 Millionen Dollar, 380 MAU oder 1.609 Millionen DM) geschätzt. Dies war deutlich weniger als die 3,3 Milliarden Francs, welche die Europa-III B erfordert hätte. Sehr schnell gab es eine Einigung, und schon am 5.2.1973 beschloss die deutsche Bundesregierung ihre Beteiligung an der L3S. Damit waren 83% der Rakete finanziert.

In der Folgezeit fanden sich noch Partner für die restlichen 17% der Kosten. So wurde am 31.3.1973 bei einer europäischen Konferenz die Entwicklung der Ariane beschlossen. Die endgültigen Projektkosten betrugen nun 2,4 Milliarden Franc oder 390 MAU. Zuletzt stieß auch England im Februar 1974 mit einer Beteiligung von 2,5% dazu.

Das Entwicklungsbudget hatte 20% Spielraum für Überziehungen. Alle darüber hinaus gehenden Kostenüberschreitungen müsste Frankreich alleine tragen. Eine Kostenüberschreitung von mehr als 35% berechtigte die Partner zum sofortigen Ausstieg. Diese rigiden Grenzen unterschieden sich deutlich von denen ELDO/Europa, die am Ende dreimal teurer als geplant wurde. Auf der anderen Seite wurde aber bemängelt, dass die L3S im Gegensatz zur Europa-III B technisch nur schwer erweiterbar war. Im Dezember 1973 wurde das Konzept optimiert. Die erste Stufe wurde kleiner (L140), die zweite und dritte größer (L33 / H8). Das HM6 mit vier Brennkammern wurde durch ein einzelnes HM7 ersetzt. Obwohl die Rakete so insgesamt 5 t leichter war, stieg die Nutzlast von 1.550 kg auf 1.600 bis 1.700 kg in den geostationären Übergangsorbit an. Die oberen Stufen wurden größer und leistungsfähiger und konnten somit die Gewichtsreduktion der ersten Stufe mehr als kompensieren.

Schon im Oktober 1973 erhielt die Rakete ihren Namen „Ariane“. Inzwischen war auch klar geworden, dass Europa einen autonomen Zugang in den Weltraum brauchte. Die beiden experimentellen Nachrichtensatelliten Symphonie 1 und 2, ein deutsch-französisches Gemeinschaftsprojekt, mussten von der Europa-II auf die amerikanische Delta-2000 umgebucht werden. Die USA nützten das aus und machten zur Auflage, dass Deutschland und Frankreich die Satelliten nur experimentell nutzen dürften, also kein Geld damit verdienen könnten. Das gab dem Bestreben nach einem autonomen Zugang zum Weltraum neuen Auftrieb.

Aus den Fehlschlägen bei der ELDO und Europa hatte Frankreich gelernt. Die Firma Aérospatiale wurde als Hauptauftragnehmer mit der Gesamtverantwortung für die Entwicklung der Rakete betraut. Die Triebwerke stammten von SEP. Die Ariane selbst war ein CNES-Projekt mit ausländischer Beteiligung. Zu einem ESA-Projekt wurde sie erst, als es um die Erweiterungen zur Ariane 2 bis 4 ging. Der Beschluss zur Auflösung der ELDO war gefallen, die ESA nahm ihre Arbeit am 30.5.1975 auf, als die Ariane schon beschlossen war. Anders als bei der Europa waren die einzelnen Stufen nicht an bestimmte Länder gebunden. Das zeigt sich am deutlichsten an der deutschen Beteiligung an der Ariane 1:

- MBB hatte zusammen mit SEP schon an dem kryogenen Antrieb der Europa-III gearbeitet und einen eigenen derartigen Antrieb entworfen. Daraufhin erhielt MBB den Auftrag, die Brennkammer und Düse der dritten Stufe zu entwickeln. Dieser Auftrag hatte einen Umfang von 50 Millionen DM.

- MAN bekam den Auftrag, das Schubgerüst und den Wassertank der ersten Stufe zu entwickeln. Des weiteren war MAN zuständig für den Gasgenerator und die Turbopumpe der Viking Triebwerke. Dies entsprach einer Auftragssumme von 58 Millionen DM.

- ERNO hatte bereits die Astris Stufe integriert und war deshalb der folgerichtige Kandidat für die Gesamtintegration der zweiten Stufe. Dazu gehörten auch die beiden Übergangsstrukturen, das Schubgerüst, der Wassertank sowie die gesamte Verkabelung. Dies machte eine Summe von 71 Millionen DM aus.

- Dornier bekam einen 34 Millionen DM Auftrag für die Entwicklung des Treibstofftanks und der Betankungseinheiten der zweiten Stufe.

- Nachdem bei der Europa noch das BMFW (Bundesministerium für Forschung und Wissenschaft) direkt mit der Astris betraut war, hatte Deutschland mittlerweile auch eine eigene Organisation, die für die Raumfahrt zuständig war. Die 1969 gegründete DFVLR (Deutsche Forschungs- und Versuchsanstalt für Luft- und Raumfahrt) erhielt einen Auftrag über 18 Millionen DM für die Tests der zweiten Stufe.

Dieses Vorgehen stellte sich als eine sehr gute Wahl heraus. Die vier größten deutschen Unternehmen, die damals schon Erfahrungen mit Raumfahrzeugen und Trägerraketen hatten, waren an der Entwicklung der Rakete beteiligt. Die gewonnenen technologischen Erfahrungen konnten so breit gestreut werden. Dies war eine Grundlage für die Entstehung einer starken Raumfahrtindustrie. Andererseits wurden die Aufträge nach den vorhandenen Erfahrungen der Unternehmen vergeben, wodurch sowohl Entwicklungs- als auch Kostenrisiken reduziert wurden. Ende 1973 war nicht nur die Definition der Rakete abgeschlossen, sondern es waren auch die Verantwortlichkeiten der Unternehmen geklärt. Die Ariane konnte in die Entwicklungsphase übergehen, die sich nach den Planungen von 1974 bis 1979 erstrecken sollte. Der erste Start war im Juli 1979 geplant, anschließend sollten drei weitere Qualifikationsflüge in den Jahren 1979 und 1980 folgen. Nach vier Starts würde der operationelle Betrieb beginnen.

Während der Entwicklung stieg die Performance der Rakete stetig an. Die Kegeldüsen in der ersten und zweiten Stufe wurden durch Glockendüsen ersetzt, was einen leichten Schubanstieg zur Folge hatte. Bei dem HM7 Antrieb war von einer konservativen Leistung mit einem spezifischen Impuls von 4.225 m/s ausgegangen worden, doch schon während der Entwicklung wurde sichtbar, dass die reale Leistung des Antriebs höher sein würde. Vor dem Erststart wurde daher Kunden eine Nutzlast von 1.700 kg garantiert und es wurde eine maximale Performance von 1.780 kg angenommen.

	L3S Entwurf (1972)	**Ariane Entwurf (1974)**	**Ariane (1978)**
Erste Stufe			
Durchmesser:	3,80 m	3,80 m	3,80 m
Startgewicht:	166.060 kg	153.270 kg	159.250 kg
Leergewicht:	16.060 kg	13.270 kg	13.270 kg
Brenndauer:	152 sec	138 s	145 s
spez. Impuls:	2438 / 2.790 m/s	2.727 m/s (Vakuum)	2432 / 2.790 m/s
Zweite Stufe			
Durchmesser:	2,00 m	2,60 m	2,60 m
Startgewicht:	33.730 kg	36.271 kg	36.385 kg
Leergewicht:	3.730 kg	3.243 kg	3.285 kg
Brenndauer:	120 s	129 s	132 s
spez. Impuls:	2.796 m/s (Vakuum)	2.879 m/s (Vakuum)	2.864 m/s (Vakuum)
Dritte Stufe			
Durchmesser:	2,00 m	2,60 m	2,60 m
Startgewicht:	7.080 kg	9.462 kg	9.371 kg
Leergewicht:	1.080 kg	1.224 kg	1.157 kg
Brenndauer:	420 s	562 s	570 s
spez. Impuls:	4.120 m/s (Vakuum)	4.224 m/s (Vakuum)	4.315 m/s (Vakuum)
Nutzlast:	1.550 kg in GTO	1.600 – 1.700 kg in GTO	1.700 – 1.780 kg in GTO

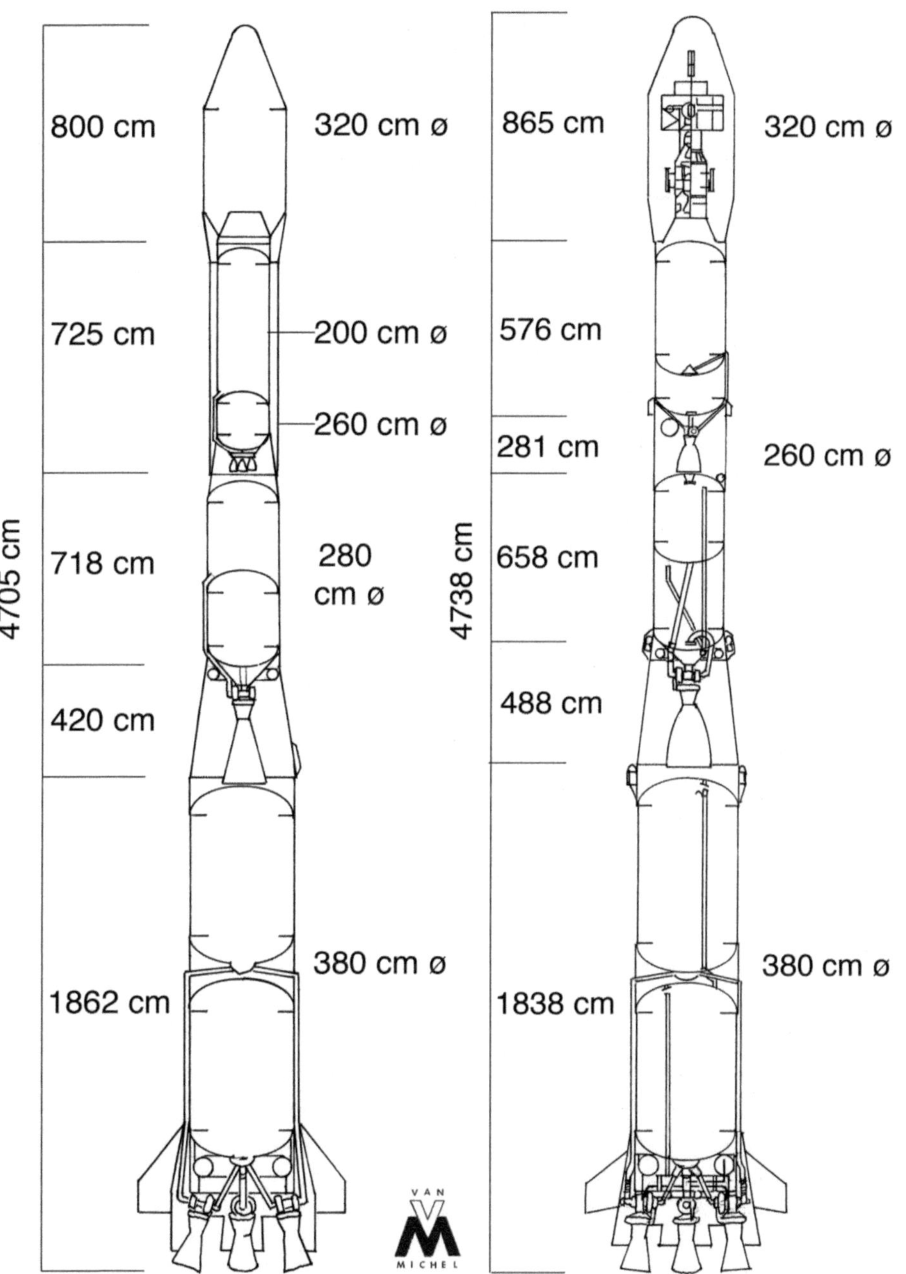
800 cm
320 cm ø
725 cm
200 cm ø
260 cm ø
718 cm
280
cm ø
4705 cm
420 cm
380 cm ø
1862 cm
VAN
M
MICHEL
865 cm
320 cm ø
576 cm
281 cm
260 cm ø
658 cm
4738 cm
488 cm
380 cm ø
1838 cm

Die Namensgebung

Der Name Ariane erinnert an die Sagengestalt Ariadne, eine mythologische Gestalt der alten Griechen. Ariadne war es, die Theseus den Weg aus dem Labyrinth des Minotaurus zeigte. Der Minotaurus war ein Ungeheuer, halb Mensch, halb Stier, dem in einem verwunschenen Palast auf Kreta jedes Jahr Opfer gebracht wurden. Die Opfer wurden in ein Labyrinth geführt, in dem der Minotaurus sie angriff. Ariadne war eines der Opfer, doch sie konnte den Weg aus dem Labyrinth durch einen Faden markieren. Theseus nutzte diesen Wegweiser, um sie zu befreien und den Minotaurus zu töten. In den Siebziger Jahren sollte Ariane nun den europäischen Kontinent aus dem Labyrinth, welches die „Europa"-Rakete hinterließ, wieder ans Licht führen – und das tat sie auch. Doch wie kam es zu dem Namen?

- Verschiedenen Vermutungen zufolge soll „Ariane" die Freundin des französischen Ministers gewesen sein, der die Initialzündung für das Projekt gab.

- Hans-Martin Fischer, Autor des Buches „Europas Trägersystem Ariane", gibt dazu die folgende Erklärung: Die Namensgebung stamme vom französischen Technologie-Minister, der sich zu seinen beiden Söhnen eine Tochter gleichen Namens wünschte.

- Die ESA gibt als Grund an, dass der Name in allen europäischen Ländern bekannt und leicht auszusprechen sei, und es entsprach einer Tradition Frankreichs, Stufen oder Raketen mit weiblichen Vornamen zu belegen.

- Ein Fakt ist aber unstrittig: Ariane war nicht auf der Liste der Vorschläge, welche dem Minister vorlagen. Die am meisten favorisierten Vorschläge waren „Orion", „Vega" und „Phoenix".

Letzterer stellte ebenfalls eine Anspielung an eine antike Sagengestalt dar. Der Vogel Phoenix erhebt sich aus seiner eigenen Asche – ein passender Vergleich zum eingestellten Europa-Programm. Dieser Name wurde gerade deswegen von der deutschen Delegation abgelehnt. Der französische Minister Jean Charbonnel war gegen Vega, weil es ein französisches Bier mit diesem Namen gab. Vega war der häufigste Vorschlag mit drei Nennungen gewesen. Für ihn akzeptabel waren nur „Penelope", „Phoenix" und eben „Ariane". 2012, mehr als dreißig Jahre nach dem Jungfernflug der Ariane startete die eine „Vega" getaufte Rakete in Kourou - vom umgebauten Startplatz der Ariane aus. Allerdings steht hinter dieser Rakete die italienische Weltraumorganisation ASI. Auch der Minotaurus wude Namensgeber einer Rakete – der amerikanischen Minotaur, die aus der Minuteman-ICBM und der Pegasus entsandt.

Ariane – eine europäische Rakete

Obwohl die Rakete nicht mehr „Europa“ hieß, entwickelte sich im Ariane-Programm eine echte, europäische Zusammenarbeit. Folgende Firmen waren daran beteiligt:

Frankreich

- Aérospatiale: Gesamtintegration des Trägers und der ersten Stufe
- SEP: Triebwerke für alle drei Stufen
- L' Air Liquide: Struktur der dritten Stufe.
- MATRA: Ausrüstungsteile des Lenksystems
- Intertechnique/SAT: Telemetrie

Deutschland

- MBB: Brennkammer und Ventile des HM-7 Triebwerks
- ERNO: Strukturteile und Integration der zweiten Stufe
- Dornier: Treibstoffbehälter der zweiten Stufe
- M.A.N: Schubgerüst der ersten Stufe, Gasgenerator und Turbopumpen für die Vikingtriebwerke

Belgien

- SABCA: Verkleidungen der ersten Stufe und Servomotoren
- F.N. Herstal: Ventile
- ETCA: Selbstzerstörungssystem und Prüfstandausrüstung

England

- Ferranti: Kreiselplattform
- HSD: Regler und Druckgasventile dritte Stufe
- GEC Marconi: Software des Lenksystems (500.000 Pfund)

Spanien

- CASA: Strukturteile der ersten Stufe
- Standard Electrica: Elektronikausrüstung

Holland

- Fokker-VFW: Schubgerüst dritte Stufe, Stufenadapter zweite und dritte Stufe
- N.R.L: Aerodynamische Versuche

Italien

- Aeritalia: technologische Nutzlast CAT bei den Versuchsstarts
- SNIA Viscosa: Feststofftrennraketen

Schweiz

- Contraves: Nutzlastverkleidung

Schweden

- SAAB/Scania: Bordrechner (10 Millionen Franc, 970.000 Pfund)
- Volvo: Einspritzkopf der Viking Triebwerke

Dänemark

- Rovsing: Elektronikausrüstung

Die beiden Hauptauftragnehmer der CNES waren SEP (Société européenne de propulsion) für die Triebwerke und Aérospatiale für die Strukturen. Diese Firmen vergaben nach dem Prinzip des „geografischen Rückflusses“ die einzelnen Aufträge an die beteiligten Länder, wobei mindestens 80% des investierten Geldes der einzelnen Länder in Form von Aufträgen zurückfließen mussten. Während der Entwicklung waren so insgesamt 50 Subkontraktoren aus zehn Ländern mit 3.600 beschäftigten Personen eingebunden.

Nation	Beteiligung
Frankreich:	63,90%
Deutschland:	20,10% (320 Millionen DM Fixbetrag)
Belgien:	5,00%
England:	2,50%
Niederlande:	2,00%
Spanien:	2,00%
Italien:	1,70%
Schweiz:	1,20%
Schweden:	1,10%
Dänemark:	0,50%

Die Entwicklung der Ariane 1

Das Entwicklungsprogramm für Ariane verlief von 1973 bis 1979 erstaunlich glatt. So konnte das geplante Jahr des Erststarts eingehalten werden, auch wenn sich dieser um einige Monate verzögerte.

Die Entwicklung des Viking Triebwerks konnte auf Vorversuche mit Viking-1 zurückgreifen. Das Viking-2 musste dazu nur im Schub gesteigert werden. Der erste Test eines Viking-2 Triebwerks fand bereits am 21.6.1973 statt, weshalb SEP genügend Zeit hatte, zusätzliche Modifikationen am Triebwerk vorzunehmen. So wurde die Kegeldüse durch eine Glockendüse ersetzt - bei gleicher Länge haben sie ein höheres Expansionsverhältnis, wodurch Schub und spezifischer Impuls anstiegen. Im Juli 1974 erfolgte die Qualifikation des Viking 2 nach 39 Tests.

Im April 1976 fanden die ersten Tests mit einer Glockendüse anstatt einer Kegeldüse statt. Das – jetzt Viking-5 getaufte – Triebwerk lief erstmals am 10.4.1976. Es ersetzte das Vorgängermodell Viking-2 in der ersten Stufe.

Schon im Januar 1976 begannen die ersten Tests mit den unteren beiden Stufen. Im Februar 1976 folgten Tests mit dem dynamischen Strukturmodell, bei denen die Struktur und die Tanks den erwarteten Lasten während des Fluges ausgesetzt wurden. Besondere Aufmerksamkeit schenkte Aérospatiale dem POGO-Effekt. Es zeigte sich, dass die zweite und dritte Stufe wenig anfällig für POGO Schwingungen waren. Bei der ersten Stufe war es aber notwendig, ein System zu Reduktion der Schwingungen in den Rohrleitungen einzubauen.

Das Management hatte aus dem Versagen der Europa bei F7, F8 und F11 gelernt und begann schon im Juli 1976 mit dem elektrischen Systemaufbau und EMV-Tests. (EMV: Elektromagnetische Verträglichkeit - stört ein elektrisches System ein anderes oder kann ein System ausfallen durch starke elektromagnetische Felder?). Das war damals noch ein neues Feld und Ariane war die erste, so überprüfte Trägerrakete. Es gab keinerlei Auffälligkeiten. Chon im Dezember 1975 konnte Saab das erste Qualifikationsmodell des Bordcomputers ausliefern. Beim Test des dynamischen Modells der zweiten Stufe trat Wasser aus dem Wassertank für die Gasgeneratoren aus; eine Tatsache, die damals zwar die Tests aufhielt, aber nicht weiter verfolgt wurde. Dies sollte bei Flug V10 noch Folgen haben.

Im Juli 1977 erfolgte die Abnahme der umgebauten Startrampe der ehemaligen Europarakete in Kourou. 1976 schätzte die CNES die Kosten eines Ariane Starts auf 16 Millionen Dollar. Der direkte Konkurrent, die Atlas Centaur, kostete damals 18,7 Millionen Dollar. Dieser Preisunterschied blieb bestehen, auch wenn die Startpreise beider Träger durch die hohe Inflation in den siebziger Jahren rasch anstiegen.

Ab Ende 1977 wurden die ersten Tests mit vollständig integrierten Stufen durchgeführt. Den Anfang machte am 20.12.1977 die L140, gefolgt von der H8 am 10.1.1978 und der L33 am 31.1.1978.

Im Jahre 1978 befürchtete die ESA, dass die Ariane zu teuer werden könnte. Deshalb ließ die DFVLR die Möglichkeit untersuchen, die erste Stufe nach dem Ausbrennen zu bergen. Versuche in einem Windkanal der DFVLR bei Köln-Pforz ergaben aber, dass die erste Stufe durch die schweren Triebwerke hecklastig war und sich im Fluge überschlagen würde. Dies war zu riskant für eine Fallschirmlandung. Es bestand die Gefahr, das die Rakete sich in den Seilen verheddern könnte. Dazu kamen die hohen Beanspruchungen der Stufe durch die plötzliche Abbremsung bei fünffacher Schallgeschwindigkeit. In der Folge konzentrierte man sich nur noch auf die Bergung des Schubgerüsts mit den vier Viking Triebwerken.

Ariane war aber zu teuer für den Einzeltransport von Satelliten der Delta-3000 Klasse. Damals waren die meisten Satelliten kompatibel zu diesem Träger. So vergab die ESA im Juli 1978 den Auftrag für die Entwicklung der Sylda (**Sy**stemè des **L**ancements **d**ouble **A**riane), um Doppelstarts von Satelliten durchführen zu können. Schon vor dem ersten Start musste wegen der Produktionsdauer von rund drei Jahren ein zweites Los von anfänglich fünf, später sechs Ariane 1 bestellt werden.

Im Jahre 1978 war der Startplatz ELA-1 (Ensemble de Lancement Ariane 1) fertiggestellt, und es konnten an einer Testrakete (Maquette Remplissage = MR) die Betankungsversuche für den späteren Countdown beginnen. Im gleichen Jahr wurden die Tests mit kompletten einzelnen Stufen abgeschlossen. So wurden von der zweiten Stufe vier Modelle bei 22 Zündungen insgesamt 30 Minuten lang getestet. Das entsprach einer Belastungsdauer von 13 Flügen.

Man begann nun, Schulungen mit einer kompletten Rakete in Kourou durchzuführen. Diese Übungen beinhalteten den Zusammenbau der Stufen, verschiedene Countdowntests, die Betankung und die Startvorbereitung. Zu diesem Zweck wurde eine Ariane in Flugkonfiguration am Startturm zusammengebaut und mehrmals be- und enttankt. Danach wurde die Rakete demontiert und nach Europa gebracht. Hier wurden die Stufen nach einer Reinigung und anschließenden Inspektion erneut nach Kourou verschifft. Diese Rakete sollte als L02 starten.

Im Februar 1979 entdeckte Aérospatiale einen Fehler in der dritten Stufe und verschob den Erststart von Juli auf November. Bis dahin lag Ariane 1 voll im Zeitplan. Eine Untersuchung zeigte, dass die dritte Stufe weitere Tests am Boden absolvieren musste. Um den Erststart im Jahr 1979 nicht zu gefährden, entschloss sich die CNES, ihn trotz der Probleme im Dezember durchzuführen, die dritte Stufe aber noch nicht als qualifiziert anzusehen. Ihre Qualifikation sollte erst nach zwei Testflügen und weiteren Tests am Boden erfolgen. Bis zu diesem Zeitpunkt war Ariane noch im Kostenrahmen. Bis zum Abschluss des Programmes rechnete die CNES mit 105% des Budgets von 590 Millionen Dollar (im Wert von 1977).

Das Testprogramm galt als erfolgreich abgeschlossen, wenn zwei der vier Teststarts erfolgreich waren. Nach dem Debakel mit der Europa-I und -II sollte der Ball bewusst flach gehalten werden.

Am 15.12.1979 sollte gemäß Planung zum ersten Mal eine Ariane 1 starten. Anders als bei der Europa-I handelte es sich beim ersten Flugexemplar der Ariane 1 um eine Rakete mit drei aktiven Stufen. Die Nutzlast war CAT – eine Messkapsel zur Messung von Performance-Parametern und 1.400 kg Ballast, um ein Gesamtgewicht von 1.600 kg zu erreichen. Dies entsprach der nominellen Nutzlast. Zur Vermeidung von unnötigem Weltraummüll blieb die Nutzlast fest mit der H-8 verbunden. Als Erfolg galt die ordnungsgemäße Funktion der ersten beiden Stufen, da die dritte Stufe die Qualifikation noch nicht durchlaufen hatte.

Der Countdown verlief ohne Probleme, der Sprecher zählte langsam herab: „Trois, deux, un, feu“. Die Triebwerke zündeten planmäßig, und Feuer brach aus den Düsen heraus. Quälende vier Sekunden lang sollte sich der Schub aufbauen, bevor die Rakete abhob, doch das tat sie nicht. Acht Sekunden nach der Zündung stellte der Bordcomputer die Triebwerke wieder ab. Was war geschehen? Die Ariane wurde von vier Klammern am Boden festgehalten. Beim letzten Test nach dem Start der Maschinen hatte der Bordcomputer in einem Triebwerk einen zu geringen Schub festgestellt. Daraufhin hatte er die Klammern nicht freigegeben und die Triebwerke wieder abgeschaltet.

Acht Tage später, am 23.12.1979 kam es zum zweiten Startversuch. Diesmal spielte das Wetter nicht mit: 58 Sekunden vor dem Abheben musste der Start wegen einer Wetterfront mit zu tiefen Wolken und strömenden Regen abgesagt werden.

Einen Tag später, am 24.12.1979, machten sich die Europäer selbst ein Weihnachtsgeschenk. Die erste Ariane 1 hob um 17:15 GMTproblemlos zum Jungfernflug ab. Zwar gab es auch bei diesem Start Probleme mit verklemmten Ventilen, aber schlussendlich gelang er. Das einzige Vorkommnis war, dass die dritte Stufe zehn Sekunden zu früh abschaltete. Die Nutzlast erreichte aber trotzdem die geplante Bahn. Dieses Phänomen wurde auch bei den Testflügen 3 und 4 beobachtet. Die dritte Stufe lieferte also mehr Schub als geplant, und Ariane hatte damit eine höhere Nutzlast. Anstelle von 1.700 kg erreichte sie eine Maximalnutzlast von 1.850 kg. Es gelang es bei diesem Erstflug, mit dem Resttreibstoff eine räumliche Ausrichtung der dritten Stufe und danach eine Spinstabilisierung im Orbit durchzuführen.

Flug 2 hätte ursprünglich den GEOS-2 Satelliten befördern sollen, doch dieser war schon zu einem früheren Zeitpunkt als Ersatzsatellit auf einer Delta 2914 gestartet worden, da GEOS-1 durch eine Fehlfunktion der Delta in einen falschen Orbit gelangte. So nahm der Experimentalsatellit Feuerrad aus Deutschland und ein Satellit der Amateurfunkorganisation AMSAT die freie Stelle ein.

Beim zweiten Start am 23.5.1980 kam es zu einer Verbrennungsinstabilität in einem der vier Viking Triebwerke. Nach 64 Sekunden brannte die Wand des Triebwerks durch, und die austretenden heißen Gase beschädigten dessen Schwenkmechanismus. Das Triebwerk bewegte sich nun unkontrolliert in seiner Aufhängung. Die anderen drei Triebwerke versuchten gegenzusteuern, doch nach 104 Sekunden kam es zum Bruch der Struktur. Der Computer aktivierte die Selbstzerstörung, indem er Sprengschnüre an den Tanks zündete. Die Reste der Rakete konnten 25 km vor der Küste, nahe der Teufelsinsel, geborgen werden, darunter auch das ausgefallene Triebwerk. Daher konnte der Fehler schnell gefunden werden.

Es gab eine einjährige Pause, in der die Einspritzung geändert und getestet wurde. Man vergrößerte die 720 Bohrungen im Einspritzkopf, und die Geometrie wurde verändert. Seither wird jedes Einspritzsystem vor dem Start getestet, ob es einwandfrei zündet und sauber brennt. Die Triebwerke selbst durchlaufen keinen Test vor dem Start. Zudem wurde beschlossen, die Ariane 2 und 3 auf das stabiler verbrennende UH25 umzustellen.

Flug 3 transportierte mit dem europäischen Wettersatelliten Meteosat 2 und dem indischen experimentellen Wettersatelliten Apple erstmals zwei wertvolle Nutzlasten. Da die Doppelstartplattform Sylda noch nicht entwickelt war, wurde Meteosat direkt auf Apple montiert.

Auch Flug 4 gelang mit dem Satelliten MARECS-A. Dies war der erste Nachtstart, der erste von vielen, die folgen sollten. Nun war das Testprogramm abgeschlossen. Die Entwicklungskosten betrugen bis dahin 116% des vorgesehenen Betrags (921 Millionen Dollar vom Wert von 1982). Der Großteil der Mehrkosten war durch die Verzögerung des Erprobungsprogramms nach dem Fehlstart bei L02 verursacht worden.

Der überraschende kommerzielle Erfolg

Die anfängliche Planung der CNES für die Ariane ging davon aus, zwischen 1980 und 1990 maximal 40 bis 50 Starts zu realisieren. Eine CNES-Studie hatte ergeben, dass in dieser Zeit 180 Satelliten in den geostationären Orbit gestartet werden würden, und die CNES erhoffte sich einen Anteil von 30% davon.

Zwei Starts pro Jahr waren das Minimum, um die Fixkosten für das CSG aufzubringen und eine minimale Produktion aufrechtzuerhalten. Schon dies hielten viele Beobachter für enorm optimistisch, angesichts der damals seit bereits zwei Jahrzehnten existierenden Konkurrenz aus den USA und dem Debakel der Europa II.

Während der Entwicklung und der ersten Jahre des Einsatzes wurden die Erfolgsaussichten der Ariane sehr unterschiedlich beurteilt. Die populäre Presse erinnerte an die Europa und ihr Scheitern. Angeführt wurde, dass die Rakete technologisch weitgehend veraltet sei. Vor allem aber prophezeiten die Journalisten, dass der Space-Shuttle bald Nutzlasten für einen Bruchteil des Preises transportieren würde. Wie schon bei der „Europa" würde Deutschland auf eine Rakete setzen, die keine Zukunft habe.

Manch einer erblickte sogar in dem umstrittenen Konzept der OTRAG-Rakete, welche aus überaus vielen, einfachen Modulen zusammengebaut worden wäre, die kostengünstigere Lösungsidee, als im Design der Ariane.

Die Fachpresse und viele Fachleute sahen dies differenzierter. Zwar war die Ariane 1 kein Träger, welcher die neueste Technologie einsetzte, doch das traf auch auf alle US Trägerraketen zu. Vielmehr waren durch die Beschränkung auf bewährte Technologien das Entwicklungsrisiko und die Startkosten kalkulierbar. Dazu kamen das geografisch vorteilhafte Startgelände und die Fähigkeit des Trägers, Doppelstarts von Satelliten durchzuführen.

Auch bezweifelten viele Experten, dass ein Space-Shuttle viel billiger als Ariane sein würde. Sein Startpreis wurde während seiner Entwicklung laufend angehoben. Ein Space-Shuttle hätte zwar vier Nutzlasten der Delta Klasse transportieren können, doch in der Praxis beförderte er nur zwei Nutzlasten. So hob sich der Vorteil des zuerst noch subventionierten Startpreises wieder auf. Zudem lag der Space-Shuttle Jahre hinter dem Zeitplan zurück und konnte nicht die angestrebte hohe Startrate erreichen. Diese Experten sollten recht behalten. Sehr bald zeigte sich, dass die Ariane weitaus erfolgreicher war als gedacht. Die ESA konnte mit den Startaufträgen aus Europa rechnen und auf weitere Aufträge aus Drittländern (Brasilien, Arabien, Indonesien und Japan) hoffen. Doch transportierte Ariane bald sogar auch amerikanische Nutzlasten und Satelliten der internationalen Organisation Intelsat. Schon

1982, bevor das Erprobungsprogramm abgeschlossen war, hatte Arianespace ein Auftragspolster (mit Optionen), das bis zum 27-Start reichte.

Der erste operationelle Start L05 scheiterte hingegen am 9.9.1982. Nach 560 Sekunden Flugzeit versagte das HM-7 Triebwerk. Der europäische Kommunikationssatellit MARECS-B und der Mehrzwecksatellit Sirio gingen verloren. Die Telemetrie zeigte, dass die Turbopumpe der dritten Stufe versagt hatte. Wahrscheinlichste Ursache war ein Ausfall der Schmierung oder die erhöhte Reibung von Teilen. Das Design der Pumpe wurde von unabhängigen Experten geprüft und verändert. L05 war der erste Einsatz einer Sylda für Doppelstarts.

Nach neun Monaten Tests und Modifikationen sowie insgesamt 15.000 Sekunden Tests mit dem HM-7 Triebwerk konnte am 16.6.1983 eine Ariane den europäischen Kommunikationssatelliten ECS 1 und einen weiteren AMSAT absetzen. Der erste kommerzielle Flug war der Start von Intelsat 5A-F7 beim siebten Flug. Der Start war schon im Dezember 1978 gebucht worden, also ein Jahr vor dem Jungfernflug der Ariane 1.

Schon im März 1980 war die private Gesellschaft Arianespace mit dem Sitz in Evry bei Paris gegründet worden. Sie war mit einem Stammkapital von 65,2 Millionen DM (179 Millionen Francs) ausgestattet und beschäftigte anfänglich 30 Mitarbeitern. Beteiligt waren 35 Firmen, welche die Ariane bauten, die CNES und einige Banken.

Arianespace und ESA führten die Starts 5 bis 8 gemeinsam durch, wodurch Arianespace die nötige Erfahrung für den kommerziellen Einsatz bekam. Ab dem neunten Start war Arianespace alleine für die Produktion, den Start und die Vermarktung des Trägers zuständig. Damit änderte sich auch die Kennzeichnung der Flüge. Die ersten Starts hatten die Bezeichnung „L01“ bis „L08“ erhalten, wobei L für Launch (Start) stand. Ab dem neunten Start hieß es nun „V09“, mit dem V für Vol (französisch für Flug).

Arianespace war weltweit die erste private Firma, die Raketenstarts anbot. In den USA startete noch die NASA oder US-Luftwaffe Satelliten und orderten dafür die Raketen vom Hersteller. Die ESA hingegen hatte sich komplett aus der Vermarktung zurückgezogen, finanzierte aber noch die Weiterentwicklung zur Ariane 2 und 3.

Neben vier Testflügen bestellte die ESA auch das erste Produktionslos von sechs Ariane 1 im April 1979. Die Produktionskosten einer Ariane 1 wurden damals mit 21 Millionen Dollar (Preisbasis 1977) angegeben. Alle folgenden Starts verliefen problemlos, bis bei der Startvorbereitung von V10 beim Wassertank der zweiten Stufe eine Leckage feststellt wurde. Ein Reservetank, der aus Bremen eingeflogen wurde, hatte das gleiche Problem. Es zeigte sich, dass Haarrisse diese undichten Stellen verursachten. Das Phänomen war schon während der Entwicklung aufgetreten, doch war ihm nicht die nötige Aufmerksamkeit geschenkt worden. Da schon alle Wassertanks für die Ariane 1 hergestellt waren, musste das Problem bei diesem Modell mit einem Workaround gelöst werden. Die schon gefertigten Tanks erhielten eine Umhüllung, um sie abzudichten. Für Ariane 2 und 3 wurde die Fertigung auf eine neue Schweißtechnik umgestellt.

Die schon erwähnte CNES-Untersuchung des Marktes von 1978 ging von 27 bis 44 von Ariane gestarteten Satelliten für die ersten zehn Jahre aus. Die höhere der beiden Zahlen wurde als ein optimistischer Wert betrachtet. Tatsächlich transportierte die Ariane in der ersten Dekade trotz mehrerer Verzögerungen durch Fehlstarts in 34 Flügen 60 Nutzlasten!

Schon 1983 hatte die Rakete ein Auftragsbuch von 25 Satellitenstarts. Als die Rakete von 1986 bis 1987 nicht starten konnte und auch das Space-Shuttle nicht einsatzbereit war, stieg das „Backlog“ auf 42 Starts an. Der erste Start geschah noch zu einem „Promotionspreis“ von 45 Millionen Dollar, die folgenden dann zu einem regulären Startpreis von 60 Millionen Dollar für US Kunden und 75 Millionen Dollar für europäische Staaten. Dies sorgte natürlich für einigen Ärger in Europa, aber durch diese Mehrkosten wurden die Fixkosten des CSG finanziert. Die NASA verlangte nichts für die Nutzung ihrer Starteinrichtungen, schließlich musste der Weltraumbahnhof unabhängig von der Auftragslage betrieben werden, weil Cape Canaveral notwendig für den Start militärischer und ziviler nationaler Satelliten war. Erst als nach der Challenger-Katastrophe die Aerospacefirmen ihre Träger unabhängig von der NASA anbieten dürften, mussten diese die Nutzung der Anlagen bezahlen.

Mitte 1981 gab Arianespace folgende Startpreise in Franc an (Preisbasis 1978):

	Nutzlast	Preis ESA Staaten	Preis Nicht-ESA Staaten
Ariane 1	1.730 kg	175 Mill. FF	140 Mill. FF
Ariane 2	2.000 kg	181 Mill. FF	145 Mill. FF
Ariane 3	2.300 kg	195 Mill. FF	158 Mill. FF
Ariane 3 Doppelstart	1.140 kg	106 Mill. FF	84 Mill. FF

Arianespace bekam von der ESA keine Auflage über die Höhe der Startpreise, nur der maximale Aufschlag für ESA Länder (+25%) wurde festgelegt. Die Preise mussten so kalkuliert sein, dass die Firma keine Zuschüsse benötigte. Ein Start konnte drei Jahre nach Platzierung eines Auftrages erfolgen. Mit der Buchung wurden erste Zahlungen fällig, die dann regelmäßig alle drei Monate erfolgen mussten, bis zum Start die ganze Summe bezahlt war. Damit vermied Arianespace es, trotz des geringen Stammkapitals, in Finanzierungsnöte für die Produktion zu kommen.

Wenn ein Kunde erst zwei Jahre vor dem Start mit der Zahlung anfing, so wurde das Gesamtpaket teurer (alternatives Finanzierungsmodell). Dann waren insgesamt 109% zu zahlen, damit die Produktion im ersten Jahr gesichert war. Reservierungen für einen gewünschten Startzeitraum waren gegen eine Gebühr von 100.000 Dollar möglich. Eine Rückversicherung wurde für 10 bis 11% der Versicherungssumme angeboten. Davon deckten 7% einen Fehlstart ab, der Rest andere Risiken.

Die Ariane 1 wurde schon bald durch die Ariane 2/ 3 abgelöst. Nach dem Erstflug der Ariane 3 waren die beiden letzten Ariane 1 für den Start der Kometensonde Giotto und des Erdbeobachtungssatelliten SPOT 1 vorgesehen. Beide Nutzlasten waren für eine Ariane 2 zu klein. Giotto war der erste Start einer europäischen Raumsonde, und SPOT war der erste Start in einen sonnensynchronen Erdorbit.

Die fehlende Wiederzündbarkeit des HM-7 Triebwerks machte für Giotto allerdings eine besondere Lösung notwendig: Die Raumsonde wurde zusammen mit einem integrierten Mage-Apogäumsantrieb in einen geostationären Übergangsorbit transportiert, und der Apogäumsmotor beschleunigte die Sonde nach drei Umläufen in einem zweiten Schritt auf Fluchtgeschwindigkeit. Eine weitere ESA-Nutzlast, der Röntgensatellit Exosat, hätte wegen seiner hoch elliptischen Bahn auch eine eigene Ariane erfordert. Es erwies sich jedoch als billiger, diese Nutzlast mit einer Delta-3914 zu starten und den auf der Ariane frei werdenden Platz kommerziell anzubieten, zumal die Herstellung von Exosat sich verzögerte und der Satellit ein enges Startfenster einhalten musste.

Die meisten Ariane 1 Flüge beförderten Einzelnutzlasten. Drei davon waren nicht aus ESA Staaten. Ein Ariane 1 Start kostete zum Produktionsende im Jahr 1986 334 Millionen Franc, etwa 58 Millionen Euro.

Ariane 1 – Die Rakete

Ariane 1 war eine dreistufige Trägerrakete mit weitgehend konventioneller Technologie. Ziel war es, einen preiswerten Träger mit überschaubarem Entwicklungsrisiko und planbaren Kosten zu entwickeln. In ihr wurden einige grundlegende Prinzipien des Raketenbaus verwirklicht.

So wurden die Leistungen der einzelnen Stufen „nach oben" hin besser, weil Gewichtseinsparungen bei den zweiten und dritten Stufen stärker zum Tragen kommen als bei der Ersten. Die Unterstufe verwendete noch Edelstahl für die Tanks, die zweite und dritte Stufe dagegen Aluminium. Die ersten beiden Stufen nutzten die einfach zu handhabende, aber mittelenergetische Treibstoffkombination UDMH / Stickstofftetroxid. Die dritte Stufe arbeitete dagegen mit flüssigem Wasserstoff und Sauerstoff, was technologisches Neuland für Europa bedeutete.

Ariane 1 wurde für den Transport von Satelliten in den geostationären Orbit konstruiert. Die Struktur der dritten Stufe und der VEB (**V**ehicle **E**quipment **B**ay) waren daher für eine maximale Nutzlast von 2.500 kg ausgelegt. Dieser Wert entsprach der Nutzlast in einen 840 km hohen sonnensynchronen Orbit von 99 Grad Inklination. Die maximale Nutzlast von 4.500 kg, in einem äquatorialen, 200 km hohen Orbit, konnte so nicht ausgenutzt werden.

Die Rakete wurde mit dem Ziel einer Zuverlässigkeit von mindestens 90% konstruiert, d.h. neun von zehn Starts sollten gelingen. Arianespace ging bei Beginn der Vermarktung schon von 93-95% Zuverlässigkeit aus.

Die erste Stufe L140

Die erste Trägerstufe „L140“ sollte flüssige Treibstoffe (L für **L**iquid) von etwa 140 t Gewicht mitführen. Gegenüber den ursprünglichen Planungen wurde die Treibstoffmenge auf 147,7 t erhöht. Die Rakete verwendete vier Triebwerke des Typs Viking-5. Diese wurden mit der hypergolen Treibstoffkombination UDMH und NTO (Stickstofftetroxyd) betrieben.

Die beiden Tanks wurden aus 2 mm dickem Edelstahl gefertigt. Sie waren zylindrisch mit elliptischen Domen, hatten eine identische Größe und waren untereinander austauschbar, was eine preiswerte Fertigung ermöglichte. Die Tanks stellten zugleich auch einen Teil der Außenhaut der Rakete dar. Rund um die Tanks herum befanden sich Spannbänder zur Befestigung von Leitungen, die an der Außenseite der Rakete angebracht waren. So verliefen die Treibstoffleitungen für das NTO an der Außenseite des unteren UDMH-Tanks.

Die Tanks selbst wurden durch Innendruck versteift. Sie konnten stehend und liegend ohne Innendruck gelagert werden. Allerdings hätten sie bei einer Schräglage, ohne Versteifung durch Innendruck, Risse bekommen.

Zum Aufbau des Innendrucks wurde vor dem Start Druckgas verwendet. Nach dem Start leitete man einen Teil des Gases, das der Gasgenerator produzierte, in die Tanks. Beim Start bei lag der Druck bei 5 bar. Mit der fortschreitenden Entleerung des Tanks sank der Innendruck bis auf 3 bar. Jedes Triebwerk hatte eine eigene Versorgungsleitung, welche an der Außenwand der Stufe verlief.

Die Treibstoffkombination kommt auch bei der amerikanischen Titan und der russischen Proton zum Einsatz. Ein Vorteil ist die Lagerfähigkeit der Treibstoffe, sodass diese bei einer Startverschiebung nicht abgepumpt werden mussten. Zudem zünden die Komponenten bei Kontakt von selbst, was eine externe Zündung unnötig machte. Damit konnte eine der Hauptfehlerquellen bei Triebwerken vermieden werden. Die Zündung des HM7 scheiterte zweimal – bei den 1.118 eingesetzten Viking Triebwerken kam dies nicht einmal vor.

Im Schubgerüst befand sich der Wassertank für die Gasgeneratoren der Triebwerke. Der ringförmige, 2.700 l fassende Tank umgab die vier Triebwerke. Das Wasser wurde durch 5 cm dicke Rohre zu den Triebwerken geleitet. Die erste Stufe benötigte während des Betriebs 2.300 l Wasser. Im Gasgenerator verbrannte UDMH mit demselben Mischungsverhältnis wie im Haupttriebwerk. Das eingespritzte Wasser kühlte das entstandene Gasgemisch auf 600 °C. Danach wurde die Mischung adiabatisch auf 400 °C gekühlt, wobei der Druck auf 15 bar anstieg. Dieses Arbeitsgas trieb die Turbine der Turbopumpe an und wurde zur Druckbeaufschlagung der Tanks und zum hydraulischen Schwenken der Triebwerke genutzt. Desweiteren wurde das Abgas auch für die Rollsteuerung genutzt.

Zwischen den Tanks befanden sich zylindrische Verbindungselemente aus Aluminium in Spanten- und Stringerbauweise, welche zusammen mit dem Rahmen für die Triebwerke die massivsten Teile der Rakete bildeten. Schubgerüst und Stufenadapter bestanden ebenfalls aus einer Aluminiumlegierung.

Die Triebwerke, Gasgeneratoren und Turbinen befanden sich im unteren, 2,30 m hohen Schubgerüst. Dieses wurde von MAN gefertigt. Die Triebwerke waren vom Zentrum der Stufe nach außen hin versetzt, damit ihre Abgasstrahlen, wenn sie von der Plattform zurückprallten, nicht zu einer Beschädigung der jeweiligen Nachbartriebwerke führen konnten. Sie waren jeweils paarweise schwenkbar für Korrekturen der
k- und Gierachse. Die Triebwerke arbeiteten im Neben-
ımverfahren. Jedes Triebwerk hatte eigene Versor-
gsleitungen für NTO, Wasser und UDMH und konnte
einem Ausfall separat abgeschaltet werden.

:en an der Stufe befanden sich vier kleine Flügel, die so-
annten Finnen (englisch: Fins). Sie stabilisierten die
:ete während der ersten Flugphase in der dichten Atmo-
äre. Kurz nach dem Start ist die Rakete noch langsam.
nmen nun aerodynamischen Kräfte von der Seite dazu,
:önnten sie die Rakete aus der Flugbahn ablenken. Die
nen wirken wie kleine Flügel, sie setzen Drehbewegun-
gegen die Längsachse Widerstand entgegen und redu-
en diese.

erste Stufe war mit der Zweiten über einen Stufenad-
er verbunden. Dieser war fest an der zweiten Stufe an-
racht und verjüngte sich von 3,80 m auf 2,60 m bei ei-
Länge von 2,60 m. Vier paarweise angeordnete Fest-
fraketen zündeten eine Sekunde lang und trennten da-
die erste Stufe von der Zweiten ab. Danach zündeten
tere Feststofftriebwerke für fünf Sekunden, um den
ibstoff der zweiten Stufe am Boden zu sammeln, wäh-
d das Triebwerk der zweiten Stufe gezündet wurde.
...zt konnten diese Feststofftriebwerke abgeworfen wer-

den. Der Adapter zur zweiten Stufe wurde nach deren Zündung durch eine Schneideschnur pyrotechnisch abgetrennt.

L140	
Länge:	18,40 m
Durchmesser:	3,80 m, Spannweite 7,50 m mit Fins
Trockengewicht:	13,270 kg
Treibstoffe:	147.670 kg maximal, davon 570 kg nicht nutzbare Reste (ursprünglich: 815 kg) 51.560 kg UDMH, 96.110 kg NTO
Mischungsverhältnis:	1,864:1 (NTO/UDMH)
Startgewicht:	160.940 kg
Schub:	2.440 kN (Meereshöhe, 2.740 kN (Vakuum)
Wasser:	2.300 kg
Zwischenstufenadapter:	3,30 m Höhe, 475 kg Gewicht
Tankdruck:	5 bar

esa
simone

Die zweite Stufe L33

Die zweite Stufe „L33“ verwendete ein Triebwerk vom Typ Viking-4. Dieses war eine für den Betrieb im Vakuum optimierte Variante des Erststufentriebwerks Viking-5. Es hatte eine längere Düse, um einen höheren Schub und einen höheren spezifischen Impuls zu erreichen. Das Triebwerk befand sich im Schubgerüst, welches auch die Pumpen, Turbinen und den Gasgenerator aufnahm. Das Triebwerk war um vier Grad schwenkbar. Die Kontrolle um die Rollachse erfolgte mit zwei kleinen Triebwerken von 50 N Schub, welche das Abgas des Gasgenerators nutzten. Das Triebwerk war mit einem Schub von über 700 kN eigentlich für die Stufe überdimensioniert. Typischerweise beträgt der Schub bei Trägerraketen nur 80% der Schwerkraft der Rakete zum Zündungszeitpunkt, das entspricht bei der Ariane 1 maximal 390 kN, stattdessen hat es fast den doppelten Schub. Technisch optimal wäre es daher die Treibstoffzuladung der zweiten Stufe zu vergrößern und die der Ersten zu verkleinern. Die Wahl dieser Auslegung erfolgte angeblich, um die oberen beiden Stufen als kleine Trägerrakete mit einer Nutzlast von 575 kg einsetzen zu können, was jedoch wirtschaftlich nicht sinnvoll gewesen wäre.

Der Triebwerksrahmen war mit 240 Schrauben am Tank befestigt. Zu ihm führten Rohrleitungen von 5 bis 16 cm Durchmesser. Bei der zweiten Stufe wurden alle Rohrleitungen durch die Tanks geführt, während sie sich bei der ersten Stufe an der Außenseite befanden.

Die Treibstoffe UDMH und NTO wurden in einen Tank aus Aluminium AZ-5G mit einem gemeinsamen Zwischenboden gelagert. Die Druckbeaufschlagung erfolgte mit Helium, da das verwendete Aluminium den Kontakt mit den heißen Turbinenabgasen, die in der ersten Stufe zur Druckbeaufschlagung benutzt wurden, nicht vertrug. Die Druckgasflasche erhöht das Gewicht, aber dafür hat das Helium eine geringere Masse als die Verbrennungsprodukte des Gasgenerators, die bei Brennschluss noch in der Stufe verbleiben. Bei 3 bar Brennkammerdruck und 31 m³ Volumen spart man so alleine 95 kg Brennschlussmasse ein. Der Tank mit einem gemeinsamen Zwischenboden war schwerer zu fertigen als die Erststufentanks, erlaubte aber eine Gewichtseinsparung von 600 kg, was zu einer Nutzlaststeigerung um 39 kg führte. Für jeden der beiden Treibstoffe stand das gleiche Volumen zur Verfügung. Die Wandstärke der Tanks lag zwischen 3,5 und 4,7 mm. Diese, je nach den zu erwartenden Belastungen, unterschiedliche Dicke erreichte man durch einen chemischen Ätzprozess. Nach Brennschluss verblieben zusammen mit dem Wasser, Helium und Treibstoff noch 210 kg Flüssigkeiten und Gase in der Stufe. Der Tank führt den Oxidator durch eine Leitung durch den unten liegenden UDMH-Tank. Daneben hat jeder der Tanks noch eine Leitung für das Druckgas und eine Überlaufleitung.

Das Helium kam aus vier Drucktanks am Heck der Stufe. Jeder dieser Tanks aus Glasfasergewebe hatte einen Durchmesser von 63 cm und enthielt 7,5 kg Helium unter einem Druck von 200 bar. Über zwei Druckreduktionsventile wurde daraus ein Tankdruck von 5 bar aufgebaut. Dieser konnte konstant gehalten werden, bis 90 s nach der Zündung das Helium verbraucht war. Danach sank der Druck bis zum Brennschluss auf 3 bar ab. Der Druck war im oberen Stickstofftetroxydtank immer höher als im unteren UDMH-Tank, um ein Ausbeulen zu verhindern.

Das Heck aus Spanten-Stringerbauweise trug die Verstärker für die Aktoren der Stufe. Gesteuert wurde die Stufe durch den Bordcomputer in der VEB. Im Heck befand sich die lokale Elektronik der Stufe, z. B. zur Selbstzerstörung, zum Sammeln der Daten sowie Batterien für den Betrieb. Das Telemetriesystem konnte maximal 250 Messwerte über den Bordcomputer zur Erde senden. Im Laufe der Zeit reduzierte man die Zahl der übermittelten Werte bis auf 101 bei der Ariane 4.

Der Frontteil der zweiten Stufe umschloss das Triebwerk. An ihm war auch der ringförmige, um 0,8 Grad geneigte, Wassertank für den Gasgenerator befestigt. Die Front trennte sich in zwei Ebenen, eine Montageebene und eine 54 cm höher liegende Abtrennebene. Die Abtrennung möglichst weit oben sparte 80 kg Gewicht ein. Abgetrennt wird bei der Zündung im Ganzen ein 4,88 m langer konischer Übergangsbereich von der ersten zur zweiten Stufe, von dem aber nur 3,80 m der eigentliche Stufenadapter ist. Der Rest gehört schon zur zweiten Stufe. Diese Merkwürdigkeit hat ihre Ursache in der Vergabe der Aufträge in verschiedene Länder. Strukturell verstärkt wurde das Heck mit 80 Spanten.

Zwei 50 Newton Triebwerke korrigierten unerwünschte Bewegungen um die Rollachse. Die zweite Stufe war von Isolationstafeln aus 12 cm dickem Polystyrol umgeben, die ein Verdampfen des NTO (Siedepunkt bei 21 Grad Celsius) im tropischen Klima von Südamerika verhindern sollten und beim Start jeweils abgeworfen wurden. Zu diesem Zweck wurden die Spannbänder, welche sie vorher an der Außenwand fixiert hatten, durchtrennt.

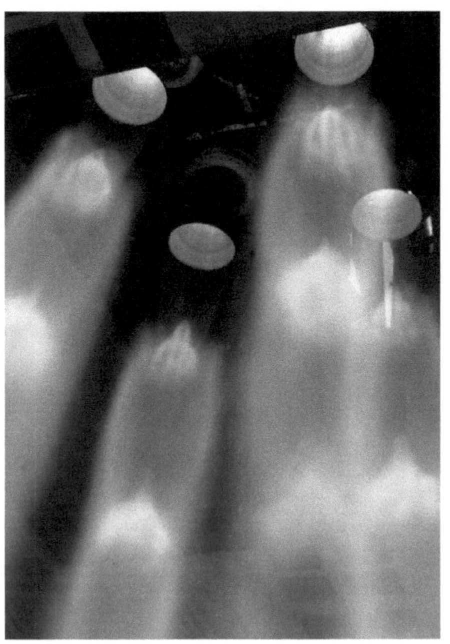

Die zweite Stufe ist die einzige Stufe, die bei zwei Stufentrennungen aktiv beteiligt ist. Bei der Stufentrennung von der ersten Stufe zünden Feststoffraketen um den Treibstoff zu sammeln, bei der Stufentrennung von der dritten Stufe zünden vier weitere Treibsätze am Ende der Stufe, um sie zu verlangsamen und auf Distanz zu bringen. Die deutsche Firma ERNO (später Bestandteil der DASA und heute von EADS) war Systemintegrator für die zweite Stufe, die bei allen 144 Starts von Ariane 1 bis 4 ohne Ausfall arbeitete. Die zweite Stufe war auch die mit dem größten deutschen Anteil. Die Tanks stammten von Dornier, Teile des Vikings von MAN. Die zweite Stufe war auch die Einzige, die im Verlauf der Entwicklung von Ariane 1 bis 4 kaum modifiziert wurde.

L33	
Länge:	11,60 m
Durchmesser:	2,60 m
Trockengewicht:	3.243 kg / 3.580 kg (mit Stufentrennungsraketen) ohne Stufenadapter
Treibstoffe:	33.100 kg + 29 kg Helium, 137 kg nicht nutzbar
Tank:	6,53 m lang, 900 kg, 2 × 15,6 m³ Volumen
Triebwerksgerüst:	1,55 m Höhe, 260 kg Gewicht
Haupttriebwerk:	750 / 826 kg (trocken / nass)
Heckskirt:	1,57 m Höhe, 380 kg.
Frontskirt:	1,25 m Höhe, 210 kg
Rohrleitungen:	70 kg
Wassertank:	2,24 m Durchmesser, 0,34 m Dicke, 620 l Fassungsvermögen, 537 - 570 l Füllung, 62 kg Gewicht
Elektrisches System:	60 kg Gewicht, 1,8 km Kabellänge, 167 Stecker

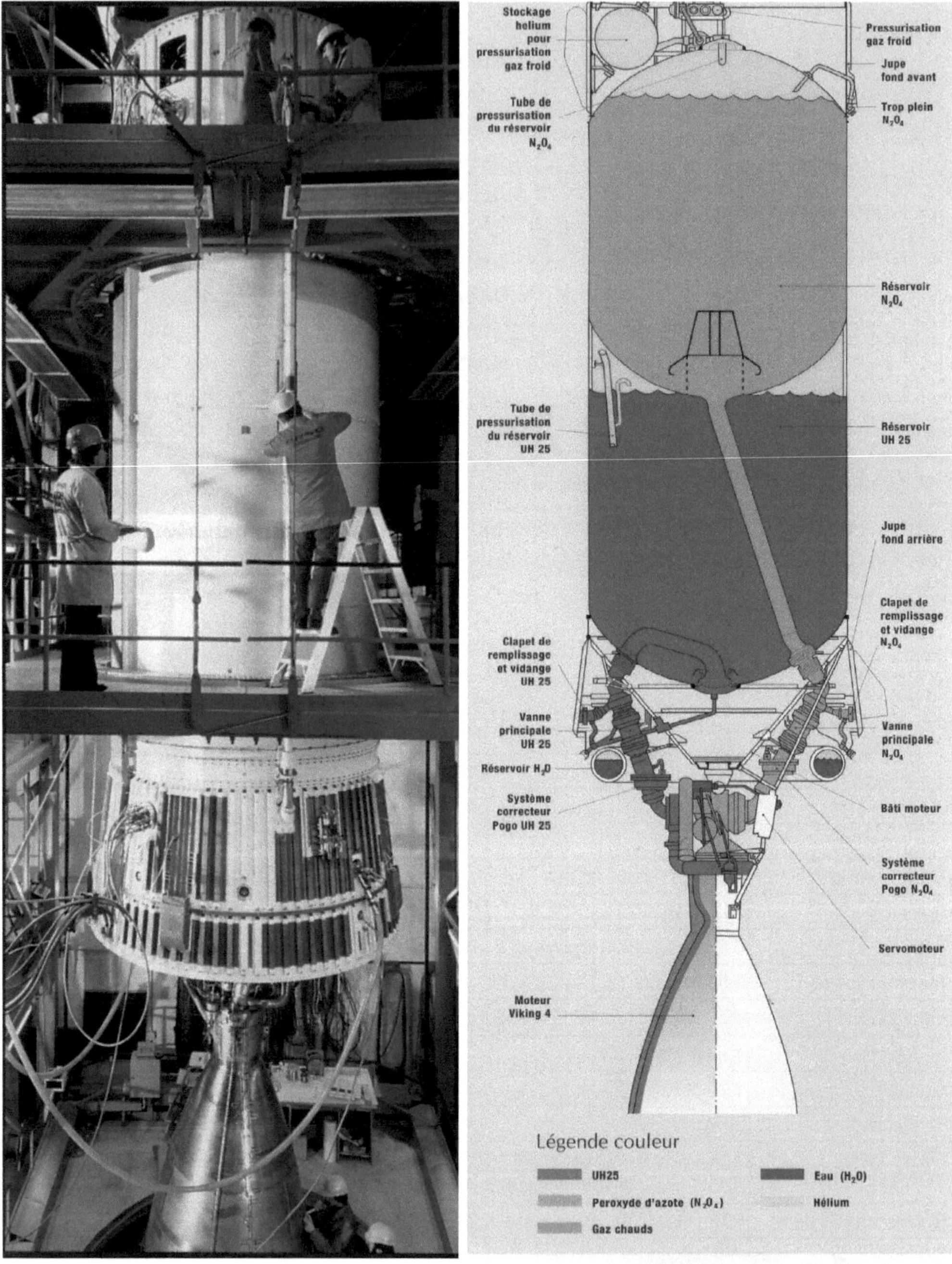

Stockage helium pour pressurisation gaz froid
Tube de pressurisation du réservoir N_2O_4
Pressurisation gaz froid
Jupe fond avant
Trop plein N_2O_4
Réservoir N_2O_4
Tube de pressurisation du réservoir UH 25
Réservoir UH 25
Jupe fond arrière
Clapet de remplissage et vidange N_2O_4
Clapet de remplissage et vidange UH 25
Vanne principale UH 25
Vanne principale N_2O_4
Réservoir H_2O
Système correcteur Pogo UH 25
Bâti moteur
Système correcteur Pogo N_2O_4
Servomoteur
Moteur Viking 4
Légende couleur
UH25
Eau (H_2O)
Peroxyde d'azote (N_2O_4)
Hélium
Gaz chauds

Die Viking Triebwerke

Das Viking Triebwerk basierte auf den Erfahrungen mit den Triebwerken der Typen Vexin und Valois der Diamant A und B. Es war das erste französische Triebwerk, welches eine Turbopumpe einsetzte. Dies hatte zur Folge, dass die Tanks bei der Ariane erheblich leichtgewichtiger gefertigt werden konnten als bei der Emeraude, Améthyste und Coralie.

Die Entwicklung des Vikings wurde noch von der ELDO gefördert. Es war für die Europarakete vorgesehen. Der erste Vorschlag von 1965 hatte noch 190 kN Schub. Dies war zu schubschwach für eine Erststufe, auch wenn man damit das Zweitstufentriebwerk hätte ablösen können. Der Entwurf des Viking 1 Triebwerks wurde 1967 abgeschlossen. Zwischen 1969 und 1970 wurden die ersten Tests eines experimentellen Triebwerks mit 40 t Schub durchgeführt, welches ein direkter Vorläufer des Viking Triebwerks war. Geplant war es noch für eine Nachfolgeversion der Diamant mit 55 t Startschub. Als Frankreich die Europa-IIIB vorschlug, waren auch in diesem Entwurf vier Viking-1 Triebwerke mit je 540 kN Schub in der ersten Stufe vorgesehen. Bis zu diesem Level war man bei den Tests 1971 vorgedrungen.

Die Ariane sollte von der fortgeschrittenen Version, dem Viking-2, angetrieben werden. Das Viking-2 hatte einen Schub von 611 kN. Die zweite Stufe der Rakete sollte das Viking-4 nutzen, eine für den Einsatz im Vakuum angepasste Version des Viking-2. Das Viking-3 war eine Testversion des Viking-4 für Tests am Boden, da die lange Expansionsdüse am Boden nicht getestet werden konnte, weil ein Teststand fehlte, der das dafür notwendige Hochvakuum herstellen konnte. Im Jahr 1976 beschloss die CNES die Kegeldüse durch eine konische Düse zu ersetzen, und aus dem Viking-2 wurde das Viking-5. Die konische Düse erhöhte den spezifischen Impuls um 80 m/s und machte das Triebwerk kürzer und leichter. Das Viking-4 befand sich damals noch in der Entwicklung. Hier wurde einfach die Düse ausgewechselt, aber die Bezeichnung des Triebwerks beibehalten.

Das Viking Triebwerk hatte einige Besonderheiten und charakteristische Konstruktionsmerkmale, die alle Triebwerke von Karl Heinz Bringer, einem deutschen Raketenspezialisten, aufwiesen. Bringer war der Kopf einer Gruppe von rund 30 deutschen Raketenspezialisten, die nach der Kapitulation Deutschlands 1945 ins französische Vernon zum LRBA (Laboratoire de recherches balistiques et aérodynamiques = Laboratorium für ballistische und aerodynamische Forschungen) kamen. Innerhalb weniger Jahre wuchs die Gruppe auf 120 Mitarbeiter an. Dort konstruierten sie zuerst die Höhenforschungsrakete Veronique, die noch weitestgehend auf der Technologie der A-4 basierte. Später folgte der Antrieb der Höhenforschungsrakete Vesta und der Erststufen der Diamant A (Vexin B), B (Valois), die Coralie (Vexin A) und zuletzt das Viking. Das Viking war das letzte Triebwerk bei dem Karl Heinz Bringer für die Konstruktion verantwortlich war. Er ging 1973 in den Ruhestand und starb am 2. Januar 1999 im Alter von 90 Jahren in Vernon.

Das Auffälligste ist die radiale Einspritzung des Treibstoffs. Bei herkömmlichen Triebwerken sitzt der Einspritzkopf, ähnlich einem Duschkopf, am Kopf der Brennkammer. Beim Viking wurde der Treibstoff durch einen Ring im oberen Brennkammerteil eingespritzt. Dieser Ring wurde durch die nachströmenden Treibstoffe gekühlt. Insgesamt 720 Bohrungen in vier Reihen bildeten den Einspritzkopf.

Der untere Teil der Brennkammer wurde filmgekühlt. Etwa 15 Prozent des UDMH-Treibstoffs strömten durch kleine Löcher in der Brennkammerwand in die Brennkammer. Sie verdampften sofort und kühlten die Wand. Dabei bildeten sie eine Zone an der Wand, die eine hohe Konzentration an UDMH aufwies. Es fehlte in dieser Schicht der Oxidator, der für eine vollständige Verbrennung notwendig war. Dadurch waren die Temperaturen an der Wand der Brennkammer deutlich niedriger als im Zentrum.

Dieser Film reichte bis an den Düsenhals, der aus Kobalt und einer Schicht Phenolepoxidharz bestand. Dieses Harz verkohlte und schützte so als Ablativschutz den Düsenhals. Die Düsen aus einer hochtemperaturfesten Legierung wurden nicht gekühlt und erhitzten sich durch die Verbrennungsgase auf über 1.100 Grad Celsius. Dabei wurden sie rot glühend, bis bei dieser Temperatur die abgegebene Strahlung der aufgenommenen Wärmemenge entsprach und sie sich nicht mehr weiter erhitzten.

Die Treibstoffförderung geschah durch Gasgenerator, Turbinen und Turbopumpen. Die Kontrolle der Förderung erfolgte durch ein Regelsystem, welches den Brennkammerdruck mit einem vorgegebenen Druckverlauf verglich und danach den Durchsatz der Treibstoffe für den Gasgenerator regelte.

Doch auch hier gab es eine Besonderheit. Üblich war es, im Gasgenerator die Treibstoffe nicht im stöchiometrischen Verhältnis zu verbrennen. Wurde UDMH im Überschuss verbrannt, konnte nicht das gesamte UDMH reagieren, und die Verbrennungstemperatur lag so in einem Bereich, in dem die nachgeschaltete Turbine nicht durch die heißen Gase geschädigt wurde. Das Viking verbrannte die beiden Komponenten dagegen im stöchiometrischen Verhältnis, mischte aber Wasser dazu. Das Wasser verdampfte in der Hitze und erzeugte ein kühleres Arbeitsgas aus Wasserdampf, Kohlendioxid und Stickstoff. Der Vorteil: Das Abgas enthält weder UDMH und NTO und kann zur Druckbeaufschlagung der Tanks verwendet werden. Dafür ist ein separater Wassertank notwendig. Diesen Gasgenerator hatte Bringer 1942 zum Patent angemeldet und er blieb dem Konzept bei allen Triebwerken treu.

Pro Sekunde wurden im Gasgenerator 2,2 kg NTO und UDMH mit 4 kg Wasser vermischt. Das 650 Grad heiße Gas wurde durch Düsen auf 1.200 m/s beschleunigt. Die Temperatur sank dabei auf 400 °C, und der Druck stieg von 15 auf 35 bar. Das expandierte Gas prallte dann auf die Schaufeln der Turbinen. Diese Turbine trieb über einer Welle zwei Turbopumpen an, jeweils eine für den Oxidator und eine für den Verbrennungsträger. Die Turbopumpen förderten Wasser, UDMH und NTO mit einem Druck von 65-69 bar. Die Turbopumpen waren im 90-Grad-Winkel zueinander, aber 45 Grad zur Längsachse des Triebwerks angebracht, um bei Bewegungen des Triebwerks nicht senkrecht gegen die Rotationsachse einer der Pumpen arbeiten zu müssen. Etwa 90% der Abgase des Gasgenerators wurden für den Turbinenantrieb genutzt, der Rest für die Druckbeaufschlagung der Tanks. Das Wasser wurde auch zur Kühlung benutzt, so des UDMH-Pumpenlagers.

Die Viking-5 Triebwerke waren für eine Brenndauer von 185 s qualifiziert, deutlich länger als die maximal 145 s Betriebszeit der ersten Stufe. Damit sollte gewährleistet werden, dass ein ausgefallenes Triebwerk nicht die gesamte Mission gefährdete. In diesem Falle hätten die verbliebenen drei Raketenmotoren länger arbeiten müssen. Der Wechsel von UDMH zu UH25 bei den Viking-4 und -5B Versionen reduzierte das Mischungsverhältnis der beiden Treibstoffe von 1,86 auf 1,70. In den Triebwerken wurde die Mischung dadurch konstant gehalten, dass UDMH Druckschwankungen vor dem Einspritzkopf genutzt werden, um die NTO-Fördermenge zu regulieren.

Auch nach dem Flug der letzten Ariane 4, im Februar 2003 werden die Viking Triebwerke noch produziert: in Indien. Die PSLV (**P**olar **S**atellite **L**aunch **V**ehicle) arbeitet mit „Vika“ Triebwerken, die eine Lizenzproduktion der Viking 5 Triebwerke der Ariane 1 sind. Die GSLV (**G**eosynchronos **S**atellite **L**aunch **V**ehicle) mit Lizenznachbauten des Viking VB, den Triebwerken der Ariane 2-4.

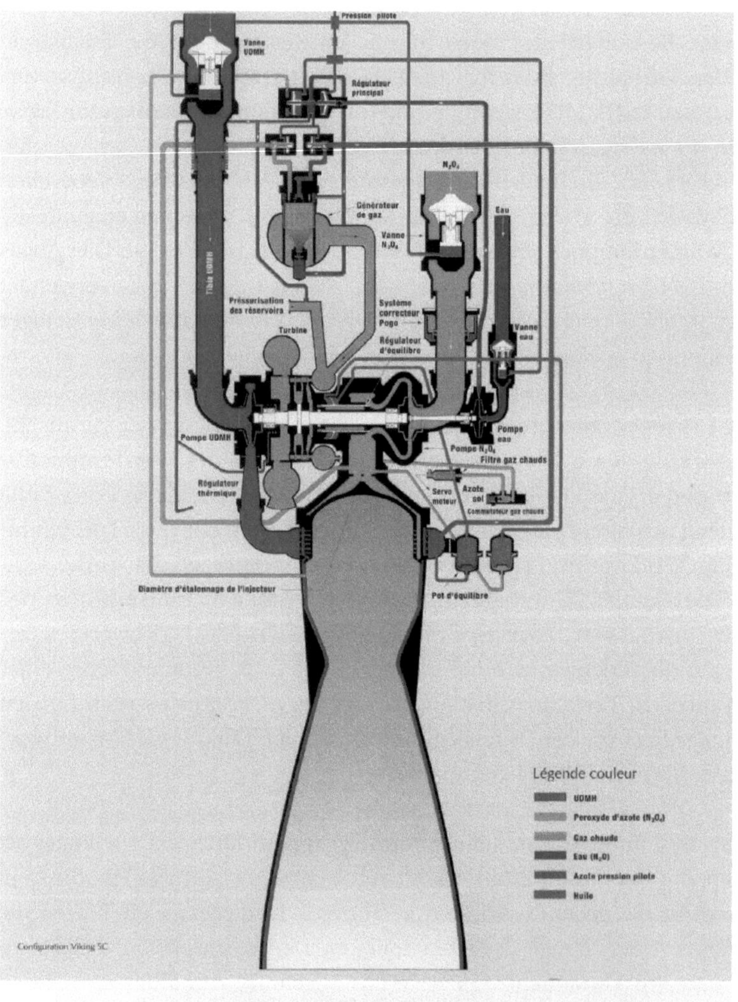

Auch einige chinesische Triebwerke und ganze Stufen weisen ziemliche Ähnlichkeiten zu den Viking Triebwerken und PAL-Boostern auf. Gerüchte über Industriespionage wurden von offizieller Seite jedoch immer dementiert.

	Viking-4 Ariane 1 Zweitstufe	Viking-5 Ariane 1 Erststufe	Viking-4B Ariane 2-4 Zweitstufe	Viking-5B Ariane 2-4 Erststufe	Viking-6 Ariane 4 Booster
Brennkammerdruck [bar]	53,5	53,5	58,5	58,5	58,5
Düsenmündungsdruck [bar]	0,4	1,22	0,45	1,3	1,3
Brennkammervolumen:	50 l	50 l	50 l	50 l	50 l
Schub [kN] (Vakuum)	717	710	808	760	752
Schub [kN] (Meereshöhe)	611,3	610	571	680	670,8
Davon Turbinenabgase [kN]	7,3	7,3	7,3	7,3	7,3
Spezifischer Impuls [m/s] (Vakuum / Meereshöhe)	2883 / 1961	2758 / 2432	2903 / 2059	2727 / 2432	2727 / 2432
Charakteristische Geschwindigkeit [m/s]	1690	1690	1690	1690	1690
Treibstoffe:	UDMH / NTO	UDMH / NTO	UH25 / NTO	UH25 / NTO	UH25 / NTO
Massendurchsatz [kg/s]	281,4	279	278	275,2	275,2
davon UH25 / UDMH [kg/s]	88	83,3	103	101,9	101,5
davon Stickstofftetroxid [kg/s]	164,2	155,4	175	173,3	173.7
Mischungsverhältnis:	1,86 zu 1	1,86 zu 1	1,70 zu 1	1,70 zu 1	1,70 zu 1
davon Wasser [kg/s]	4	3,7			6
Gasgenerator [kg/s]	6,2	6,2			
UDMH Filmkühlung [kg/s]	15	15			
Tankdruck [bar]	5,5	3,5	4,5 – 3,5	3,5	5,5
Turbopumpe-Ausgangsdruck [bar]	70	70			
Temperatur Gasgenerator [°C]	600	600	600	600	600
Temperatur Gasturbinenausgang [°C]	400	400	400	400	400
Turbinendrehzahl [U/min]	9600	9600	10000	10000	10000
Turbinenleistung [MW]	2,5	2,5	2,6	2,6	2,6
Förderleistung Wasserpumpe [kW]	50	50			
Triebwerkshöhe [m]	3,68	2,97	3,51	2,87	2,87
Durchmesser Düsenhals [m]	0,306	0,306	0,31	0,31	0,31
Durchmesser Düsenmündung [m]	0,99	1,70	1,70	0,99	0,99
Flächenverhältnis	30,86	10,49	31	11	11
Triebwerksgewicht nass / trocken [kg]	886 / 750	826 / 695	850	776	776

Die dritte Stufe H8

Die dritte Stufe H-8 verwendete die hochenergetische Treibstoffkombination Wasserstoff und Sauerstoff, welche im Gewichtsverhältnis 5,023/1 (LOX/LH2) verbrannt wurde. Zusammen mit dem Treibstoff für den Gasgenerator und die Düsenkühlung betrug das Verhältnis LOX/LH2 4,5 zu 1.

Vier kleine Feststofftriebwerke beschleunigten die dritte Stufe vor der Zündung und sammeln den Treibstoff, bis das Triebwerk die volle Leistung erreichte. Sie befanden sich im 2,73 m langen Heckteil, der zugleich den Stufenadapter zur zweiten Stufe bildete und am Tank befestigt war. Dann wurden die Feststofftriebwerke abgesprengt. Gleichzeitig zündeten auch an der zweiten Stufe Raketen, um diese von der dritten Stufe zu entfernen.

Der Tank selbst war durch einen gemeinsamen Zwischenboden in zwei Kammern unterteilt. Oberhalb des Tanks befand sich das 45 cm hohe Frontabteil, das die Stufe mit der VEB verband. Der Tank bestand aus der Aluminiumlegierung A-Z5G (AL 7075), welche auch in der zweiten Stufe eingesetzt wurde und den tiefen Temperaturen der Treibstoffe widerstehen konnte. Die Aluminium-Zinklegiering ist hoch beanspruchbar bei niedriger dichte. Sie wurde damals in der Luftfahrtindustrie in größerem Maße eingesetzt. Andere Trägerraketen, welche die Legierung einsetzten waren die Titan (Tanks), Atlas-Centaur (Nutzlasthülle), Atlas III (Triebwerksrahnen) und Saturn (S-IC Tanks). Die Oberfläche des Tanks war außen mit Klegecell bedeckt, einem PVC Schaum mit einer guten Isolationswirkung. Seine Dichte betrug zwischen 0,048 und 0,1 g/cm³. Er isolierte auch bei tiefen Temperaturen von bis zu -200°C, blieb aber auch noch bei +80°C stabil. Er war fest angebracht, anders als die Isolation der zweiten Stufe die beim Start abgeworfen wurde.

Der Raum zwischen dem oben liegenden Wasserstofftank und dem darunter liegenden Sauerstofftank wurde evakuiert und besonders isoliert, um ein Ausfrieren des Sauerstoffs zu Eis zu verhindern. Dieser Zwischenraum bestand aus einem Doppelboden in Honigwaben-Bauweise.

Die Druckbeaufschlagung erfolgte beim Wasserstofftank mit gasförmigem Wasserstoff und beim Sauerstofftank mit Helium. Am Schubgerüst waren zu diesem Zweck zwei Heliumflaschen mit einem Anfangsdruck von 200 bar angebracht. Der gasförmige Wasserstoff mit einer Temperatur von 140 K wurde aus dem Wasserstoffstrom für die Brennkammerkühlung abgezweigt.

Die gesamte Stufe war von einer 2 cm dicken Isolationsschicht umgeben. Die H-8 wurde bis fünf Sekunden vor dem Start mit Treibstoff befüllt, da laufend kleine Mengen verdampften. Das Einfüllen erfolgte von unten, um Schichten unterschiedlicher Wärmegrade und Dichten zu verhindern.

Der Druck in den Tanks betrug 3 bis 5 bar beim Wasserstofftank und 2 bis 5 bar beim Sauerstofftank. Der Wasserstoff lag im Überschuss vor, d.h. der 16-mal schwerere Sauerstoff war vor dem Wasserstoff aufgebraucht.

Das Triebwerk war in zwei Achsen schwenkbar. Rollbewegungen, aber auch die Ausrichtung der Stufe nach Brennschluss wurden durch sechs seitlich angebrachte Düsen bewerkstelligt, die Wasserstoff ausstießen. Diese Triebwerke waren nach Brennschluss der H-8 in der Lage, die Stufe mit der Nutzlast in eine langsame Rotation von 10 U/min zu versetzen.

HM 7 Triebwerk	
Schub:	61,7 kN (Planung: 60 kN)
Spezifischer Impuls:	4.315 m/s (Planung: 4.225 m/s)
Brennkammerdruck:	30 bar
Mischungsverhältnis:	5,0 zu: 1 (LOX / LH2)
Leistung:	152 MW
Treibstoffverbrauch:	14,4 kg/s
Länge:	1,71 m
Max. Durchmesser:	0,94 m
Gewicht:	140 kg Triebwerk, 70 kg Brennkammer
Gasgenerator: Mischungsverhältnis:	0,26 kg Treibstoff/s 0,9: 1 (LOX/LH2)
Leistung Turbopumpe:	400 kW
Drehzahl:	60.000 U/min LH2, 12.000 U/min LOX
Expansionsverhältnis:	62,5 zu 1
Verbrennungstemperatur:	3412 °C

H-8 Drittstufe	
Länge:	9,08 m
Durchmesser:	2,60 m
Trockengewicht:	1.157 kg, 1.310 kg (bei der Zündung)
Treibstoffe:	maximal 8.245 kg, davon 67 kg nicht nutzbare Reste 6.691 kg LOX 1.554 kg LH2
Tank:	5,79 m Länge, 2,60 m Durchmesser
Mischungsverhältnis:	4,43: 1 (LOX / LH2), 5,023 (nur Triebwerk)
Frontskirt:	0,308 m Höhe
Heckskirt	0,112 m Höhe
Triebwerksrahmen:	1.105 m zylindrischer und 0,420 m konischer Teil
Stufenadapter:	2,73 m Höhe, 265 kg
Triebwerk:	1 × HM7
Schub:	61,3 kN
Brenndauer:	563 s

Das HM-7 Triebwerk

Schon während seiner Entwicklung wurde das Triebwerk HM-7 laufend verbessert. Sein Schub erhöhte sich von 60 auf 61,7 kN und der spezifische Impuls von 4225 auf 4.315 m/s. Manchmal wurden auch das Triebwerk der Ariane 1 als HM-7A und die ersten Entwicklungsmuster als HM-7 bezeichnet. Während der ersten Testflüge zeigte sich, dass die Leistung sogar noch etwas höher war, und so die Nutzlast 75 kg höher als bei den optimistischen Erwartungen lag.

Der Treibstoff trat über einen Einspritzkopf von 180 mm Durchmesser mit 90 Bohrungen in fünf konzentrischen Kreisen in die Brennkammer ein. Die Bohrungen führten zum Vermischen des Treibstoffs und zu einer gleichmäßigen Verbrennung. Es sind koaxiale Düsen, bei denen in der Mitte eine Komponente austritt und in einem umgebenden Kreisring die zweite Komponente. Der Einspritzkopf und die Frontplatte bestanden aus einem porösen Material und wurden mit 7% der Wasserstoffmenge filmgekühlt.

Der restliche Wasserstoff kühlte die Brennkammerwand durch Regenerativkühlung. Er strömte mit 200 m/s durch 128 Kanäle um die Brennkammer herum und erwärmte sich dabei um 110 Grad Celsius. Er kühlte die Brennkammer so auf 550 K. Teile dieses gasförmigen Wasserstoffs wurden für die Aufrechterhaltung des Drucks im Wasserstofftank eingesetzt.

Die Brennkammer bestand aus Kupfer mit einer Nickelstruktur von 2,5 mm Dicke. Diese galvanisch aufgetragene Nickelschicht war eine der technischen Herausforderung bei der Herstellung der Brennkammer. Das Verfahren zur Kühlung wurde von MBB entwickelt, welche daraufhin von SEP den Auftrag für die Entwicklung des Triebwerks erhielt und dieses in Ottobrunn fertigt.

Die Düse bestand aus 242 einzelnen, quadratischen Hohlprofilen mit einem Querschnitt von 4 × 4 mm Seitenlänge. Diese Elemente aus Inconel 600 wurden spiralförmig aneinander geschweißt. Inconel 600 ist der Name einer Legierung aus 72% Nickel, 14 bis 17% Chrom und 7 bis 10% Eisen. Sie ist korrosionsbeständig und vor allem temperaturfest bis 1.095 °C. Die Kühlung der Düse erfolgte mit 150 g Wasserstoff/Sekunde. Die Temperatur erreichte so maximal 1.080 K am Düsenhals. Während der Wasserstoff zur Brennkammerkühlung mit dem restlichen Wasserstoff verbrannt wurde, trat der Wasserstoff zur Düsenkühlung an deren Ende durch 726 kleine Düsen aus. Dies erzeugte einen kleinen zusätzlichen Schub von 0,15 kN.

Das HM-7 war nur einmal mittels einer Feststoffkartusche zündbar. Die Verbrennung des Feststoffs erzeugte ein Arbeitsgas. Dieses brachte die Sauerstoffturbine innerhalb einer Se-

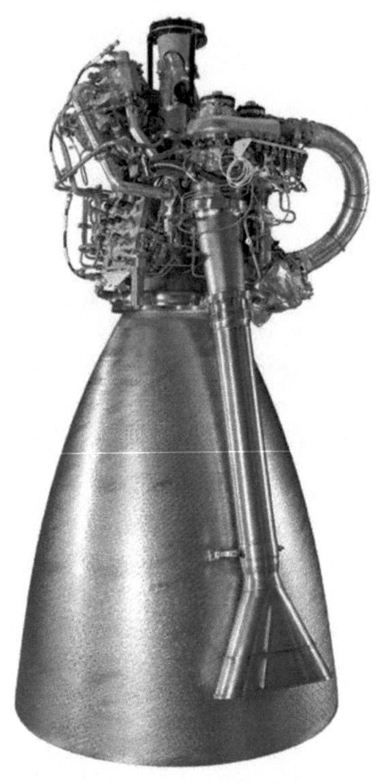

© Eric Forterre - Snecma

kunde auf die halbe nominelle Drehzahl und startete damit die Treibstoffförderung. Der Gasgenerator verbrannte den Wasserstoff im Überschuss. Die 880 K heißen Gase des Gasgenerators trieben dann die Turbinen an.

Die nur 30 kg schwere Turbopumpe erhöhte den Förderdruck von 2 bis 5 bar auf 30 bar. Die Sauerstoff- und die Wasserstoffpumpe saßen an einem Turbinenschaft, wobei ein Getriebe die Drehzahl für die Sauerstoffpumpe reduzierte. Geschmiert wurden die beweglichen Teile mit Wasserstoff (Wasserstoffpumpe) und Tributylphosphat (Sauerstoffpumpe).

Ein zweiter Treibsatz mit 3,5 s Brennzeit entzündet etwas später die in die Brennkammer geförderten Gase. Er erwies sich als unterdimensioniert. Das führte kurz hintereinander bei den Flügen V15 und V18 zu Fehlstarts: Unter bestimmten Umständen konnte ein zu wasserstoffreiches Gas in die Brennkammer gelangen, welches sich dann nicht entzündete. Eine Überarbeitung der Anlasssequenz und ein um den Faktor 3 verstärktes Zündsystem beseitigte dieses Problem. Der Schub baut sich über zehn Sekunden auf und wird anschließend durch Regelung der Turbopumpendrehzahl konstant gehalten. Die Hydraulikpumpe, welche das Triebwerk schwenkt, wird von einem Elektromotor angetrieben.

Das HM-7 war das weltweit dritte im Weltraum eingesetzte Triebwerk, welches kryogene Treibstoffe nutzte. Vorher hatte dies nur die NASA mit den Triebwerken RL-10 (Centaur) und J-1 (Saturn) geschafft.

Allerdings musste auch Arianespace Erfahrungen mit Fehlschlägen sammeln. Von den sieben Fehlstarts der Ariane 1 bis 4 gingen fünf auf Probleme mit dem HM-7 Triebwerk zurück. Ähnliche Rückschläge musste auch die NASA bei der Centaur Oberstufe hinnehmen. Nach anfänglichen Problemen erwies sich das HM-7 dann aber als ein sehr zuverlässiges Triebwerk, und es wird heute noch in der Oberstufe ESC-A der Ariane 5 eingesetzt. Seit dem letzten Fehlstart (V70 im Jahre 1994) gab es bei 120 Flügen keinerlei Probleme mehr.

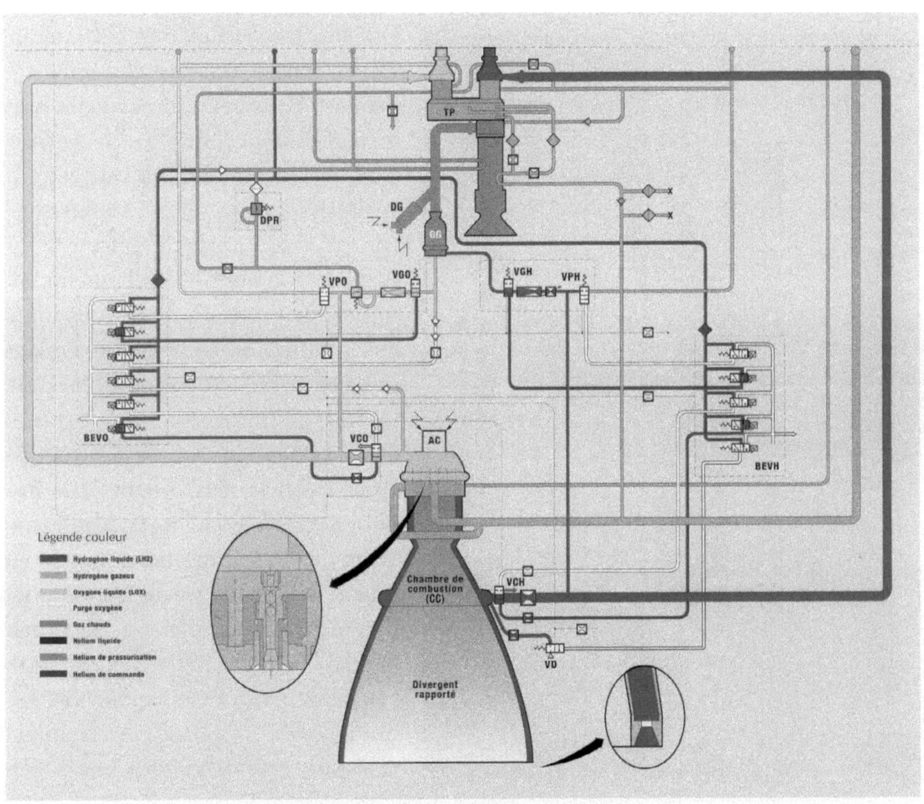

Nutzlastverkleidung und Sylda

Die Weitsicht bei der Entwicklung der Ariane zeigte sich besonders bei der Nutzlastverkleidung und der Sylda für Doppelstarts.

Ariane sollte zwei Satelliten gleichzeitig transportieren können und setzte eine für die damalige Zeit große Nutzlastverkleidung ein. Diese war dafür ausgelegt, zwei Intelsat-IV Satelliten auf einmal zu transportieren. Die ersten Versionen wurden in Frankreich gebaut, spätere Versionen kamen dann von der Schweizer Firma Contraves, die bis heute die Nutzlastverkleidungen für die Ariane 1-5 und Vega fertigt.

Das Volumen der Nutzlastverkleidung von 50 m^3 war größer als der zur Verfügung stehende Raum bei einer Atlas-Centaur. Von diesem Volumen waren 35 m^3 im zylindrischen Teil nutzbar.

Die Nutzlastverkleidung bestand aus einem oberen Teil aus Aluminium in Stringer-Bauweise. Dieser Teil musste der Reibungshitze beim Aufstieg trotzen. Der untere Teil war zur Gewichtsersparnis aus kohlefaserverstärktem Kunststoff gefertigt. Dadurch ließ er auch einen Funkkontakt mit der Nutzlast zu. Eine vollständig aus Aluminium bestehende Verkleidung hätte die Funksignale blockiert.

Die Verkleidung wurde in 110 km Höhe abgeworfen, wenn die Reibungshitze einen Wert von 1.135 W/m^2 unterschritt. Dazu wurde ein Ballon zwischen den beiden Hälften pyrotechnisch aufgeblasen. Er drückte die beiden Hälften der Nutzlastverkleidung auseinander und legte damit die Nutzlast frei. Nominell war dies 246 Sekunden nach dem Abheben der Fall.

Die große Nutzlastverkleidung erlaubte die Mitführung eine Struktur, die Sylda (**Sy**stème de **l**ancement **d**ouble **A**riane: System für Doppelstarts auf der Ariane) genannt wurde. Es handelte sich um ein kokonähnliches Bauteil innerhalb der Nutzlastverkleidung, welches einen kleineren Satelliten der Delta-Klasse umhüllte. Da die Delta eine nur 2,44 m breite Nutzlastverkleidung bot, passte die Sylda vollständig in die Nutzlastverkleidung. Die Sylda war zweiteilig. Auf dem oberen Deckel saß fixiert durch einen Standardadapter ein zweiter Satellit. Nach der Abtrennung des Deckels wurde der untere Satellit freigesetzt und danach die Stufe mit dem Rest der Sylda von der Nutzlast entfernt. Der Treibstoff dafür war Wasserstoffkaltgas, das die Lagekontrolltriebwerke der dritten Stufe antrieb.

Für die damals eingesetzten spinstabilisierten Satelliten konnte die Nutzlast vor dem Absetzen in eine Rotation mit fünf Umdrehungen pro Minute versetzt werden. Innerhalb der Sylda stand für den unteren Satelliten ein Volumen von 12 m^3 zur Verfügung. Der obere Satellit konnte größer sein. Die Sylda wurde zusammen mit der Nutzlast in den Orbit befördert, was die Nettonutzlast entsprechend verkleinerte.

Die erste Version der Sylda war ausgelegt für Satelliten mit einem Gewicht von 600 bis maximal 1.200 kg. Sie wurde erst relativ spät entwickelt. Im Juli 1978, als Ariane 1 schon kurz vor dem Erstflug stand, bekam Aérospatiale den Entwicklungsauftrag über 19 Millionen Franc (7 Millionen DM).

Die Sylda bestand aus einem Kern aus Verbundwerkstoffen in Honigwaben-Bauweise mit einem Carbonfaserüberzug. Damit konnte im Vergleich zum Werkstoff Aluminium Gewicht eingespart werden. An ihrer Oberseite war ein Standard Nutzlastadapter angebracht. Die Unterseite wurde fest mit der VEB verbunden. Diese Maßnahme sparte Gewicht ein, denn ein zweiter Nutzlastadapter konnte so entfallen. Dieser wog normalerweise 45 kg. Die Nutzlast wurde so beim Einsatz der Sylda effektiv nur um 120 kg verringert, obwohl sie 165 kg wog.

Die Fähigkeit zur Durchführung von Doppelstarts erwies sich als der Erfolgsfaktor für Ariane. Keine andere Trägerrakete konnte dies zu dieser Zeit. Die Sylda wurde mit der Ariane 1 bei L05 und L06 eingesetzt.

VEB

Die VEB (**V**ehicle **E**quipment **B**ay) befand sich zwischen der dritten Stufe und der Nutzlastverkleidung. Sie enthielt den Bordcomputer, ein mechanisches Inertialsystem zur Navigation, Sender und Empfänger für die Kommunikation, Radarverfolgung und Telemetrie sowie Batterien. Die VEB war ein Kreisring von nur 32 cm Höhe und 2,60 m, Außendurchmesser. Charakteristisch für europäische Träger ist, dass dies eine eigene Sektion ist, die sich oberhalb der dritten Stufe befindet, anstatt in diese integriert zu sein. Das ist der Fertigung in ganz Europa geschuldet. Diese Vorgehensweise erlaubt eine eigene Integration, ist aber schwerer als eine integrierte Lösung. Das Gewicht der VEB muss man so eigentlich zur H-8 hinzuaddieren. Erst bei der ESC-B Oberstufe ist eine Integration der VEB in die Oberstufe geplant.

Der OBC (On Board Computer) von Ariane 1 war ein 16-Bit-Rechner mit 20 KByte Speicher. Der Computer wog 6 kg. Obgleich es niemals Probleme beim Einsatz gab, galt der Bordcomputer der Ariane 1 als sehr empfindlich. Schon ein metallener Schraubenzieher in der Nähe konnte seine Funktion stören.

Die Software arbeitete nach dem „Round Robin“ Prinzip. Die einzelnen Tasks wurden in Zeitscheiben abgearbeitet. Nach Verbrauch der Zeitscheibe kam ein anderer Task dran. Die Navigationsdaten wurden beispielsweise alle 20 ms neu berechnet. Die Software musste so geschrieben sein, dass sie innerhalb der zur Verfügung stehenden Zeit die Aufgabe erledigt hatte. Ziel war eine Präzision in der Zielgeschwindigkeit von 5 m/s bei 10.000 m/s Endgeschwindigkeit. Der Bordcomputer wurde von Saab entwickelt und gebaut, die Software stammte von Marconi. Die Entwicklungsaufwendungen betrugen 970.000 Pfund für die

Hardware und 500.000 Pfund für die Software.

Der OBC steuerte die erste Stufe nach einem festen Schema. Die Stufentrennung von erster und zweiter Stufe fand zuerst bei Entleerung der Tanks, bei der Ariane 4 bei Erreichen einer bestimmten Geschwindigkeit statt, die Stufe wurde bei den späteren Modellen nicht bis zum Entleeren der Tanks betrieben. Die zweite Stufe wurde vor dem Start mit einer bestimmten Treibstoffmenge betankt, die durch die geplante Flugbahn bestimmt war. Sie wurde sie betrieben, bis ihr Treibstoff verbraucht war.

Das mechanische Inertialsystem bestand aus drei Kreiseln, die senkrecht zueinanderstanden und so als Referenzsysteme für jede Raumachse dienten. Jeder Kreisel rotierte mit 90.000 U/min. Bewegt sich die Rakete, so wirken Kräfte auf die Kreisel und führen zu einer Änderung der Rotationsachse. Da jeder Kreisel seine Rotationsachse im Raum stabil halten will, resultiert daraus ein messbares Drehmoment. Damit kannte der Computer die Beschleunigung in den drei Achsen des Raumes und über deren Integration die Geschwindigkeit und den zurückgelegten Weg. Die Kreisel mit eigener Elektronik wurden von Ferranti entwickelt. Dazu kamen Beschleunigungsmesser, die noch genauer über die Beschleunigung in Flugrichtung informierten. Die Telemetrie mit 1.200 Messwerten wurde mit 240 KBit/s an die Bodenstationen übertragen. Dies geschah durch eine Pulscode-Modulation. Neben dem Telemetriesender gab es noch einen Bahnverfolgungssender, der ein Radarsignal einer Radarstation empfing, verstärkte und zurücksandte und einen Empfänger für das codierte Selbstzerstörungskommando.

Nutzlastverkleidung	
Höhe:	8,65 m
Max. Durchmesser:	3,20 m
Volumen:	50 m³
Gewicht:	826 kg
Sylda	
Höhe:	3,40 m
Max. Durchmesser:	2,90 m
Volumen:	12 m³
Gewicht:	185 kg
VEB	
Höhe:	1,10 m
Basisdurchmesser:	2,60 m
Max. Durchmesser:	3,20 m
Gewicht:	319 kg

Startprofil

Die Dauer einer Startkampagne betrug bei Ariane 1 33 Arbeitstage, also nahezu sieben Wochen. Der Countdown begann zwar 28 Stunden vor dem Start, doch erst sechs Stunden vor dem Abheben wurden begonnen, die Rakete zu betanken und den Montageturm zurückzufahren. Damit startete die heiße Phase des Countdowns. Eine zeitliche Zusammenstellung der Ereignisse beim Countdown findet sich auf Seite 297.

Die Tanks der ersten beiden Stufen wurden zuerst betankt. Das Betanken dauerte jeweils eine Stunde. Zuerst wurde das NTO in beide Stufen gefüllt, nach drei Stunden Pause kam dann das UDMH in die Tanks. Diese zeitliche Trennung erlaubte es, Leckagen zu erkennen und verhinderte bei diesen eine Selbstentzündung der beiden Stoffe.

Die Temperatur der Treibstoffe betrug 15 Grad Celsius, um die Tanks besser füllen zu können. Der Oxidator verdampft aber schon bei 21 Grad Celsius. Verzögerte sich ein Start über 24 Stunden, mussten die Stufen wieder entleert werden. Der Tank der zweiten Stufe wurde zusätzlich von rechteckigen Isolationselementen umgeben, um eine zu starke Erwärmung des Stickstofftetroxyds vor dem Start zu vermeiden. Beim Start wurden deren Befestigungsbänder durchtrennt, und die Tafeln flogen von der Rakete weg.

Die Treibstoffmasse in der ersten Stufe war so groß, dass sie sich während einiger Stunden kaum erwärmte und eine zusätzliche Isolierung unnötig machte. Die dritte Stufe war ebenfalls isoliert, doch diese Isolation blieb wegen der Erwärmung durch die Reibungshitze der Atmosphäre mit der Stufe verbunden. Die H8 wurde erst 200 Minuten vor dem Abheben als letzte Stufe betankt. Zu diesem Zeitpunkt standen die beiden anderen Stufen schon unter Flugdruck. Das Betanken der Rakete war 65 min vor dem Abheben beendet. Danach wurde nur die Füllung der dritten Stufe noch konstant gehalten, bis nur vier Sekunden vor dem Start die Betankungsarme zurückgezogen wurden.

Die zweite Stufe hatte einen Sonderstatus. Sie wurde von Technikern in Schutzanzügen manuell und missionsspezifisch betankt. Dazu füllte man beide Tanks, bis der Treibstoff die Überläufe spülte. Danach wurde so viel Treibstoff abgelassen, bis die berechnete Menge für die Mission erreicht war.

Eine Änderung der Denkart im Vergleich zur Europa-II war, dass man nun die Rakete als ein Gesamtsystem ansah. Bei der Europa hatte es noch Teams gegeben, welche jeweils für eine Stufe verantwortlich gewesen waren.

Sechs Minuten vor dem Start begann die „Synchronized Sequence". Ab diesem Zeitpunkt übernahmen zwei Minicomputer mit der Bezeichnung K1 und K2 die Checks und den Countdown. K1 war verantwortlich für das Betanken und alle Flüssigkeiten und Gase. Er zog permanent Treibstoff aus dem oberen Teil der dritten Stufe ab (hohe Temperatur) und füllte frischen unten wieder nach (niedrige Temperatur). K1 achtete auf die Drücke in den Tanks, betätigte die entsprechenden Ventile und zog zum Schluss die Versorgungsarme zurück.

Der zweite Computer K2 war für die Elektronik und das elektrische System zuständig. Er kontrollierte die Spannungs- und Stromwerte, erwärmte die Batterien und lud die Programme in den Bordrechner. Beide Rechner wurden durch einen dritten Verwaltungsrechner mit der Bezeichnung APL kontrolliert. Er prüfte regelmäßig, ob K1 und K2 an denselben Punkten im Countdown-Plan arbeiteten.

Eine Minute vor dem Start wurden die Systeme nach und nach von der Bodenkontrolle getrennt, und die Ariane gelangte in einen autonomen Status. Neun Sekunden vor dem Ende des Countdowns übernahm der OBC die Kontrolle über die Ariane 1, und die Inertialplattform wurde gestartet.

Nach dem Zünden der Triebwerke konnte nur noch ein zu geringer Schub in einem der Triebwerke das Abheben verhindern. In diesem Fall schaltete der Bordcomputer der Ariane die Triebwerke wieder ab. Dies geschah zweimal bei L01 (1979) und bei V33 im Jahre 1989. Nach 6 Sekunden, in 60 m Höhe beginnt das Neigeprogramm.

Nach dem Abheben wurde die Ariane optisch von Teleskopen auf der Teufelsinsel verfolgt. Die Teufelsinsel, bekannt durch den Roman „Papillon", liegt nur 15 km vom Startkomplex entfernt. Wichtig war die Abdeckung der gesamten Aufstiegsbahn durch Empfangsstationen und Radar-Verfolgungsstationen.

Die erste Empfangsstation war Galliot auf „Montagne des Pères", einem erloschenen Vulkankegel, 20 km von Kourou entfernt. Es folgten Montabo nahe Cayenne, Natal in Brasilien und zuletzt Ascension Island. Dazu kam eine mobile Empfangsstation bei Belem in Brasilien. Die Stationen Galliot, Natal und Ascension Island verfolgten die Rakete auch per Radar, wobei die Daten auf einem Plotter und einem Bildschirm im Kontrollzentrum ausgegeben wurden. Dazu waren diese Stationen mit 10 m großen Antennen ausgerüstet.

Die Telemetriestationen dagegen kamen mit deutlich kleineren Empfangsantennen aus. Eine zentrale Rolle spielte Galliot. Über diese Station verliefen alle Datenstränge zum Kontrollzentrum, wobei die Daten ab Natal über einen Intelsat IV Satelliten gesendet wurden. Die Daten konnten nur teilweise in Echtzeit ausgewertet werden. 33 werden auf Polttern ausgegeben. Der Großteil der bis zu 1.200 Meßwerte wurde auf Magnetband gespeichert und erst nach dem Start auf Auffälligkeiten kontrolliert.

145 Sekunden nach dem Start erreichte die Rakete eine Höhe von 57 km, und die erste Stufe wurde bei einer Geschwindigkeit von 6732 km/h abgetrennt. Das Signal für die Stufentrennung war ein Rückgang des Schubs auf 50% des Sollwerts. Nach einer Wartezeit von drei Sekunden, um den Restschub abklingen zu lassen, erfolgte die Stufentrennung. Die Triebwerke im Stufenadapter drückten die erste Stufe nach unten weg. Zwei Sekunden später zündeten die Kaltgastriebwerke in der zweiten Stufe für acht Sekunden, um den Treibstoff am Boden der Tanks zu sammeln. Danach wurden diese Triebwerke abgeworfen. 152 Sekunden nach dem Start zündete die zweite Stufe. Ein Zeitgeber löste 30 Sekunden nach der Stufentrennung die pyrotechnische Durchtrennung der Tankwände der ersten Stufe aus. Damit wurde sichergestellt, dass die Stufe nach ihrem Absturz im Meer versank und keine Gefahr für die Schifffahrt darstellte.

Mit der Zündung der zweiten Stufe begann die aktive Kontrolle des Fluges durch den Bordcomputer. Während des Betriebs der ersten Stufe flog die Ariane nach einem vorgegebenen Flugprofil, um die dichte Atmosphäre möglichst rasch hinter sich zu lassen. Der OBC steuerte die Ariane bis dahin von einem zum nächsten vorgegebenen Fixpunkt. Jetzt wurde fünfmal pro Sekunde die optimale Bahn berechnet. Grundlage dafür waren die vorliegenden Daten über Geschwindigkeit, Höhe, Entfernung und Beschleunigung.

Drei Minuten und vierzig Sekunden nach dem Start begann der OBC mit den Prüfungen zur Abtrennung der Nutzlasthülle. Dazu wurde der dynamische Widerstand der Rakete berechnet. Sobald dieser einen vorgegebenen Wert unterschritt, erfolgte die Abtrennung der Verkleidung. Nominell sollte dies 246 Sekunden nach dem Start in einer Höhe von 110 km der Fall sein. Die Abtrennung fand bei einer Geschwindigkeit von 12.420 km/h statt. Die zweite Stufe hatte ihre Arbeit nach T + 292 Sekunden beendet und wurde in einer Höhe von 138 km und einer Geschwindigkeit von 17.194 km/h abgetrennt. Anders als bei der ersten Stufe fand die Trennung nicht statt, wenn der Treibstoff aufgebraucht war, sondern nach Erreichen einer bestimmten Geschwindigkeit.

Zuerst zündeten Feststofftriebwerke in der zweiten Stufe, um sie von der dritten Stufe wegzuziehen. Danach zündeten die Triebwerke der Oberstufe zum Sammeln des Treibstoffs am Boden der Tanks. Sie brannten ganze zehn Sekunden lang, um dem langsam hochlaufenden Triebwerk genügend Zeit zu geben, den Nominalschub zu entwickeln. (Bei den Starts V15 und V18 gelang dies nicht). Zwölf Sekunden nach der erfolgten Stufentrennung zündete die dritte Stufe. Auch bei der zweiten Stufe lief nach der Abtrennung ein Zeitgeber, der nach 30

Sekunden die Tankzwischenwand durchtrennte und damit den Resttreibstoff zur Explosion brachte.

Dann begann der Betrieb der dritten Stufe. Das Triebwerk arbeitete bis zu 563 Sekunden lang. Die beiden unteren Stufen brachten die Rakete bis auf 220 km Höhe in rund 2.200 km Entfernung vom Startort. Da das Triebwerk der oberen Stufe 6 t Schub aufbrachte, aber die dritte Stufe mit ihrer Nutzlast bis zu 12 t wog, war der Schub nach der Zündung zunächst geringer als die Erdbeschleunigung. Nach Erreichen eines Maximums von 220 km Höhe sank die Bahnhöhe auf 190 km in 3.200 km Entfernung vom Startort. Danach waren die Tanks so weit geleert, dass der Schub größer als die Erdanziehungskraft war. Die Stufe stieg erneut bis auf 212 km Höhe, um dann in 4.000 km Entfernung vom Startort die Zielgeschwindigkeit von 35.122 km/s zu erreichen.

Ein Großteil dieser Strecke wurde über dem Äquator zurückgelegt. Dadurch konnte die geostationäre Transferbahn direkt erreicht werden. Starts von Cape Canaveral aus erfordern dagegen zwei Brennzeiten. Die Erste zum Erreichen einer kreisförmigen niedrigen Erdbahn und die Zweite am Äquator zum Erweitern der Bahn zum GTO-Orbit. Das vereinfachte den Entwurf der H-8, da das HM-7 Triebwerk nicht wiederzündbar sein musste.

Während des Aufstiegs ließ der OBC die Rakete rollen, damit mindestens eine von zwei Sendeantennen zur Empfangsstation ausgerichtet war. Die brasilianische Empfangsstation Natal übernahm 375 Sekunden nach dem Start den Empfang der Daten und die Radarverfolgung. Es folgte die NASA-Empfangsstation auf Ascension Island, mitten im Atlantik gelegen, und eine französische Empfangsstation bei Akakro an der Elfenbeinküste.

Es profitierten die Kunden auch von einem besonderen Service. Statt den Satelliten einfach so im Raum auszusetzen, wurde mit dem restlichen Wasserstoff durch die Kaltgasdüsen die Stufe so ausgerichtet, dass die Telemetrieantennen zu den Empfangsstationen und die Solarzellen des Satelliten zur Sonne ausgerichtet waren. Bei spinstabilisierten Satelliten konnte die Stufe vor dem Abtrennen in eine Rotation von bis zu 10 U/min versetzt werden. Damit die Solarpaneele während des größten Teils der ersten Orbits von der Sonne beschienen werden, startet die Ariane meistens kurz nach Sonnenuntergang in Kourou. Beim Einsatz der Sylda wiederholte sich dieser Vorgang für den zweiten Satelliten, wobei zuerst die Rotation wieder abgebaut wurde. Ariane war der erste Träger, der eine genaue räumliche Ausrichtung der Nutzlast und gleichzeitig auch eine Spinstabilisierung ermöglichte.

Ein Passivieren der Stufe gab es bei der Ariane 1 noch nicht. Darunter wird das Ablassen des Resttreibstoffs und der Druckgase verstanden. Diese Technik wurde erst bei den späteren Ariane Modellen eingeführt. So explodierte am 13.11.1986 die H-8 Oberstufe, welche den französischen SPOT-1 Satelliten am 22.2.1986 ins All transportiert hatte, als der Resttreibstoff die Tanks bersten ließ. Es war der letzte Start einer Ariane 1. Wegen dem leichten Satelliten (dem einzigen Start, der nicht in einen GTO führte) verblieb viel Resttreibstoff. Ein Stück der Trümmerwolke, die seitdem zwischen 400 und 1.350 km Höhe die Erde umkreiste, traf im Juli 1996 den französischen Militärsatelliten CERISE. Dieser war am 7.7.1995 zusammen mit HELIOS 1 auf einer Ariane 4 gestartet worden. Der Zusammenstoß zerstörte einen Solarzellen-Ausleger, sodass der Satellit nur noch eingeschränkt funktionsfähig war. Der Vorfall kam als „erstes offizielles Weltraummüll-Opfer“ sogar in die Hauptnachrichten.

Ziel war ein Orbit folgenden maximalen Abweichungen (bei einem 200 x 36000 km x 9,65 Grad GTO):

Perigäum: ± 0,45 km
Apogäum: ± 43,2 km
Inklination ± 0,019 Grad

Typenblatt Ariane 1	
Länge: maximaler Durchmesser: Startgewicht:	47,40 m 7,60 m 207.000 kg
Einsatzzeitraum: Starts: Fehlstarts: Zuverlässigkeit:	1979 – 1986 11 2 81,8%
Nutzlast:	4.750 kg (in einen 200 km hohen Orbit) 2.500 (in einen 840 km hohen sonnensynchronen Orbit) 1.850 kg (in einen GTO-Orbit) 817 kg (zum Mars)
Stufe 1 L140	
Länge: Durchmesser: Startgewicht: Leergewicht: Triebwerk: Schub: Brenndauer: Treibstoff: Spezifischer Impuls:	18,39 m 3,80 m 160.900 kg 13.270 kg 4 Triebwerke Viking-5 4 × 610 kN (Meereshöhe), 4 × 686 kN (Vakuum) 145 s NTO (95.980 kg) / UDMH (51.490 kg) 2.432 m/s (Meereshöhe), 2.756 m/s (Vakuum)

Stufe 2 L33	
Länge: Durchmesser: Startgewicht: Trockengewicht: Brennschlussgewicht: Triebwerk: Schub: Brenndauer: Treibstoff: Spezifischer Impuls:	11,46 m mit Stufenadapter, 6,588 m ohne 2,60 m 37.420 kg (mit Stufenadaptern und Trennraketen) 36.271 kg ohne 3.243 kg 3.580 kg 1 × Viking-4 713 kN (Vakuum) 132 s NTO (21.580 kg) / UDMH (11.520 kg) 2.879 m/s
Stufe 3 H8	
Länge: Durchmesser: Startgewicht: Leergewicht: Trockengewicht: Triebwerke: Schub: Brenndauer: Treibstoff: Spezifischer Impuls (Vakuum)	8,88 m (mit Stufenadaptern) 5,758 m (ohne) 2,60 m 9.387 kg 1.224 kg 1.157 kg 1 × HM-7 61,7 kN (Vakuum) 563 s LOX (6.740 kg) / LH2 (1.498 kg) 4.315 m/s
VEB	
Länge: Durchmesser: Gewicht:	1,15 m 2,60 m 319 kg
Nutzlasthülle	
Länge: Durchmesser: Gewicht:	8,65 m 3,20 m 826 kg
Sylda	
Volumen: Durchmesser: Höhe: Gewicht:	12 m³ 2,90 m 3,40 m 140 kg

Ariane 1 Starts

Erfolg	Datum	Nutzlast	Bezeichnung
√	24.12.1979	CAT	L01
—	23.05.1980	CAT + Amsat Phase 3A + Feuerrad	L02
√	19.06.1981	Meteosat F2 + Apple + CAT	L03
√	20.12.1981	Marecs A + CAT/VID	L04
—	09.09.1982	Marecs B + Sirio 2	L05
√	16.06.1983	ECS 1 + Amsat Phase 3B	L06
√	19.10.1983	INTELSAT V F7	V07
√	05.03.1984	INTELSAT V F8	V08
√	23.05.1984	Spacenet F1	V09
√	02.07.1985	Giotto	V14
√	22.02.1986	SPOT + Viking	V16

Aufstiegsbahn der Ariane 1

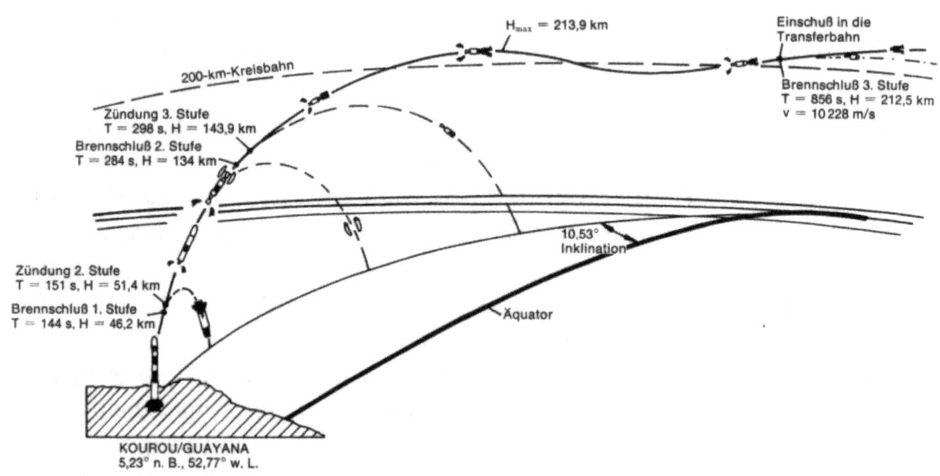

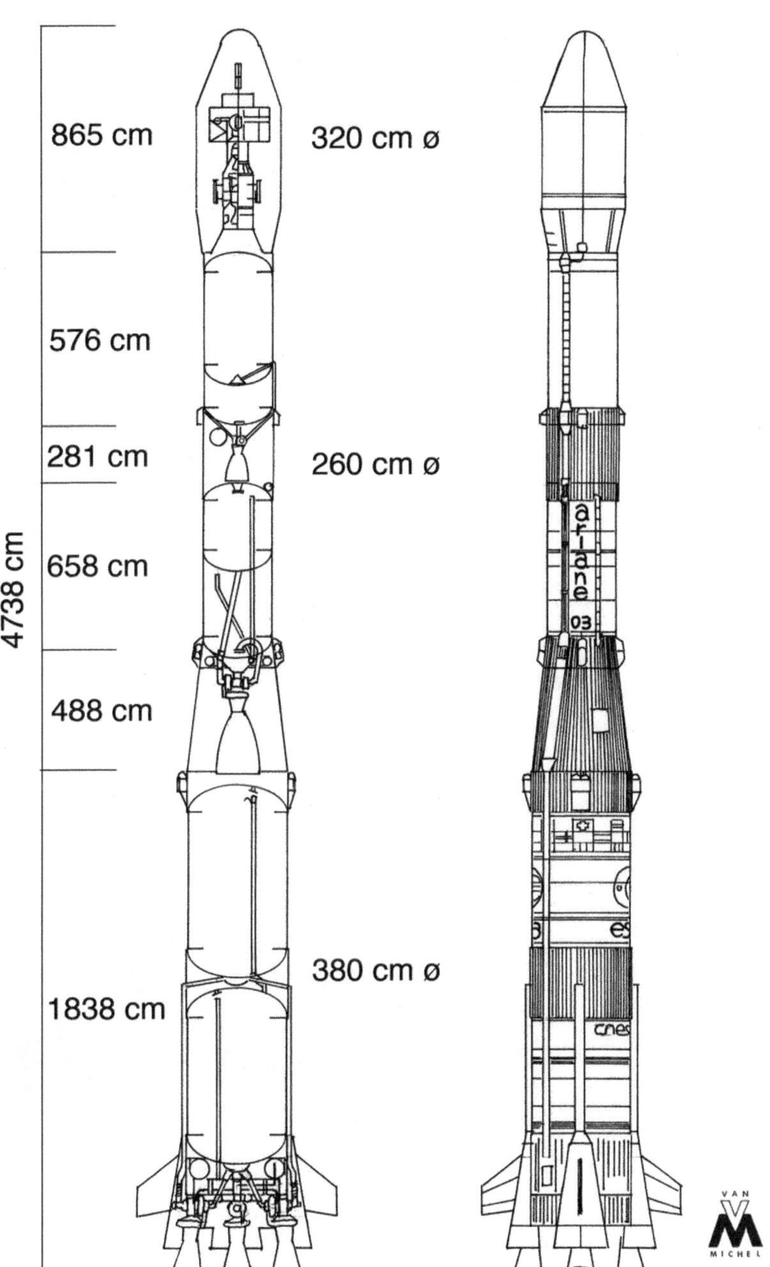
4738 cm
865 cm
320 cm ø
576 cm
281 cm
260 cm ø
658 cm
488 cm
380 cm ø
1838 cm
ariane
03
cnes
VAN
MICHEL

Quellen / Referenzen

Flight International 10.1.1976: „World's expendable Launch Vehicles“

Flight International 21.5.1977: „Ariane's Marketing begins“

Flight International, 15.7.1978: „Ariane, Space-Shuttle's rival“

Flight International 5.5.1979: „Six Ariane for ESA“

Flight International 17.2.1979: „Europe's equatorial Launch Site“

Flight International 8.12.1979: „Ariane: first flight and after“

Flight International 7.3.1981: „Arianespace outlines marketing policy“

Flight International 11.9.1982: „Ariane earns its keep“

Flight International 25.9.1982: „Ariane's problem tackled“

Flight International 28.8.1996: „France's Cerise is first official debris victim“

Harry Ruppe: „Die grenzenlose Dimension Raumfahrt“ Band 2 (S.151-160, 206 ff)

ESA: BR-250 ESA Achievements

ESA: SP-1235: „A History of the European Space Agency 1958 – 1987“

Hans-Martin Fischer: „Europas Trägerrakete Ariane“

T.E. Esch: „Raumfahrtantriebe“

Werner Büdeler: „Raumfahrt in Deutschland“

Didier Capdevila: „Capcom Espace“ (http://www.capcomespace.net)

P.M. Computerheft 3/85 S30-37, “Weltraumcomputer”

Ariane 2 und 3

Schon bei den Versuchsflügen der Ariane in den Jahren 1979 bis 1982 wurde deutlich, dass die Ariane 1 über mehr Leistung verfügte, als zunächst erwartet worden war. Die Ariane 1 war mit dem Ziel entwickelt worden, zwei Delta-2900 Nutzlasten (je 705 kg mit Sylda) oder die Nutzlast der Atlas-Centaur (1.860 kg) transportieren zu können.

In der Zwischenzeit blieb die Konkurrenz nicht stehen. Die 1975 eingeführte Delta-3914 transportierte nun 930 kg in den GTO-Orbit, und ab 1982 sollten es mit der Delta-3925 sogar 1.200 kg sein. Auch die Atlas Centaur wies nun eine Einzelstartnutzlast von 2.175 kg auf, die auch von den Satelliten der Intelsat VA Serie benötigt wurde.

Die größte Bedrohung ging nach Ansicht der ESA jedoch vom Space-Shuttle aus, der mit der PAM-D Oberstufe bis zu vier Nutzlasten zu je 1.200 kg kostengünstig in den geostationären Transferorbit befördern konnte.

Eine Erweiterung der Ariane war also unumgänglich. Schon vor dem Jungfernflug der Ariane 1, Schon 1979, gab es daher Pläne der CNES für eine Leistungssteigerung der Rakete auf eine Nutzlast von 2.300 bis 2.400 kg. Dies wurde von der ESA 1980 beschlossen und führte zum Bau von Ariane 2 und 3. Die Erweiterung kostete nur 144 MAU, was etwa 14% der Ariane 1 Entwicklungskosten entsprach. Die Ariane 2 sollte 1.950 bis 2.000 kg Nutzlast aufweisen und war als Konkurrenz zur Atlas Centaur (Einzelstarts schwerer Satelliten) die Ariane 3 würde mit einer Nutzlast von 2.300 bis 2.400 kg zwei Delta 3914 Nutzlasten transportieren können.

Die geplante Nutzlast beruhten auf der projektierten Nutzlast der Ariane 1. Da deren Drittstufe jedoch eine erheblich bessere Leistung als erwartet aufwies, übertraf die Ariane 2 mit 2.210 kg und die Ariane 3 mit 2.580 kg Nutzlast die Planungen deutlich. Die Entwicklung war relativ preiswert, weil die ESA im wesentlichen bei Ariane 2 Reserven der Triebwerke ausnutzte. Der Brennkammerdruck wurde in allen Triebwerken leicht angehoben. Dadurch war es möglich, die dritte Stufe zu verlängern und mehr Treibstoff mitzuführen.

Ariane 2 und 3 unterschieden sich nur in den beiden je 9,7 t schwere Feststoffboostern, die an der Ariane 3 angebracht waren. Etwa 65% der Entwicklungskosten entfielen auf diese, von SNIA in Italien, gebauten Booster. Neben den Kosten war eine zweite wichtige Rahmenbedingung, dass alle Veränderungen an der Rakete mit dem vorhandenen Startplatz kompatibel sein mussten. Denn ein Umbaus hätte bedeutet, dass während dieser Zeit keine Ariane 1 hätte starten können.

Die Startkosten betrugen 371 (Ariane 2) beziehungsweise 420 Millionen Francs (Ariane 3). Vor allem die Doppelstartfähigkeit für die aktuell verfügbaren Satelliten bei etwa gleich bleibenden Produktionskosten war sehr wichtig für Arianespace. Ein Start eines Satelliten der Delta-2 Klasse auf der Ariane 3 kostete einen Kunden 34 Millionen Dollar.

Ein weiterer wichtiger Punkt war es, die Startrate zu steigern. Dazu trug die Ende 1985 fertiggestellte ELA-2 Startrampe bei, welche die Startvorbereitungszeit halbierte. Bei ELA 1 gab es einen Starttisch, auf dem die Rakete zusammengebaut wurde und schließlich zur Startrampe gefahren wurde. So war die Startrampe während dieser Zeit blockiert, selbst wenn die Rakete noch in anderen Gebäuden vorbereitet wurde. Damit war die Startzahl auf maximal fünf pro Jahr begrenzt. ELA 2 trennte die Startvorbereitung an der Rampe von der Montage der Rakete. So wurde eine Steigerung der Startzahl auf sieben Flüge für 1985 und sogar acht für die folgenden Jahre anvisiert. Fehlschläge bei den Flügen V15 und V18 verhinderten jedoch, dass dieses ehrgeizige Ziel erreicht wurde.

Die Entwicklung der Ariane 2 und 3 wurde von der ESA durchgeführt. Allerdings war Ariane immer noch kein „richtiges“ ESA Projekt, sondern ein gemischtes ESA/CNES Vorhaben mit jeweils 50% Beteiligung beider Weltraumagenturen.

Bereits im Vorfeld war eine Bergung der ersten Stufe der Ariane 3 im Gespräch. Ideen dafür hatte es schon bei der Ariane 1 gegeben. Grundlage dafür war ein Experiment bei dem Erstflug der Ariane 1 gewesen. Ein Flugzeug der französischen Luftwaffe beobachtete den Aufschlag der ersten Stufe im Wasser und dirigierte ein Schiff der französischen Marine vor Ort. Obwohl die Tanks der ersten Stufe kurz nach der Stufentrennung pyrotechnisch aufgetrennt worden waren, schwamm die Stufe noch einige Zeit auf dem Wasser. Das gab den Plänen weiteren Auftrieb, den Absturz der Stufe mittels Fallschirmen zu bremsen und sie dann zu bergen. Drei Fallschirme mit einer Fläche von 2.600 m² sollten die Fallgeschwindigkeit auf rund 10 bis 15 m/s senken. Das notwendige System hätte 600 kg gewogen und die Nutzlast um rund 50 kg verringert. Dafür wäre der Startpreis um rund 15% gesunken. Ziel war nicht die Wiederverwendung der ganzen ersten Stufe, sondern nur des 3,80 m hohen Schubgerüstes mit den vier Viking Triebwerken, die alleine einen Wert von drei Millionen Pfund darstellten.

Als jedoch klar wurde, dass die Ariane auch ohne Bergung der ersten Stufe eine ernsthafte Konkurrentin des Space-Shuttle darstellte, gab die ESA diese Pläne auf.

Der Einsatz

Als Ariane 1 die ersten Flüge aufnahm, waren die Konkurrenten die US-Trägerraketen: die Delta bei kleinen Satelliten und die Atlas-Centaur bei großen Nutzlasten. Mit diesen beiden etablierten Trägern konnte Ariane 1 konkurrieren. Die Gefahr am Horizont war das Space Shuttle. Er sollte Transporte zu einem wesentlich niedrigeren Preis anbieten. Im August 1982 veröffentlichte die Zeitschrift „Flight" folgenden Vergleich:

Träger/ Nutzlast	Preis Mitte 1983	Preis Mitte 1985
Ariane	45-50 Mill. $	60-67 Mill. $
Atlas-Centaur	47 Mill. $	66 Mill. $
Delta	25 Mill. $	38,7 Mill. $
Shuttle (kompletter Nutzlastraum)	37,8 Mill. $	89,7 Mill. $
Delta Nutzlast auf der Ariane	23-27 Mill. $	30-36 Mill. $
Delta Nutzlast auf dem Shuttle	13,9 Mill. $	26 Mill. $
Atlas Nutzlast auf dem Shuttle	30 Mill. $	66 Mill. $

Bis 1986, so nahm auch Arianespace an, würde Ariane noch teurer als der Space Shuttle sein. Daher war die schnelle Markteinführung der Ariane 2+3 wichtig, denn diese Modelle boten mehr Nutzlast zu einem weitgehend unveränderten Startpreis. Ariane 4 sollte dann zum Space Shuttle vergleichbare Startpreise offerieren. Durch das flexible System von Boostern, sollte es möglich sein, die Rakete an die Nutzlast anzupassen. Doch während Arianespace für diesen Preis kostendeckend arbeiten konnte, war es beim Space Shuttle nicht so. Nominell war der Space Shuttle preiswerter. Er konnte vier Satelliten der Delta Klasse inklusive ihrer PAM-D Oberstufen transportieren. Doch die Kunden hatten zusätzliche Mehrkosten von 5 Millionen Dollar für die PAM-D-Oberstufe zu tragen. Es war es in der Praxis unmöglich, die Liefertermine von Kunden so abzustimmen, dass der komplette Nutzlastraum benutzt wurde - kein Space Shuttle startete mehr als drei kommerzielle Satelliten auf einmal. Bezahlt bekam dann die NASA nur den benutzten Teil des Nutzlastraumes. Weiterhin waren die Preise schon 1975 festlegt worden, lange bevor man die realen Gesamtkosten einer Mission kannte.

Als die Erprobung des Shuttle 1982 beendet war, wurde der Startpreis für die nächsten drei Jahre fix auf 71 Millionen Dollar (für den kompletten Nutzlastraum) festgelegt. Als 1985 Erfahrungen mit den wahren Startkosten des Routinebetriebs vorlagen, sollte er auf mindestens 100 Millionen Dollar erhöht werden, um die laufenden Kosten zu decken. Sollte ein Teil der Entwicklungskosten des Space Shuttles wieder durch kommerzielle Starts zurückgezahlt werden, so müsste er sogar auf 129 Millionen erhöht werden. CIA Berichte ergaben aber, das

Arianespace selbst bei 87 Millionen Dollar pro Start mit dem Space Shuttle konkurrieren könnte. Ein höherer Startpreis würde nur bedeuten, dass die Firma mehr Profite macht, denn sie könnten ihre Startpeise auch anheben. US-Trägerraketen hätten selbst bei einem deutlich höheren Preis des Space Shuttles nur geringe Chancen mit Arianespace zu konkurrieren, da Arianespace ihre Preise unterbieten könnte. So wurde im Juli 1985 der Mietpreis für die gesamte Shuttle Nutzlastbucht auf 71,4 Millionen Dollar festgelegt, obwohl damit jeder Start einer kommerziellen Nutzlast Verluste für die NASA bedeutete. Damit konnte man aber mit Arianespace konkurrieren.

Von Vorteil war für Arianespace der Startort in Französisch Guyana. Durch die Lage, viel näher am Äquator benötigen die Satelliten weniger Treibstoff um die Bahnneigung des Startortes abzubauen. Das verringerte die im Apogäum aufzubringende Geschwindigkeit von 1840 auf 1.500 m/s und sparte so rund 12-15% Masse ein. Alternativ hätte der Träger bei der zweiten Zündung über dem Äquator die Inklination reduzieren und den Orbit über den GEO anheben müssen (supersynchroner Orbit), doch dieses Manöver reduziert die Nutzlast noch stärker. Ariane 3 konnte so zwei Nutzlasten der Delta 6900 Klasse transportieren (1.400 kg Gewicht), wenn man den höheren Treibstoffbedarf berücksichtigt, während es ohne diesen Vorteil nur zwei Delta 3925 Satelliten (1.210 kg) waren. 1985 kostete ein Ariane 3 Einzelstart 60 Millionen Dollar, die Firma hatte 32 Starts im Wert von 3 Milliarden DM im Auftragsbuch, 23 davon waren bis 1988 zu starten.

Zwei Fehlschläge musste Arianespace bei insgesamt 17 Flügen der Ariane 2 und 3 hinnehmen. Bei V15 erfolgte das Zündungssignal der dritten Stufe um 0,4 Sekunden zu früh (nominell 8,4 Sekunden nach Abschaltung der zweiten Stufe). Ein Wasserstoffventil hatte sich in dieser Zeit zu stark abgekühlt und war dadurch undicht geworden. Daher konnte für mehrere Sekunden Wasserstoff austreten. Als sich dann die Gase in der Brennkammer entzünden sollten, war ein wasserstoffreiches Gas vorhanden und die Stufe zündete nicht. Die Satelliten Spacenet-3 und ECS-3 gingen bei diesem Flug verloren. Besonders blamabel an diesem Fehlschlag war, dass der französische Präsident François Mitterrand Kourou für diesen Start besuchte. Der Hersteller SEP setzte zehn Vorschläge zur Lösung dieses Problems um. Es wurde angenommen, dass die Ursache des Versagens in einem Produktionsmangel lag. Schon drei Flüge später (V18) ging Intelsat VA F14 verloren. Ursache war wiederum eine nicht erfolgreiche Zündung der dritten Stufe. Diesmal wurde eine unabhängige Untersuchungskommission eingesetzt, erstmals unter deutscher Leitung von Dr. Carl Helmut Dederra von der Firma MBB.

Es zeigte sich, dass eine um 0,2 Sekunden verzögerte Ausführung des Kommandos zur Zündung zu einer viel zu starken Explosion in der Brennkammer geführt hatte. Diese hatte eine Schockwelle erzeugt, welche sich über die Wasserstoffleitung ausbreitete und dabei Kavitation auslöste, d.h. eine Ausgasung des flüssigen Wasserstoffs in den Leitungen. Als Folge war der Wasserstoffdruck im Gasgenerator zu gering, es konnte nicht genügend Gas produziert werden, und die Turbopumpe sprang nicht an. Es wurden 14 Maßnahmen zur Beseitigung dieses Fehlers vorgeschlagen und eine neue Zündung entwickelt. Diese wurde in zwei unterschiedliche Testtriebwerke eingebaut und ab dem 4.8.1986 in Vernon getestet.

Der neue Zündmechanismus lieferte nun die dreifache bis vierfache Energie. Er hatte drei bis vier Flammen, um an verschiedenen Stellen die Zündung auslösen zu können. Die gleiche Maßnahme wurde für den Starter des Gasgenerators umgesetzt. Es wurde die freigesetzte Gasmenge deutlich erhöht und das Mischungsverhältnis beim Start des Generators verändert. Die Mischung war nun bei der Zündung sauerstoffreicher und entzündete sich leichter. Es folgte ein intensives Testprogramm, bei dem 13 Triebwerke und 30 Turbopumpen gebaut wurden. Erst 17 Monate später startete die nächste Ariane.

Dabei kam der Verlust der Satelliten zu einem extrem ungünstigen Zeitpunkt. Arianespace hatte ein prall gefülltes Auftragsbuch mit 42 Satellitenstarts und war von 1986 bis 1990 voll ausgebucht. Es gab Kritik seitens des ESA-Ministerrats, der im nächsten Jahr über die Ariane 5 Entwicklung zu beschließen hatte. Die Ariane musste nun ihre Zuverlässigkeit unter Beweis stellen und erfolgreich fliegen. In der Kritik war besonders Frankreich, weil es das Problem an der dritten Stufe alleine lösen wollte, um weiterhin alleine im Besitz des Wissens über die kryogene Technologie zu bleiben. Deutsche Firmen waren dabei nicht beteiligt.

Doch auch die Konkurrenz hatte schlechte Karten. Die Challenger war vier Monate vorher am Himmel über Florida explodiert. Nun mussten alle kommerziellen Nutzlasten auf Delta, Atlas und Titan umgebucht werden, doch diese Träger standen nicht mehr zur Verfügung. Die NASA hatte Anfang der Achtziger Jahre sukzessive immer weniger Raketen bei der Industrie bestellt. Bis Lockheed, Martin-Marietta und McDonnell-Douglas ihre Produktionsstraßen wieder voll in Betrieb genommen hatten, vergingen Jahre.

Ariane 2 und 3 – evolutionäre Änderungen

Ariane 2 und 3 unterschieden sich nur in Details von der Ariane 1. Die Ariane 2 war im wesentlichen eine in der Leistung nur leicht gesteigerte Ariane 1. Der Schub der Triebwerke in allen Stufen wurde erhöht, und damit konnte die dritte Stufe mehr Treibstoff mitführen. Sie wurde daher leicht verlängert. Sie sah auch äußerlich der Ariane 1 zum Verwechseln ähnlich.

Die Ariane 3 setzte erstmals bei einer europäischen Rakete Feststoffbooster ein, um die Atmosphäre schneller passieren zu können.

Die Feststoffbooster der Ariane 3

Die Beschleunigung durch diese Zusatzraketen sorgte dafür, dass die Ariane schnell die dichten Schichten der Atmosphäre durchqueren und so ihre Verluste durch die Luftreibung senken konnte. Die Abkürzung SPB 7.35 stand für die Bezeichnung „**S**olid **P**ropellant **B**ooster“ mit 7,35 t Treibstoff.

Jeder Booster lieferte einen Schub von 666 kN. Während seiner Brennzeit von nur 29 Sekunden steigerte er die Startbeschleunigung von 13,5 auf 19,7 m/s². Die Booster wurden erst 2 s nach dem Start in 11 m Höhe gezündet, um eine Beschädigung des Startplatzes durch die Flammen zu vermeiden. Ausgebrannt waren sie schon in 4 bis 4,8 km Höhe. Die hohe Beschleunigung bewirkt eine Reduktion der Gravitationsverluste, die dadurch entstehen, dass die Rakete eine endliche Zeit braucht, um die Orbithöhe zu erreichen, um 266 m/s. Dies ist die Hauptfunktion der Booster.

Die Masse der Booster war dadurch beschränkt, dass die Rakete mit ihnen abheben können musste, aber sie erst nach dem Start gezündet wurden. Sie waren damit kompatibel mit den schon vorhandenen Anlagen bei ELA 1.

Die Booster bestanden aus einer 5 mm dicken Hülle aus Stahl, da die gesamte Hülse als Brennkammer fungierte und bis zu 60 bar Brennkammerdruck aushalten musste. Die Segmente wurden durch Rollwalzen aus kürzeren Stücken geformt. Eine Mischung aus **E**thylen-**P**ropylen-**D**ien-**K**autschuk (EPDM) und Asbest überzog die Hülse von innen als Thermalschutz.

Die Düse bestand aus einem Kohlenstoff-Epoxidharz Verbundwerkstoff mit einer Glockendüse aus Glasfaser-verstärktem Kunststoff. Sie war nicht schwenkbar und zeigte um 14 Grad zur Vertikalachse nach außen. Die Treibstoffmischung bestand aus einem 13% CTPB-Binder

(**C**arboxy-**T**erminated **P**oly**b**utadiene) mit 16% Aluminium als Verbrennungsträger und 71% Ammoniumperchlorat als Oxidator. Die „Seele“, der Hohlraum für die Verbrennung in der Mitte des Boosters, war in Form eines sechszackigen Sterns ausgelegt. Durch die große Oberfläche ergaben sich daraus eine schnelle Verbrennung und ein hoher Startschub.

Jeweils vier Segmente bildeten einen Booster. SNIA verwendete bei Ariane 3 geschweißte Verbindungen zwischen den Segmenten, sodass es nicht zum Durchbrennen der Dichtungen wie bei der Challenger-Katastrophe kommen konnte.

Die Länge der Booster orientierte sich an derjenigen der ersten Stufe. Bei der Entwicklung der Booster gab es zwei Dinge zu beachten. Die Länge war dadurch limitiert, dass die Booster an den strukturell verstärkten Teilen der ersten Stufe angebracht werden mussten. Das war die Sektion zwischen beiden Tanks und dem Schubgerüst. Die Brenndauer war begrenzt durch die Tatsache, dass die Booster vor Erreichen der Schallgeschwindigkeit abgesprengt werden mussten, um die maximale aerodynamische Belastung zu reduzieren, denn sie hatten keine aerodynamische Form. Dies limitierte die Treibstoffzuladung und Brenndauer.

Die Abtrennung erfolgte in zwei Schritten. Zuerst wurde die Boosterhülle pyrotechnisch in der Mitte durchtrennt, damit er nach dem Absturz nicht auf dem Wasser trieb. Gleichzeitig wurde die Haltevorrichtung durchtrennt. Das Wegdrücken von der Ariane 3 besorgen dann jeweils zwei überdimensionierte Federpaare von etwa 1,50 m Länge. Acht silberne Klemmbänder umgaben die Booster und fixierten die Leitungen zur ersten Stufe, solange sie an der Stufe angebracht waren.

Die Entwicklung der Booster erfolgte zwischen 1979 und 1983. Hauptkontraktor war SNIA BPD (heute Fiat Avio), eine Firma, die später eine wichtige Rolle bei der Entwicklung der Feststoffantriebe der Ariane 4 und 5 sowie der Vega spielen sollte. Nach acht Tests am Boden galten die Booster als qualifiziert. Alle Feststoffbooster bei Ariane 3 und 4 arbeiteten problemlos.

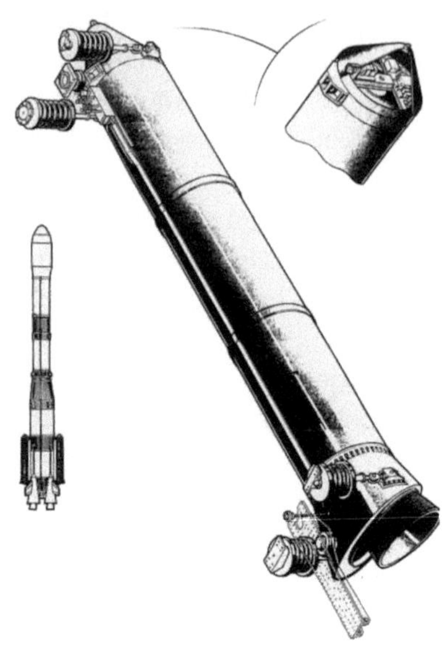

SPB 7.35	
Länge:	7,70 m
Durchmesser:	1,08 m
Startgewicht:	9.663 kg
Treibstoffe:	7.350 kg
Leergewicht:	2.313 kg (gesamt) 1.700 kg (nur Motor)
Verbrennungsdruck:	67 bar
Brennkammerlänge:	6,70 m
Düsenlänge:	0,332 m
Expansionsverhältnis:	8,3
Schub:	690 kN (Start) 770 kN (Maximal)
Brenndauer:	29 s
Gesamtimpuls:	17 MN
Spezifischer Impuls	2.363 m/s (Meereshöhe) 2.579 m/s (Vakuum)

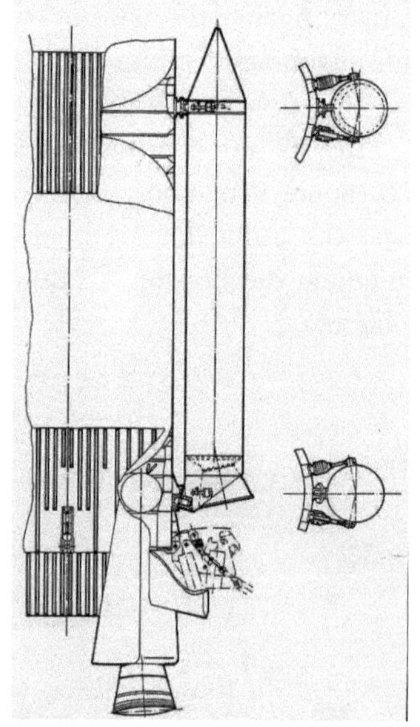

Erste und zweite Stufe

Eine weitere Leistungssteigerung erfolgte bei beiden Modellen durch die Verbesserung der Triebwerke. Bei der ersten und zweiten Stufe wurde der Brennkammerdruck von 53,5 auf 58,5 bar erhöht. Dadurch konnte der Schub um 9% gesteigert werden. Die Brennzeit der Triebwerke nahm dafür leicht ab.

Der höhere Schub bedeutete vor allem eine Verringerung der Gravitationsverluste beim Aufstieg und erlaubte es, die Nutzlasthülle früher abzutrennen. Theoretisch möglich war eine Erhöhung des Brennkammerdrucks bis auf 60 bar. Um jedoch die maximale aerodynamische Belastung bei der Ariane 3 zu reduzieren, wurde der Druck auf 58,5 bar begrenzt. Um die neuen Triebwerke von der letzten Generation zu unterscheiden, erhielten sie das Suffix „B“, also Viking-5B und Viking-4B.

Gleichzeitig wurde in den ersten beiden Stufen anstatt UDMH die Treibstoffmischung UH25 (25% Hydrazinhydrat und 75% UDMH) eingeführt. Dies war schon nach den Erfahrungen mit einer Verbrennungsinstabilität bei Start L02 geplant worden. Da UH25 eine etwas höhere Dichte als UDMH hat, änderte sich das Mischungsverhältnis von 1,85 auf 1,71 und die Treibstoffmenge nahm leicht zu.

Geringe Anpassungen an den Drehzahlen der Turbopumpen waren ebenfalls erforderlich. Da die Triebwerke bei einem höheren Verbrennungsdruck eher zu einer Verbrennungsinstabilität neigten, war dieser Schritt notwendig. UH25 hatte eine etwas geringere Energieausbeute als UDMH, doch wurde dies durch den höheren Schub und die höhere Treibstoffzuladung kompensiert.

Beim neuen Produktionslos wurde die Gelegenheit genutzt, Erfahrungen aus dem laufenden Betrieb zu nutzen und Optimierungen vorzunehmen. So wurden die Vorräte an Wasser für die Gasgeneratoren nach den Erfahrungen mit der Ariane 1 etwas reduziert. Das Gewicht der zweiten Stufe verringerte sich, weil eine von vier Heliumflaschen eingespart werden konnte. Der Adapter zur zweiten Stufe wog durch neue Werkstoffe nur noch 380 kg anstatt 475 kg.

Die erste Stufe wurde an der Zwischentanksektion strukturell verstärkt, um die erhöhten Kräfte der beiden Feststoffbooster von jeweils 70 t Schub aufnehmen zu können. An der zweiten Stufe wurden, bis auf den Einsatz des neuen Viking-4B Triebwerks und einer leichten Reduktion der Leermasse, keine Änderungen vorgenommen.

Bei der zweiten Stufe verlagerte man die Trennraketen, welche die Stufe bei Stufentrennung gegenüber der dritten Stufe verlangsamten nach unten an das Heck, nachdem sie bei Ariane

1 am Bug waren. Da die Nutzlastverkleidung während des Betriebs der zweiten Stufe abgesprengt wurde, war die Gefahr, dass die Abgase der Stufentrennungsraketen die Nutzlast beschädigen oder Optiken verunreinigen so geringer. Die eingesparte Heliumflasche wurde durch einen höheren Druck (320 anstatt 200 bar) bei den anderen drei Flaschen kompensiert und auch 570 anstatt 537 l Wasser zugeladen.

Die Veränderungen an der ersten und zweiten Stufe brachten insgesamt 60 kg mehr Nutzlast. Erheblich höher konnte man die Nutzlast steigern durch die Verlängerung der dritten Stufe.

L140	
Länge:	18,40 m
Durchmesser:	3,80 m, Spannweite 7,50 m mit Fins
Trockengewicht:	14.070 kg
Treibstoffe:	147.700 kg maximal, 145.000 kg nominal, 94.200 kg NTO, 50.800 kg UH25
Startgewicht:	160,7 t
Triebwerke:	4 × Viking 5B je 660 kN Schub (Meereshöhe) / 710 kN (Vakuum)
Schub:	2640 kN (Meereshöhe), 2840 kN (Vakuum)
Wasser:	2.300 kg
Zwischenstufenadapter:	3,30 m Höhe, 380 kg Gewicht
Tankdruck:	5 bar
Brenndauer:	138 -144 s
L33	
Länge:	11,60 m
Durchmesser:	2,60 m
Trockengewicht:	3.100 kg
Treibstoffe:	Max. 34.600 kg, 21.800 kg NTO, 11.800 kg UH25
Startgewicht:	37.230 kg (typ), 37.700 kg (maximal)
Triebwerk:	1 × Viking 4B mit 786 kN Schub (Vakuum)
Rollmoment:	max 1000 Nm
Brenndauer:	126 s

Dritte Stufe

Wesentliche Änderungen gab es bei der dritten Stufe. Der Brennkammerdruck wurde von 30 auf 35 bar erhöht und die Düse um 20 cm verlängert. Aus dem HM-7A Triebwerk entstand so das HM-7B mit einem größeren Schub und einem höheren Expansionsverhältnis.

Die wichtigste Veränderung aber war die Verlängerung des Tanks um 1,29 m auf 7,60 m Länge. Dadurch konnten nun 10,8 t statt 8,3 t Treibstoff mitgeführt werden. Die Brenndauer stieg damit von 563 auf 720 Sekunden. Die Verlängerung des Tanks war limitiert durch die Herstellungsmethoden bei Air Liquide und die Höhe des Service Turms.

Angepasst wurde das Kaltgassystem für die Kompensation des Rollmoments und die Ausrichtung der Nutzlast (gegebenenfalls auch deren Aufspinnen) an die größeren Nutzlasten. Es war nun für ein maximales Rollmoment von 800 Nm und 13.500 Nm für Spinnmanöver ausgelegt.

Ein weiterer Vorteil war, dass Ariane 2 und 3 durch die längere Brennzeit der letzten Stufe eine niedrigere Inklination der Bahn erreichten. Der Startplatz der Ariane in Kourou lag zwar auf 5,5 Grad nördliche Breite, aber die Rakete musste in Richtung Nord-Ost starten, um zu verhindern, dass bei einem Fehlstart die Trümmer auf bewohntes Gebiet um Cayenne und Kourou fallen konnten. Erst über dem Meer konnte die Rakete nach Süden schwenken. So war die dritte Stufe von Ariane 1 bereits ausgebrannt, bevor sie den Äquator erreichte. Diese Rakete erreichte deshalb nur eine Inklination von 10-11 Grad zum Äquator. Bei Ariane 2 und 3 waren es durch die längere Brennzeit hingegen 8 Grad.

Durch eine Änderung der Trajektorie konnte die Inklination sogar auf 3 Grad verringert werden, allerdings benötigte diese Flugbahn dann mehr Treibstoff. Dies wurde bei einigen Flügen getan, bei denen nicht die maximale Nutzlast transportiert werden musste.

H-10	
Länge:	11,40 m
Durchmesser:	2,60 m
Trockengewicht:	1.240 kg, 1.360 kg (bei der Zündung)
Treibstoffe:	Maximal 10.800 kg: 8.875 kg LOX, 1.925 kg LH2 67 kg nicht nutzbare Reste
Tank:	7,08 m Länge, 2,60 m Durchmesser
Mischungsverhältnis:	4,61 (LOX / LH2)
Tankdruck:	2,9 bar LH2, 2,0 bar LOX
Stufenadapter:	2,70 m Höhe, 265 kg Gewicht
Triebwerk:	1 × HM-7B mit 64,8 kN Schub
Brenndauer:	720 s

Das Triebwerk HM-7B

Der Antrieb HM-7B unterschied sich in zwei Punkten vom HM-7 der Ariane 1. Der Brennkammerdruck wurde von 30 auf 35 bar erhöht und die Düse um 20 cm verlängert. Daraus resultierte ein höheres Expansionsverhältnis von 83,2 statt 62,5. Beide Maßnahmen zusammen erhöhten den spezifischen Impuls des Triebwerks von 4315 auf 4.374 m/s.

Die Sauerstoff-Turbine musste eine etwas höhere Drehzahl aufbringen, vor allem aber musste der Förderdruck gesteigert werden.

Der Schub stieg von 61,7 auf 64,8 kN. Das Verhältnis von Sauerstoff zu Wasserstoff war etwas höher als beim HM-7 und lag bei rund 5,2 Teilen LOX zu 1 Teil LH2.

In dieser Form wurde das HM-7B auch bei der Ariane 4 und der ESC-A Oberstufe der Ariane 5 eingesetzt. Lediglich für den Einsatz auf der ECS-A Oberstufe musste eine Neuqualifikation erfolgen, da die Brennzeit um ein Drittel anstieg.

HM-7B Daten	
Schub:	64,8 kN
Spezifischer Impuls:	4.374 m/s
Brennkammerdruck:	35 – 37 bar
Mischungsverhältnis:	5,2 (LOX / LH2)
Leistung:	152 MW
Treibstoffverbrauch:	14,8 kg/s
Länge:	2,01 m
Max. Durchmesser:	0,99 m
Gewicht:	165 kg (Triebwerk), 70 kg (Brennkammer)
Gasgenerator:	0,26 kg Treibstoff/s 24 bar Ausgangsdruck, 880 K Gastemperatur
Leistung Turbopumpe:	405 kW, (332 kW LH2, 73 kW LOX Turbopumpe) Drucksteigerung: LH2: Von 3 auf 55 bar Drucksteigerung: LOX: Von 2 auf 50 bar
Drehzahl:	60.800 U/min LH2, 13.000 U/min LOX
Expansionsverhältnis:	83,1

Sylda und Nutzlastverkleidung

Die Sylda war für relativ kleine Satelliten ausgelegt und wie sich bei der Ariane 1 zeigte, zu klein. Sie wurde um 50 cm verlängert. Das nutzbare Volumen stieg so von 12 auf 14 m³, und das Gewicht erhöhte sich von 140 auf 190 kg. Die Sylda konnte nun einen Satelliten von 1.040 kg Gewicht aufnehmen. Die maximalen zulässigen Abmessungen der Nutzlast waren 2,60 m Höhe und 2,10 m im Durchmesser. Diese Dimensionen waren ausreichend für die Satelliten der Delta-3920 Klasse.

Die Nutzlastverkleidung wurde ebenfalls angepasst und endete bikonisch. An dieser veränderten Spitze ist eine Ariane 2 von der Vorgängerversion zu unterscheiden. Der zylindrische Teil der Nutzlastverkleidung verlängerte sich um 66 cm, um der Sylda mehr Platz zur Verfügung zu stellen.

Die nutzbare Höhe im zylindrischen Teil betrug nun 3,90 m beim Einsatz der Sylda und 4,40 m bei Einzelnutzlasten. Dieses Raumangebot war ausreichend für zwei Satelliten der Delta Klasse.

Bei der Ariane 1 musste der obere Satellit noch relativ klein sein. Die Sylda war bei dieser Rakete nur einmal eingesetzt worden, wobei der obere Satellit (Sirio 2) lediglich 420 kg wog. Zwar wurde die Sylda später auch für die Ariane 4 angeboten, doch die Satelliten waren inzwischen zu groß geworden, und die Spelda der Ariane 4 verringerte den Raum für den oberen Satelliten nicht. Deswegen wurde die Sylda nur wenige Male bei Ariane 4 eingesetzt. Zehn Jahre nach dem letzten Ariane 3 Start sollte die Sylda aber in einer modernisierten Version bei der Ariane 5 als

Sylda-5 erneut zum Einsatz kommen. Die gegenüber der Ariane 1 um etwa 700 kg größere Nutzlast der Ariane 3 machte nun den Transport zweier Nutzlasten der Delta-Klasse zum Regelfall. Nur ein Ariane 3 Start fand ohne Sylda statt. Dies war bei V32, mit dem extrem schweren Nachrichtensatelliten Olympus der Fall.

Die Ariane 3 war als eigentliche Nachfolge der Ariane 1 vorgesehen und hatte ihren Erststart am 4.8.1984 mit V10. Die Ariane 2 wurde nur bei großen und schweren Einzelsatelliten eingesetzt, für die sich kein zweiter, leichter Satellit für die Sylda fand. Der Erststart einer Ariane 2 erfolgte erst zwei Jahre später, am 3.5.1986 mit V18.

Insgesamt starteten elf Ariane 1 (1979 bis 1986), sechs Ariane 2 (1986 bis 1989) und elf Ariane 3 (1984 bis 1989). Der letzte Start einer Ariane 3 fand am 12.7.1989 statt. Damit flogen in der Zeit von 1979 bis 1989 insgesamt 28 Exemplare der Ariane 1 bis 3.

Start einer Ariane 2 und 3

Das Startprofil der Ariane 2 und 3 unterschied sich kaum von dem der Ariane 1. Neu war die Zündung der Feststofftriebwerke. Damit die Gase der Booster nicht vom Starttisch zurückprallten und auf das Heck der ersten Stufe trafen, wurden sie erst sieben Sekunden nach Zündung der Haupttriebwerke und 3,5 Sekunden nach dem Abheben in rund 12 m Höhe gezündet. Das Abtrennen der Booster erfolgte zwei Sekunden nach ihrem Ausbrennen und noch vor dem Erreichen der Schallgeschwindigkeit.

Auffällig bei dem Startprofil der Ariane 3 war eine ausgeprägte „Delle“, die von dem hohen Schub der Feststofftriebwerke herrührte. Dieser hohe Schub bewirkte, dass die Rakete anfangs eine hohe vertikale Beschleunigung aufbaute. Es benötigte die dritte Stufe nun aber mehr Zeit, um die Kreisbahngeschwindigkeit zu erreichen. Da sie mehr Treibstoff mitführte, und die Nutzlast schwerer war, sank die Bahn der Ariane zunächst ab, bis schließlich die leichter werdende H-10 mit der Nutzlast die Kreisbahngeschwindigkeit erreichte und die weitere Beschleunigung den Abstand zur Erde wieder ansteigen ließ.

Ariane 1 hatte den höchsten Punkt in der Aufstiegsbahn bei 220 km und einen Niedrigsten bei 200 km. Bei der Ariane 3 stieg der höchste Punkt auf 260 bis 285 km, und der niedrigste sank auf 195 km ab.

Ein weiterer Vorteil der verlängerten Brenndauer der dritten Stufe war, dass sich die H10 nun längere Zeit über dem Äquator befand und so die Inklination der Bahn abgebaut werden konnte. Diese betrug bei Ariane 1 noch rund 10 bis 11 Grad, bei Ariane 2 und 3 hingegen nur noch 8 Grad.

Die Startfrequenz konnte ab 1986 mit der Fertigstellung von ELA 2 gesteigert werden, da nun eine zweite Startrampe zur Verfügung stand. Drei der 18 Starts fanden von ELA 2 aus statt. Eine Ariane 3 weihte auch ELA 2 am 28.3.1986 ein. Nach dem letzten Start wurde ELA 1 eingemottet und im Juni 1991 der Startturm abgerissen.

Startprofil

Zeit (T – x)	Ereignis
- 28h 15 min	Start der Konfiguration der Bodenanlagen
- 25 h 30 min bis – 21 h 45 min	Befüllung der ersten und zweiten Stufe mit NTO
- 18 h 30 min bis – 14 h 30 min	Befüllung der ersten und zweiten Stufe mit UDMH / UH25
- 11 h 30 min bis – 11 h 00 min	Überprüfung der Stufen 1 und 2
- 11 h bis – 6h	Geplanter Haltepunkt
- 7 h 50 min bis – 5 h 00 min	Vorbereitung in der Missionskontrolle
- 5 h 55 min	Wiederaufnahme des Countdowns, Druckbeaufschlagung der dritten Stufe
- 4 h 50 min bis – 3 h 20 min	Druckbeaufschlagung Druckgas zweite Stufe
- 5 h 15 min bis – 4 h 55 min	Tests der Funkverbindung der Stationen zum CSG
- 4 h 55 min bis -1 h 05 min	Funkstille
- 3 h 20 min	Beginn der Befüllung der dritten Stufe
- 2 h 40 min bis – 1 h 40 min	Druckbeaufschlagung der Treibstofftanks der ersten und zweiten Stufe
- 2 h 04 min bis – 1 h 05 min	Funktionskontrollen des Trägers
- 1 h 05 min	Druckaufbau der Heliumflasche der dritten Stufe, Ende der Betankung
- 55 min	Beginn der Funktionskontrolle des Satelliten
- 50 min	Laden des OBC Programms, Ende Druckbeaufschlagung des Heliums
- 8 min	Einholung des „Grün“ Status aller Stationen und Umstellung der Satelliten auf Bordstromversorgung
- 6 min	Beginn des Endcountdowns („synchroniced Sequence“)
- 3 Min 30 s	Ende Nachfüllens von Treibstoff bei der dritten Stufe um Verdampfungsverluste auszugleichen.
- 1 min	Umstellung der Rakete auf Bordstromversorgung
- 9 s	Entriegeln der Inertialreferenzplattform
- 4 s	Rückzug der Tankarme von der dritten Stufe
0	Zündung der Triebwerke der ersten Stufe
+3 s	Abheben

Die folgende Tabelle zeigt den Flugablauf einer Ariane 3 nach dem Zünden der Triebwerke bei T = 0:

Zeit (T + x)	Ereignis
+ 3,4 s	Abheben
+ 7,2 s	Zündung der PAP
+ 10 s	Ende der vertikalen Aufstiegsphase und Beginn des Neigeprogramms
+ 39,2 s	Abtrennung PAP
+ 138,2 s	Schub der ersten Stufe unter 50% des Ausgangswertes
+ 140,6 s	Zündung der Beschleunigungsraketen der zweiten Stufe
+ 143,2 s	Stufentrennung
+ 143,1 s	Zündung der zweiten Stufe
+ 146,7 s	Zweite Stufe erreicht Nominalschub
+ 150,6 s	Abtrennung der Beschleunigungsraketen der zweiten Stufe
+ 153,2 s	Start des Führungsprogramms im OBC
+ 221,6 s	Abtrennung Nutzlastverkleidung
+ 269,9 s	Brennschluss zweite Stufe
+ 270,6 s	Zündung der Beschleunigungsraketen der dritten Stufe
+ 274,6 s	Trennung zweite und dritte Stufe
+ 278,3 s	Zündung HM-7B
+ 289,8 s	HM-7B erreicht Nominalschub
+ 375 s	Natal hat Radarkontakt
+ 775 s	Ascension Island hat Radarkontakt
+ 895 s	Akakro hat Radarkontakt
+ 997,8 s	Herunterfahren des HM-7B
+ 999,2 s	Orbitalgeschwindigkeit ist erreicht
+ 1001,2 s	Beginn der räumlichen Ausrichtung der H-10
+ 1076,2 s	Beginn der Rotation
+ 1103,6 s	Ende der Rotation (10 U/min) und Abtrennung des oberen Satelliten
+ 1106,6 s	Beginn des Despin-Manövers
+ 1204 s	Öffnung der Sylda
+ 1209 s	Neue Ausrichtung der dritten Stufe für den zweiten Satelliten
+ 1276,8 s	Beginn der Rotation
+ 1304,4 s	Ende der Rotation und Abtrennung des unteren Satelliten
+ 1308,4 s	Ende der Ariane 3 Mission

Die folgende Tabelle informiert über die wesentlichen Unterschiede im Missionsablauf der einzelnen Ariane Versionen. Alle Geschwindigkeiten beziehen sich auf die Relativbewegung zum Erdboden. Für die Orbitalgeschwindigkeit muss noch die Rotationsgeschwindigkeit der (Erde 465 m/s am Äquator) addiert werden.

Ereignis	Ariane 1	Ariane 2	Ariane 3
Abtrennung SPB Booster: Höhe: Geschwindigkeit:			34 s 4,8 km 255 m/s
Stufentrennung erste Stufe: Höhe: Geschwindigkeit:	154 s 57 km 1.810 m/s	144 s 51 km 1.850 m/s	138 s 55 km 2.100 m/s
Abtrennung Nutzlastverkleidung: Höhe: Geschwindigkeit:	250 s 108 km 3.250 m/s	225 s 107 km 3.040 m/s	218 s 108 km 3.165 m/s
Stufentrennung zweite Stufe: Höhe: Geschwindigkeit:	298 s 138 km 4.740 m/s	273 s 146 km 4.470 m/s	273 s 147 km 4.725 m/s
Brennschluss dritte Stufe: Höhe: Geschwindigkeit:	870 s 212 km 9.755 m/s	994 s 210 km 9.755 m/s	994 s 216 km 9.750 m/s

Typenblatt Ariane 2 und 3

Länge: maximaler Durchmesser: Startgewicht:	48,90 m 3,80 m 219 t (Ariane 2), 240 t (Ariane 3)
Einsatzzeitraum: Starts: Fehlstarts: Zuverlässigkeit:	1984 – 1989 6 × Ariane 2, 11 × Ariane 3 2 81,8%

Nutzlast:		Ariane 2	Ariane 3
	GTO-Orbit	2.210 kg	2.580 kg
	SSO-Orbit	3.000 kg	3.450 kg
	Fluchtkurs	1.100 kg	1.300 kg

Stufe 1 L140	
Länge: Durchmesser: Startgewicht: Leergewicht: Triebwerk: Schub: Brenndauer: Treibstoff: Spezifischer Impuls:	18,40 m 3,80 m 160.900 kg 14.070 kg 4 Triebwerke Viking-5B 4 × 680 kN (Meereshöhe) 4 × 710 kN (Vakuum) 135 s NTO / UDMH 2.432 m/s (Meereshöhe), 2.756 m/s (Vakuum)

Feststoffbooster SPB 7.35 (nur Ariane 3)	
Länge: Durchmesser: Startgewicht: Leergewicht: Schub: Brenndauer: Treibstoff: Spezifischer Impuls:	7,70 m 1,06 m 9.663 kg 22.313 kg 690 kN 29 s Ammoniumperchlorat / Aluminium / Kunststoff 2.363 m/s (Meereshöhe) 2.579 m/s (Vakuum)

Stufe 2 L33	
Länge: Durchmesser: Startgewicht: Trockengewicht: Triebwerk: Schub: Brenndauer: Treibstoff: Spezifischer Impuls:	11,60 m 2,60 m 37.230 kg 3.100 kg 1 × Viking-4B 798 kN (Vakuum) 126 s NTO / UDMH 2.936 m/s

Stufe 3 H10	
Länge: Durchmesser: Startgewicht: Leergewicht: Triebwerke: Schub: Brenndauer: Treibstoff: Spezifischer Impuls (Vakuum):	9,90 m 2,60 m 12.036 kg 1.336 kg 1 × HM-7B 64,8 kN (Vakuum) 720 s LOX / LH2 4.356 m/s
VEB	
Länge: Durchmesser: Gewicht:	1,15 m 2,60 m 319 kg
Nutzlasthülle	
Länge: Durchmesser: Gewicht:	8,65 m 3,20 m 826 kg
Sylda	
Länge: Durchmesser: Gewicht:	14 m³ 3,20 m 190 kg

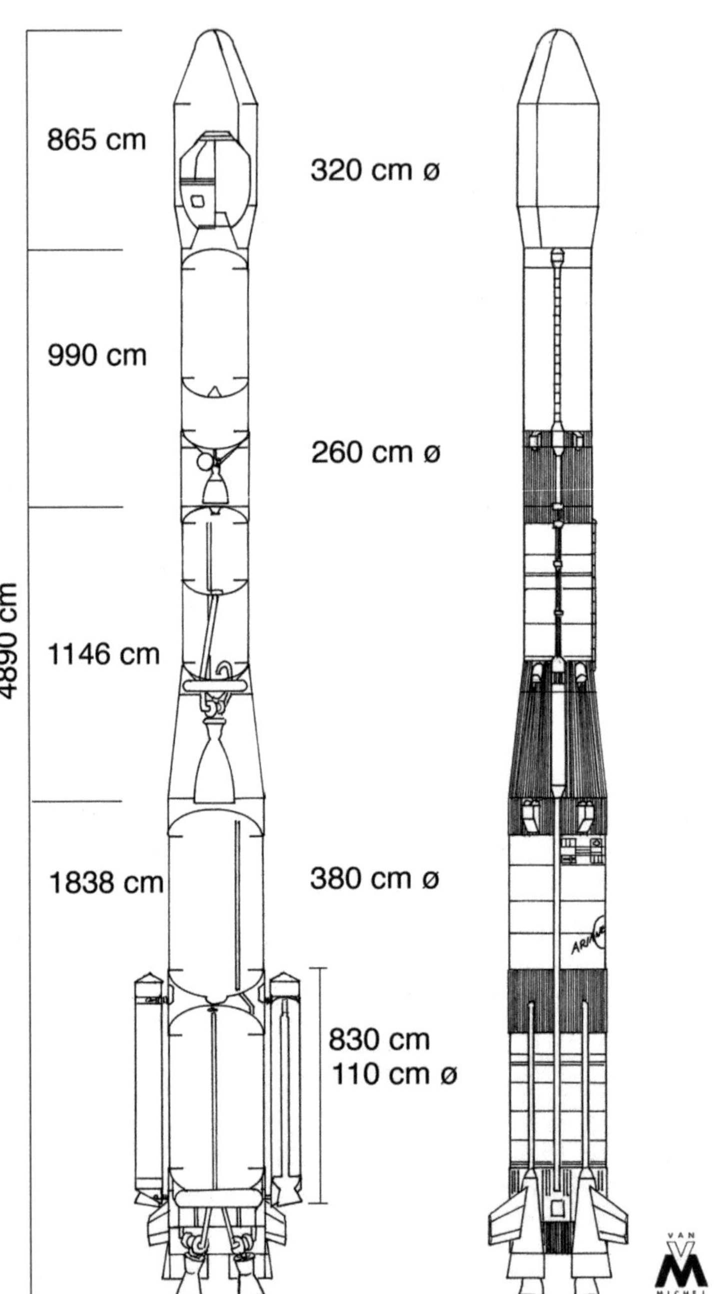
865 cm
320 cm ø
990 cm
260 cm ø
4890 cm
1146 cm
1838 cm
380 cm ø
830 cm
110 cm ø
VAN
M
MICHEL

Ariane 2 und 3 Starts

Erfolg	Datum	Nutzlast	Trägerrakete	Start	Startplatz
√	04.08.1984	ECS 2 + Telecom 1A	Ariane 3	V10	CSG ELA1
√	10.11.1984	Marecs 2 + Spacenet F2	Ariane 3	V11	CSG ELA1
√	08.02.1985	Brasilsat 1 + Arabsat 1A	Ariane 3	V12	CSG ELA1
√	08.05.1985	Telecom 1B + Gstar 1	Ariane 3	V13	CSG ELA1
—	12.09.1985	Spacenet F3 + Eutelsat I F-3	Ariane 3	V15	CSG ELA1
√	28.03.1986	Brasilsat 2 + Gstar 2	Ariane 3	V17	CSG ELA2
—	31.05.1986	INTELSAT VA F14	Ariane 2	V18	CSG ELA1
√	16.09.1987	Aussat K3 + Eutelsat I F4	Ariane 3	V19	CSG ELA1
√	21.11.1987	TV-SAT	Ariane 2	V20	CSG ELA2
√	11.03.1988	Spacenet 3R + Telecom 1C	Ariane 3	V21	CSG ELA1
√	17.05.1988	INTELSAT VA F13 (NSS 513)	Ariane 2	V23	CSG ELA1
√	21.07.1988	Insat 1C + Eutelsat I F-5	Ariane 3	V24	CSG ELA1
√	08.09.1988	SBS 5 + Gstar 3	Ariane 3	V25	CSG ELA2
√	28.10.1988	TDF 1	Ariane 2	V26	CSG ELA1
√	27.01.1989	INTELSAT VA F15	Ariane 2	V28	CSG ELA1
√	02.04.1989	Tele-X	Ariane 2	V30	CSG ELA1
√	12.07.1989	Olympus	Ariane 3	V32	CSG ELA1

Quellen / Referenzen

Flight international, 6.6.1981: „Ariane begins to Mature“

Flight international, 28.8.1982: „What price a launch?“

Flight international, 11.9.1982: „Ariane earns its keep“

Flight international, 30.4.1983: „Ariane uprated“

Flight International, 15.11.1985: „SEP explains V15 failure“

Flight International, 31.12.1985: „Saving Weight in Space“

Flight international, 11.1.1986: „Satellite Launcher Directory: Europe“

Flight international, 21.5.1986: „German heads Ariane Inquiry Board“

Flight international, 20.9.1986: „Ariane's big fix“

Didier Capdevila: „Capcom Espace“ (http://www.capcomespace.net)

SNECMA: „HM-7B cryogenic engine“

Air liquide: „Space cryostats“

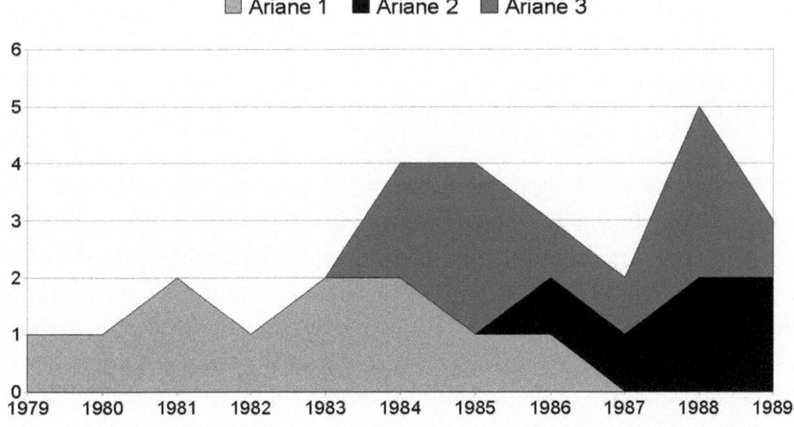

Ariane 4

Die Ariane 4 war die Antwort auf die Nachfrage nach Trägern für unterschiedlich große Satelliten. Auf Basis der Ariane 3 sollte mit ihr ein Trägersystem geschaffen werden, das ein breites Spektrum von Nutzlasten kostengünstig transportieren konnte. Dabei musste es möglichst einfach aufgebaut und preisgünstig zu entwickeln sein.

Schon während der Entwicklung der Ariane 1 hatte es Überlegungen gegeben, wie die Leistung über die Möglichkeiten der Ariane 3 hinaus gesteigert werden konnte. Die ersten Ideen von 1979 sahen eine Verlängerung der ersten Stufe um 38 Prozent, den Einbau eines fünften Triebwerks in den Schubrahmen und die Nutzung von vier Feststoffboostern vor. Die Booster sollten gegenüber den Ariane 3 Modellen verlängert werden. Diese Version hätte etwa 2.900 kg in den GTO-Orbit gebracht und wäre vergleichbar mit dem Ariane 44P Modell gewesen.

Bald erschienen diese Maßnahmen jedoch nicht mehr ausreichend. Die Satelliten wurden schwerer und bald wäre die Rakete zu klein. Es wurden in der Folge größere Feststoffbooster und Booster mit flüssigen Treibstoffen untersucht. Mitte 1982 stand dann das heutige Konzept fest. Es setzte sich gegen einen zweiten Vorschlag mit fünf Triebwerken und vier Feststoffboostern in der ersten Stufe durch. Diese Lösung hätte jedoch umfangreiche Änderungen am Triebwerksgerüst der ersten Stufe erfordert.

Realisierbar war dieses Konzept nur, indem bei der Ariane 4 die bisherige Ariane Technologie beibehalten wurde. Die gestreckte erste Stufe konnte nun 226 t Treibstoff mitführen. Wo es möglich war, wurden zur Gewichtsreduktion modernere Materialien eingesetzt.

Am stärksten wurde die Nutzlast durch Booster gesteigert. Als Booster standen verlängerte Feststoffbooster der Ariane 3 und neue Booster mit flüssigen Treibstoffen zur Verfügung. Vor allem der Anteil Italiens am Programm stieg durch die von SNIA gefertigten Feststoffbooster.

Bewilligt wurde die Ariane 4 Entwicklung nach dem Flug L05 und damit dem Abschluss des Ariane 1 Programms, das mit L04 endete. Es konnte so an dieses anschließen. Die Entwicklung sollte 207 Millionen Accounting Units (MAU) (ca. 200 Millionen Euro) kosten. Dazu kam der Bau eines weiteren, ELA-2 genannten, Startkomplexes, der weitere 102 Millionen MAU nötig machte. Der Erststart war für Mitte 1986 vorgesehen. Er verschob sich durch die Fehlstarts bei V15 und V18 auf das Jahr 1988. Diese Verschiebungen erhöhten den Finanzierungsbedarf auf 550 Millionen Dollar, zusammen mit ELA 2 waren dies 476 MAU.

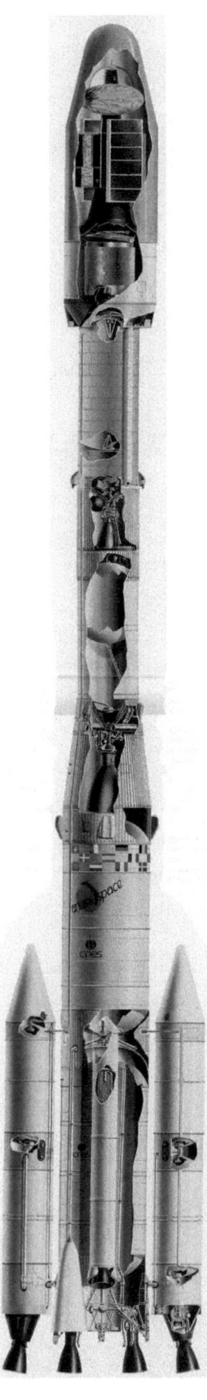

Das Designziel von Ariane 4 war eine Zuverlässigkeit von 95% – deutlich höher als die 90%, die noch für Ariane 1 geplant waren. Erreicht wurde beim letzten Flug eine Zuverlässigkeit von 97,4%.

Nation	Beteiligung
Frankreich	57,0%
Deutschland	18,2%
Belgien	4,6%
England	3,7%
Niederlande	1,1%
Spanien	2,0%
Italien	7,0%
Schweiz	1,75%
Schweden	1,2%
Dänemark	0,2%
Irland	0,1%

Der Einsatz

Der Erstflug der Ariane 4 erfolgte am 15.6.1988 mit V22. Beim Jungfernflug wurden gleich drei Nutzlasten gestartet: der Kommunikationssatellit PAS 1, der Wettersatellit Meteosat 3 und der Amateur-Funksatellit Amsat Phase IIIC. Diese profitierten von einem besonders günstigen Start, da dieser Flug als Erprobungsflug galt. Zum Einsatz kam die Ariane 44LP. Dieses Modell war durch zwei verschiedene Booster das mit der umfangreichsten Vorbereitung und dem komplexesten Startablauf.

Die Ariane 4 bot zwei wichtige Vorteile gegenüber der Ariane 3. Zum einen waren die Kosten pro Kilogramm Nutzlast geringer, da die Fertigungspreise weniger stark anstiegen als die Nutzlast. Der zweite Vorteil war, dass nun eine zur Nutzlast passende Version der Rakete eingesetzt werden konnte. Dies ermöglichte es Arianespace, von Anfang an attraktive Preise anzubieten. So wurden für einen Abschluss im Jahr 1985 folgende Kosten genannt:

- 25 bis 30 Millionen Dollar für eine PAM-D Nutzlast (1.200 kg) - bei Ariane 3 kostete diese noch 34 Millionen.

- 45 Millionen Dollar für eine PAM-D2 Nutzlast (1.850 kg) (Ariane 3: 60-67 Millionen Dollar)
- 60 Millionen Dollar für einen Intelsat VI Start (Einzelstart: 4.330 kg)

Schon 1989 war Arianespace so überzeugt von der Ariane 4, dass ein Großauftrag von 50 Trägern und 116 Flüssigboostern an die europäische Industrie vergeben wurde. Die hohe Stückzahl erlaubte es, die Kosten pro Träger weiter zu senken. Der Auftrag hatte einen Umfang von 5,4 Milliarden DM (3 Milliarden Dollar) und teilte sich wie folgt auf:

- 26 Stück Ariane 42P
- 8 Stück Ariane 44P
- 2 Stück Ariane 44LP
- 14 Stück Ariane 44L

Mit diesem Fertigungslos war eine Reduktion der Produktionskosten um 25% verbunden. Der durchschnittliche Startpreis sollte von 85 auf 60 Millionen Dollar sinken. Man glaubte damals, der Umfang dieses Loses würde bis zur Indienststellung der Ariane 5 (damals geplant für 1994/5) reichen. Doch nachdem der Space-Shuttle keine kommerziellen Starts mehr durchführen durfte, waren die Raketen aus diesem Los innerhalb von nur sechs Jahren verbraucht. Es mussten noch zweimal Nachbestellungen aufgegeben werden.

Der Start einer Ariane 4 wurde vor dem Erstflug mit 433 (Ariane 40) bis 530 Millionen Franc (Ariane 44L) taxiert. Da die 44L Version aber mehr als die doppelte Nutzlast der Ariane 40 transportierte, lag Arianespace daran, möglichst viele Ariane 44L zu starten. Das war natürlich abhängig von der zeitnahen Anlieferung zweier Satelliten. In der Regel klappte diese Bündelung von Nutzlasten, und in der ersten Dekade von 1988 bis 1997 waren Doppelstarts von Satelliten die Regel. Später wurden die Satelliten in zunehmendem Maße zu schwer für Doppelstarts. Der Startpreis stieg auch durch die Inflation an und lag am Schluss bei 115 Millionen Dollar für eine Ariane 44L.

Eine eigene Startversicherung mit günstigeren Sätzen als für andere Träger wurde angeboten. Dadurch konnte der Systempreis (einschließlich der Versicherung) attraktiv gestaltet werden.

Die Fehlstarts

Ariane 4 ist insgesamt erfolgreicher gewesen als alle ihre Vorgängermodelle. Bei insgesamt 116 Starts gab es nur drei Fehlstarts. Ihre Zuverlässigkeit lag also weit über dem anvisierten Wert von 95%.

Der erste Fehlstart (Flug V36) war mysteriös. Die Ursache war ein Putzlappen, der in einer Wasserleitung in der ersten Stufe steckte. Er verstopfte den Zufluss für ein Triebwerk. 6,2 Sekunden nach dem Start fiel als Folge der Druck in Triebwerk D der Erststufe von 58,5 auf 30 bar. Die Triebwerke A und C wurden daraufhin 8,5 Sekunden lang um 1,2 Grad gedreht, um den Schubverlust auszugleichen. Mit steigenden aerodynamischen Lasten wurde der Korrekturausschlag der anderen Triebwerke immer größer. Nach 90 Sekunden erreichten sie das Maximum. Danach konnte die Rakete nicht mehr in die aerodynamisch günstigste Lage gedreht werden. Elf Sekunden später gab es Brüche in der Struktur, und die Selbstzerstörung wurde initiiert. Die beiden japanischen Satelliten Superbird B und BS-2X im Wert von 430 Millionen Dollar gingen verloren. Die Trümmer konnten in Französisch-Guayana geborgen werden und ermöglichten es die Ursachen herauszufinden.

Die französische Zeitung „Le Monde“ vermutete Sabotage. In der ganzen Produktion wurden anstatt Stofftücher nur Spezialpapiere benutzt. Zudem war das Tuch zweimal geknotet. Während der Weihnachtspause 1989/90 war die erste Stufe praktisch unbeaufsichtigt in einer Halle im CSG gestanden.

Es war auch eine zweite Anomalie aufgetreten, die aber nicht verantwortlich für den Fehlstart war. In einem der PAL-Booster (PAL 3) brach 2,4 s nach der Zündung ein Feuer aus. Dieses wurde von einem Treibstoffleck verursacht. Ebenso gab es eine undichte Stelle an der Brennkammer von PAL 3. Dieses kumulierte Auftreten beider Fehler parallel bei einem einzigen Start war schon sehr seltsam, zumal dies die einzigen Probleme mit einem PAL oder der Erststufe seit L02 waren und auch bleiben sollten. Die statistische Wahrscheinlichkeit dafür lag bei 1: 9.200.

Die CNES-Untersuchungskomission konnte aber keinen Verursacher für das Tuch dingfest machen. Seitdem überwacht aber die Fremdenlegion den Startplatz Kourou bei anstehenden Starts. Es werden seitdem alle Leitungen auf freie Durchlässe überprüft. Dies erfolgt bei größeren Teilen durch Tennis- und Golfbälle, bei dünneren Leitungen endoskopisch.

Bei den Flügen 63 und 70, dem 35. und 42. Start einer Ariane 4, kam es erneut zu Fehlstarts. Der Grund war, dass die Treibstoffpumpe der dritten Stufe zu wenig Leistung erbrachte. Am 24.1.1994 versagte bei V63 die Sauerstoff-Turbopumpe 80 Sekunden nach Zündung der dritten Stufe. Bereits 60 s nach der Zündung zeigte sich eine Erhitzung der Pumpe, 19 Sekunden später sanken die Geschwindigkeit und Förderleistung, und der Brennkammerdruck fiel ab. Eine Sekunde später schaltete sich die Pumpe ab. Die Satelliten Turksat 1 und Eutelsat 2 F5 versanken im Atlantik.

Schon am Ende desselben Jahres scheiterte erneut ein Start. Bei V70 entwickelte der Gasgenerator der dritten Stufe eine zu geringe Leistung, sodass der Schub des HM-7B nur 70% des Nominalwerts betrug. So hatte die H10-III nach 740 Sekunden noch 700 kg Treibstoff an Bord, und die Bahn war durch den zu niedrigen Schub zu tief. Der Satellit PanAmSat 3 verglühte in der Atmosphäre.

Beide Vorfälle wurden untersucht. Sie schienen eine gemeinsame Ursache zu haben. Eine Verschmutzung, die bis zur LOX-Turbopumpe gelangte, könnte sowohl die erhöhte Reibung bei der LOX-Turbopumpe, als auch die zu geringe Leistung erklären. Als Reaktion darauf wurden nun Filter in die LOX-Treibstoffleitung eingebaut und die Inspektionen der dritten Stufe verstärkt. Es gab keinen Hinweis darauf, dass die konstruktiven Änderungen bei der H10-III, deren erster Flug V70 war, etwas mit dem Problem zu tun hatten. Es blieb auch ungeklärt, wie eine solche Verschmutzung in die dritte Stufe oder in die Leitungen hatte kommen können.

Das Vertrauen in die Ariane zeigte sich auch darin, dass Rakete schnell wieder flog. Nach V63 machte sie noch fünf Monate Pause, nach V70 waren es weniger als vier Monate. Danach gingen die Starts im Monatsabstand weiter.

Die Gründe für den Erfolg

Nach V70 gab es keinen Fehlstart mehr. Ariane 4 hielt lange mit 74 Starts von 1995 bis 2003 den Rekord an erfolgreichen Starts eines Trägers in Folge. Für den Erfolg von Ariane 4 waren auch noch andere Gründe verantwortlich:

- Arianespace zeigte große Flexibilität und Hinwendung zum Kunden. So konnte Arianespace schon Kunden mit der sehr kurzfristigen Bereitstellung eines Trägers gewinnen. Der Rekord war der Start von GE-4 mit V123, der innerhalb von dreieinhalb Monaten nach Vertragsunterzeichnung erfolgte. Angesichts der üblichen Zeitspanne von zwei Jahren zwischen Vertragsunterzeichnung und Start war dies sehr beeindruckend. Auch bei Problemen mit der Anlieferung von Satelliten schaffte es Arianespace immer, den Startplan innerhalb eines Jahres wieder aufzuholen, auch wenn am Schluss die Raketen in Abständen von 20 Tagen starteten.

- Ein weiterer Vorteil war die Lage des Startgeländes. Kourou liegt bei 5,2 Grad nördlicher Breite, während zum Vergleich Cape Canaveral bei 28,8 Grad und Baikonur bei 51 Grad liegt. Die geostationären Satelliten müssen aber in eine Bahn um den Äquator gelangen. Die Satelliten benötigten also nach einem Start von Kourou aus zur Anpassung ihrer Bahn auf 0 Grad Breite weniger Treibstoff. Dies schlug sich in einer längeren Lebensdauer nieder, da der eingesparte Treibstoff für die Lageregelung verwendet werden konnte. Die Ariane konnte darum auch mehr Nutzlast transportieren, weil die Erde am Äquator schneller als in höheren Breiten rotiert.

- Solange die Ariane zwei Nutzlasten auf einmal transportieren konnte, waren die Kosten für einen Kunden wesentlich geringer als bei anderen Trägern. Vor allem bei der Atlas und Delta musste für die Start-Dienstleistung ein Fixpreis bezahlt werden, egal ob der Kunde die Kapazität der Rakete voll ausnutzte oder nicht. Leider wurden die Satelliten im Laufe der Zeit immer schwerer, und auch Arianespace musste in den letzten Jahren des Einsatzes der Ariane 4 vermehrt Einzelstarts ansetzen.

- Ariane war ein sehr präziser Träger. Eine vorher festgelegte Bahn wurde meist mit sehr hoher Präzision erreicht. Dadurch konnte die Anzahl der notwendigen Kurskorrekturen seitens des Satellitenbetreibers verringert werden. Die Folge war eine längere Lebensdauer des Satelliten, die von den vorhandenen Treibstoffreserven bestimmt wird.

Ursprünglich sollte die Ariane 4 insgesamt 71 Starts absolvieren und dann durch die Ariane 5 ersetzt werden. Schon vor dem Jungfernflug des Nachfolgemodells zeigte sich, dass deren Zeitplan nicht zu halten war. So mussten weitere sieben Ariane geordert werden um die Verzögerungen abzufangen.

Nach dem fehlgeschlagenen Erststart der Ariane 5 kamen dann weitere Bestellungen von zuerst 14, später dann von weiteren 20 Raketen dazu. Zuletzt wurden es somit 116 Trägerraketen.

Damit konnte die Ariane 4 den hohen Marktanteil von Arianespace bei kommerziellen Starts halten, als sich die Einführung der Ariane 5 verzögerte. Er lag seit Ende der achtziger Jahre bei über 50%, lange Zeit auch bei 55 – 60% aller frei ausgeschriebenen Starts. In ein um so tieferes Loch fiel Arianespace, als später auch der Erststart der Ariane 5 ECA missglückte. Damals gab es nur noch zwei Ariane 4 und vier Ariane 5G in den Produktionsstraßen. Die Ariane 4 war nach Angaben von Arianespace zu teuer geworden. Das lag nicht so sehr an den absoluten Kosten, sondern an einer neu entstandenen Konkurrenz: Russische und chinesische Trägerraketen drängten nun auf den Markt.

V144
esa
ariane
Ariane Vol 144 - ATLANTIC BIRD™2 - 25 septembre 2001
esa
ariane

Die Konkurrenten

Nachdem der Space-Shuttle aufgrund des Challenger Unglücks keine kommerziellen Nutzlasten mehr transportieren durfte, verlor Ariane 4 ihren größten Konkurrenten. Ein Delta Start kostete z. B. 53 Millionen Dollar, während Arianespace ihn für 25 bis 30 Millionen Dollar anbot. Martin Marietta verlangte 150 Millionen Dollar für einen Flug der Titan. Dieselbe Nutzlast wurde von Arianespace für 84 Millionen Dollar in den Orbit gebracht. Zum Ende der Achtziger Jahre gab es auch die ersten Versuche aus Russland ihre Trägerraketen im Westen anzubieten. Für eine Proton wurden nur 25 Millionen Dollar verlangt, weniger als ein Drittel des Preises einer Ariane. Doch verhinderten die COCOM-Bestimmungen den Export von westlicher Hochtechnologie in die UdSSR.

Der wichtigste Konkurrent war lange Zeit die Atlas von Lockheed-Martin, die es in mehreren Versionen gab. Sie konnte zwischen 2.200 und 3.600 kg in einen Orbit befördern. Es fehlte ihr aber die Fähigkeit Doppelstart durchzuführen und die Ariane 44LP und 44L hatten eine höhere Nutzlast. Lockheed Martin startete die Atlas oft in supersynchrone und subsynchrone Umlaufbahnen, um die Nutzlast optimal auszunutzen oder die Geschwindigkeit bei der Apogäumsanhebung zu reduzieren. Nach einigen Fehlstarts der Atlas 1 startete das neue Modell Atlas 2 auch tadellos ohne Fehlstarts.

Die Delta, die lange Zeit der wichtigste Träger für GTO-Starts war, verlor Ende der Achtziger Jahre an Marktanteilen, da ihre Nutzlast kaum noch gesteigert werden konnte. Der Versuch, mit der Delta-III die Nutzlast mit einer neuen Oberstufe zu steigern, war nicht von Erfolg gekrönt. Von drei Starts der Delta III scheiterten die ersten beiden, und der Letzte erreichte nur einen zu niedrigen Orbit.

Die Titan war einmal pro Kilogramm Nutzlast der preiswerteste US-Träger. Doch der Rückgang der Starts anfangs der Achtziger Jahre verteuerte sie enorm, da die Fertigungsanlagen ihre hohen Fixkosten auf wenige Starts umlegen. Sie bekam nur drei Starts zwischen 1990 und 1992, als Arianespace gar nicht alle Starts annehmen konnte und die US-Anbieter erst ihre Produktion hochfahren mussten. Davon scheiterte auch einer.

Russische und chinesische Träger wurden erst rund zehn Jahre später zu einer starken Konkurrenz. Für zwei Jahre stellte die Ariane 4 sogar den einzigen, kurzfristig verfügbaren Träger dar, denn die ersten privat vermarkteten Starts von Delta, Atlas und Titan fanden erst im Jahr 1990 statt. Vor allem die Vermarktung der russischen Proton und Zenit in Zusammenarbeit mit westlichen Firmen wurde zur ernsten Bedrohung für Arianespace. Dadurch konnte der Preisvorteil der Fertigung in Russland mit der Vermarktung von Lockheed-Martin bzw. Boeing kombiniert werden. Um die Nutzlast zu steigern und die Produktionskosten zu senken, erweiterte Lockheed-Martin die Atlas mit russischen Triebwerken. Die Kunden bevorzugten jedoch die preiswertere Proton, die zusammen mit der Atlas vom Unternehmen ILS angeboten wurde.

Russland bekam zuerst die Erlaubnis eine begrenzte Anzahl von Satelliten mit US-Technologie starten zu dürfen. Diese Beschränkung fiel weg, als US-Firmen mit den russischen Herstellern die Träger im Westen vermarkteten. Lockheed-Martin (entstanden durch Fusion mit Martin-Marietta) vermarktete zusammen GKNPZ Chrunitschew die Atlas und Proton im Westen. Dazu wurde das Gemeinschaftsunternehmen ILS (**I**nternational **L**aunch **S**ervices) gegründet.

Boeing ging mit RKK Energija, KB Juschnoje und Aker Kvaerner eine Kooperation ein und gründete das Unternehmen Sea Launch, welches die Zenit von einer mobilen Plattform (einer umgebauten Ölbohrplattform) startet. Die Zenit konnte dadurch auch am Äquator starten, ein Vorteil, den bisher nur Ariane hatte. Die Proton startete von Baikonur aus, die Bahnen hatten daher eine hohe Inklination. Um energetisch gleichwertige Bahnen (man benötigt dieselbe Energie um eine GEO-Bahn zu erreichen wie bei einem Start von Kourou aus) anzubieten, musste die Proton den erdnächsten Punkt auf 5.000 km anheben, wodurch ihre Nutzlast deutlich reduziert wurde. Die Proton sollte sich zum Hauptkonkurrenten nach der Jahrtausendwende entwickeln, vor allem weil ihr Start sehr günstig angeboten wurde. Ihre Zuverlässigkeit war (und ist) dagegen deutlich geringer als bei Ariane 4 oder Atlas.

Auch China konnte Ende der Neunziger Jahre einige Starts ergattern. Erstaunlicherweise gab es hier keine Bedenken wegen der COCOM-Bestimmungen. Mehrere Fehlstarts durch chinesische Trägerraketen und die sich verschlechternden Beziehungen zwischen den USA und China führten dazu, dass von 1999 bis 2008 China keine Satelliten mit US Technologie mehr starten konnte, da der Launch Service Provider CWIC (China Great Wall Industry Corporation) auf die Liste der Firmen kam, die keinen Zugang zu bestimmten US-Produkten erhalten dürfen. Da irgendwo in jedem Satelliten Mikroelektronik aus den USA steckt, war dies ein komplettes Embargo. Pünktlich zu den Olympischen Spielen 2008 wurde dieses Verbot aufgehoben und China hat auch schon erste Startaufträge akquiriert. Später wurde die CWIC wieder auf die ITAR-Liste gesetzt und startet seitdem nur „itar-free“ Satelliten die komplett in Europa gefertigt werden.

Nachdem es nicht gelang, einen höheren Startpreis für die Proton mit Chrunitschew zu vereinbaren, zog sich 2006 Lockheed-Martin aus ILS zurück und bietet die Atlas nicht mehr aktiv auf dem freien Markt an. Da die NASA und das Verteidigungsministerium nur US-Trägerraketen nutzen, konzentrierte sich das Unternehmen fortan auf den amerikanischen Markt. Boeing tat dies als 2009 Sealaunch in die Insolvenz rutschte. Sealaunch wurde vom russischen Staat aufgekauft, der nun plant auch militärische Satelliten mit der Zenit zu starten. Europas Antwort auf die neue Konkurrenz sollte die Ariane 5 sein. Sie wird im zweiten Band dieses Buchs über europäische Trägerraketen eingehend besprochen.

Eine Zeit lang gab es die Hoffnung die Ariane 4 noch einige Zeit weiter bauen zu können: Mitte der neunziger Jahre wurden zwei Systeme aufgebaut, die auf zahlreichen kleinen Kommunikationssatelliten in erdnahen Bahnen basierten. Motorolas Iridium Netz setzte 77 Satelliten ein, das Globalstar-Netzwerk 48 Satelliten. Diese Satelliten waren mit einem Startgewicht von unter einer Tonne waren für eine Ariane 5 zu klein. Weitere ähnliche Projekte waren angekündigt. Doch beide Unternehmen fanden nicht genügend Kunden, die bereit waren, für den Luxus überall auf der Welt mittels Satellit und Mobiltelefon erreicht zu werden, die entsprechend hohen Gesprächsgebühren zu bezahlen. Iridium ging in die Insolvenz und wurde zweitweise vom US-Verteidigungsministerium übernommen. Globalstar geriet in eine Finanzkrise, von der sich die Firma erholen konnte. Die anderen geplanten Systeme wurden angesichts dieser Erfahrungen dann aber eingestellt.

So lief, nachdem die Ariane 5 ihre Testflüge hinter sich hatte und ihre Startfrequenz anstieg, die Produktion der Ariane 4 langsam aus, bis schließlich am 15.2.2003 eine Ariane 4 zum 116.ten und letzten Start abhob.

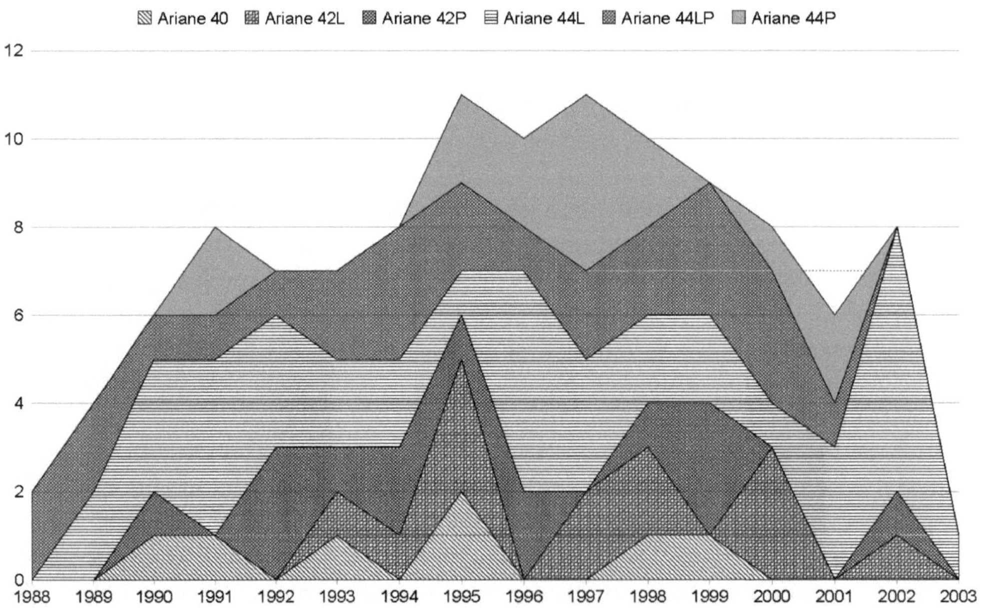

©arianespace
esa
ariane
esa
ariane
©arianespace

Die Ariane 4 Familie

Die Ariane 4 bestand aus einer Basis-Trägerrakete, die bei allen Versionen identisch war. Zwei Typen von Boostern lieferten beim Start zusätzlichen Schub und ermöglichten erst die volle Betankung der ersten Stufe. Nach Art und Anzahl der Booster konnten sechs Modelle unterschieden werden:

- Ariane 40 ohne Booster
- Ariane 42P mit zwei Feststoffboostern (P: Poudre, französisch für Pulver)
- Ariane 44P mit vier Feststoffboostern
- Ariane 42L mit zwei Boostern mit flüssigem Treibstoff (L: Liquide, französisch für flüssig)
- Ariane 44L mit vier Boostern mit flüssigem Treibstoff
- Ariane 44LP mit zwei Boostern mit flüssigem Treibstoff und zwei Feststoffboostern

Die Treibstoffzuladung und Brennzeit der ersten Stufe orientierte sich an der Art und Anzahl der Booster. Die unterschiedliche Treibstoffzuladung für verschiedene Versionen war durch die Verlängerung der Erststufe notwendig geworden.

Bei Ariane 1 bis 3 wog die erste Stufe noch 160 t. Die Triebwerke konnten die bis zu 245 t schwere Rakete ohne Probleme „anheben". Eine voll betankte Ariane 4 kann ohne Booster aber bis zu 310 t wiegen, also mehr als der Startschub der vier Viking-Triebwerke betrug! Daher mussten die Versionen Ariane 40, 42L und 42P auf einen Teil der möglichen Treibstoffladung verzichten. Bei der dritten Stufe gab es noch die Versionen H10, H10 Plus und H10-III. Die folgende Tabelle informiert über die maximalen Nutzlastmassen (in GTO) der Subversionen:

Typ	Oberstufe H10	Oberstufe H10 Plus	Oberstufe H10-III	Startgewicht	Startschub
Ariane 40	1.900 kg	2.150 kg	2.290 kg	240 t	2.720 kN
Ariane 42P	2.800 kg	2.900 kg	2.986 kg	320 t	4.160 kN
Ariane 42L	3.200 kg	3.450 kg	3.590 kg	362 t	4.060 kN
Ariane 44P	3.000 kg	3.250 kg	3.530 kg	355 t	5.600 kN
Ariane 44LP	3.700 kg	3.960 kg	4.310 kg	420 t	5.500 kN
Ariane 44L	4.330 kg	4.580 kg	4.950 kg	470 t	5.400 kN

Wie Ariane 1 bis 3 war auch Ariane 4 für den Einsatz in den geostationären Orbit optimiert. Die folgende Tabelle informiert über die Nutzlasten in andere Orbits. Schwerere Nutzlasten als 7.000 kg hätten eine strukturelle Verstärkung der Rakete erfordert.

Typ	SSO 800 km Höhe	LEO 200 km Höhe, 60°	Fluchtgeschwindigkeit
Ariane 40	2.846 kg	4.347 kg	
Ariane 42P	3.844 kg	5.667 kg	
Ariane 42L	4.813 kg	6.833 kg	2.120 kg
Ariane 44P	4.563 kg	6.670 kg	2.080 kg
Ariane 44LP	5.663 kg	7.964 kg (*)	
Ariane 44L	6.485 kg	8.987 kg (*)	3.277 kg

(*) strukturelle Verstärkung der Rakete notwendig.

Die Nutzlast wurde auch durch Optimierungen und Reduktion der Reserven angehoben. Optimierungen betrafen die Aufstiegsbahn und die Einführung leichterer Materialien)CFK-Werkstoffe) in der Produktion. Die Reduktion von Reserven betraf die Restmengen an Treibstoff und die stärkere Füllung der Tanks. (Da alle Tanks unter Druck standen, waren sie nie zu 100 Prozent gefüllt).

So hatte die erste Version der Ariane 44L mit der H10-III Oberstufe noch eine maximale Nutzlast im Jahre 1995 von 4.590 kg. Optimierungen der Bahn und die Reduktion der Reserven steigerten diese auf 4.950 kg. Sogar 5.000 kg schienen erreichbar.

Die folgende Aufstellung gibt einen Überblick über die wichtigsten Einsatzbereiche der Ariane 4 Varianten:

- Die Ariane 40 transportierte ausschließlich Nutzlasten wie die ERS 1+2 Erdbeobachtungssatelliten und die Helios-Spionagesatelliten in einen erdnahen, sonnensynchronen Orbit. Hier kam auch am häufigsten die Plattform ASAP für Sekundärnutzlasten zum Einsatz. Die typische Startmasse einer Ariane 40 lag bei 240 bis 245 t. Die Nutzlast für einen sonnensynchronen Orbit (SSO) betrug 2.700 bis 3.000 kg.

- Die Ariane 42P kam vorwiegend bei einzelnen Starts schwerer Kommunikationssatelliten zum Einsatz, für die sich kein leichter, zweiter „Passagier" fand, daneben auch für Flüge in den erdnahen Orbit. Die Startmasse lag bei 318 bis 323 t. Beim Transport in den SSO betrug die Nutzlast 3.000 bis 4.000 kg.

- Die Ariane 44P kam wie alle folgenden Modelle bei Einzel- und Doppelstarts von Satelliten in den geostationären Orbit zum Einsatz. Ihre Startmasse betrug 355 bis 358 t.

- Die Ariane 42L wurde nur selten eingesetzt. Das lag daran, dass die Nutzlast dieser Rakete nahe am Modell 44P lag, welches kostengünstiger in der Produktion war. Diese Version absolvierte auch als letzte erst im Mai 1993, fünf Jahre nach dem Jungfernflug der Ariane 4 ihren ersten Flug. Die Startmasse lag bei 361 bis 381 t.

- Die Ariane 44LP war in der Anfangszeit des Programms das populärste Modell, wurde dann von der Ariane 44L abgelöst, als die Nutzlastmassen für geostationäre Satelliten anstiegen. Die Startmasse lag bei 417 bis 421 t.

- Die stärkste Version Ariane 44L wurde mit 40 Starts mit Abstand am häufigsten eingesetzt, ganz einfach weil es ökonomischer ist, eine große Rakete zu nutzen als eine kleinere. Die Startmasse lag bei 475 bis 482 t.

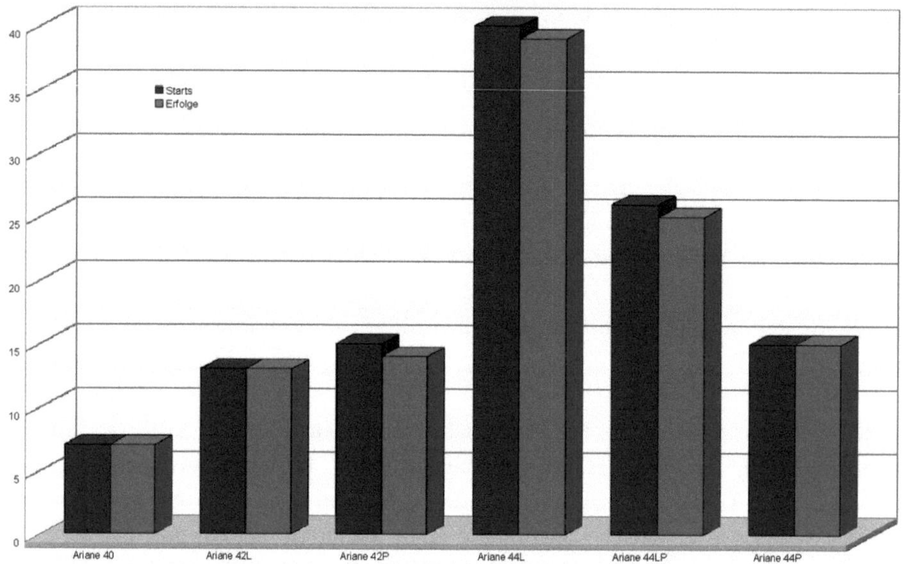

Die Gesamtbilanz

Es folgt eine Gesamtbilanz aller Ariane 4 Starts:

	Ariane 40	Ariane 42P	Ariane 42L	Ariane 44P	Ariane 44LP	Ariane 44L
Starts:	7	15	13	15	26	40
Erststart:	V35 (22.1.1990)	V40 (20.11.1990)	V56 (12.5.1993)	V43 (4.4.1993)	V22 (22.6.1988)	V31 (5.6.1989)
Letzter Start:	V124 (3.12.1999)	V151 (4.5.2002)	V147 (23.1.2002)	V144 (25.9.2001)	V146 (27.11.2001)	V158 (15.2.2003)
Schwerste Nutzlast:	SPOT 4 (2.755 kg)	SPOT 5 (3.000 kg)	Galaxy 4R (3.668 kg)	Turksat 2A (3.535 kg)	DirecTV 4S (4.675 kg)	AFRISTAR & GE-5 (4.936 kg)

Insgesamt wurden 186 Satelliten mit 116 Ariane 4 gestartet. (158 Haupt- und 28 Sekundärnutzlasten). Die Gesamtmasse aller Nutzlasten betrug 415.967 kg oder 3.585 kg im Durchschnitt pro Start. Die folgende Tabelle informiert über die Investitionen der ESA in das Ariane 1-4 Programm.

Programm	Von ... bis	Kosten MAU (1983)
Ariane 1	1973 – 1980	780
Ariane 2 und 3	1978 – 1982	83
Ariane 4	1981 – 1986	476
Gesamt:	**1973 – 1986**	**1.339**

1995 gab die ESA die Investitionen mit 2.179 MAU im Wert von 1995 an. Für die Ariane 5, deren Entwicklung noch nicht abgeschlossen war, hatte die ESA bis dahin 5.610 MAU ausgegeben.

Alle akquirierten Startaufträge bis zum Jahr 2000 umfassten eine Summe von 12,2 Milliarden Euro. Diese Bilanz zeigt, dass die Investition in Ariane 1 bis 4 auch ökonomisch sinnvoll war.

Bis zu 12.000 Personen arbeiteten in Europa direkt oder indirekt an der Fertigung der Ariane 4. Das erfolgreichste Jahr für Arianespace war 1998, als 14 Satelliten gestartet wurden, was einen Umsatz von 1.070 Millionen Euro generierte.

Alle 176 Starts zusammen nutzten 1.118 Viking Triebwerke und 176 HM 7. Es wurden 238 PAL und 164 PAP (22 davon auf der Ariane 3 eingesetzt) gestartet.

Ariane Vol 146 - DIRECTV 4S - 26 novembre 2001

Ariane 4 – Die Rakete

Bei der Ariane 4 gab es gegenüber dem Basismodell weitaus mehr Änderungen als bei der Ariane 2 und 3. Sie basierte jedoch noch immer auf der Technologie der Ariane 1.

Kein anderer Träger setzte das „Baukastenprinzip" so konsequent und erfolgreich um. So basieren sechs unterschiedliche Subtypen mit vier verschiedenen Stufen auf nur zwei Varianten von Triebwerken. Die Reduktion auf wenige, elementare Bauteile, die dann in größeren Stückzahlen gefertigt wurden, machten die Ariane 4 so erfolgreich auf dem Weltmarkt.

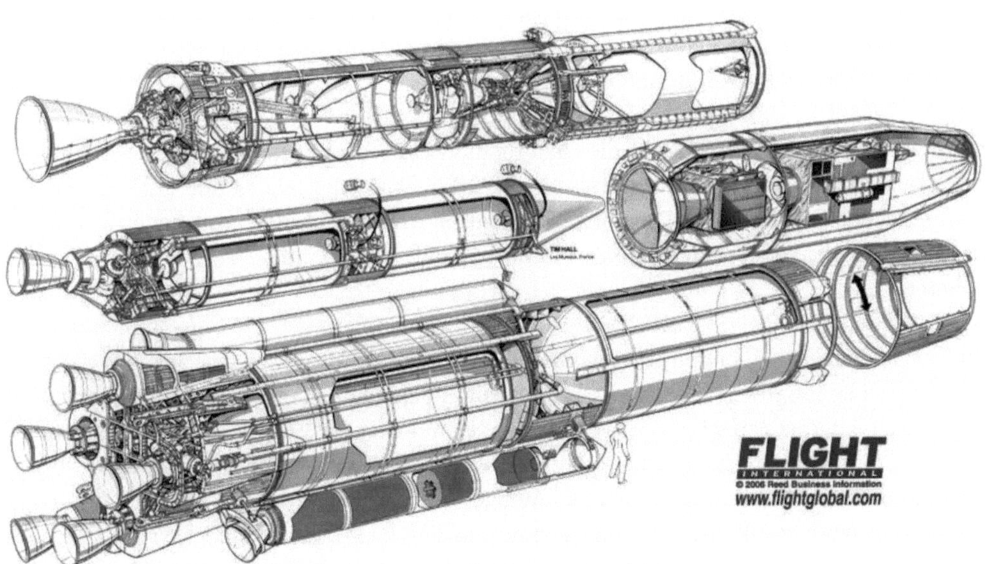

Die erste Stufe L220

Die erste Stufe durchlief einige Änderungen. Das Auffälligste an der Konstruktion war die Verlängerung der Stufe, wodurch mehr Treibstoff mitgeführt werden konnte. Die Bezeichnung L220 stand für die ursprüngliche Planung mit 220 t Treibstoff. Wie bei der Ariane 2 und 3 wurden NTO und UH25 als Treibstoff eingesetzt. Das Mischungsverhältnis betrug 1,70 Teile NTO zu 1 Teil UH25. Die Treibstoffzuladung war abhängig vom Modell und wurde durch zwei Bedingungen festgelegt: Zum einen musste die Rakete beim Start noch mit mindestens 1,2 g beschleunigen. Das limitierte die Treibstoffzuladung für die Ariane 40 und 42. Für die Modelle mit PAP galt eine zweite Bedingung: Auch nach deren Ausbrennen nach nur 42 Sekunden musste die Beschleunigung noch über 1,0 g liegen. Da in 42 Sekunden die Triebwerke aber noch nicht viel Treibstoff verbraucht hatten, konnte nicht so viel Treibstoff zugeladen werden, wie wegen dem hohen Schub der Booster zu erwarten war.

Bei der L220 verlängerte man einfach die zylindrischen Teile der Tanks. Sie bestanden nun aus sieben statt vier Stahlteilen. Jeder Tank hatte ein Volumen von 114 m^3.

Die Viking-5C Triebwerke entstanden aus den Viking-5B Antrieben der Ariane 3. Sie mussten für eine längere Brennzeit neu qualifiziert werden. So wurde der Düsenhals mit einem kohlenstoffhaltigen Material verstärkt. Dieses wurde beim Betrieb der Triebwerke langsam abgetragen. Dasselbe galt für die Lager der Turbopumpen. Die neuen Anforderungen bedeuteten jedoch nur eine kleine Änderung, da schon die Viking-5B Triebwerke für eine Betriebszeit von 180 Sekunden qualifiziert waren. Nun musste nur noch eine Requalifikation für mindestens 206 Sekunden Brenndauer erfolgen.

Schon im November 1984 begann die Qualifikation der ersten Stufe mit einem Testlauf aller vier Triebwerke. Das Schubgerüst musste überarbeitet werden, da es nun auch die Schubkräfte der Booster aufnahm. Der verstärkte Teil mit der Anbindung zum Boden wurde um 1,2 m nach unten verlagert und die Verbindung zu den Halteklammern der Startrampe überarbeitet.

Die zweite Änderung entsprach einem neuen Tank für das Wasser, das für die Gasgeneratoren benötigt wurde. Ariane 1 bis 3 hatten noch einen ringförmigen Tank eingesetzt, der am Schubgerüst befestigt war. Bei Ariane 4 befand sich der Wassertank als Dom auf dem unteren UH25 Tank. In dem 310 kg schweren Tank mit einem Volumen von 8.200 l wurden nominal 6.700 l Wasser mitgeführt. Die Menge orientierte sich an der Mission. Zusätzlich speiste der Wassertank auch die Gasgeneratoren der PAL-Booster. Jedes Triebwerk hatte eine eigene Leitung mit 5 cm Durchmesser und verbrauchte 4 l Wasser pro Sekunde.

Der Tank mit einer Wandstärke von stellenweise nur 1 bis 3 mm Dicke wurde von MAN gefertigt. Seine leichte Konstruktion sparte 40 Prozent an Gewicht ein. Die Verlagerung nach oben wurde nötig wegen der Versorgung der PAL-Booster, deren Triebwerke höher als die der ersten Stufe angebracht waren.

Die Tanks für die Treibstoffe waren identisch und je 7,4 m hoch. Sie waren durch ein 2,60 m hohes Verbindungsstück getrennt. Unten befand sich der UH25 Tank, darüber der NTO-Tank. Dazwischen saß der 0,73 m hohe Wassertank. Der Treibstoff wurde durch zwei je 16 cm weite Rohre an der tiefsten Stelle der Tanks zu den Triebwerken geleitet. Jedes Triebwerk hatte einen Gasgenerator und eigene Versorgungsleitungen für Wasser, UH25 und NTO. Gasgeneratoren, Turbinen und Triebwerke befanden sich im unteren, 2,3 m hohen Schubgerüst.

Am unteren Teil der Stufe befanden sich bei den Versionen Ariane 42L und 44L vier kleine Flügel, sogenannte Fins (Steuerflossen). Sie stabilisierten die Rakete während der ersten Flugphase in der dichten Atmosphäre. Gegenüber der Ariane 1 bis 3 wurden die Flossen bedeutend verkleinert. Bei den Versionen mit PAP Boostern waren keine Fins nötig.

L140	
Länge:	25,10 m
Durchmesser:	3,80 m
Trockengewicht:	17.515 kg
Gewicht zu Brennschluss:	18.500-19.500 kg
Treibstoffe: Ariane 40: Ariane 42L: Ariane 42P andere Versionen:	232 t maximal 158 – 172 t 205 – 209 t 219 – 222 t 229 – 232 t
Startgewicht:	< 252 t
Schub:	2.707 kN (Meereshöhe 3.022 kN (Vakuum)
Wasser:	Bis zu 6.700 l
Zwischenstufenadapter:	3,30 m Höhe 2,60 – 3,80 m Durchmesser 380 kg Gewicht
Brenndauer: Ariane 40 Ariane 42L: Ariane 42P andere Versionen:	 150 s 181 s 196 s 209 s

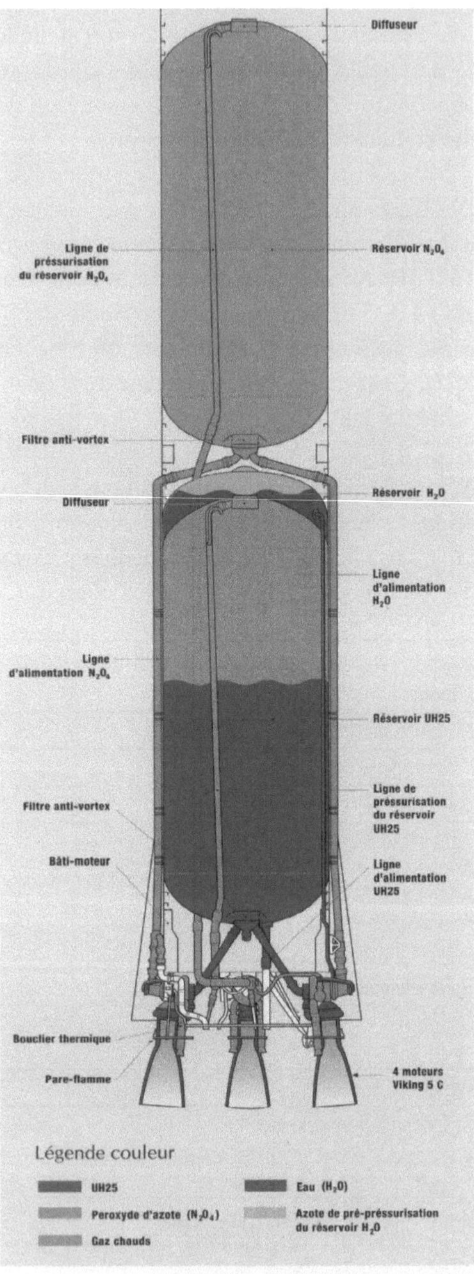

Diffuseur
Ligne de préssurisation du réservoir N₂O₄
Réservoir N₂O₄
Filtre anti-vortex
Réservoir H₂O
Diffuseur
Ligne d'alimentation H₂O
Ligne d'alimentation N₂O₄
Réservoir UH25
Ligne de pressurisation du réservoir UH25
Filtre anti-vortex
Bâti-moteur
Ligne d'alimentation UH25
Bouclier thermique
Pare-flamme
4 moteurs Viking 5 C
Légende couleur
UH25
Eau (H₂O)
Peroxyde d'azote (N₂O₄)
Azote de pré-pressurisation du réservoir H₂O
Gaz chauds

Die zweite Stufe L33

Die Änderungen in der zweiten Stufe beschränkten sich auf zwei Maßnahmen. Zum einen auf die Erhöhung der Wandstärke des Tanks um 20 bis 25%, um die höheren Lasten (schwerere Oberstufe, höhere Nutzlast und größere Nutzlastverkleidung) aufzunehmen. Die zweite Maßnahme war der Einsatz von Verbundwerkstoffen bei den Strukturen, um Gewicht einzusparen.

So hatte der neue Adapter zwischen zweiter und dritter Stufe ein um 53 kg geringeres Gewicht. Weitere 20 kg konnten beim Produktionslos P2 eingespart werden. Leer wog die zweite Stufe mit Stufenadaptern zwischen 3,6 und 3,8 t. Sie wurde mit bis etwa 34 bis 35 t Treibstoff betankt. Die genaue Menge orientierte sich dabei nach dem Modell. Die zweite Stufe sollte die Ariane 4 um 2.560 m/s beschleunigen. So waren es bei einer Ariane 40 minimal 34.392 kg und bei einer Ariane 44L bis zu 35.545 kg Brennstoff. Die Brenndauer betrug 126 bis 135 Sekunden.

Die Viking Triebwerke

Bei der Ariane 4 kamen drei Varianten des Vikingtriebwerks zum Einsatz:

- Das Viking-5 Triebwerk der ersten Stufe mit der genauen Bezeichnung Viking-5C, war eine Abwandlung des bei der Ariane 1 eingesetzten Viking-5 Triebwerks. Das Viking-5C Triebwerk wurde für 300 Sekunden Betrieb qualifiziert. Die Zentralstufe wurde von vier derartigen Triebwerken angetrieben.

- Das Viking-4B Triebwerk in der zweiten Stufe entsprach demjenigen der Ariane 2 und 3. Es gab keine wesentlichen Änderungen.

- Das Viking-6 Triebwerk der PAL-Booster war eine abgewandelte Form des Viking-5B Triebwerks. Es wurde unbeweglich, fest, im Triebwerksrahmen befestigt. Die Düsenöffnung zeigte um 10 Grad nach außen.

Eine Übersicht mit den technischen Daten aller Versionen finden Sie auf Seite 259.

Die dritte Stufe H10

Die ersten Ariane 4 übernahmen die H10 Oberstufe von der Ariane 2+3 unverändert. Die H10 brannte 720 s lang. Die Stufe wurde im Laufe des Einsatzzeitraums der Ariane 4 verlängert, um mehr Treibstoff mitführen zu können. Gleichzeitig erfolgte eine Anpassung an ein höheres, strukturelles Limit von zunächst 5.000 kg, später bei der H10-III von 7.000 kg.

Mit dem 22. Start einer Ariane 4 (Flug 50) wurde eine verlängerte Oberstufe eingeführt, bei der die Treibstofftanks um 32 cm verlängert wurden. Der Wasserstofftank wurde um 28 cm und der Sauerstofftank um 4 cm verlängert. Anstatt 10,7 t konnte diese Stufe nun 11,1 t Treibstoff mitführen. Die Brenndauer stieg so von 720 auf 750 Sekunden an. Produktionsverbesserungen senkten gleichzeitig die Leermasse um 30 kg. Die neue Stufe hieß nun „H10 Plus“, um sie von der normalen H10 unterscheiden zu können, und sie ersetzte diese bald.

Die H10 flog insgesamt 27-mal und wurde beim Flug V65 zum letzten Mal eingesetzt.

Schon mit Flug V70 kam eine neue Variante, die H10-III, zum Einsatz. Bei dieser Stufe wurde im Tank der Zwischenboden um 9 cm in Richtung Wasserstoffreservoir verschoben. Da Sauerstoff 16-mal schwerer als Wasserstoff ist, konnten so 700 kg mehr Treibstoff mitgeführt werden. Die Brennstoffzuladung der H10-III betrug 11,9 t. Der etwas kleiner gewordene Wasserstofftank wurde stärker befüllt, sodass insgesamt nur 1 kg Wasserstoff verloren ging. Die Brenndauer kletterte auf 780 Sekunden. Die H10-III flog bis zum letzten Flug der Ariane 4 im Jahre 2003 und wurde das am häufigsten eingesetzte H10 Modell. Die Tanklänge betrug bei der H-10 III 6,62 m, verglichen mit 5,79 m bei der H-8.

Spätere Steigerungen der Nutzlast bis auf 4.950 kg kamen vor allem durch die Reduktion der Treibstoffreserven zustande, da Arianespace inzwischen seinen Träger recht gut kannte. Besonders die Verringerung der LOX-Reserven führte zu dieser Nutzlaststeigerung. Zum Teil wurden auch Aluminiumteile durch Verbundwerkstoffe ersetzt, um Gewicht zu sparen. Zuletzt wurde der Brennkammerdruck beim HM7B auf 36 bar erhöht, wodurch bei gleichem Schub die Brenndauer auf 790 Sekunden anstieg.

Ein Vorteil der verlängerten Brennzeit war, dass die Inklination der Bahn weiter abnahm. Sie lag bei der Ariane 4 bei 7 Grad. Eine noch niedrigere Inklination von bis zu 3 Grad konnte nur noch auf Kosten der Nutzlastmasse erreicht werden, die dann um 172 kg sank. Erstmals wurde auch die dritte Stufe nach Missionsende passiviert, also der Treibstoff abgelassen, sodass eine Explosion der Stufe durch Resttreibstoff ausgeschlossen war.

Ariane Drittstufen	H8	H10	H10 plus	H10-III
Länge:	8,88 m	10,70 m	11,05 m	11,05 m
Startgewicht:	9.462 kg	12.040 kg	12.490 kg	13.223 kg
Trockengewicht:	1.157 kg	1.270 kg	1.240 kg	1.240 kg
Treibstoff: Davon LOX Davon LH2	8.245 kg 6.691 kg 1.554 kg	10.800 kg 8.875 kg 1.925 kg	11.140 kg 9.141 kg 2.023 kg	11.892 kg 9.841 kg 2.022 kg
LOX / LH2	4,3 zu 1	4,61 zu 1	4,52 zu 1	4,87 zu 1
Triebwerk:	HM – 7	HM – 7B	HM – 7B	HM – 7B
Schub:	61,8 kN	64,8 kN	64,8 kN	64,8 kN
Spezifischer Impuls:	4.315 m/s	4.356 m/s	4.356 m/s	4.364 m/s
Brenndauer:	570 s	720 s	750 s	780 s
Erstflug:	L01	V10	V50	V70
Letzter Flug:	V16	V65	V72	V160
Einsatz auf:	Ariane 1	Ariane 2 bis 4	Ariane 4	Ariane 4
Flüge:	11	44 (27 mit Ariane 4)	16	73
Performance:		+ 300 kg Nutzlast	+ 130 kg Nutzlast	+ 140 kg Nutzlast

Die Feststoffbooster PAP

Die Feststoffbooster PAP (**P**ropulseur d' **A**ppoint à **P**oudre, deutsch: Antriebsunterstützung fest) wurden von der Ariane 3 übernommen und verlängert. Die Verlängerung der Booster erfolgte im gleichen Maße wie diejenige der Hauptstufe.

Die Booster hatten die Aufgabe, für kurze Zeit sehr viel Schub zu erzeugen und so die Rakete schnell aus der dichten Atmosphäre zu bringen. Dadurch verringerte sich die Luftreibung. Gleichzeitig erlaubten sie es der Rakete, mehr Treibstoff in der ersten Stufe mitzuführen, da der hohe Initialschub dieses zusätzliche Gewicht kompensierte.

Die nicht aerodynamische Form der PAP limitierte die mögliche Zuladung an Treibstoff. Die Booster mussten ausgebrannt sein, bevor die aerodynamischen Kräfte zu groß wurden. So wurde zwar der Booster verglichen mit seinem Ariane 3 Pendant um 3,50 m länger, doch nur 2,00 m dieser Verlängerung wurden mit Treibstoff gefüllt. Der Rest war nur eine zylindrische Verlängerung aus Metall, am Ende abgeschlossen zur eigentlichen Brennkammer. Wäre die Brennkammer um die vollen 3,50 m verlängert worden, wäre entweder der Startschub zu groß oder die Brenndauer zu lang gewesen. Die PAP bestehen aus vier Segmenten.

Um den Startschub zu senken, wurde auch die Mixtur des Treibstoffs geändert. Wie in den Ariane 3 Boostern wurde als Binder Carboxyl-terminiertes Polybutadien (CTPB) verwendet, jedoch der Aluminiumanteil von 16 auf 10% reduziert. Der Kern brannte so langsamer ab und erzeugte einen geringeren Schub. Dies war wichtig beim Einsatz von vier PAP-Boostern, um einen Maximalschub von 2.800 kN nicht zu überschreiten. Dafür stieg die Brenndauer von 29 auf 42 Sekunden an.

Die Entwicklung der Booster startete 1983 und konnte schon 1985 nach vier Tests erfolgreich abgeschlossen werden. Im Jahr 1997 erfolgte eine erneute Qualifikation mit HTPB (hydroxiterminiertem Polybutadien), da CTPB inzwischen als Binder obsolet war. Dies ermöglichte es, die Booster der Ariane 4 und 5 mit demselben Treibstoff zu befüllen.

In Relation zu ihrem geringen Gewicht steigerten die PAP-Booster die Nutzlast stärker als dies die vergleichsweise großen Flüssigtreibstoffbooster taten. Sie reduzierten den Luftwiderstand in der unteren, dichten Atmosphäre, da sie schneller durchflogen wurde und durch die höhere Beschleunigung die Gravitationsverluste.

Die ersten PAP wurden unmittelbar nach dem Ausbrennen abgetrennt. Eine Revision der Sicherheitsvorschriften führte später dazu, dass die PAP-Booster erst über mit Sicherheit unbewohntem Gebiet abgeworfen wurden. Bei der Ariane 44LP wurden sie nach 68 Sekunden, bei der 44P nach 71 Sekunden und bei der 42P erst nach 95 Sekunden abgetrennt.

Insgesamt wurden 142 Feststoffbooster beim Ariane 4 Programm eingesetzt. Dazu kamen 22 weitere bei der Ariane 3. Die Entwicklung und Fertigung erfolgte wie bei den SPB 7.35 durch SNIA BPD (heute Fiat-Avio).

PAP	
Länge:	12,20 m
Durchmesser:	1,08 m
Startgewicht:	12.511 kg
Treibstoffe:	9.500 kg
Leergewicht:	3.011 kg (gesamt), 2.000 kg (nur Motor)
Verbrennungsdruck:	64 bar
Brennkammerlänge:	9,5 m
Düsenlänge:	0,337 m
Expansionsverhältnis:	8,0 zu 1
Schub:	666 kN (Start), 700 kN (Maximal)
Brenndauer:	40 s
Gesamtimpuls:	21,5 MN
Spezifischer Impuls:	2.304 m/s (Meereshöhe)
Düsenwinkel zu Längsachse:	12 Grad (fest)
Brennkammerdruck:	60 bar
Stärke der Boosterwand:	5 mm

Die Flüssigtreibstoffbooster PAL

Die Booster mit flüssigem Treibstoff basierten auf der Technologie der ersten und zweiten Stufe der Ariane. Sie wurden als PAL (**P**ropulseur d'**a**ppoint à **l**iquide, zu deutsch Antriebsunterstützung flüssig) bezeichnet. Sie befinden sich zwischen zwei Triebwerken der ersten Stufe, da diese vom Zentrum versetzt sind und so nach außen hinausragen. Die PAL bestanden aus den folgenden sieben Teilen:

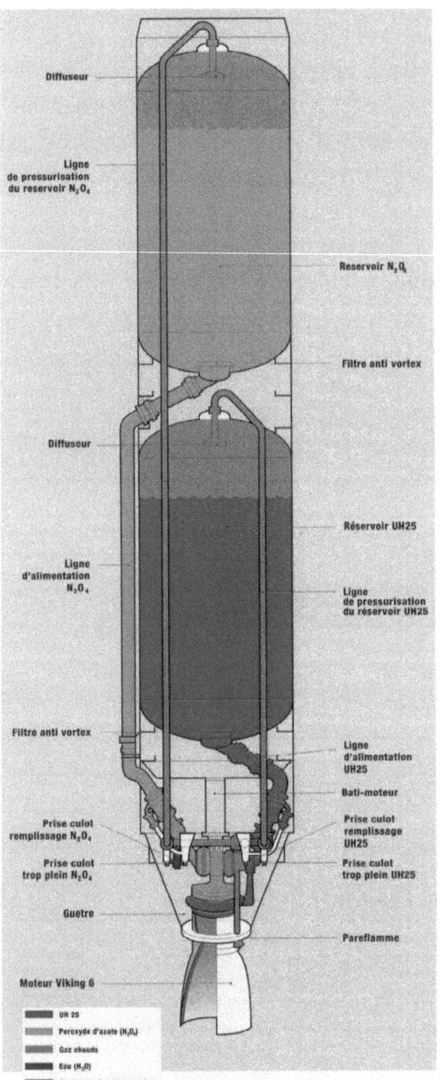

- Aerodynamischer Nasenkonus: Er wurde von Fokker hergestellt und erst nach der Anbringung an die erste Stufe aufgesetzt.

- Obere Übergangsstruktur JAV (Jupe avant): Dies war eine 2,20 m breite und 0,75 m hohe Aluminiumstruktur mit drei Befestigungsstreben zur ersten Stufe. Vor dem Start wurden dort zwei Feststoffraketen montiert, welche die Booster nach der Abtrennung auf Distanz zur Rakete bringen sollten. Sie wurde wie alle anderen Verbindungsstrukturen von S.A.B.C.A in Belgien gefertigt.

- Oberer Tank für Stickstofftetroxid: Er hatte einen Durchmesser von 2,15 m und eine Länge von 6,62 m und fasste in einem Volumen von 20 m^3 bis zu 25,6 t Stickstofftetroxid.

- Zwischentankstruktur JIR (Jupe Inter-réservoir): Sie bestand aus Aluminium und war 1,63 m hoch. An ihr wurden vor dem Start vier weitere Trennraketen montiert.

- Unterer UH25 Tank: Dieser Tank war gleich groß wie der NTO-Tank und fasste bis zu 15 t UH25. Beide Tanks standen während des Flugs unter einem Druck von 5,5 bar.

- Schubgerüst BM (Bâti Moteur): Es war sternförmig ausgesteift und nahm das Triebwerk auf, welches mit acht Schrauben festgeschraubt wurde. Hier befanden sich auch das Tankkontrollsystem POC, die Stromversorgung, die Elektronik und die Stutzen für die Betankung.

- Schubübertragung: Die Kraftübertragung auf die erste Stufe der Ariane erfolgte über einen Stahlbeschlag an der Längsachse von 150 mm Durchmesser und 240 kg Gewicht. Dies unterscheidet die PAL von den PAP-Boostern, welche nur über zwei Befestigungspunkte mit der L220 verbunden waren.

In den Boostern wurde das Triebwerk Viking-6 verwendet. Es basierte auf dem Viking-5, welches in der ersten Stufe eingebaut war. Die wesentlichste Änderung bestand aus seiner festen Anbringung in einem Winkel von 10 Grad zur Längsachse nach außen, sodass der Abgasstrom den Träger nicht beschädigen konnte.

Wie bei der ersten Stufe war es nicht notwendig, die Tanks in Leichtbauweise auszuführen. Deshalb konnte Edelstahl für die Tanks verwendet werden. Eine weitere Analogie zur ersten Stufe waren die zwei identisch großen Tanks.

In dem Triebwerk wurden pro Sekunde 173,7 kg NTO und 101,5 kg UH25 verbrannt. Das Mischungsverhältnis von 1,71: 1 war identisch zu demjenigen in der ersten Stufe.

Der Durchmesser und die Länge der Booster mussten sich nach der Ariane L220 Stufe richten. Der Stahlbeschlag konnte die Kraft vom Schubgerüst bis zum Ende der Zwischen-

tanksektion auf die Unterstufe der Ariane übertragen, wodurch die Länge des PAL bestimmt war. Fest fixiert sind sie im Schubrahmen der ersten Stufe und der Zwischentanksektion, die strukturell verstärkt sind. Der Durchmesser ergab sich durch die gewünschte Treibstoffzuladung von 40 t.

Die PAL sind anders als die PAP mit einer aerodynamischen spitzkegeligen Verkleidung ausgestattet, da sie erst bei mehrfacher Schallgeschwindigkeit ausgebrannt sind. Die Booster wurden nach dem Ausbrennen pyrotechnisch von der Rakete getrennt und aktivierten dann eigene Feststofftriebwerke, welche sie aktiv von der ersten Stufe entfernten. Bei einer Ariane 44LP wurden die PAL-Booster in einer Höhe von 40 km bei einer Geschwindigkeit von 1.330 m/s abgetrennt. Fünf Sekunden nach der Abtrennung trennten Sprengschnüre die Tanks auf, damit die Booster im Meer versanken und keine Gefahr für die Schifffahrt darstellten.

Da die Booster eine eigenständige Rakete darstellten, konnte eine effektive Kostenverringerung nur durch eine möglichst einfache Konstruktion erfolgen. Daher hatten die Booster keine schwenkbaren Triebwerke. Die Steuerung des Schubvektors wurde von der ersten Stufe erledigt. Die benötigten 840 kg Wasser pro Booster für den Gasgenerator lieferte ebenfalls die L220 Stufe. Auch das Stickstoff-Druckgas zum Betätigen der Ventile und zum Verhindern von POGO-Vibrationen in den Leitungen wurde von der ersten Stufe bereitgestellt. Alle diese Leitungen führten an der Außenseite der Booster zum Triebwerk. Spannbänder fixierten sie fest an der Hülle. Messdaten wurden über Abreißleitungen zur ersten Stufe und zur VEB übertragen. Die Abtrennung erfolgt bei der Ariane 42L nach 142 Sekunden, bei der Ariane 44LP nach 147 und bei der Ariane 44L erst nach 151 Sekunden.

Insgesamt wurden in den Jahren von 1988 bis 2003 von ERNO/MBB (heute Astrium LV) 238 Booster gefertigt. Wie bei der zweiten Stufe bekam ERNO/MBB in Bremen den Auftrag für die Integration der Booster. Die Firma baute eigens eine Fabrik zur Horizontalintegration der Booster. Aufgrund der großen Anzahl kam eine Vertikalintegration, wie sie bei der zweiten Stufe betrieben wurde, für die Booster nicht in Frage. MBB/ERNO war das einzige Unternehmen, welches beide Verfahrensweisen in der Produktion einsetzte. Als 1989 ein Fertigungslos über 96 Booster erteilt wurde, bedeutete dies für MBB/ERNO ein Auftragsvolumen von 1,25 Milliarden DM.

	PAP Booster	**PAL Booster**
Länge:	11,20 m	18,60 m
Durchmesser:	1,08 m	2,23 m
Startgewicht:	12.667 kg	43.550 kg
Treibstoffmasse:	9.600 kg	39.000 kg
Leergewicht:	3.011 kg (gesamt) 2.000 kg (nur Motor)	4.100 kg 4.550 kg (mit Treibstoffresten)
Verbrennungsdruck:	64 bar	58,5 bar
Brennkammerlänge (PAP) / Tanklänge (PAL): Tankinhalt (PAL):	7,00 m	6,62 m 20 m³ Volumen
Düsenlänge:	0,338 m	
Treibstoff: (Nominalzuladung)	6.816 kg Ammoniumperchlorat 1.536 kg Aluminium 1.248 kg CTPB	14.413 kg UH25 24.666 kg NTO
Expansionsverhältnis:	1: 8	1: 11
Schub:	650 kN (Meereshöhe) 700 kN (Maximal)	670 kN (Meereshöhe) 752 kN (Vakuum)
Brenndauer:	40 s	142 s
Gesamtimpuls:	21,5 MN	96 MN
Spezifischer Impuls	2.305 m/s (Meereshöhe) 2.579 m/s (Vakuum)	2.484 m/s (Meereshöhe) 2727 (Vakuum)

VEB

Die VEB (**V**ehicle **E**quipment **B**ay) enthielt alle Systeme zur Steuerung der Rakete. Sie beinhaltete Ringlaserkreisel, Bordcomputer (weiterentwickelt aus demjenigen des SPOT-Satelliten), Telemetrie, Batterien und Hydrazin für die Ausrichtung der Satelliten vor dem Aussetzen. Das gemischt analoge/digitale System von Ariane 1 bis 3 wurde damit durch ein vollständig digitales System ersetzt. Drei Batterien lieferten den Strom für die VEB.

Die VEB stellte auch die Verbindung zwischen der dritten Stufe und der Nutzlast dar. Sie hatte die Form eines hohlen Kegelstumpfes. An der dritten Stufe befand sich eine ringförmige Platte von 4,00 m Durchmesser, auf der die VEB befestigt war. Sie hatte zwölf Öffnungen an der Außenwand für einen leichten Zugang zum Innenraum, in welchem sich die Ausrüstung befand.

Insgesamt war damit die VEB der Ariane 4 geräumiger als diejenige der Ariane 1 bis 3, und die Elektronik war einfacher zugänglich. Sie wurde dadurch aber auch 200 kg schwerer, da sie die Kräfte von der wesentlich schwereren Nutzlastspitze auf die dritte Stufe übertragen musste. Während des Einsatzes konnte ihr Gewicht um 120 kg gesenkt werden. Sie wurde von der Nutzlastverkleidung oder der Spelda umhüllt. Das war ein weiterer Unterschied zu den früheren Ariane Modellen, bei denen sich die Nutzlasthülle oberhalb der VEB befand. Bei einem Einzelstart konnten Versteifungselemente in der oberen Struktur entfernt werden, um die Nutzlast zu erhöhen.

Nutzlastverkleidung

Schon Ariane 1 bis 3 setzten eine für die damalige Zeit große Nutzlastverkleidung ein. Es wurde aber damit gerechnet, dass die künftigen Satelliten noch größer werden würden, da der Space-Shuttle mehr Platz für Nutzlasten zur Verfügung stellte. Deshalb erhielt die Ariane 4 eine neue, noch größere, Nutzlastverkleidung.

Für die Ariane 4 standen zwei Standardlängen zur Verfügung. Auf Kundenwunsch wurde auch eine dritte Verkleidung mit 11,10 m Länge angeboten. Mit dieser Verkleidung erreichte die Ariane 4 ihre maximal zulässige Höhe von 60 m. Diese extra lange Verkleidung wurde allerdings nie eingesetzt. Sie konnte auch nicht mit der Spelda kombiniert werden.

Der Durchmesser der Nutzlastverkleidung betrug 4,00 m und war damit noch größer als bei der Ariane 3. Der maximal nutzbare Innendurchmesser belief sich auf 3,75 m.

Jede der drei Versionen bestand aus einer Aluminium-Kernstruktur in Honigwaben-Bauweise, überzogen mit mehreren Schichten aus Kohlefaser-Verbundwerkstoffen. Die Verkleidung wurde durch den Einsatz von Verbundwerkstoffen als Aluminiumersatz leichter als die der Ariane 1 bis 3, bot aber dennoch mehr Platz für die Nutzlast.

Die von Oerlikon Contraves gefertigte Verkleidung bestand aus zwei Schalen, die durch einen Ballon voneinander separiert wurden. Sie wurde abgeworfen, wenn die Reibungswärme durch die Restatmosphäre geringer als die Erhitzung durch die Sonneneinstrahlung wurde (Reibungswärme kleiner als 1.135 W/m²). Dies war in einer Höhe von etwa 110 km der Fall. Da die Nutzlasthülle deutlich größer als der Durchmesser der dritten Stufe war, verzichtete die ESA auf einen konischen Übergang von der dritten Stufe zur Verkleidung. Deshalb stieg an dieser Stelle der Durchmesser der Rakete abrupt von 2,60 auf 4,00 m an. Bis 2013 war Ariane 4 die einzige Rakete, die einen so harten Übergang nutzte, dann die Falcon 9 „v1.1“ eine Nutzlastverkleidung ein, die ebenfalls 5,20 m Durchmesser hat und ohne Zwischenstück auf die 3,60 m große Stufe folgt.

Spelda

Wie bei der Ariane 3 war es für die Ariane 4 aus ökonomischer Sicht wichtig, die Nutzlastkapazität durch den Transport zweier Satelliten optimal auszunutzen. Dafür wurde eine neue Doppelstartstruktur, die Spelda, eingeführt. Diese stellte erheblich mehr Platz als die Sylda der Ariane 1 bis 3 zur Verfügung, da sie denselben Durchmesser wie die Nutzlastverkleidung aufwies.

Die Doppelstartvorrichtung SPELDA (**S**tructure **P**orteuse **E**xterne pour **L**ancement **D**ouble **A**riane) bestand aus zwei Teilen: einem unteren Teil, der mit 180 Schrauben fest auf die dritte Stufe montiert wurde und einem abtrennbaren, oberen Deckel.

Der untere Teil verfügte über einen Anschlussdurchmesser von 2,60 m für die Anbringung an die dritte Stufe und den Satelliten, war aber an der Basis 4,00 m breit. Er war zylindrisch mit einer Wandhöhe von 2,00 m.

Der obere Teil bestand aus einem Deckel von 80 cm (kurze Spelda) bzw. 1,80 m Länge (lange Spelda). Er verjüngte sich bis zu einem Durchmesser von 1,92 m. An dieser Stelle wurde ein Standard-Nutzlastadapter mit dem oberen Satelliten angebracht. Die Nutzlasthülle wurde am Ende des unteren Teils angebracht. Da diese ein größeres Volumen zur Verfügung stellte, kam dort der größere Satellit hin. Für beide Nutzlasten galt so ein Gesamtvolumen von maximal 91 m³. Mehr war aus strukturellen Gründen nicht möglich, da die maximale Höhe der Ariane 4 auf unter 60 m beschränkt war. Während sich die Sylda in der Nutzlastverkleidung befand, verlängerte die Spelda diese um 2 m, die Höhe des zylindrischen Teils.

Mit Flug V58 wurde eine weitere Version, die Mini-Spelda eingeführt. Sie war mit 1,80 m Länge und nur 300 kg Gewicht um 1 m kürzer als die Standard-Ausführung. Sie ersetzte in der Folgezeit die Sylda, die auch noch eingesetzt werden konnte. Ab 1996 gab es dann noch eine

Stretched **M**ini-**S**pelda (SMS) mit einer Länge von 2,10 m. Diese vier Versionen erlaubten es, die Nutzlast optimal auszunutzen.

Die maximale Gewichtsbelastung der Spelda lag zwischen 2.700 kg (Mini) und 3.200 kg (Standard). Der nutzbare Innendurchmesser betrug 3,50 m. So waren folgende Kombinationen von Nutzlastverkleidung und Startvorrichtung möglich:

	Volumen	Satelliten	Nutzlast reduziert um ...
Kurze Nutzlastverkleidung	60 m³	1	+ 10 kg
Standard Nutzlastverkleidung	70 m³	1	0
Kurze Nutzlastverkleidung + kurze Spelda	32 m³ + 49 m³	2	- 370 kg
Kurze Nutzlasthülle und lange Spelda	42 m³ + 49 m³	2	- 400 kg
Kurze Nutzlasthülle und Mini Spelda	23 m³ + 49 m³	2	- 290 kg
Kurze Nutzlasthülle und stretched Mini Spelda	26 m³ + 49 m³	2	- 340 kg
Standard Nutzlastverkleidung + kurze Spelda	32 m³ + 59 m³	2	- 380 kg
Standard Nutzlastverkleidung + Mini Spelda	23 m³ + 59 m³	2	- 300 kg
Standard Nutzlastverkleidung + Sylda	14 m³ + 25 m³	2	- 190 kg
Standard Nutzlastverkleidung + stretched Mini Spelda	26 m³ + 59 m³	2	- 350 kg

Die letzte Möglichkeit bestand darin, die Sylda aus dem Ariane-2 und -3 Programm einzusetzen. In diesem Fall war der Platz allerdings sehr begrenzt. Im Gegensatz zur Spelda nahm die Sylda eigenen Raum innerhalb der Nutzlasthülle ein und verringerte damit das zur Verfügung stehende Volumen für den oberen Satelliten. Dagegen verlängerte die Spelda die Nutzlasthülle. Allerdings wog die Sylda mit 190 kg weniger als die Hälfte einer Spelda. Sie wurde nur einmal bei V40 eingesetzt. Alle Doppelstartvorrichtungen wurden zusammen mit den Satelliten in einen Orbit gebracht und verringerten dadurch die Nutzlast um ihr Gewicht.

Nach Brennschluss der H10 konnte zuerst mittels kleiner Düsen in der VEB die Drittstufe für eine optimale Orientierung des ersten Satelliten ausgerichtet werden. Bei spinstabilisierten Satelliten wurde vor dem Abtrennen die gesamte Stufe in Rotation versetzt. Danach erfolgte die Aussetzung des oberen Satelliten. Die dritte Stufe drehte sich nun vom Satelliten weg und sprengte den oberen Deckel der SPELDA ab. Jetzt wurde die dritte Stufe für das Aussetzen des unteren Satelliten neu ausgerichtet, ein Spin wieder angebaut sofern nötig. Nach der Abtrennung des unteren Satelliten bremste sich die H10 ab, damit sie nicht mit dem Satelliten kollidierte und schneller verglühte. Zuletzt wurden die Treibstoffe aus den Tanks entlassen, um eine Explosion der H10 Stufe zu verhindern.

Sekundärnutzlasten

Zur Mitführung von kleineren Satelliten gab es die ASAP-4 Plattform (Ariane Structure for Auxiliary Payloads = Struktur für Nebennutzlasten auf der Ariane). Dies war ein 4 cm dicker und 2,90 m breiter Ring, der auf halber Höhe auf dem konischen Teil der VEB angebracht war.

Die VEB verjüngte sich nach oben, bis sie beim Standardnutzlastadapter 937B nur noch 937 mm Durchmesser hatte. So konnten auf diesem Ring Nutzlasten von bis zu 450 × 450 mm Breite und 600 mm Höhe und maximal 60 kg Gewicht mitgeführt werden. Die ASAP wog 55 kg und war für den Transport von maximal sechs Sekundär-Satelliten von zusammen 240 kg Gewicht ausgelegt. Von der ASAP wurde jedoch nur selten Gebrauch gemacht. Der Grund dafür war, dass die meisten Starts der Ariane in den geostationären Orbit gingen. Die meisten Passagiere, die kostengünstig eine derartige Mitfluggelegenheit nutzten, bevorzugten aber einen niedrigeren Erdorbit. Es gab sieben Einsätze der ASAP-4 mit der Ariane 4:

Flug	Hauptnutzlast	Sekundärnutzlasten
V35	SPOT 2	Pacsat AO-16, UoSAT 3, UoSAT 4, Dove DO-17, Webersat, Lusat LO-19
V44	ERS 1	Tubsat, SARA, Orbcomm-X, UoSAT 5 (UO-22)
V52	Topex-Poseidon	S80/T, Kitsat KO-23
V59	SPOT 3	ITAMsat IO-26, Uribyol 2 KO-25, Posat 1, Healthsat 2, Stella, Eyesat 1 / AM-RAD-Oscar-27
V64	INTELSAT 702	STRV 1B, STRV 1A (Dies war der einzige Start mit ASAP in den GTO-Orbit.)
V75	Hélios 1A	UPM/SAT 1, CERISE
V124	Hélios 1B	Clémentine

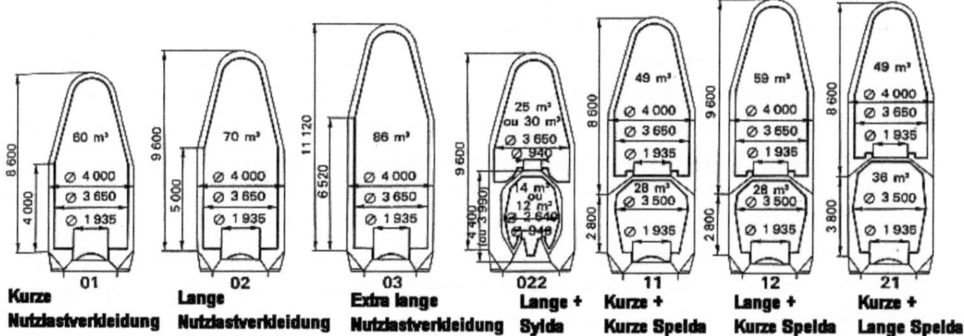

Bis auf den Start bei V64 gingen alle Einsätze der ASAP in einen sonnensynchronen Orbit. Bei sechs der acht Starts, welche die Ariane 4 in den SSO-Orbit durchführte, wurde eine ASAP mitgeführt. Die Zusatzkosten wurden bei V35 mit 1,2 Millionen Dollar angegeben. Das war pro Kilogramm recht preiswert, vor allem dann, wenn ein geostationärer Orbit erreicht wurde. Ein Start mit der amerikanischen Pegasus kostete zur gleichen Zeit etwa sechs Millionen Dollar mit derselben Nutzlast. Insgesamt 23 Satelliten wurden bei diesen sieben Einsätzen als Sekundärnutzlasten transportiert. Ein zweites System namens SDS (**S**pelda **D**ecidated **S**atellite) wurde ab 1990 angeboten. Eine verkleinerte Spelda erlaubte die Mitführung von 400 bis 800 kg schweren Satelliten für einen Fixpreis von 19 bis 26 Millionen Dollar. Dieses System wurde allerdings nicht in der Praxis eingesetzt.

	Spelda	Nutzlastverkleidung	VEB
Höhe:	1,80 m (min) 2,10 m (Mini stretched) 2,80 m (Standard) 3,80 m (stretched)	8,60 m (kurz) 9,60 m (Standard) 11,10 m (lang)	0,93 m
Durchmesser: nutzbar:	4,00 m 3,50 m	4,00 m 3,50 m	innen: 1,92 m Außen: 2,60 → 3,93 m
Gewicht:	300 kg (Mini) 335 kg (Mini stretched) 380 kg (Standard) 410 kg (stretched)	750 kg (kurz) 810 kg (Standard)	400 – 520 kg
Volumen:	23 m³ (Mini) 26 m³ (Mini stretched) 32 m³ (Standard) 42 m³ (stretched	60 m³ (kurz) 70 m³ (Standard) 86 m³ (lang)	12 Buchten für Ausrüstung

Startprofil

Der Countdown unterschied sich beim Start einer Ariane 4 nicht wesentlich von dem der früheren Ariane Varianten. Wesentliche Änderungen gab es aber in der Betankung der Stufen. Da nun auch noch die Booster zu betanken waren, wurde die Befüllung der ersten Stufe mit den lagerfähigen Treibstoffen auf den Tag vor den Start vorgezogen.

Das wichtigste neue Ereignis war das Zurückfahren der Gantry 5 Stunden 35 min vor dem Start. Damit begann die heiße Phase des Countdowns. Der folgende Startablauf beschreibt den Flug einer Ariane 44LP. Bedingt durch den Einsatz von zwei verschiedenen Boostern ist dies die Version mit dem komplexesten Ablauf. Bei der ersten und zweiten Stufe hatte man aufgrund der Booster die Rollen getauscht: Die erste Stufe wurde nicht bis zum Erschöpfen des Treibstoffs betrieben, sondern bei Erreichen einer Sollgeschwindigkeit abgeschaltet. Die zweite Stufe brannte bis zum Erschöpfen des Treibstoffs. Das erleichterte die Arbeit für den Bordcomputer, der nun von konstanten Bedingungen beim adaptiven Flugprogramm hatte.

Zeit (T + x)	Ereignis
0	Zündung der PAL und der ersten Stufe
4,2 s	Zündung der PAP
4,4 s	Abheben
13 s	Ende der vertikalen Aufstiegsphase und Beginn des Neigeprogramms
46 s	Brennschluss PAP
69 s	Abtrennung PAP
148 s	Brennschluss und Abtrennung der PAL v=1.330 m/s, 38 km Höhe
212 s	Stufentrennung v=2.900 m/s, 74 km Höhe
213 s	Zündung zweite Stufe
277 s	Abtrennung Nutzlastverkleidung v=3.800 m/s, 110 km Höhe
344 s	Trennung zweite und dritte Stufe v=5.300 m/s 150 km Höhe
345 s	Zündung HM-7B
400 s	Natal (Brasilien) hat Radarkontakt
575 s	Höchster Punkt in der Aufstiegsbahn erreicht (222 km).
770 s	Ascension Island (Südatlantik) hat Radarkontakt
940 s	Tiefster Punkt in der Aufstiegsbahn erreicht (183 km).
1.060 s	Libreville (Gabun) hat Radarkontakt
1.118 s	Umlaufgeschwindigkeit erreicht v= 9.800 m/s , 970 km Höhe
1.257 s	Abtrennung Nutzlast
1.261 s	Start des Manövers zur Kollisionsvermeidung
1.321 s	Passivierung der dritten Stufe

Typenblatt Ariane 4	
Länge: maximaler Durchmesser: Startgewicht:	54,90 – 58,70 m 3,80 m 245 – 484 t
Einsatzzeitraum: Starts: Fehlstarts: Zuverlässigkeit:	1988 – 2003 116 3 97,4%
Nutzlast:	2.130 – 4.950 kg (in einen GTO-Orbit) 2,600 – 7,000 kg (in einen SSO Orbit)
	Stufe 1 L220
Länge: Durchmesser: Startgewicht: Leergewicht: Triebwerk: Schub: Brenndauer: Treibstoff: Spezifischer Impuls:	28,39 m 3,80 m 251.200 kg (max.) 17.510 kg 4 Triebwerke Viking-5C 4 × 680 kN (Meereshöhe) 4 × 758 kN (Vakuum) 205 s NTO / UH25 2.432 m/s (Meereshöhe), 2.747 m/s (Vakuum)
	Feststoffbooster PAP
Länge: Durchmesser: Startgewicht: Leergewicht: Triebwerk: Schub: Brenndauer: Treibstoff: Spezifischer Impuls:	12,20 m 1,10 m 12.511 kg 3.011 kg MPS 9.6 650 kN (Meereshöhe), 700 kN (Vakuum) 42 s CTPB/HTPB 2.304 m/s (Meereshöhe)
	Flüssigbooster PAL
Länge: Durchmesser: Leergewicht: Startgewicht: Triebwerk: Schub: Brenndauer: Treibstoff: Spezifischer Impuls:	19,00 m 2,22 m 4.550 kg (max.), 4.100 – 4.400 kg (typ.) 44.650 kg (max.), 43.550 kg (typ.) 1 × Viking-6 670 kN (Meereshöhe) 750 kN (maximal) 142 s NTO / UH25 2.484 m/s (Meereshöhe), 2.727 m/s (Vakuum)

Stufe 2 L33	
Länge:	11,40 m
Durchmesser:	2,60 m
Startgewicht:	39.391 kg (max.)
Trockengewicht:	3.400 kg
Triebwerk:	1 × Viking-4B
Schub:	798 kN (Vakuum)
Brenndauer:	125 s
Treibstoff:	NTO / UH25
Spezifischer Impuls:	2.904 m/s (Vakuum)
Stufe 3 H-10 III	
Länge:	11,14 m (max.)
Durchmesser:	2,60 m
Startgewicht:	13.140 kg (max)
Leergewicht:	1.240 kg
Triebwerke:	1 × HM-7B
Schub:	64,8 kN (Vakuum)
Brenndauer:	780 s
Treibstoff:	LOX / LH2
Spezifischer Impuls:	4.373 m/s (Vakuum)
VEB	
Länge:	1,04 m
Durchmesser:	4,00 m
Gewicht:	400-520 kg
Nutzlasthülle (3 Varianten)	
Länge:	8,60 / 9,60 / 11,10 m
Volumen:	60 m³ / 70 m³ / 86 m³
Durchmesser:	4,00 m
Gewicht:	750 / 810 kg
Spelda (4 Varianten)	
Volumen:	23 m³ / 26 m³ / 32 m³ / 42 m³
Durchmesser:	4,00 m
Höhe:	1,80 m / 2,10 m / 2,80 / 3,80 m
Gewicht:	300 kg / 350 kg / 380 kg / 410 kg
Sylda	
Volumen:	14 m³
Durchmesser:	2,90 m
Höhe:	3,90 m
Gewicht:	190 kg

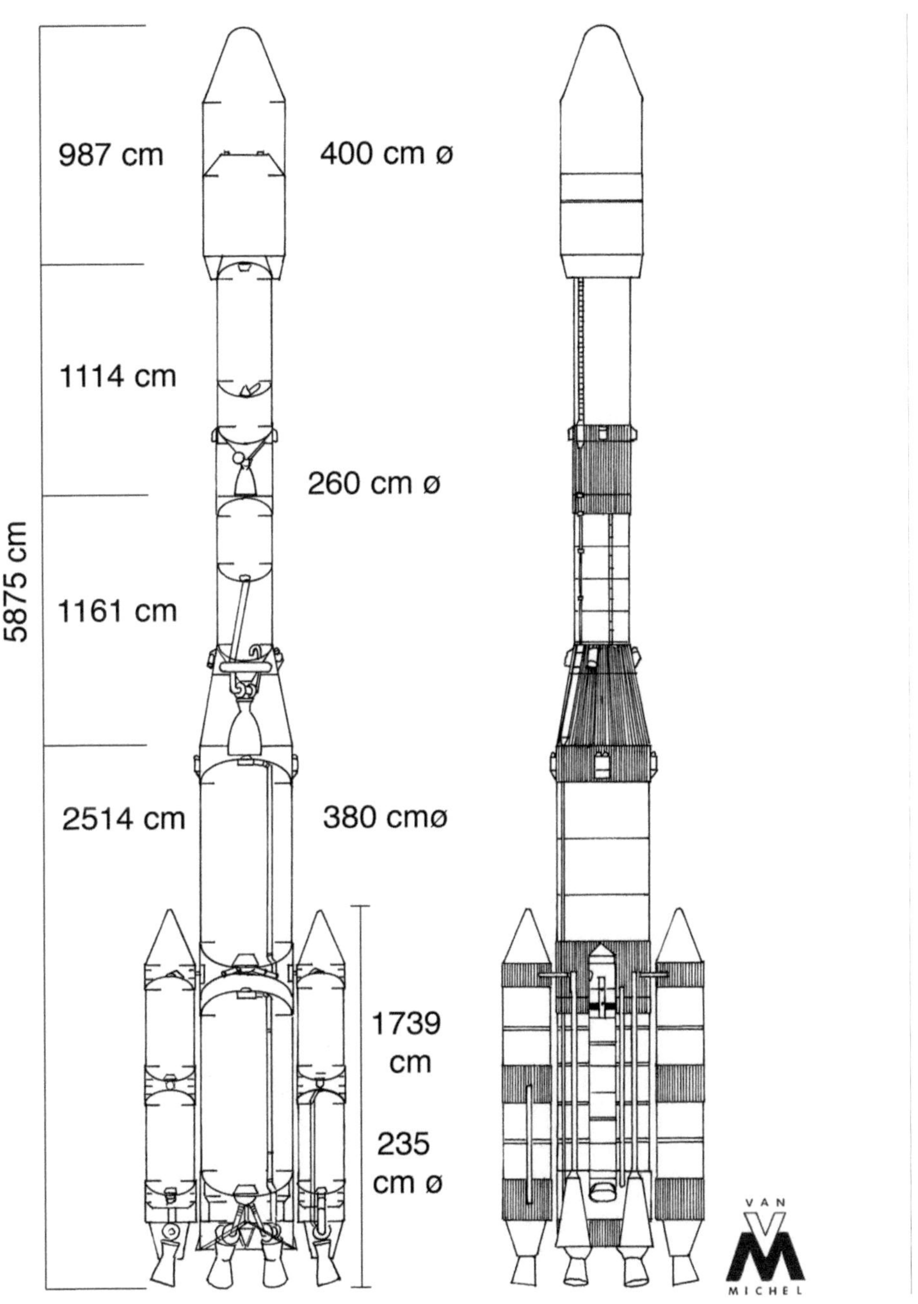
987 cm
400 cm ø
1114 cm
260 cm ø
5875 cm
1161 cm
2514 cm
380 cmø
1739
cm
235
cm ø
VAN
MICHEL

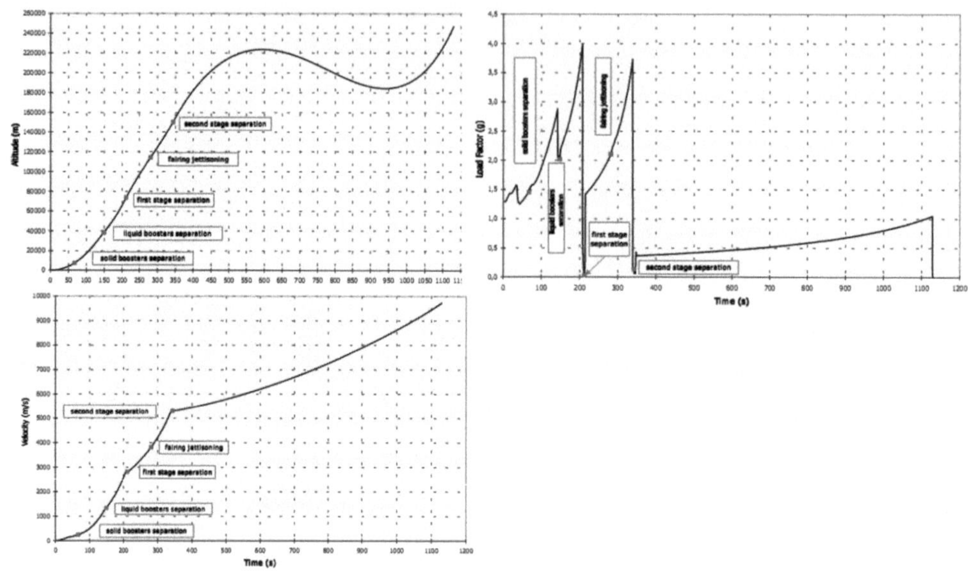

Ariane 4 Starts

Erfolg	Datum	Nutzlast	Trägerrakete	Nummer
√	15.06.1988	PAS 1 + Amsat-Oscar-13 + Meteosat 3	Ariane 44LP	V22
√	11.12.1988	Astra 1A + Skynet 4B	Ariane 44LP	V27
√	06.03.1989	Meteosat 4 + JCSAT 1	Ariane 44LP	V29
√	05.06.1989	Kopernikus + Superbird A	Ariane 44L	V31
√	08.08.1989	Hipparcos + TV-SAT 2	Ariane 44LP	V33
√	27.10.1989	INTELSAT 602	Ariane 44L	V34
√	22.01.1990	Pacsat AO-16 + UoSAT 3 + UoSAT 4 + Dove DO-17 + SPOT 2 + Webersat + Lusat LO-19	Ariane 40	V35
—	22.02.1990	BS 2X + Superbird B	Ariane 44L	V36
√	24.07.1990	Kopernikus 2 + TDF 2	Ariane 44L	V37
√	30.08.1990	Eutelsat II F-1 + Skynet 4C	Ariane 44LP	V38
√	12.10.1990	Galaxy VI + SBS 6	Ariane 44L	V39
√	20.11.1990	Gstar 4 + Satcom C1	Ariane 42P	V40
√	15.01.1991	Eutelsat II F-2 + Italsat 1	Ariane 44L	V41

Erfolg	Datum	Nutzlast	Trägerrakete	Nummer
√	02.03.1991	Meteosat 5 + Astra 1B	Ariane 44LP	V42
√	04.04.1991	Anik E2	Ariane 44P	V43
√	17.07.1991	Tubsat + SARA + Orbcomm-X + ERS-1 + UoSAT 5 (UO-22)	Ariane 40	V44
√	14.08.1991	INTELSAT 605	Ariane 44L	V45
√	26.09.1991	Anik E1	Ariane 44P	V46
√	29.10.1991	INTELSAT 601	Ariane 44L	V47
√	16.12.1991	INMARSAT II F-3 + Telecom 2A	Ariane 44L	V48
√	26.02.1992	Arabsat 1C (Insat 2DT) + Superbird B1	Ariane 44L	V49
√	15.04.1992	INMARSAT II F-4 + Telecom 2B	Ariane 44L	V50
√	09.07.1992	Eutelsat II F-4 + Insat 2A	Ariane 44L	V51
√	10.08.1992	S80/T + Kitsat KO-23 + Topex-Poseidon	Ariane 42P	V52
√	10.09.1992	Satcom C3 + Hispasat 1A	Ariane 44LP	V53
√	28.10.1992	Galaxy VII	Ariane 42P	V54
√	01.12.1992	Superbird A1	Ariane 42P	V55
√	12.05.1993	Arsene + Astra 1C	Ariane 42L	V56
√	25.06.1993	HGS-4 (Galaxy 4H)	Ariane 42P	V57
√	22.07.1993	Insat 2B + Hispasat 1B	Ariane 44L	V58
√	26.09.1993	ITAMsat IO-26 + Uribyol 2 KO-25 + Posat 1 + Healthsat 2 + SPOT 3 + Stella + Eyesat 1/AMRAD-Oscar-27	Ariane 40	V59
√	22.10.1993	INTELSAT 701	Ariane 44LP	V60
√	20.11.1993	Meteosat 6 + Solidaridad 1 (Satmex 3)	Ariane 44LP	V61
√	18.12.1993	Thaicom 1 + DirecTV 1	Ariane 44L	V62
—	24.01.1994	Turksat 1A + Eutelsat 2 F5	Ariane 44LP	V63
√	17.06.1994	STRV 1B + STRV 1A + INTELSAT 702	Ariane 44LP	V64
√	08.07.1994	BS-3N + Intelsat IS-2 (PAS 2)	Ariane 44L	V65
√	10.08.1994	Turksat 1B + Brasilsat B1	Ariane 44LP	V66
√	09.09.1994	Telstar 402	Ariane 42L	V67
√	08.10.1994	Thaicom 2 + Solidaridad 2 (Satmex 4)	Ariane 44L	V68
√	01.11.1994	Astra 1D	Ariane 42P	V69
—	01.12.1994	PAS 3	Ariane 42P	V70
√	28.03.1995	Hot Bird 1 + Brasilsat B2	Ariane 44LP	V71
√	21.04.1995	ERS-2	Ariane 40	V72
√	17.05.1995	INTELSAT 706	Ariane 44LP	V73
√	10.06.1995	DirecTV 3	Ariane 42P	V74
√	07.07.1995	UPM/SAT 1 + CERISE + Hélios 1A	Ariane 40	V75

Erfolg	Datum	Nutzlast	Trägerrakete	Nummer
√	03.08.1995	Intelsat IS-4 (PAS 4)	Ariane 42L	V76
√	29.08.1995	N-STAR a	Ariane 44P	V77
√	24.09.1995	Telstar 402R (Telstar 4)	Ariane 42L	V78
√	19.10.1995	Astra 1E	Ariane 42L	V79
√	17.11.1995	ISO	Ariane 44P	V80
√	06.12.1995	Insat 2C + Telecom 2C	Ariane 44L	V81
√	12.01.1996	Measat 1 + Intelsat IS-3R (PAS 3R)	Ariane 44L	V82
√	05.02.1996	N-Star b	Ariane 44P	V83
√	14.03.1996	INTELSAT 707	Ariane 44LP	V84
√	20.04.1996	MSAT-1	Ariane 42P	V85
√	16.05.1996	Amos 1 + Palapa C2	Ariane 44L	V86
√	15.06.1996	INTELSAT 709	Ariane 44P	V87
√	09.07.1996	Turksat 1C + Arabsat IIA	Ariane 44L	V89
√	08.08.1996	Telecom 2D + Italsat F2	Ariane 44L	V90
√	11.09.1996	Echostar II	Ariane 42P	V91
√	13.11.1996	Measat 2 + Arabsat IIB	Ariane 44L	V92
√	30.01.1997	Nahuel 1A + Americom 2 (GE 2)	Ariane 44L	V93
√	01.03.1997	INTELSAT 801	Ariane 44P	V94
√	16.04.1997	BSAT 1a + Thaicom 3	Ariane 44LP	V95
√	03.06.1997	Insat 2D + INMARSAT III F4	Ariane 44L	V97
√	25.06.1997	INTELSAT 802	Ariane 44P	V96
√	08.08.1997	PAS 6	Ariane 44P	V98
√	02.09.1997	Meteosat 7 + Hot Bird 3	Ariane 44LP	V99
√	23.09.1997	INTELSAT 803 (NSS 5)	Ariane 42L	V100
√	12.11.1997	Cakrawarta 1 + Sirius 2 (Astra 5A)	Ariane 44L	V102
√	02.12.1997	Equator-S + JCSAT 1B	Ariane 44P	V103
√	22.12.1997	INTELSAT 804	Ariane 42L	V104
√	04.02.1998	INMARSAT 3 F5 + Brasilsat B3	Ariane 44LP	V105
√	27.02.1998	Hot Bird 4 (Atlantic Bird 4)	Ariane 42P	V106
√	24.03.1998	SPOT-4	Ariane 40	V107
√	28.04.1998	BSAT 1b + Nilesat 101	Ariane 44P	V108
√	25.08.1998	ST-1	Ariane 44P	V109
√	16.09.1998	Intelsat IS-7	Ariane 44LP	V110
√	05.10.1998	Sirius 3 + Eutelsat W2	Ariane 44L	V111
√	28.10.1998	GE 5 + Afristar	Ariane 44L	V113
√	06.12.1998	Satmex 5	Ariane 42L	V114

Erfolg	Datum	Nutzlast	Trägerrakete	Nummer
√	22.12.1998	Intelsat IS-6B	Ariane 42L	V115
√	26.02.1999	Skynet 4E + Arabsat 3A	Ariane 44L	V116
√	02.04.1999	Insat 2E	Ariane 42P	V117
√	12.08.1999	Telkom 1	Ariane 42P	V118
√	04.09.1999	Mugunghwa 3	Ariane 42P	V120
√	25.09.1999	Galaxy 27 (IA-7)	Ariane 44LP	V121
√	19.10.1999	Telstar 12	Ariane 44LP	V122
√	13.11.1999	GE 4	Ariane 44LP	V123
√	03.12.1999	Clementine + Hélios 1B	Ariane 40	V124
√	22.12.1999	Galaxy 11	Ariane 44L	V125
√	25.01.2000	Galaxy 10R	Ariane 42L	V126
√	18.02.2000	Superbird B2	Ariane 44LP	V127
√	19.04.2000	Galaxy IVR	Ariane 42L	V129
√	17.08.2000	Nilesat 102 + Brasilsat B4	Ariane 44LP	V131
√	06.09.2000	Eutelsat W1	Ariane 44P	V132
√	06.10.2000	N-SAT-110 (JCSAT-110)	Ariane 42L	V133
√	29.10.2000	Intelsat IS-12	Ariane 44LP	V134
√	21.11.2000	Anik F1	Ariane 44L	V136
√	10.01.2001	Turksat 2A	Ariane 44P	V137
√	07.02.2001	Skynet 4F + Sicral	Ariane 44L	V139
√	09.06.2001	INTELSAT 901	Ariane 44L	V141
√	30.08.2001	INTELSAT 902	Ariane 44L	V143
√	25.09.2001	Atlantic Bird 2	Ariane 44P	V144
√	27.11.2001	DirecTV-4S	Ariane 44LP	V146
√	23.01.2002	Insat 3C	Ariane 42L	V147
√	23.02.2002	INTELSAT 904	Ariane 44L	V148
√	29.03.2002	Astra 3A + JCSAT 2A	Ariane 44L	V149
√	16.04.2002	NSS-7	Ariane 44L	V150
√	04.05.2002	BreizhSat-Oscar-48 (BO-48) + BreizhSat-Oscar-47 (BO-47) + SPOT 5	Ariane 42P	V151
√	05.06.2002	INTELSAT 905	Ariane 44L	V152
√	06.09.2002	INTELSAT 906	Ariane 44L	V154
√	17.12.2002	NSS 6	Ariane 44L	V156
√	15.02.2003	INTELSAT 907	Ariane 44L	V159

Die Ariane 4 XL und XXL

Nehmen wir mal an, wir hätten die Ariane 5 nicht entwickelt – wäre nicht auch die Ariane 4 weiter entwickelbar gewesen, um den steigenden Satellitenmassen zu folgen? An dieser Stelle möchte ich die Möglichkeiten aufzeigen, die man gehabt hätte, die Ariane 4 in der Leistung zu steigern. Es sind keine offiziellen Pläne, sondern eigene Berechnungen.

Physikalisch sind die Randbedingungen relativ einfach: Damit eine Rakete überhaupt abheben kann, muss ihre Startbeschleunigung größer als 1 g sein. Will man also, wie beim Übergang von der Ariane 2/3 auf die Ariane 4 in der ersten Stufe mehr Treibstoff mitführen, so braucht man mehr Schub. Diesen lieferten die angeflanschten Booster. Ohne diese musste Treibstoff bei den Versionen Ariane 40 und 42L/P weggelassen werden. Für die oberen Stufen ist eine hohe Beschleunigung nicht so wichtig. Bei der zweiten Stufe hat sich ein Wert von 0,8 g eingebürgert, die Ariane 4 beschleunigt deutlich flotter mit über 1,4 g. Bei den dritten Stufen hängt es davon ab, wie nahe sie bei Zündung an der Orbitalgeschwindigkeit sind. Hier kann nur eine Simulation genaue Werte ergeben, doch auch hier liegt Ariane 4 mit 0,38 g bei keinem schlechten Wert. Die Ariane 5 EPS Stufe hat mit 0,15 g eine weniger als halb so hohe Beschleunigung.

Um die Nutzlast zu erhöhen, ist es bei der Ariane 4 nötig, vor allem die beiden oberen Stufen zu vergrößern. Zum einen, weil sie bei der Erhöhung der Endgeschwindigkeit wichtiger für die Nutzlast sind, zum Zweiten, weil die Stufen einen höheren spezifischen Impuls aufweisen. So brachte beim Übergang von Ariane 1 zur Ariane 2 nur 2 t mehr Treibstoff in der dritten Stufe rund 300 kg mehr Nutzlast, für 1.200 kg mehr Nutzlast mussten bei der Ariane 4 in der ersten Stufe zwei Booster mit rund 90 t Startgewicht angebracht werden. Da die bisherige Entwicklung vor allem die Masse erste Stufe (wozu man die Booster hinzuzählen muss) erhöhten, sollte dies eine deutliche Nutzlaststeigerung bringen.

Um größere Oberstufen zu transportieren, muss mehr Schub vorhanden sein. Der erste Vorschlag, den ich habe, wurde schon bei der Konzeption der Ariane 4 gemacht: der Einbau eines fünften Triebwerks in die erste Stufe. Dieses liefert rund 700 kN Schub. Bei einer Mindestbeschleunigung von 1,2 g, das ist der Wert den auch die Ariane 44L aufweist, entspricht dies rund 60 t mehr Masse. Die Oberstufen mit der Nutzlast können also rund 60 t mehr wiegen. Derzeit wiegen sie zusammen rund 51 t. Das entspricht also einer Verdopplung des Gewichts. Geschickterweise entspricht das Verhältnis neuem Gewicht/altem Gewicht dem Verhältnis $(3{,}80/2{,}60)^2$. 3,80 m: Dies ist der Durchmesser der ersten Stufe, 2,60 m das ist der Durchmesser der zweiten und dritten Stufe. Würde man die oberen beiden Stufen bei Beibehaltung der Länge auf durchgehend 3,80 m Durchmesser erweitern und ein fünftes Triebwerk in die erste Stufe einbauen, so erhält man folgende Rakete:

Typenblatt Ariane 4 XL	
Länge: maximaler Durchmesser: Startgewicht:	54,90-58,70 m 3,80 m 544.000 kg
Nutzlast:	7.500 kg (in einen GTO Orbit)
Stufe 1 L220	
Länge: Durchmesser: Startgewicht: Leergewicht: Triebwerk: Schub: Brenndauer: Treibstoff: Spezifischer Impuls:	28,39 m 3,80 m 252.200 kg (max.) 18.510 kg 5 × Viking 5B 5 × 680 kN (Meereshöhe), 5 × 758 kN (Vakuum) 164 s NTO/UH25 2.432 m/s (Meereshöhe) 2.747 m/s (Vakuum)
Flüssigbooster PAL	
Länge: Durchmesser: Startgewicht: Leergewicht: Triebwerk: Schub: Brenndauer: Treibstoff: Spezifischer Impuls:	19,00 m 2,22 m 4 × 4.550 kg (max.) 4.100-4.400 kg (typ.) 4 × 44.650 kg (max.) 43.550 kg (typ.) 4 × Viking-6 670 kN (Meereshöhe), 750 kN (maximal) 142 s NTO/UH25 2.432 m/s (Meereshöhe), 2.727 m/s (Vakuum)
Stufe 2 L77	
Länge: Durchmesser: Startgewicht: Trockengewicht: Triebwerk: Schub: Brenndauer: Treibstoff: Spezifischer Impuls:	11,61 m 3,80 m 84.200 kg (max.) 7,200 kg 2 × Viking 4B 2 × 798 kN (Vakuum) 140 s NTO/UH25 2.904 m/s
Stufe 3 H25	
Länge: Durchmesser: Startgewicht: Leergewicht: Triebwerke: Schub: Brenndauer: Treibstoff: Spezifischer Impuls (Vakuum)	11,14 m 3,80 m 28,100 kg (max.) 2,600 kg 2 × HM-7B 2 × 64,8 kN (Vakuum) 860 s LOX/LH2 4.373 m/s

VEB	
Länge: Durchmesser: Gewicht:	1,04 m 4,00 m 600 kg
Nutzlasthülle	
Länge: Volumen: Durchmesser: Gewicht:	8,60, 9,60 und 11,10 m 60 m³ / 70 m³ / 86 m³ 4,00 m 750 / 810 kg
Spelda	
Volumen: Durchmesser: Höhe: Gewicht:	23 m³ / 26 m³ / 32 m³ / 42 m³ 4,00 m 1,80 m / 2,10 m / 2,80 / 3,80 m 300 kg / 350 kg / 380 kg / 410 kg

Ich habe die Berechnung mit folgenden Annahmen durchgeführt:

- Die erste Stufe wird um 1 t schwerer für ein weiteres Triebwerk im Schubrahmen.
- Zweite und dritte Stufe erhalten je zwei Triebwerke, um die höhere Masse zu transportieren.
- Die Trockenmasse habe ich anhand der erhöhten Treibstoffzuladung hochskaliert. In der Praxis wäre sie geringer, weil die Oberfläche der Tanks nur im Quadrat zunimmt, ihr Volumen aber in der dritten Potenz.
- Bei der VEB sind 150 kg an Masse hinzugekommen, da diese höherer Belastung durch die schwerere Nutzlast ausgesetzt wird, zudem wird nun die Form sich ändern von einem Kegelstumpf zu einem Kreisring. Auch hier wäre in der Praxis durch die bessere Form mit einem geringeren Gewichtsanstieg zu rechnen.
- Alle anderen, unveränderten Komponenten habe ich unverändert übernommen. Ebenso die zu erreichende Endgeschwindigkeit für die Simulation.

Die zweite und dritte Stufe sind zusammen 58,8 t schwerer, das passt also ideal zum erhöhten Schub. Die Nutzlast beträgt 7.500 kg, das sind 2.600 kg mehr als bei der Ariane 44L bei einer nur 13% höheren Startmasse. Also eine deutliche Verbesserung (52% mehr Nutzlast bei nur 13% höherer Startmasse).

Geht noch mehr? Natürlich. Wer sagt denn, dass es nur vier Booster sein müssen? Technisch bedingt können bis zu acht Booster an eine Ariane 4 angeflanscht werden. So viele gehen auf einen Kreis mit einem Radius von 6,03 m (2,21 + 3,81 m Durchmesser von Booster und Hauptstufe). Da derzeit allerdings die Triebwerke nach außen hin versetzt sind, wäre das Schubgerüst umzukonstruieren, sie müssten nach Innen versetzt werden. Die vier weiteren Booster liefern zusätzlichen Schub und erlauben so eine Vergrößerung der oberen Stufen. Jeder Booster wiegt rund 44 t, liefert aber 67 t Schub. Bei einer Beschleunigung von 1,2 g erlaubt jeder Booster also die Mitführung von 11 t mehr Masse. Vier Booster also 44 t. Man könnte nun die beiden oberen Stufen verlängern oder den Durchmesser vergrößern.

Ich tendiere zum Verlängern, weil die Rakete dann „schöner aussieht“. Würde man die Länge beibehalten, aber den Durchmesser vergrößern so müsste die Rakete oben 4,70 m Durchmesser aufweisen. Das ist etwas ungewöhnlich, aber wurde bei der Delta III auch schon so gemacht. Der Vorteil ist, dass dann die Versorgungsleitungen auf gleicher Höhe bleiben, es also keine Umbauten bei ELA 2 gibt. Ich habe die Erhöhung des Durchmessers, weil es praktischer in der Umsetzung ist, für das Datenblatt als Basis genommen.

Einsetzen könnte man dann natürlich auch größere Nutzlastverkleidungen von 4,70 m Durchmesser. Diese wird frühzeitig abgeworfen und beeinflusst die Nutzlast kaum. Sie wäre wegen der nun stark angestiegenen Nutzlast auch nötig. Ich habe hierfür die Daten der langen Ariane 5 Hülle genommen, nur auf einen Durchmesser von 4,70 m (anstatt 5,40 m) skaliert. Dasselbe gilt für die Spelda die nun 4,70 m anstatt 4,00 m Durchmesser aufweist. Zudem braucht man ein weiteres Triebwerk in der zweiten und dritten Stufe. In der zweiten Stufe wäre es nicht unbedingt nötig, weil zwei Triebwerke schon eine Beschleunigung von 0,85 g liefern. Da sich dann aber auch andere Parameter, vor allem die Zielgeschwindigkeit ändern, habe ich daran nichts geändert.

Man könnte auch nur sechs Booster einsetzen, dann würde man Propellant-Offloading betrieben, wie dies schon bei der Ariane 40, 42P und 44P durchgeführt wird. Denkbar wäre dies bei allen drei Stufen, am sinnvollsten wäre es sicher, die erste Stufe nicht voll mit Treibstoff zu füllen. Bei sechs Boostern und 22 t Offloading in der ersten Stufe betrüge die Nutzlast 10,2 t – gleichauf mit der Ariane 5 ECA.

Man erhält bei einer Verteilung des Treibstoffs im Verhältnis 3:1 (11 t dritte Stufe, 33 t zweite Stufe) dann folgenden Träger:

Typenblatt Ariane 4 XXL

Länge:	54,90-58,70 m
maximaler Durchmesser:	4,70 m
Startgewicht:	779.100 kg
Nutzlast:	12.100 kg (in einen GTO-Orbit)
Stufe 1 L220	
Länge:	28,39 m
Durchmesser:	3,80 m
Startgewicht:	252.200 kg (max.)
Leergewicht:	18.510 kg
Triebwerk:	5 × Viking 5C
Schub:	5 × 680 kN (Meereshöhe), 5 × 758 kN (Vakuum)
Brenndauer:	164 s
Treibstoff:	NTO/UH25
Spezifischer Impuls:	2.432 m/s (Meereshöhe) 2.747 m/s (Vakuum)
Flüssigbooster PAL	
Länge:	19,00 m
Durchmesser:	2,22 m
Startgewicht:	8 × 4.550 kg (max.) 4.100-4.400 kg (typ.)
Leergewicht:	8 × 44.650 kg (max.) 43.550 kg (typ.)
Triebwerk:	1 × Viking 6
Schub:	670 kN (Meereshöhe), 750 kN (maximal)
Brenndauer:	142 s
Treibstoff:	NTO/UH25
Spezifischer Impuls:	2.432 m/s (Meereshöhe), 2.727 m/s (Vakuum)
Stufe 2 L117	
Länge:	11,61 m
Durchmesser:	4,70 m
Startgewicht:	128.800 kg (max.)
Trockengewicht:	11.000 kg
Triebwerk:	3 × Viking 4B
Schub:	3 × 798 kN (Vakuum)
Brenndauer:	142 s
Treibstoff:	NTO/UH25
Spezifischer Impuls:	2.904 m/s
Stufe 3 H40	
Länge:	11,14 m
Durchmesser:	4,70 m
Startgewicht:	43.800 kg
Leergewicht:	4,000 kg
Triebwerke:	3 × HM-7B
Schub:	3 × 64,8 kN (Vakuum)
Brenndauer:	895 s
Treibstoff:	LOX/LH2
Spezifischer Impuls (Vakuum)	4.373 m/s

VEB	
Länge: Durchmesser: Gewicht:	1,04 m 4,70 m 600 kg
Nutzlasthülle	
Länge: Volumen: Durchmesser: Gewicht:	17,00 m 151 m³ 4,70 m 1.820 kg
Spelda-47	
Volumen: Durchmesser: Höhe: Gewicht:	32 m³ / 36 m³ / 45 m³ / 58 m³ 4,70 m 1,80 m / 2,10 m / 2,80 / 3,80 m 320 kg / 370 kg / 400 kg / 430 kg

Wie sich zeigt: Bei nahezu gleicher Startmasse wie eine Ariane 5 ECA transportiert diese Version 12,1 t in den GTO-Orbit (zugegeben eine optimistische Angabe, da die VEB gleich groß blieb, sie wird wegen der größeren Masse aber schwerer sein)

Das Ganze wäre noch zu optimieren, indem man eine weitere vierte Stufe einführt, z. B. die bisherige H10, und dafür die zweite und dritte Stufe etwas Treibstoff weglässt: Da diese neue Stufe einen höheren spezifischen Impuls, als die zweite Stufe hat, resultiert eine noch etwas höhere Nutzlast: 13,8 t, mehr als die geplante Ariane 5 ME transportieren wird.

In der Praxis würde man wohl diese Lösung nicht anstreben. Es gibt zwar eine Nutzlaststeigerung um 1,7 t, doch die vierte Stufe verkompliziert das Flugregime, macht die Rakete länger und bedeutetet ein größeres Risiko, immerhin entfielen von sieben Fehlstarts von Ariane 1-4 fünf auf die dritte Stufe. Zudem ist ihr Durchmesser nun viel geringer als bei den oberen Stufen. Eine Lösung wäre eine verlängerte Nutzlastverkleidung, welche die vierte Stufe mit umgibt, wie dies bei der Atlas V 500-er Serie eingesetzt wird. Das würde die Startmasse um mindestens 2 t erhöhen, die Nutzlast etwas absenken. Der einzige Vorteil, den diese "Ariane 4 XXL2" hätte, wäre, dass nun vierte Stufe und Nutzlast fast schon die Geschwindigkeit für einen niedrigen Erdorbit haben. Reduziert man die Nutzlast leicht, wie dies z. B. bei höheren Geschwindigkeiten (Fluchtgeschwindigkeit) nötig ist, so kann die Zündung der vierten Stufe später in der Parkbahn erfolgen, was heute Standard für Planetensonden ist. Dadurch kann man die Übergangsbahn mit höherer Präzision erreichen und die Startfenster werden deutlich größer.

Typenblatt Ariane 4 XXL2	
Länge: maximaler Durchmesser: Startgewicht:	65,10 - 69,80 m 4,70 m 757.300 kg
Nutzlast:	13.800 kg (in einen GTO-Orbit)
Stufe 1 L220	
Länge: Durchmesser: Startgewicht: Leergewicht: Triebwerk: Schub: Brenndauer: Treibstoff: Spezifischer Impuls:	28,39 m 3,80 m 252.200 kg (max.) 18.510 kg 5 × Viking 5B 5 × 680 kN (Meereshöhe), 5 × 758 kN (Vakuum) 164 s NTO/UH25 2.432 m/s (Meereshöhe) 2.747 m/s (Vakuum)
Flüssigbooster PAL	
Länge: Durchmesser: Startgewicht: Leergewicht: Triebwerk: Schub: Brenndauer: Treibstoff: Spezifischer Impuls:	19,00 m 2,22 m 8 × 4.550 kg (max.) 4.100 - 4.400 kg (typ.) 8 × 44.650 kg (max.) 43.550 kg (typ.) 1 × Viking 6 670 kN (Meereshöhe), 750 kN (maximal) 142 s NTO/UH25 2.432 m/s (Meereshöhe) 2.727 m/s (Vakuum)
Stufe 2 L93	
Länge: Durchmesser: Startgewicht: Trockengewicht: Triebwerk: Schub: Brenndauer: Treibstoff: Spezifischer Impuls:	11,61 m 4,53 m 100,400 kg (max.) 8.600 kg 3 × Viking 4B 3 × 798 kN (Vakuum) 126 s NTO/UH25 2.904 m/s
Stufe 3 H33	
Länge: Durchmesser: Startgewicht: Leergewicht: Triebwerke: Schub: Brenndauer: Treibstoff: spezifischer Impuls (Vakuum)	11,14 m 4,53 m 36.600 kg 3,100 kg 3 × HM-7B 3 × 64,8 kN (Vakuum) 753 s LOX/LH2 4.373 m/s

Stufe 4 H10-III	
Länge:	11,14 m
Durchmesser:	2,60 m
Startgewicht:	13.140 kg
Leergewicht:	1,240 kg
Triebwerke:	1 × HM-7B
Schub:	1 × 64,8 kN (Vakuum)
Brenndauer:	780 s
Treibstoff:	LOX/LH2
Spezifischer Impuls (Vakuum)	4.373 m/s
VEB	
Länge:	1,04 m
Durchmesser:	4,70 m
Gewicht:	600 kg
Nutzlasthülle	
Länge:	17,00 m
Volumen:	151 m³
Durchmesser:	4,70 m
Gewicht:	1.820 kg
Spelda-47	
Volumen:	32 m³ / 36 m³ / 45 m³ / 58 m³
Durchmesser:	4,70 m
Höhe:	1,80 m / 2,10 m / 2,80 / 3,80 m
Gewicht:	320 kg / 370 kg / 400 kg / 430 kg

Von Interesse ist aber nicht nur die Nutzlast, sondern auch ob die Rakete konkurrenzfähige Preise anbieten kann. Eine Kostenabschätzung ist ohne Daten über die Fertigungskosten schwer. Aber eine Abschätzung will ich versuchen. Wenn man annimmt, dass die Kosten proportional zu der Anzahl der Triebwerke sind, und die HM-7B Triebwerke doppelt so teuer sind wie die Viking, dann erhält man folgende Vergleichstabelle:

Träger	Viking-Triebwerke	HM-7B Triebwerke	Kosten [Mill $]	Nutzlast GTO	Kosten pro kg Nutzlast
Ariane 44L	9	1	115	4.950 kg	23.300 $
Ariane 44 XL	11	2	157	7.500 kg	20.900 $
Ariane 44 XXL (8)	16	3	230	12.100 kg	19.000 $
Ariane 44 XXL (6)	14	3	209	10.800 kg	19.300 $
Ariane 44 XXL2	16	4	251	13.800 kg	18.200 $
Ariane 5	keine	1	178	10.000 kg	17.800 $

Als Vergleich habe ich die Kosten der Ariane 5 zum selben Zeitpunkt (2002, 130 Millionen Euro pro Start, Umrechnungskurs 1,37 Dollar pro Euro) angeführt. Ariane 5 ist natürlich als neu konzipierter Träger günstiger, aber nicht so viel günstiger als man erwarten könnte.

Nicht berücksichtigt wird in diesem Vergleich, dass die Kosten auch sinken könnten, z. B. gemäß dem Gesetz der Serienfertigung durch die zusätzlich gefertigten Triebwerke. (Jedes einzelne wird so günstiger, auch wenn die Gesamtkosten höher sind). Zudem flossen bis 2002 rund 8 Milliarden Euro in die Entwicklung der Ariane 5, während diese Weiterentwicklung wahrscheinlich deutlich preiswerter ist. Zudem gäbe es natürlich die Möglichkeit die Technik zu erneuern, z. B. eine dritte Stufe mit dem Vinci Triebwerk.

Paradoxerweise entschlossen sich Arianespace und ESA, als sich herauskristallisierte, dass durch den Wegfall der Ariane 4 ein Träger für Satelliten in erdnahe Umlaufbahnen und kleine Satelliten in den GTO fehlt, nicht die Ariane 4 erneut aufzulegen, sondern schufen stattdessen ein neues Startzentrum für die Sojus 2, nördlich der bisherigen Startzone der Ariane 1-5. Die Sojus transportiert in zwei Versionen 2,7 und 3,1 t in den GTO, liegt also bei der Nutzlast der kleineren Ariane 4 Versionen. Die ESA zahlt pro Start eines Paars Galileo Satelliten 79,4 Millionen Euro, das ist nicht billiger als die Ariane 4. Allerdings kann Ariane 4 ohne eine Oberstufe nicht die Satelliten im Galileoorbit in 23.000 km Höhe aussetzen. Dafür müsste man die Satelliten mit einem eigenen Antrieb ausrüsten oder eine kleine zusätzliche Oberstufe hinzunehmen. Eine Ariane 42P wäre in der Nutzlast kompatibel mit dem Doppelstart von zwei Galileo-Satelliten.

Interessanterweise gibt es mit den Plänen für die Ariane 6 auch eine Wende bei der Entwicklung, die zu immer größeren Trägern ging. Auch die Ariane 6 wäre durch die Ariane 4 XL zu ersetzen. Anders als bei den bisherigen Planungen für die Ariane 6 gäbe es die Möglichkeit die Nutzlast dem Bedarf anzupassen, denn die kleineren Versionen der Ariane 4 wären auch noch verfügbar. Ariane 6 wird aber wie Ariane 5 in nur einer Konfiguration gebaut, das bedeutet, wenn ihre Nutzlast von maximal 6,5 t nicht ausgenutzt wird, dann muss trotzdem der Start eines 6,5 t Satelliten bezahlt werden. Daher will Arianespace auch die Sojus nach Einführung der Ariane 6 weiter betreiben, weil diese bei Satelliten von 3 t Gewicht viel zu teuer sein wird.

Als Zusammenfassung kann man sagen, dass es mit der Ariane 4 möglich wäre, bis zu 12 t in den GTO zu transportieren. Zusätzlich zu den angeführten Versionen wären auch weitere, z. B. mit 6 Boostern denkbar, die dann die Lücke zwischen 7,5 und 12 t Nutzlast füllen würde. Ariane 4 wäre dann skalierbar von 2 bis 12 t GTO Nutzlast. Für diesen Bereich benötigt die ESA derzeit drei Träger: Ariane 5, Ariane 6 und die Sojus STK.

Quellen / Referenzen

P.M. 10/1990 S.84 „Sabotage“

Flight International 24.10.1981: „Improving Ariane 4“

Flight International 12.2.1982: „Ariane 4 goes ahead with French Backing“

Flight International 4.5.1984: „Ariane 4: European Launcher grows“

Flight International 18.10.1986: „Ariane and Shuttle Plans revealed“

Flight International 21.5.1988: „Ariane 4: The big Shot“

Flight International 3.6.1989: „On a winning streak“

Flight International 7.3.1990: „Engine Failure destroys Ariane“

Flight International 18.4.1990: „Ariane resumes business as usual“

Flight International 1.8.1990: „Arianespace is back in Business“

Flight International 4.9.1990: „Arianespace launches new Service“

Flight International 21.8.1991: „Success and Confidence“

Hans-Martin Fischer: „Europas Trägerrakete Ariane“

Andreas Schöwe: „Ariane 4 – der Erfolgsträger“

ESA Achievements BR250 „Ariane 1-4“

Didier Capdevila: „Capcom Espace“ (http://www.capcomespace.net)

Steve's Satelliten und Raumfahrtseiten (http://www.sat-steve.de/)

Arianespace: „Ariane 4 Users Manual“, Version 2.0

Ariane 1
Ariane 2
Ariane 3
Ariane 4

Das CSG

Frankreich betrieb zum Entwicklungsbeginn der Diamant ein Startgelände bei Colomb-Béchar auf der Militärbasis Hammaguir in der algerischen Wüste. Dort fanden die Starts der Véronique Höhenforschungsraketen statt. Es gab vier Startrampen: Blandine, Bacchus, Béatrice und Brigitte. Von der Brigitte aus fanden auch die Starts der Diamant A und ihrer Vorläufermodelle der Edelstein-Serie statt.

Doch mit der Unabhängigkeit Algeriens im Jahr 1962 war die Zeit des Stützpunktes Hammaguir abgelaufen. Bis zum Juli 1967 musste das Militärgelände bei Colomb-Béchar an Algerien übergeben werden. Das führte dazu, dass die Diamant A zum Schluss im Wochenabstand startete, um die noch ausstehenden Starts zu bewältigen. Frankreich benötigte nun eine neue Startbasis.

Zuerst dachte die Regierung an Starts von der französischen Mittelmeerküste aus, von Biscarosse oder Le Bacares. Doch bei der Prüfung dieser Örtlichkeiten zeigte sich, dass Starts von dort aus über dicht besiedeltes Gebiet geführt hätten. Außerdem hätten sie nach Westen erfolgen müssen – gegen die Erdrotation. Beim Start nach Osten hätte eine Rakete Italien, Jugoslawien und einige dicht besiedelte Ostblockstaaten überflogen, was der französischen Regierung als zu riskant erschien. Die Geschwindigkeit der Erdrotation beträgt am Äquator 463 m/s. Um diesen Betrag erniedrigt sich der Geschwindigkeitsbedarf einer Rakete in eine Erdumlaufbahn, wenn sie nach Osten startet. Er erhöht sich aber um denselben Betrag, wenn in westliche Richtung gestartet wird.

Es gibt deshalb international nur ein einziges Startzentrum, von dem aus in Richtung Westen gestartet wird: Israel startet in Ermangelung einer Alternative seine Flugkörper von Palmachim aus nach Westen übers Mittelmeer, weil wegen der politischen Spannungen zwischen Israel und Syrien kein Start in östlicher Richtung möglich ist. Als Folge muss die Rakete eine um 9% höhere Geschwindigkeit erreichen, was die Nutzlast stark absenkt.

Frankreich legte im Jahr 1963 folgende Kriterien fest, die ein Startplatz erfüllen musste:

- Politische Stabilität
- Nähe zum Äquator (um die Erdrotation voll auszunutzen)
- Geringe Bevölkerungsdichte
- Tiefer Seehafen vorhanden
- Flugplatz vorhanden
- Nähe zu Europa

Insgesamt 14 Territorien kamen in eine erste Auswahl. Es waren die Seychellen, Trinidad, Nuku Hiva und Tuamotu in Französisch-Polynesien, Désirade in Guadeloupe, Djibouti in Französisch-Somalia, Kourou in Französisch-Guayana, Darwin in Australien, Tricomalee im damaligen Ceylon, Fort Dauphin in Madagaskar, Mogadischu in Somalia, Port Etienne in Mauretanien und Belem in Brasilien.

Diese zunächst große Auswahl reduzierte sich bei Anwendung der Kriterien rasch. Viele der Standorte wurden als politisch instabil eingeordnet, andere hatten keinen Seehafen oder Flugplatz in der näheren Umgebung oder die notwendigen Investitionen in die Infrastruktur wären zu hoch gewesen. Einige waren zu weit entfernt von Europa. Darwin war außerdem gefährdet durch Wirbelstürme, und Tuamotu hatte kein Trinkwasser in ausreichender Menge. Eine Empfehlung bekamen die Standorte Kourou, Darwin, Belem, Tuamotu und Trinidad. Aus ihnen wurde am 14. April 1964 Kourou ausgewählt. Von allen Kandidaten bot es die besten Voraussetzungen.

Kourou ist eine Hafenstadt am Atlantik in Französisch-Guyana im Nordosten von Südamerika. Es war durchaus nicht der ideale Startplatz. Der Seehafen musste ausgebaut wer-

den, und die hohe Luftfeuchtigkeit wurde als Problem angesehen. Aber es lag geografisch günstig und war kaum bevölkert. Auf einer Fläche von 90.000 km² lebten 1964 nur 45.000 Einwohner. Bis zum Jahr 2008 erhöhte sich die Einwohnerzahl auf 216.000, auch bedingt durch das Raumfahrtzentrum und den dadurch entstandenen, wirtschaftlichen Aufschwung. Französisch Guyana ist ein Übersee-Departement. Das bedeutet das Gebiet gehört politisch zu Frankreich und hat auch Vertreter im französischen Parlament, liegt jedoch außerhalb von Frankreich. Es sind im Prinzip ehemalige Kolonien, die darauf verzichteten unabhängig zu werden, weil hohe Transferzahlungen seitens Frankreich und der EU den Lebensstandard erheblich über den der Nachbarregionen angehoben haben. Französisch Guyana ist das flächengrößte Übersee-Department.

So schien die Entscheidung bereits gefallen zu sein, als Roussillon in der französischen Provence ins Spiel gebracht wurde. Dieser Standort sollte deutlich billiger als das Übersee-Departement sein. Für Roussillon beliefen sich die Kosten auf 15 Millionen Euro Investitionen und 2,3 Millionen Euro jährliche Betriebskosten, während für Kourou 40 Millionen Investitionskosten und 6,9 Millionen Euro Unterhalt pro Jahr aufzubringen waren. Aber Roussillon war nicht geeignet für große Raketen, es lag zu weit nördlich, und es lag in einer dicht besiedelten Region.

So wanderte die Entscheidung bis an höchste Stelle, und Ministerpräsident Pompidou entschied sich schließlich für Kourou.

Im Jahr 1966 erhielt der Aufbau einer Startbasis in Kourou einen weiteren Anschub. Die ELDO entschied, mit der Europa-II nach Kourou umzuziehen und 40% der Investitionskosten zu übernehmen. Damit stand der ELDO ein am Äquator bei 5,14 Grad nördlicher Breite gelegenes Startgelände mit ausreichendem Platzangebot zur Verfügung. Eine Fläche von 1.000 km² wurde nur für die Startbasis reserviert. Starts konnten sowohl zum Äquator als auch zum Pol hin erfolgen, in jeder Richtung über mindestens 3.000 km offenes Meer. Lange Zeit war Kourou nicht nur das einzige Startzentrum so nahe am Äquator, sondern auch das Einzige, mit dem Satelliten in jeden Orbit transportiert werden konnten.

Installationen für die Diamant

Die Startbasis **C**entre **S**patial **G**uyanais (CSG) liegt etwa 18 km von Kourou entfernt. Über diese Hafenstadt finden alle Transporte per Schiff statt. Die Transporte von Satelliten erfolgen meist durch Flugzeuge, welche 60 km südwestlich in Cayenne landen, der Hauptstadt von Französisch-Guayana. Kourou ist durch das CSG zur drittgrößten Stadt in Französisch-Guayana geworden. 1964 hatte die Stadt noch 640 Einwohner, und im Jahre 2008 waren es bereits 26.000, wovon 1.500 direkt im CSG arbeiten. Die Diamant war nicht die erste Rakete, die vom CSG aus startete, schon 1964 startete eine Veronique-Höhenforschungsrakete vom CSG aus. Zweitweise wurden vom CSG aus über 50 Höhenforschungsraketen pro Jahr gestartet.

Schon für die Starts der Diamant wurde der Hafen von Kourou erweitert. Die Landebahn des Rochambeau Flugplatzes in Cayenne musste verlängert werden, damit auch Großflugzeuge landen konnten. Zur medizinischen Versorgung des Personals der Startbasis entstand bei Kourou eine eigene Klinik.

Beim Einsatz der Diamant richtete sich das CSG nach dem lokalen Klima und startete Satelliten nur in der Trockenperiode von März bis Mai und September bis Dezember. Das Klima ist in Guayana tropisch. Es gibt aber keine Wirbelstürme, und die Winde überschreiten selten 80 km/h Spitzengeschwindigkeit. Das Hauptproblem besteht in der hohen Luftfeuchtigkeit von 80 bis 90% im Mittel und der Niederschlagsmenge von rund 3.000 mm pro Jahr (Deutschland: 500 bis 1.300 mm/Jahr).

Neben der Startrampe für die Diamant entstanden in unmittelbarer Nähe noch drei kleine Startplätze für Höhenforschungsraketen des Typs Véronique. Als Weltraumzentrum eingeweiht wurde es im Jahr 1969. Auffällig an dem Startkomplex der Diamant war die räumliche Nähe der Montagegebäude zur Startrampe. Die Abbildung 166 auf Seite 367 informiert über die Installationen:

1. Das Blockhaus war der Bunker für das Personal, das an der Startrampe arbeitete. Es befand sich nur 120 m von der Startrampe entfernt und war gegen die Folgen einer Explosion mit einem Überdruck von 0,7 bar gesichert. Ein 1,2 m hoher Sandwall umgab das Gebäude.
2. Büros und Ruheräume
3. Energieversorgung, Lagerung von Material und Spezialteilen
4. Montagehalle für die erste Stufe, inklusive eines Laufkrans mit einer Tragfähigkeit von 30 t und Werkstätten. Das Gebäude war voll klimatisiert.
5. Mauerabschluss zum Schutz gegen Explosionen und die Flammen beim Start. Die Mauer war 10 m hoch, 50 cm dick und hielt einem Druck von 5 t/m^2 stand.
6. Analoge und elektronische Geräte
7. Lagerung von Flüssigkeiten und Gasen (Freon, Druckluft und Stickstoff)
8. Mobiles Montagegebäude von 6,5 m Höhe, 7,6 m Breite und 18,8 m Länge. Es wurde nach Fertigstellung der ersten Stufe zur Seite gefahren.
9. Schienenweg
10. Starttisch mit Flammendeflektor
11. Diamant B
12. Nabelschnurmast von 27 m Höhe.
13. Mobiler Montageturm von 34 m Höhe und 10,3 m Breite. Die gesamte Konstruktion wog 305 t, verfügte über verschiedene Zugangsebenen und war klimatisiert. Ein Laufkran erreichte bis zu 30,5 m Höhe. Das Montagegebäude wurde nach Abschluss der Arbeiten vor dem Start mit 5 m / min vor dem Start zurückgefahren.
14. Schienenweg (8,9 m Breite, 50 m Distanz zur Startrampe)
15. Lagerhalle für Pyrotechnik

Nach dem letzten Diamant Flug wurde das Startgelände 1976 aufgegeben. Von da an diente es als Quartier für die Fremdenlegion. Im Jahr 1998 wurde es reaktiviert und zeitweise als Lagerplatz genutzt. Dort lagerten unter anderem die geborgenen PAP-Booster der Ariane 4 Starts und Sondermüll des CSG und der Industrie in einer Größenordnung von etwa 360 t/Jahr. Bis 2002 wurde es für diesem Zweck genutzt. Vom CSG aus starteten vom 10.3.1970 bis zum 27.9.1975 fünf Diamant B und drei Diamant BP.4.

Zu der Startzone ZL (**Z**one de **L**ancement) gehörte auch die Missionskontrolle, welche sich, wie die anderen technischen Anlagen und Verwaltungsgebäude, südlich der Startrampe befand. Seit 1968 diente das Jupiter-Kontrollzentrum diesem Zweck. Die Mannschaft im „Bunker", unmittelbar neben der Startrampe hatte die Aufgabe, die Rakete und die Durchführung des Countdowns zu überwachen. Mit dem Abheben der Diamant war ihre Aufgabe erfüllt. Danach übernahm die Missionskontrolle die Überwachung des Fluges. Sie war gleichzeitig auch für den Start als Ganzes zuständig. Ehe der Start erfolgen konnte, musste eine Vielzahl von anderen Stellen ihr Einverständnis geben. Dazu gehörten zum Beispiel Meteorologen (Wetterbedingungen, Höhenwinde), Telemetriestationen entlang der Bahn, Bahnverfolgungsstationen (optisch und Radar) und auch die Ingenieure der Kunden, welche die Nutzlast überwachten. Das Jupiter-Kontrollzentrum wurde sehr lange genutzt. Erst Ende 1995 wurde es durch Jupiter-2 abgelöst. Es war für die Diamant, Europa und Ariane 1 bis 4 zuständig gewesen.

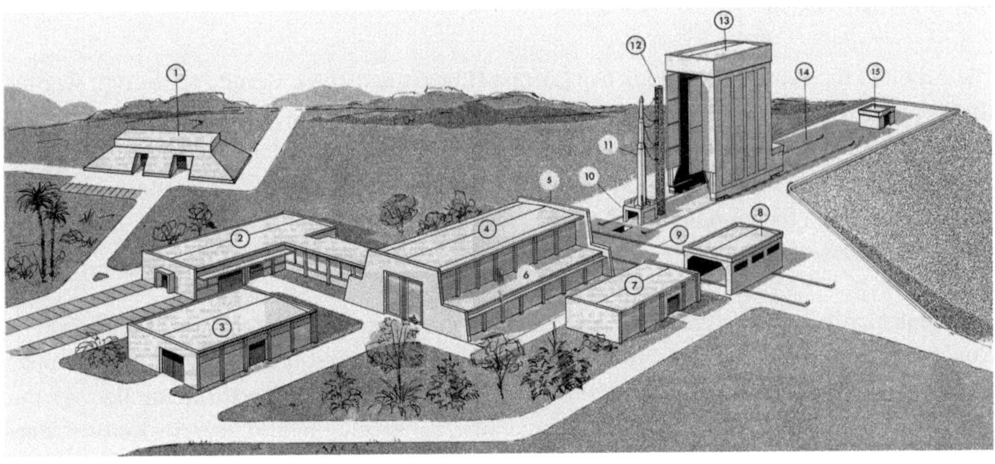

Europa-II

Für Starts in die geostationäre Bahn war der ursprüngliche Startplatz der ELDO, das australische Woomera, nicht geeignet. Bedingt durch seine Lage bei 31 Grad Süd, erforderte der Abbau der Bahnneigung viel Treibstoff, noch mehr als beim Start von Cape Canaveral aus. Zudem waren von Woomera nur Starts nach Norden möglich, sollte die Rakete nicht über bewohntem Gebiet niedergehen. Ein Start in die geostationäre Übergangsbahn hätte aber nach Osten erfolgen müssen.

Die Wahl des CSG für die Europa II lag daher auf der Hand. Kourou war ideal für Starts in den geostationären Orbit gelegen. Es waren auch polare Starts möglich wie in Woomera. Frankreich baute dort schon den Startkomplex für die Diamant B, und damit war auch ein Teil der nötigen Infrastruktur vorhanden.

Australien wurde 1961 als Startort für die Europa-I ausgewählt. Die Engländer bestanden auf einem Startplatz in ihrem Commonwealth. Die Franzosen wollten dagegen schon immer eine Startbasis in einem französischen Departement. Da traf es sich gut, dass Kourou auch geografisch günstiger lag. Als England damals seine Beteiligung an der Europa laufend reduzierte, gab es bald keinen Grund mehr, an Woomera festzuhalten. Daher beschloss die ELDO schon vor dem ersten Start einer Europa-II, den Startkomplex in Woomera nach Flug F9 aufzugeben.

Die Anfangsinvestitionen für Kourou wurden 1968 auf 540 Millionen Francs veranschlagt. Davon waren 420 Millionen für die allgemeine Infrastruktur und 120 Millionen für die Startrampe der Europa-II vorgesehen. Die ELDO beteiligte sich mit 10 Millionen Francs/Jahr an den Unterhaltskosten.

Die Arbeiten für den Startkomplex der Europa II begannen 1969. Bereits Mitte 1971 war die Startplattform fertiggestellt. Am 9.5.1971 begannen die Tests der Anlage mit einem MSRV, einem Modell der Europa-II Rakete. Dieses wurde zum Training der Bodencrew aufgebaut. Damit wurden die Verbindungen zur Rakete, die Startprozeduren und Computerprogramme geprüft, sowie die Bodenmannschaft durch mehrmaliges Be- und Enttanken der Rakete und Probecountdowns geschult.

Es wurde eine Fabrik zur Produktion von flüssigem Sauerstoff und Stickstoff am Hafen von Kourou gebaut, und es entstand die Startplattform ELE (**E**nsemble de **L**ancement **E**uropa). Sie bestand aus einem auf Schienen fahrbaren Montageturm, dem Starttisch mit dem darunter liegenden Flammenschacht, einem Wasserauffangbecken, einem Lager für Kerosin, Sauerstoff und Stickstoff und einem sehr markanten Wasserturm mit einem kugelförmigen

Wasserbehälter auf einem dünnen Mast. Dieser Wasserturm steht noch heute an dieser Stelle. Er liefert das Wasser, mit dem der Flammenschacht geflutet wird, wenn die Rakete zündet. Ohne dieses "Kühlwasser" (welches sofort verdampft) würden die Flammen das Gestein schmelzen.

Dieses charakteristische Design der Anlage hatte einen hohen Wiedererkennungswert. Dazu kam noch das Startkontrollzentrum und technische Gebäude. Das Konzept ähnelte der Startbasis in Woomera. Die Europa wurde am Startplatz vertikal zusammengebaut, und vor dem Start wurde der Montageturm zurückgefahren.

Die Bahnverfolgung musste wegen der längeren Brennzeiten der Stufen erweitert werden. Zu der Bodenstation in Kourou kamen weitere in Gove (Senegal) und Brazzaville (Kongo) für GEO-Missionen hinzu, sowie in Port Stanley (Falkland Inseln) und Redu (Belgien) für SSO Missionen.

Zwei Testflüge (F11 und F12) waren finanziell abgesichert, auch nachdem England die ELDO verlassen hatte. Anstatt der bei der Europa-I eingesetzten Testsatelliten wurde eine Instrumentenkapsel gestartet. Sie konnte mit zusätzlichen Messwertaufnehmern Daten von der Rakete, vor allem der Umgebungsbedingungen (Vibrationen, aerodynamische Belastung, Beschleunigungskräfte) zur Erde funken.

Es kam zu nur einem Start F11, der schon während der Betriebszeit der ersten Stufe endete, als der Bordcomputer ausfiel und die Rakete ohne Steuerung durch die aerodynamischen Kräfte zerstört wurde. Daraufhin wurde das Programm eingestellt, der Träger von F12 erreichte zwar noch das CSG, wurde aber nicht mehr gestartet.

Weitere geplante Flüge der Europa-II waren:

- F13: Symphonie 1
- F14: Symphonie 2
- F15: COS-B
- F18: GEOS
- F16 und F17 waren bei Einstellung des Programms noch nicht zugeteilt.

Starttisch
Laufschienen
Wasserturm
Auffangbecken
Sauerstoff- und
Stickstofflager
Kerosin-Lager
Montageturm
Pyrotechnisches
Lager Nr. 2
Massiv
Gebäude « P »
Nabelschnurmast
Kontrollzentrum

Ariane 1

Die Ariane trat in die Fußstapfen der Europa und konnte, da sie vom CSG aus starten sollte, schon von Anfang an für den Transport in den GTO optimiert werden.

Beim Start von Kourou aus braucht ein Satellit beim Wechsel aus der Übergangsbahn (200 × 36.000 km Höhe und 10 Grad Neigung) in die endgültige Bahn (36.000 km Höhe und kreisförmige Bahn mit 0 Grad Bahnneigung) relativ wenig Treibstoff, weil er nur eine geringe Bahnneigung abbauen muss. Im Vergleich dazu sind bei den Starts von Cape Canaveral CCAF über 28 Grad abzubauen. Ein Satellit muss beim Start vom Cape aus eine Geschwindigkeitsveränderung von über 1.800 m/s aufbringen, um von der GTO in die GEO-Bahn zu gelangen. Dieser Wert beträgt bei Starts mit der Ausgangsbasis Kourou hingegen nur 1.500 m/s. Die folgende Tabelle informiert über die Geschwindigkeit von einem GTO in den GEO bei den genutzten Weltraumbahnhöfen für GEO-Missionen.

Startgelände	Träger	Bahnneigung der Bahn [Grad]	ΔV (200 × 35.790 km in GEO)
Äquator (Sealaunch)	Zenit	0	1477,3 m/s
CSG	Ariane 5	6	1495,4 m/s
CSG	Ariane 2-4	7,5	1505,5 m/s
CSG	Ariane 1, Sojus	11	1537,2 m/s
Satish Dhawan Space Centre	GSLV	13,7	1569,1 m/s
CCAF	Atlas, Delta, Falcon	27,9	1823,3 m/s
Xichang	Langer Marsch 3	28,2	1829,9 m/s
Tanegeshima	H-II	30,4	1879,6 m/s
Baikonur	Proton, Zenit	51,2	2418,7 m/s

Der Unterschied von 300 m/s entspricht 14% weniger Nutzlast bei einer Atlas-Centaur und 17% weniger bei einer Delta im Vergleich zum hypothetischen Fall, wenn sie vom CSG aus gestartet würden.

Diese Ausgangslage erleichterte die Konstruktion des HM-7 Triebwerks. Der geringe Schub des HM-7 hatte den Vorteil, dass die H8 Stufe eine sehr lange Brenndauer von nahezu zehn Minuten besaß. Während dieser Flugzeit erreichte sie den Äquator und setzte den Satelliten direkt über dem Äquator aus. So kam Ariane mit nur einer Zündung der Oberstufe aus, während die Delta und Atlas Starts zwei Zündungen erforderten und der Space-Shuttle sogar eine zusätzliche Oberstufe benötigte. Die erste Zündung bringt dabei den Satelliten in eine niedrige, meist kreisförmige Umlaufbahn. Die Zweite erfolgt bei Überqueren des Äquators und weitet diese zur GTO-Bahn auf.

Kourou erlaubte aber auch sonnensynchrone Bahnen, wenn nach Norden über die Karibik gestartet wurde. Bedingt durch die Optimierung der Ariane für GTO-Transporte war die Nutzlast für solche Orbits jedoch nur wenig höher als für den GTO. Das lag daran, dass der energieärmste Transfer in höhere Umlaufbahnen darin besteht, zuerst eine Bahn zu erreichen, deren Perigäum bei 160 bis 200 km Höhe liegt und das Apogäum auf der Zielbahnhöhe. Wenn dieses nach etwa einer Dreiviertel Stunde Freiflugphase erreicht ist, zündet die Rakete erneut und hebt das Perigäum an. Da die H8 nicht wiederzündbar war, musste die Aufstiegsbahn so gewählt sein, dass die Ariane bei dem Betrieb der H8 die Zielbahnhöhe erreicht. Das senkrechte Beschleunigen um diese Höhe zu erreichen (SSO-Bahnen liegen meist in 600 bis 800 km Höhe) kostet viel mehr Treibstoff als die beschriebene Zweiimpulstransfermethode.

Kourou war bis zur Einführung der mobilen Sea Launch Startplattform das einzige Startgelände, das Starts sowohl in äquatoriale als auch sonnensynchrone Bahnen erlaubte. Die Startrampe der Ariane 1 lag bei 5° 14‘ 9“ Nord und 52° 46‘ 29“ westlicher Länge.

Für Ariane wurde die ELE-Startanlage der Europa-II umgebaut und in ELA-1 (**E**nsemble de **L**ancement **A**riane) umbenannt. Der Startplatz ELA-1 war auf maximal sechs Starts pro Jahr ausgelegt, durchschnittlich waren vier bis fünf Starts pro Jahr möglich. Schätzungen der ESA gingen beim Entwicklungsbeginn von nur zwei bis drei Flügen pro Jahr aus, sodass die Startrate von ELA-1 ausreichend erschien.

Bei ELA-1 wurde die Rakete direkt an der Startrampe zusammengebaut, sodass diese solange für einen weiteren Start blockiert war. Der Zusammenbau erfolgte sequenziell, beginnend bei der ersten Stufe. Diese Vorgehensweise sparte zwar ein Gebäude für die Integration der Rakete ein, limitierte aber die Startrate. Da ELE schon für den Zusammenbau der Europa am Startplatz konzipiert war, wurde dies auch für die Ariane übernommen. Eine Änderung des Konzepts hätte den Verzicht auf Einsparungen durch die Wiederverwendung des Startkomplexes bedeutet.

Der Umbau des Startkomplexes ELE zur ELA-1 sparte von 1975 bis 1979 etwa 13% der Investitionskosten in Kourou ein. Die geschätzten Baukosten betrugen 120 Millionen Franc. Da die Ariane 1 höher als die Europa-II war, wurde die Basis um 8 m abgesenkt und der Startturm um 8 m verlängert. Der mobile Montageturm hatte ein Gewicht von rund 800 t.

Vier hydraulisch bewegte Klammern hielten die Ariane am Boden, bis sie per Computersteuerung freigegeben wurde. Dabei mussten die Klammern auf 0,1 mm genau einrasten.

150 m von der Startrampe entfernt befanden sich zwei Tanks mit je 115 m³ Volumen für NTO und UDMH. Betankt wurde die Rakete durch Lastwagen, welche den Treibstoff zur Rakete fuhren. Für Wasserstoff gab es zwei Behälter von 100 m³ und 40 m³ Volumen und für Sauerstoff einen Tank von 20 m³ Volumen. Sie waren 100 m von der Startrampe entfernt. Die Förderleitungen zur Rampe verliefen in einem Graben, um der Gefahr einer Explosion zu begegnen.

Insgesamt investierte die ESA 75 Millionen Dollar in die Startbasis Kourou und den Betrieb über die ersten beiden Jahre. Damit wurde auch der Bau des Kontrollzentrums CDL1 bezahlt, welches sich unter einer mehrere Meter dicken Betondecke befand und einige hundert Meter von der Startrampe war. Etwa 20 Personen waren hier mit dem Ablauf des Countdowns beschäftigt. Die Hauptarbeit leisteten aber zwei Computer, einer für das elektrische System, der andere für die Flüssigkeiten. Nach dem Start übernahm das 10 km von der Startrampe entfernt gelegene Jupiter Missionskontrollzentrum die weitere Kontrolle der Mission.

Von den rund 50.000 Einwohnern von Französisch-Guayana im Jahre 1979 lebten etwa zwei Drittel im Bereich der Hauptstadt Cayenne. Das Startgelände war 65 km von Cayenne entfernt, und die Aufstiegsbahn der startenden Raketen durfte nicht über Cayenne führen. Ein Start war deshalb nur unter einem Azimut von -100,5 Grad bis +3,5 Grad möglich (wobei 90 Grad Norden und 0 Grad Osten entsprach). Ariane musste daher zuerst aufs Meer hinaus starten und konnte erst dann nach Süden schwenken. Die Bahnneigung der GTO-Bahn war deswegen etwas höher als die geografische Breite und lag bei 10 Grad.

Zu Beginn der Testflüge umfasste das CSG etwa 850 Mitarbeiter. Dabei waren 600 Arbeitskräfte fest im CSG angestellt, 100 Experten reisten für eine Startkampagne aus Europa an, dazu kamen 150 Hilfskräfte. Vor Ort wurden nur der flüssige Wasserstoff und Sauerstoff sowie Stickstoff als Druckgas produziert. Stickstofftetroxid (NTO) und UDMH wurden aus Europa importiert. Während NTO kommerziell verfügbar war, war dies bei UDMH in den benötigten Mengen anfänglich nicht der Fall. Es gab aber noch einen Vorrat von 1.000 t vom Europa-II Programm. Für die Tests und Erprobungsflüge wurden weitere 1.000 t von der Sowjetunion gekauft. Später entstand bei Toulouse eine Fabrik zur Produktion von UDMH. Die jährlichen Unterhaltskosten des CSG betrugen damals 23 bis 24 Millionen MAU, was in etwa derselben Summe in Euro entspricht.

Ariane 2 und 3

Die längere Brennzeit der dritten Stufe machte eine neue Bodenstation bei Akakro an der Elfenbeinküste notwendig. Dazu wurde die Ausrüstung bei Salinopolis in Brasilien demontiert. Diese Station war nicht mehr notwendig, da es durch eine veränderte Aufstiegsbahn eine Überlappung der Verfolgung zwischen Kourou und der Bodenstation Natal in Brasilien gab.

Im Rahmen des Ariane 4 Programms wurde eine neue Startrampe mit der Bezeichnung ELA-2 erstellt. Wenn die Ariane 2 oder 3 von ELA-2 aus starteten, mussten sie jeweils auf einem erhöhten Starttisch montiert werden, weil die Versorgungs- und Zugangsleitungen von ELA-2 bereits für die längere erste Stufe der Ariane 4 ausgelegt waren. Dies war bei den Flügen V17, V20 und V25 der Fall, wobei es sich beim Start V17 einer Ariane 3 am 28.3.1986 um die Einweihung der neuen Startrampe handelte.

Durch all diese Maßnahmen konnte Arianespace Ende der achtziger Jahre die Startrate schnell ansteigen lassen. Davon profitierte natürlich vor allem die Ariane 4, doch auch die Ariane 2 und 3 starteten 1988 und 1989 häufiger als jemals zuvor.

Nach dem letzten Start (V32) einer Ariane 3 am 11.7.1989 wurde ELA-1 nach insgesamt 25 Starts außer Betrieb genommen. Im Juni 1991 wurde der Startturm abgerissen. Seit 2003 erfolgte der Umbau von ELA-1 für Missionen der neuen Trägerrakete Vega. Ende 2008 wurde dieser abgeschlossen. Bedingt durch Verzögerungen fand der Jungfernflug der Vega vom neuen Startplatz verspätet am 13.2.2011 statt. Seitdem sind drei Starts der Vega erfolgt, allesamt erfolgreich. Er heißt nun ELV (**E**nsemble de **L**ancement **V**ega) und hat damit drei verschiedene Trägerraketen (Europa II, Ariane 1-3, Vega) gesehen.

Wie die Ariane 1 wird auch die Vega direkt am Startplatz zusammengebaut und der mobile Montageturm wird vor dem Start dann zurückgefahren. Auch die neue Startrampe ELV ist für eine geringe Startfrequenz von typischerweise vier bis fünf Starts pro Jahr ausgelegt. Dies ist für die Vega, die etwa zweimal pro Jahr starten wird, wie bei der Europa-II die kostengünstigste Lösung.

esa
ariane
©arianespace

Ariane 4

Ariane bekam mit der Startrampe ELA-2 eine neue Rampe mit einem flexiblen Konzept. Bei Ariane 4 wurde am Startplatz eine Rakete auf den Start vorbereitet, während in der 950 m entfernten Montagehalle eine weitere Rakete zusammengebaut werden konnte.

Beim Vorgänger ELA-1 hatte die CNES noch ein anderes, klassisches Konzept verfolgt: Die gesamte Rakete wurde am Startplatz mit einem Montageturm zusammengebaut und dieser dann vor dem Start etwa 100 m zurückgefahren. Dies hatte einige Nachteile:

- Das mobile Montagegebäude war relativ nahe an der Startrampe. Eine Explosion direkt nach dem Abheben hätte zu starken Beschädigungen bei diesem geführt.

- Die Verwendung des schmalen Nabelschnurmastes der Europa-II beschränkte die Möglichkeiten zum Einbau von weiterer Ausrüstung. Das machte die Wartung aufwendig und komplex. Der Startturm war weiterhin zu nah an der Rakete, wodurch die Windgeschwindigkeit beim Start auf 9 m/s (5 auf der Beaufortskala) limitiert war, um eine Kollision zu vermeiden.

©arianespace

Schon bevor die Entwicklung der Ariane 4 beschlossen wurde, war zudem abzusehen, dass ELA-1 nicht ausreichen würde, alle kommerziellen Starts abzuwickeln. Mitte 1981 wurde daher mit der Arbeit an ELA-2 begonnen. In diese flossen die gemachten Erfahrungen ein.

Die Anforderungen an ELA-2 waren folgende:

- Kompatibilität zur Ariane 1 bis 3, um diese in einer Übergangszeit auch von ELA-2 aus starten zu können.
- Eine Verdopplung der Startrate auf zehn Flüge jährlich.
- Höhere Flexibilität, maximale Zugänglichkeit zur Rakete, Reduktion der Komplexität und der Kosten.

Erreicht wurde dies durch eine räumliche Trennung von Startvorbereitung und Zusammenbau. Dieses Konzept wurde später bei der Ariane 5 noch weiter optimiert. Bei dem Komplex ELA-3, für die Ariane 5, wird an der Startrampe gar nichts mehr integriert.

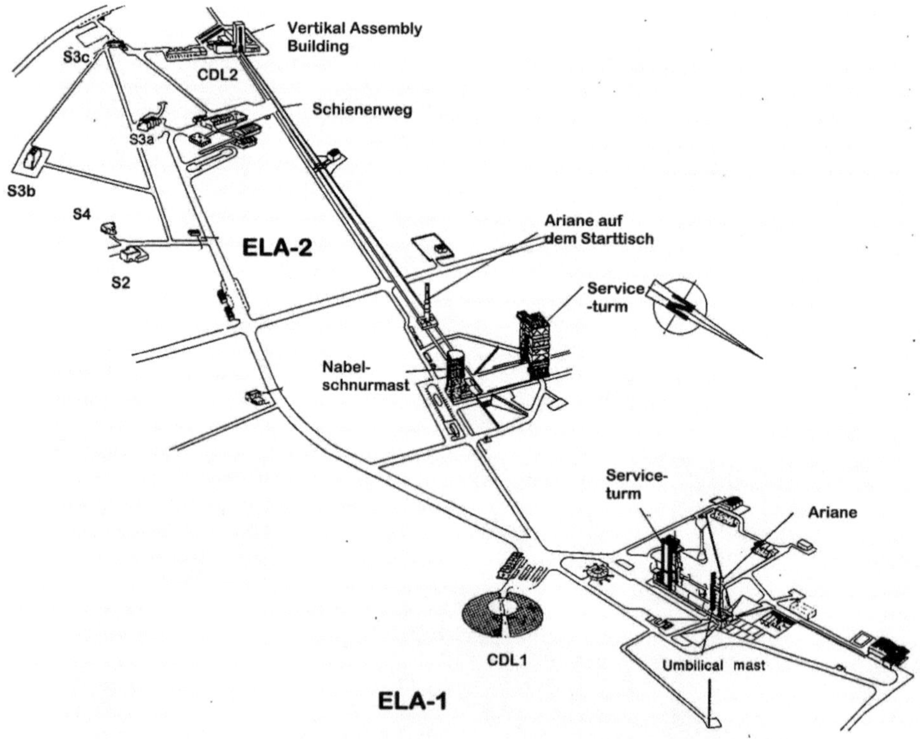

ELA-2 beinhaltete eine „Launcher Preparation Zone", etwa 1 km vom Startplatz entfernt. Hier wurde die Ariane 4 zusammengebaut, und die Booster mit flüssigen Treibstoffen wurden an die Rakete montiert. Die Vorbereitung einer Ariane 4 in der Vorbereitungszone dauerte 15 Tage. Danach fuhr sie zur Startrampe (ZL-2: **Z**one des **L**ancement 2).

Am Startplatz gab es einen mobilen Montageturm, die Gantry. Hier erfolgte die Integration der Nutzlastspitze. Die Nutzlast wurde in einem eigenen Gebäude in die Spitze eingeschlossen, diese wurde hermetisch verschlossen und dann zur Ariane 4 gefahren und mit einem Kran auf die oberste Etage gehoben und dann montiert. Zuletzt wurden die Feststoffbooster und alle Sprengladungen an die Rakete montiert. Nur die letzten fünf Tage vor dem Start befand sich die Ariane in der Gantry, die dann vor dem Start zurückgefahren wurde.

Verbunden waren die Start- und die Vorbereitungszone durch Schienenstrecken. Ein Kreisverkehr in der Mitte des Weges erlaubte das Rangieren von zwei Raketen. Dies verdoppelte nicht nur die mögliche Anzahl der Starts, es machte Ariane auch unabhängiger von Verzögerungen. So wurde im Jahr 1997, als es Probleme mit der Vorbereitung eines Satelliten gab, dieser mitsamt der Rakete von der Startrampe weggefahren, und der nächste Start einfach vorgezogen. Ursprünglich war ELA-2 für acht bis zehn Starts pro Jahr ausgelegt. Doch Arianespace hatte so viele Kunden, dass mehr Starts erfolgen mussten. So konnte die Zeit für eine Startkampagne von 33 auf bis zu 24 Tage (18 reine Arbeitstage) reduziert werden. Normal sind 27 Tage für eine Ariane mit PAL und 25 Tage für eine Ariane 40 oder Modelle mit PAP. Teilweise startete Arianespace drei Raketen innerhalb von 30 Tagen. Der absolute Rekord waren 14 Starts in 11 Monaten zwischen 1995 und 1996.

Eine Zeit lang war auch im Gespräch, die ELA-2 mit zwei Startzonen auszustatten. Dies sollte nur etwa 28,5 Millionen Dollar mehr kosten, da sich die Arbeiten nur auf den Startplatz und den einfach gebauten Versorgungsturm beschränkten. Die ESA konnte sich aber für diesen CNES-Plan nicht erwärmen und plädierte dafür, ELA-1 weiter zu betreiben.

In der Vorbereitungszone befanden sich drei Gebäude, die miteinander verbunden waren. Sie trennten die Montage in einzelne Schritte auf und erlaubten so einen schnellen Durchlauf bzw. ein paralleles Arbeiten.

- Beim Ersten handelte es sich um das Lagergebäude für die Zwischenlagerung der angelieferten Stufen. Es war 90 m lang und je 25 m breit und hoch. Zwei 8 t Kräne öffneten die Transportcontainer über ihre volle Länge. An seiner Nordseite war das Lagergebäude über eine 9 m hohe und 7 m breite Tür mit dem „Erection Building" verbunden.

- In dem „Erection Building“ wurden die Stufen aufgerichtet und vertikal zueinander ausgerichtet. Ein 30-t-Kran nahm die Stufen aus den Transportbehältern und hob sie an die für die Montage gewünschte Position in dem 16 m breiten, 27 m langen und 39 m hohen Gebäude. An der Nordseite führte der 30 t Kran die Stufen dann zum „Assembly Building“.

- Im „Assembly Building“ erfolgte dann die eigentliche Montage. Erst hier wurden auch die PAL-Booster auf den mobilen Starttisch montiert. Ein 20-t-Kran nahm die Last vom Erection Building und hob sie auf die Montagehöhe in dem 67,5 m hohen, 19,4 m breiten und 25,1 m langen Gebäude. Verschiedene mobile Montageebenen gewährten den Technikern Zugang zu den Verbindungen.

- Die fertig montierte Rakete wurde dann mitsamt dem Startisch aus dem Gebäude heraus zur ZL-2 gefahren.

Nach dem Zusammenbau zog ein Schlepper den Starttisch zur Startzone ZL-2. Es gab zwei Starttische, Starttische und Schlepper wurden von der Firma MAN (heute MT Aerospace) hergestellt. Die Schlepper wurden auf Schienen mit einer Spurweite von 9 m bewegt. Über die Starttische wurde die Rakete auch mit Strom versorgt.

Jeder Tisch war 15 m breit und 16 m tief. Der Tisch für die Ariane 3 hatte eine Höhe von 12 m und wog 427 t. Derjenige für die Ariane 4 war nur 5 m hoch und hatte ein Gewicht von 342 t. Durch die unterschiedliche Höhe war es möglich, auch eine Ariane 2 oder 3 von ELA-2 zu starten, obwohl die erste Stufe der Ariane 2+3 nur 18,4 statt 23,8 m lang war.

Der Schlepper hatte eine durch Hydraulik stufenlos regulierbare Leistung von 320 PS. Damit konnte die Zuggeschwindigkeit fein dosiert werden. Zusammen mit einer Rakete (ohne den Treibstoff, da sie erst an der Startrampe betankt wurde) wog ein kompletter Starttisch bis zu 550 t.

Auf halber Wegstrecke befand sich ein Kreisverkehr mit 26 m Durchmesser als Rangierstelle. Er ermöglichte es, auf dem nur einmal vorhandenen Schienenweg gleichzeitig zwei Raketen in unterschiedliche Richtungen zu bewegen.

Die folgende Skizze zeigt die wesentlichen Elemente von ELA-2:

1. Gebäudeteil für die Lagerung der Stufen

2. Gebäudeteil für das Aufrichten der Stufen (Erection Building)

3. Montagehalle (Assembly Building)

4. Schienenstrecke zur Launch Zone

5. Fahrbarer Starttisch

6. Zugmaschine

7. Auf Schienen beweglicher Kran und Montagebühne („Gantry“) an der Startrampe.

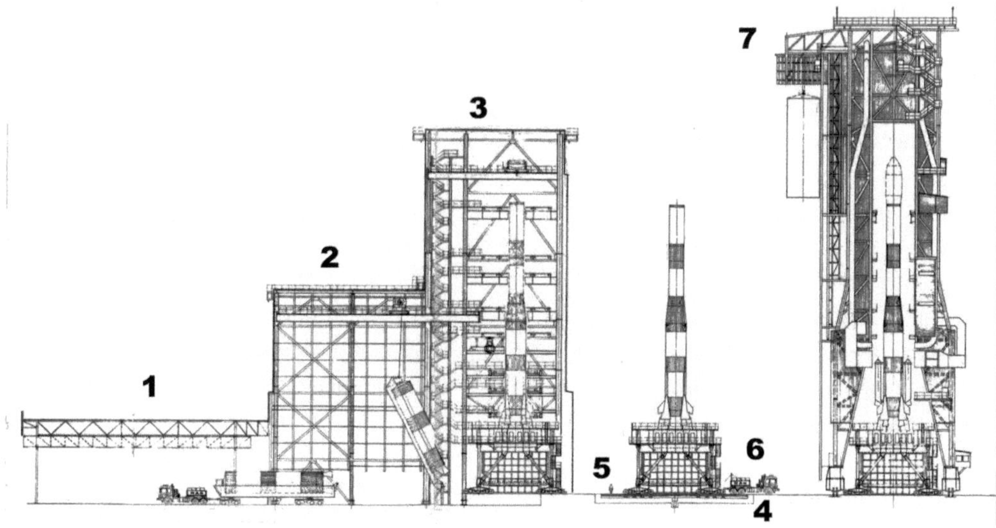

Der Startplatz ZL-2 bestand aus einer 40 m hohen Basis aus 12.000 t Beton. An dieser wurde der Starttisch fixiert. Im Graben darunter führte an der Westseite ein Flammenablenkschacht aus Stahl vom Starttisch weg.

Dazu gab es noch die mobile Werkshalle, „Gantry" das damals größte, bewegliche Gebäude der Welt. Es wog 3.600 t und hatte eine Höhe von 86 m bei einer Basisfläche von 21 × 21 m. Zugangsplattformen in verschiedenen Höhen erlaubten den Zugang zu allen Stufen.

Die Gantry war im Bereich oberhalb von 39,4 m Höhe voll klimatisiert. Sie rollte vor dem Start 93 m von der Rakete zurück. Dazu verfügte sie über vier Rollen auf zwei Schienensträngen. Jede war mit maximal 1.200 t Gewicht belastbar. Die Gantry konnte bis zu einer Windgeschwindigkeit von 18 m/s (65 km/h) bewegt werden. Bei stärkeren Winden wurde sie in einer der beiden Endpositionen abgesenkt und fixiert.

Der obere Bereich für die Nutzlastintegration genügte Reinraumbedingungen der US FED STD 209E Klasse 100.000 (maximal 100.000 Teilchen von 0,5 µm Größe je Kubikfuß).

Die Plattformen waren um 18 m in der Höhe verschiebbar, um sich den Nutzlasten anzupassen. Ein 12,6-t-Kran bewegte dabei die Nutzlastspitze. Ein weiterer 32 t Kran hob die Spitze von der Südseite mitsamt dem Transportcontainer hoch. Sie gelangte dann durch eine 7 × 14 m große Tür in den Nutzlastbereich. Neben der Nutzlast wurden bei der Gantry auch die Feststoffbooster an der Rakete angebracht sowie alle pyrotechnischen Sprengsätze (z. B. Sprengbolzen und das Selbstzerstörungssystem).

Am Starttisch befand sich nur ein 74 m hoher, schmaler Versorgungsmast für die Daten- und Versorgungsleitungen. Gleichzeitig erfolgte über diesen Mast die Versorgung der dritten Stufe mit Wasserstoff und Sauerstoff. Der Versorgungsmast war erheblich leichter zugänglich als sein Gegenstück von ELA-1. Seine bessere Positionierung erhöhte die maximal zulässige Windgeschwindigkeit für einen Start auf 14 m/s. (Windstärke 6 auf der Beaufortskala)

Wie bei ELA-1 befand sich auch bei ELA-2 ein Bunker für das Personal des Countdowns an der Startrampe (Kontrollzentrum CDL2). Geschützt durch 2 m Beton und 4 m Erde arbeiten 160 Personen an der Startvorbereitung. Nach dem Abheben übernahm das Jupiter-Kontrollzentrum (ab 1995 Jupiter-2) die Mission.

Die neue Startrampe ELA-2 machte mit 102 MAU (etwa 146 Millionen Dollar) alleine einen Viertel der Ariane 4 Entwicklungskosten aus. Hauptauftragnehmer für die Stahlteile und beweglichen, mechanischen Strukturen war die Firma MAN aus Deutschland.

Fertiggestellt wurde ELA-2 im Januar 1986. Der Startplatz ELA-1 sollte nach dem Erststart der Ariane 4 am 15.6.1988 außer Dienst gestellt werden. Doch die zahlreichen Aufträge, die Arianespace nach der Challenger-Katastrophe erhielt, machten es notwendig, die Startrate möglichst schnell zu erhöhen. Deshalb starteten noch ein Jahr lang auch Raketen der Typen Ariane 2 und 3 von ELA-1 aus. Seit 2003 ist ELA-2 eingemottet, um die laufenden Betriebskosten des CSG zu reduzieren.

Die Fabrik zur Erzeugung von flüssigen Gasen der Firma Air Liquide wurde für ELA-2 erweitert und produzierte nun größere Mengen an flüssigem Sauerstoff und Stickstoff. Mit der Entwicklung der Ariane 5 wurde 1991 eine zweite Fabrik errichtet. Jetzt konnte vor Ort auch flüssiger Wasserstoff produziert werden, der bisher per Schiff aus Europa gekommen war.

Das Netz der Bodenstationen musste an die verlängerten Brennzeiten angepasst werden. Akakro an der Elfenbeinküste wurde geschlossen, und in Libreville in Gabun, näher am Äquator und weiter östlich gelegen, wurde stattdessen eine neue Bodenstation errichtet. Von dieser Station aus konnten auch der Brennschluss und das Aussetzen der Satelliten beobachtet werden.

Bei Ariane 4 bestand damit das Bodennetzwerk aus den Stationen Galliot, Natal, Ascension Island und Libreville. Die ESA übernahm die NASA-Bodenstation auf Ascension Island, als diese nach Einführung der TDRS-Satelliten überflüssig wurde. Zu diesen Stationen, die bei Starts in den geostationären Orbit notwendig waren, kamen bei Starts in den polaren Orbit noch NASA-Stationen auf Wallops Island und an der Ostseite des Kontinents sowie auf der kanadischen Saint-Hubert Insel dazu.

Die Satelliten wurden in eigenen Gebäuden vorbereitet. Sie kamen in der Regel in Spezialcontainern per Flugzeug nach Kourou. Bis 2001 gab es zwei Komplexe nahe ELA-1. In einem dieser Komplexe mit den Gebäuden S1A und S1B wurde der Satellit nach dem Transport geprüft. Dies beinhaltete die Überprüfung der elektrischen Systeme sowie Tests der Mechanik (z. B. die Öffnung der Solarzellenausleger) und der pneumatischen Systeme. S1A wurde zuerst gebaut und für die Ariane 4 dann um S1B erweitert. Beide Gebäude waren 50 m lang und 25 m breit und hoch. Danach wurde der getestete Satellit zum zweiten Komplex mit den Gebäuden S2 bis S4 gebracht. Dort wurden die Startvorbereitungen durchgeführt, der Satellit mit dem Treibstoff betankt und in die Nutzlastspitze eingeschlossen.

Diese Gebäude reichten auch noch für die ersten Ariane 5 Nutzlasten, doch mit steigender Satellitengröße waren sie nicht mehr ausreichend. So wurde der Komplex durch das neue S5 Gebäude für größere Satelliten erweitert. Es bestand aus drei großen Räumen mit Reinraumbedingungen. Diese waren durch Korridore miteinander verbunden. Die alten Zentren S2 bis S4 bleiben weiterhin aktiv.

Insgesamt konnte Arianespace in diesen drei Komplexen ab 2001 vier Satelliten zur gleichen Zeit auf einen Start vorbereiten. Zwei dieser Systeme wurden im S5 Gebäude startklar gemacht und zwei Satelliten im älteren Komplex S2 bis S4. Nach einer Übergangsfrist übernahm S5 die Funktion der älteren Gebäude. Die Gebäude S1B und S3B können aber bei Bedarf reaktiviert werden und dürften bei Starts für Nutzlasten der Sojus und Vega wieder genutzt werden, da sie für kleine bis mittelgroße Satelliten vollkommen ausreichend sind.

Kontrollzentren

Von 1968 an erfolgte die Missionskontrolle von Jupiter 1 aus für alle Trägerraketen (Diamant, Europa, Ariane 1-4). Mit der Einführung der Ariane 5 wurde es durch eine modernere Anlage ersetzt, die auch die Möglichkeiten der Berichterstattung vom CSG aus deutlich erweiterte. Mit dem Start V82 im Jahr 1996 wurde das Jupiter-2 Kontrollzentrum eingeweiht. Während jede Startrampe ihr eigenes CDL (Kontrollzentrum) zur Vorbereitung der Rakete auf den Start hatte, managte Jupiter 2 die Missionen aller Startrampen (damals ELA-2 und ELA-3, ab 2009 ELV, ELA-3 und ELS).

Die Computer Ausrüstung des Jupiter 2 bestand bei Eröffnung aus zwei redundanten Sun Servern und 32 Sun Sparc 5 Workstations für die Operateure. Vier weitere PCs steuerten die Anzeigetafeln. Die benötigte Software entstand in C++, Siemens SCL und Visual Basic.

Das neue Kontrollzentrum besteht aus drei Stockwerken. Im ersten Stockwerk befinden sich im Vorderteil die Kontrollstationen der Operateure. Auf einer 3,2 × 4,2 m großen Videoleinwand kann der Status des Countdowns und der Flugverlauf nach dem Abheben verfolgt werden. Dieser Teil ist während des Starts bei den Videoübertragungen von Arianespace zu sehen.

Getrennt durch eine Plexiglaswand können bis zu 232 Gäste den Start verfolgen. Es gibt Headsets, mit denen die Gäste den Kommentar in verschiedenen Sprachen hören können. Meist wandern die Besucher aber in den letzten Sekunden vor dem Start zum Balkon, um das Abheben der Rakete von dort aus live zu verfolgen. Sobald die Rakete abhebt, ist die Arbeit von CDL2 bzw. CDL3 beendet, und die gesamte Kontrolle ging an das Jupiter-2 Kontrollzentrum über.

Im zweiten Stockwerk existieren 31 Kabinen mit Computern für angereiste Journalisten und im Dritten die Ausrüstung für die Videoübertragung und die Arbeitsräume der Berichterstatter und Dolmetscher.

Dazu kommen im CSG noch etwa zehn weitere Gebäude für die Technik, Telekommunikation, Feuerwehr und das Sicherheitspersonal. Den größten Raum nimmt seit 1994 die Fabrik zur Produktion des Treibstoffs für die Feststoffbooster ein.

Details über die Startrampe der Ariane 5, die mit ihr verbunden Installationen und die Umrüstung von ELA 1 zu ELV, dem Startkomplex der Vega folgen im zweiten Band über die europäischen Trägerraketen.

Für das CSG wird sich in Zukunft einiges ändern: Bisher finanzierte die ESA die Einrichtungen und übertrug dann der CNES den laufenden Betrieb, der aber von der ESA finanziert wurde. Mit dem steigenden Interesse der Europäischen Union am Weltraum, auch erkennbar an dem Galileo-Projekt, soll nun die Europäische Kommission mehr Kontrolle über das CSG übernehmen, wie der französische Ministerpräsident Sarkozy bei einem Besuch des CSG in Februar 2008 ankündigte.

Quellen / Referenzen

Die Zeit 13/1970 „Europa im Dschungel“

Centre Spatial Guyanais (http://www.cnes-csg.fr)

MAN Technologie: „ELA 2 Launching Facility“

Flight International 17.2.1979: „Europe's equatorial Launch Site“

Flight International 9.4.1997: „Dual Operation“

J. De Daldau: ESA Bulletin 69: „Ariane 5 Launch facilities“

Didier Capdevila: „Capcom Espace“ (http://www.capcomespace.net)

Interview mit Yves Le Gall im ESA Bulletin 138 „ESA's Launcher Family“

Die Politik im Wandel der Zeit

Seit dem Beginn der Entwicklung der Ariane 1 sind 40 Jahre vergangen. In dieser Zeit hat sich die politische Situation gravierend geändert. War Ariane 1 noch ein französisches Projekt mit europäischer Beteiligung, wurde die Weiterentwicklung mehr und mehr eine Aufgabe der ESA.

Zwar war die CNES bei allen Versionen für die Entwicklung verantwortlich gewesen, doch mittlerweile wird die Entwicklung und Weiterentwicklung der Trägersysteme auf Ministerratskonferenzen beschlossen. Die verschiedenen Regierungen können sich gegenseitig blockieren oder es kann auch ein Konsens für die Notwendigkeit von Maßnahmen vorliegen.

Während bei der Weiterentwicklung von Ariane 1 zu Ariane 4 und dem Beschluss für die Entwicklung der Ariane 5 die Abstimmung zwischen den Ländern noch gelang, gab es danach zunehmend Probleme. Den Anfang machte 1999 die neue, von der SPD und den Grünen gebildete Regierung in der Bundesrepublik. Sie blockierte die Weiterentwicklung der Ariane 5, indem die Mittel für eine Steigerung der Leistung der EPS-Stufe nicht zur Verfügung gestellt wurden. Die Lösung bestand darin, gleich die ECS-A Stufe zu entwickeln und diese in Deutschland bauen zu lassen.

Bei der Entwicklung der Vega, welche von Italien vorgeschlagen worden war, zeigte sich ebenfalls der fehlende Konsens. Bei vielen europäischen Nationen gab es kein Interesse an einer neuen Trägerrakete in diesem Segment, weil die ESA und die europäischen Staaten bisher auf russische Trägersysteme zurückgegriffen hatten (Rockot und Dnepr).

Die italienische Vertretung drohte damit, aus der Ariane 5 Weiterentwicklung auszusteigen und die Vega als nationales Projekt durchzuführen. Mit der Leistungssteigerung und der Einführung neuer Technologien bei der ersten Stufe konnte Italien dann aber schließlich Frankreich überzeugen, und die Vega wurde so zum ESA-Projekt. Allerdings musste auf eine deutsche Beteiligung verzichtet werden. Deutschland war zu dieser Zeit der zweitgrößte Beitragszahler der ESA. Inzwischen ist die Vega geflogen und Deutschland will dabei sein, weil die russischen Träger teurer wurden und nicht mehr lange zur Verfügung stehen, doch die Vega ist durchoptimiert und die technologische Kompetenz Deutschlands liegt nicht im Bau von CFK-Boostern.

Analog dazu fand auch der ESA Vorschlag für einen Träger aus Elementen der Vega und der Ariane 5 im Segment von etwa 5 t Nutzlast keinen Zuspruch bei Frankreich. Hier will Arianespace, welche an Starsem, dem Vermarkter der Sojus, beteiligt ist, keine Konkurrenz haben. Vielmehr sollten gemäß französischer Meinung die Wettbewerbsvorteile der Sojus verbessert werden. So beteiligte sich die ESA an der Finanzierung des Ausbaus des ELS Komplexes (**E**nsemble des **L**ancements **S**oyuz), damit die Sojus von dort starten kann. Von den 344 Millionen Euro, welche ELS kosten sollte, stammen fast zwei Drittel (223 Millionen) von der ESA. ELS wurde erheblich teuer, doch diese Mehrkosten musste Arianespace alleine tragen.

Diese nationalen Interessen blockieren zunehmend die Weiterentwicklung der Trägerraketen. Von 2003 bis 2011 ruhte der Ausbau der Ariane. Die Gelder wurden für ein Rettungsprogramm nach dem Fehlstart der ESC-A Variante benötigt. Die ESA-Ministerratstreffen in Berlin (2005) und in Den Haag (2008) brachten keine Beschlüsse zur Wiederaufnahme der Entwicklung. 2011 wollte Frankreich die Ariane 6 als kostengünstigeres Nachfolgemodell und Deutschland die neue Oberstufe ESC-B durchsetzen. Als Kompromiss bewilligte man die Entwicklung der ESC-B unter der Auflage, dass sie so entwickelt wird, dass es maximale Synergien mit der Ariane 6 gibt und es wurden Vorentwicklungen für die Ariane 6 genehmigt.

Heute stellt sich die Situation in der Trägerraketenentwicklung in Europa so dar: Frankreich scheint nach einem offenen Brief von Fredrik Engström, dem ehemaligen Leiter des Direktorats für Trägerraketenentwicklung, an einer überkommenen Managementstruktur festhalten zu wollen. Dabei hätten die anderen beteiligten Staaten kaum Mitspracherechte.

Italien ist in der Entwicklung der Vega stark engagiert. Diese wurde deutlich teurer als geplant. Italien rechnete aber auch mit der Fertigung zukünftiger großer Feststoffraketen und hat die Fabrik für Booster von der Größe eines Araine 5 EPC ausgelegt. Bedingt durch die hohe Staatsverschuldung ist der finanzielle Spielraum Italiens bei der Ariane 6, die diese Booster einsetzt aber begrenzt.

Deutschlands Rolle in der Entwicklung der Ariane entspricht aber nicht den Möglichkeiten und der technischen Kompetenz, über welche unsere Nation verfügt. Die geringe Beteiligung der BRD bei der Ariane 1 Entwicklung war noch verständlich, da sich die ELDO als „Fass ohne Boden" herausgestellt hatte. Als aber die Ariane 5 Entwicklung beschlossen wurde, war der Markterfolg dieses Trägers bereits sichtbar. Zu dieser Zeit hatte Arianespace schon ein gut gefülltes Auftragspolster, und es war klar, dass für jeden investierten Euro ein Vielfaches an Aufträgen wieder hereinkommen würde. Wie in der Vergangenheit hat Deutschland auch dieses lukrative Geschäft wieder weitgehend den Franzosen überlassen.

Weitere Chancen zur stärkeren Beteiligung bei der Evolution der Ariane oder der Vega wurden ebenso vergeben. Vor allem verspielte Deutschland auch die Möglichkeit, sich eine neue technologische Kompetenz anzueignen. Das Vulcain und auch das Vinci Triebwerk wurden von Frankreich entwickelt. Für Deutschland blieb nur die Herstellung von Strukturen oder die Produktion des Aestus Triebwerks übrig. Bei der wesentlich kostspieligeren Entwicklung der Ariane 5 gab es die Gelegenheit, die deutsche Beteiligung zu erhöhen und auch technologisch wichtige Teile zu entwickeln und zu fertigen. So wurde MBB von SEP angeboten, das Vulcain Triebwerk gemeinsam zu entwickeln. Doch weder die deutsche Regierung noch die deutschen Firmen waren bereit, auch nur Geld für Vorstudien auszugeben.

Stattdessen beteiligte sich Deutschland in großem Stil an der bemannten Raumfahrt. Dazu gehört das deutsche Engagement beim Spacelab, bei den beiden deutschen Missionen D1 und D2, beim Raumstationsmodul Columbus und beim unbemannten ATV-Frachter. Alle diese Projekte haben eine deutsche Beteiligung von 40 bis 53%. In der Summe wurde von Deutschland genauso viel Geld in diesen Bereich investiert, wie Frankreich in die Ariane steckte.

Was war aber der Nutzen für Deutschland und Frankreich? Im einen Fall gibt es etwa ein Dutzend Astronauten, die im All waren. Im anderen Fall sind es 200 Raketenstarts und ein Weltmarktanteil von über 50%. Im einen Fall wurden Milliarden ausgegeben und im anderen Fall wurden Milliarden eingenommen.

Ende 2008 versäumte die deutsche Regierung es erneut, die Führung in der ESA zu übernehmen. Deutschland hätte die ESC-B entwickeln und produzieren können. Damit wäre die Ariane weiterhin wettbewerbsfähig geblieben, und Arbeitsplätze in Deutschland und Europa hätten gesichert werden können. Leider ist unserer Regierung aber die Förderung von Kreditinstituten und Automobilherstellern mit dreistelligen Milliardenbeträgen wichtiger, als einen dreistelligen Millionenbetrag für die Ariane auszugeben.

Inzwischen laufen die Interessen der verschiedenen Staaten vollständig auseinander. Frankreichs Vorschlag für die Ariane 6 besteht aus einer Feststoffstufe als erste und zweite Stufe (bei der Ersten Stufe werden drei dieser Booster eingesetzt) und einer kryogenen Oberstufe, die mit dem Vinci angetrieben wird. Sie soll 4 Milliarden Euro inklusive neuer Bodenanlagen und Management kosten und 6,5 t in einen GTO bringen, für 70 Millionen Euro pro Start. Versprochen wird ein preiswerter Start durch Einzelstarts und höhere Produktionszahlen. Das Problem ist, dass durch das Setzen auf Feststofftreibwerke nur Frankreich und Italien durch die gemeinsame Entwicklung der Vega diese fertigen können, das Vinci kommt aus Frankreich und so massive Tanks wie bei der ESC-A/B wird man sich bei der kleineren Nutzlast nicht leisten können, so werden auch diese von Air Liquide kommen. Deutschland kann nicht viel zur Ariane 6 beisteuern, weil man sich über Jahrzehnte damit begnügt hat, zwar prozentual an den Aufträgen beteiligt zu sein, aber die entscheidenden technologischen Entwicklungen von anderen Staaten gemacht wurden. Nach Ansicht des DLR soll daher das

Konzept durch eines mit einer kryogenen Zentralstufe ersetzt werden, das wäre dann im Prinzip eine Ariane 5 „in klein". Dies wird aber sicher teurer in Entwicklung und Betrieb, sodass man so eine Ariane 6 eigentlich nicht braucht.

Stattdessen wäre es nach Ansicht des Autors besser, die Ariane 5 weiter zu verbessern. Die ESA hat dies schon vor Jahren untersucht. Ein neues Haupttriebwerk könnte preiswerter als das Vulcain 2 sein, aber durch mehr Schub trotzdem die Nutzlast steigern. Neue Booster in der Filamenttechnologie der Vega würden die Nutzlast steigern bei gleichbleibenden Produktionskosten. Zuletzt würde ein anderes Design für die ESC-B, welches ein günstigeres Oberflächen-/Volumenverhältnis hat, deren hohe Strukturmasse senken. Ariane 5 wäre so auf 14-15 t Nutzlast in den GTO steigerbar, bei in etwa gleichen Startkosten würde dies den Start proportional verbilligen. Dies wäre auch die Gelegenheit für die deutsche Industrie wieder an die Entwicklung anzuknüpfen, indem man z. B. bei den Boostern mit Fiat Avio zusammenarbeitet und bei den Strukturen mit Air Liquide, welche die leichtgewichtige EPC entwickelt hat.

Ariane 5 würde dann größere Satelliten im Doppelstart transportieren, die Sojus kleinere Satelliten bis zu 3 t Masse. Erstaunlicherweise hat man ja die Produktion der Ariane 4 eingestellt, kurz danach aber einen neuen Startplatz für diesen russischen träger im CSG erreichtet. Der einfache Grund: Arianespace mit vorwiegend französischen Aktionären ist an Starsem, dem Gemeinschaftsunternehmen das die Sojus vermarktet, mit 50% beteiligt. Deutlicher kann man die alleinige Vertretung nationaler Interessen wohl nicht zeigen.

Abkürzungsverzeichnis

Apogäum: erdfernster Punkt einer Umlaufbahn.

ASAP: Ariane Structure for Auxiliary Payloads: Struktur zu Mitführung kleinerer Sekundärnutzlasten zusätzlich zur Hauptnutzlast bei der Ariane 4.

ASAT: Arbeitsgemeinschaft Satellitenträger. Verantwortlich für die Astris Oberstufe. ASAT bestand wiederum aus den Firmen ERNO und MBB.

ASI: Agenzia Spaziale Italiana, die italienische Raumfahrtagentur. Die ASI unterhält enge Beziehungen zur NASA, innerhalb der ESA ist ihr Hauptprojekt die Entwicklung der Vega Rakete.

CDL2: Centre de Lancement No. 2: Gebäude, in dem die Startvorbereitung der Ariane 4 durchgeführt wurde.

CFK: Carbon Fiber Komposit: Technologie, die aus Matten von Kohlefasern in einer Matrix aus Kunststoff einen Verbundwerkstoff herstellt, der sehr leicht, aber trotzdem sehr belastbar ist. Zahlreiche strukturelle Teile die nicht tiefen Temperaturen ausgesetzt sind werden heute auch bei Trägerraketen aus CFK Werkstoffen hergestellt und dadurch leichter als analoge Bauteile aus Aluminium. CFK Werkstoffe haben die glasfaserverstärkten Kunststoffe (GFK) als Vorgängertechnologie vollständig ersetzt.

CGWIC: China Great Wall Industries Cooperation: Staatliche Vermarktungsgesellschaft der chinesischen Regierung, welche die Trägerraketen der Familie „Langer Marsch" international anbietet.

CNES: Centre National d'Études Spatiales: Die französische Weltraumagentur.

CPU: Central Processing Unit: Abkürzung für den Hauptprozessor eines Computers. Ältere Rechner haben oft auch zusätzliche Prozessoren für andere Aufgaben an Bord wie die FPU (Floating Processing Unit) für schnelle Gleitpunktberechnungen. Sie sind bei heutigen Prozessoren integriert.

CRPM: Common Rocket Propulsion Modules: Bezeichnung für die einzelnen Module der OTRAG Rakete bestehend aus einem Triebwerk mit dem Tank.

CSG: Centre Spatial Guyanais: Der europäische Weltraumbahnhof in Französisch-Guyana, nahe am Äquator. Von hier aus werden Ariane und Vega gestartet.

CZ: Abkürzung für Chángzhēng, chinesisch für „Langer Marsch". Kürzel für alle zivilen chinesischen Trägerraketen. Derzeit im Einsatz befinden sich die Serien CZ-2 bis 4.

DFVLR: Deutsche Forschungs- und Versuchsanstalt für Luft- und Raumfahrt: Deutsche Raumfahrtagentur bis 1989.

DLR: Deutsches Zentrum für Luft & Raumfahrt: Die deutsche Raumfahrtagentur. Vorgängerversion war das DFVLR. zwei Drittel der Mittel für die Raumfahrt gehen aber weiter an die ESA.

EADS: European Aeronautic Defence and Space Company: Europäischer Luft & Raumfahrtkonzern.

EADS Astrium: Eine 100% Tochter von EADS. Hier sind die Geschäftsfelder eingegliedert, die mit militärischer und ziviler Raumfahrt zu tun haben. Heute gehören mit wenigen Ausnahmen die meisten europäischen Raumfahrtfirmen zu EADS Astrium. Meist wird nur die Abkürzung Astrium verwendet.

EADS Astrium LV: Der Geschäftsbereich von Astrium, der für die Entwicklung und Produktion von Trägerraketen (LV = Launch Vehicles) verantwortlich ist.

ELA: Ensemble de Lancement Ariane: Bezeichnung für die Bodenanlagen der Ariane. Dies umfasst die Startrampe wie auch die Gebäude für die Montage und Nutzlastintegration.

ELDO: European Launcher Development Organisation: Die ELDO entwickelte von 1961 bis 1972 die Europa I,II und III.

ELE: Ensemble de Lancement Europa: Bezeichnung für die Bodenanlagen der Europa II. Aus ihr entstand ELA 1.

ELS: Ensemble de Lancement Soyouz: Bezeichnung für die Bodenanlagen der Sojus 2.

ELV: Ensemble de Lancement Vega: Bezeichnung für die Bodenanlagen der Vega. Diese wird direkt am Startplatz montiert. Sie steht am früheren Startplatz der Ariane 1-3, ELA 1.

ERNO: Entwicklungsring Nord: Zusammenschluss von Flugzeugherstellern in Norddeutschland, um gemeinsam als eigenständige Firma mit mehr Kompetenz bei Aufträgen aus dem Bereich Raumfahrt in Erscheinung treten zu können. 1982 fusionierte ERNO mit MBB zu MBB/ERNO.

ESA: European Space Agency: Die europäische Raumfahrtagentur.

ESC-A: Étage Supérieur Cryotechnique A: Oberstufe der Ariane 5, welche für die Transporte in den geostationären Orbit eingesetzt wird. Sie verwendet das von der Ariane 4 übernommene HM-7B Triebwerk.

FW: Filament Wounding: Bezeichnung für die Technologie aus sehr langen Graphitfasern, die ein zweidimensionales Netz bilden und aus einem Kunstharz einen Kohlefaserverbundwerkstoff herzustellen.

GEO: Geosynchronos Earth Orbit: Eine kreisförmige Bahn in 35.887 km Höhe über dem Äquator. Hier beträgt die Umlaufszeit 24 Stunden. Da sich die Erde ebenfalls in 24 Stunden um ihre Achse dreht , nimmt ein Satellit von der Erde aus eine konstante Position ein. Eine Antenne muss nicht der Bewegung des Satelliten nachgeführt werden. Daher befinden sich in diesem Orbit die meisten Kommunikationssatelliten.

GSLV: Geosynchronos Standard Launch Vehicle: Indische Trägerrakete, die für Starts in den GTO Orbit eingesetzt wird.

GTO: Geosynchronos Transferorbit: Eine Bahn mit einem erdnächsten Punkt von typischerweise 185-600 km höhen und einem erdfernsten Punkt von 35887 km. Im erdfernsten Punkt muss ein Satellit durch einen eigenen Antrieb nochmals Geschwindigkeit aufnehmen, um zu einem geostationären Satelliten zu werden.

HM7: Hydrogen Moteur 7 t Schub: Abkürzung für Triebwerke der halbstaatlichen Gesellschaft SEP, die mit der Kombination LH2/LOX betrieben werden.

Hydrazin: Giftige Stickstoffverbindung und Basis für die methylierten Hydrazine MMH und UDMH. Hydrazin kann durch Katalysatoren und Hitze gespalten werden. Es zerfällt unter Energieabgabe in Stickstoff und Wasserstoff und kann so als niederenergetischer Treibstoff genutzt werden. Ariane 5 und das AVUM nutzen Hydrazin als Treibstoff für die Rollachsensteuerung und für die Dreiachsenregelung der letzten Stufe. Hydrazin hat eine Dichte von 1,01 g/cm^3.

HTP: High Test Peroxide: Hoch konzentriertes (85%) Wasserstoffperoxid, das als Oxydator in der Black Arrow verwendet wurde,

HTPB (Hydroxyterminiertes Polybutadien): der Binder, mit dem bei modernen Feststofftriebwerken Verbrennungsträger und Oxidator gebunden werden.

ILS: International Launch Services: Ursprünglich Joint Venture von Lockheed-Martin und GPNZ Chrunitschew. ILS bot seit Ende der neunziger Jahre die Atlas und Proton kommerziell an. Ende 2007 verkaufte Lockheed Martin seine Anteile an ILS. Seitdem bietet ILS nur noch Starts mit der Proton-M an.

Kavitation ist die Bildung und Auflösung von Hohlräumen in Flüssigkeiten durch Druckschwankungen. Sie ist eine Ursache für den POGO-Effekt und kann in den Treibstoffleitungen auftreten.

LEO: Low Earth Orbit: Erdnaher Orbit, in dem die Nutzlast einer Trägerrakete maximal wird. Ein typischer LEO hat eine Bahnhöhe von 180 bis 250 km und die Bahnneigung entspricht dem geographischen Breitengrad des Startorts.

LH2: flüssiger Wasserstoff mit einer Temperatur von -253 °C. Seine Dichte beträgt 0,069 g/cm³. Wasserstoff liefert bei der Verbrennung mit Sauerstoff oder Fluor sehr viel Energie und damit die höchsten bekannten spezifischen Impulse.

LOX: flüssiger Sauerstoff mit einer Temperatur von -183 °C. Seine Dichte beträgt 1,141 g/cm². Flüssiger Sauerstoff ist ein sehr verbreiteter Oxidator in der Raketentechnik. LOX wird mit flüssigem Wasserstoff oder Kerosin verbrannt.

MAU: Million Accounting Units: Interne Recheneinheit der ESA für eine Währung basierend auf dem nach Anteil der Nationen gewichteten Wechselkurs. Mit geringen Schwankungen entspricht ihr Wert in etwa dem Euro.

MBB: Messerschmidt-Bölkow-Blohm: Luft & Raumfahrtfirma, vor der Fusion mit ERNO verantwortlich für die Triebwerke der Astris und deren elektrisches System. Später erhielt MBB den Auftrag die Brennkammer der dritten Stufe der Ariane zu entwickeln. Auf Patenten von MBB basiert das Antriebskonzept der Space Shuttle Haupttriebwerke.

MMH: Monomethylhydrazin: Ein sehr oft verwendeter Raketentreibstoff. Er wird oft mit Stickstofftetroxid oder Salpetersäure als Treibstoffmischung verwendet. MMH ist zwischen -52 und +87°C flüssig und hat eine Dichte von 0,88 g/cm³.

NASA: National Aeronautics and Space Agency: Die Raumfahrtbehörde der USA.

NTO: Amerikanische Abkürzung für Stickstofftetroxid: NTO ist ein lagerfähiger Oxidator, der zusammen mit Hydrazinen selbst entzündliche Gemische bildet. Beide Eigenschaften sind ideal für Antriebssysteme, die über Monate und Jahre hinweg betrieben werden müssen. NTO hat eine Dichte von 1,45 g/cm³ und ist zwischen -11 und 21 °C flüssig. Die EPS Stufe und das AVUM nutzen NTO als Oxidator.

OBC: OnBoard Computer: Die Abkürzung für den Rechner der Ariane 5 und Vega.

OTRAG: Orbitale Transport und Raketen Aktiengesellschaft. Privatwirtschaftliches Unternehmen, das von 1976 bis 1982 die OTRAG-Rakete entwickelte.

PAL: Propulseur d'appoint à liquide: Bezeichnung für die vier Booster der Ariane 4 die flüssige Treibstoffe einsetzen. PAL werden in den Ariane 42L, 44LP und 44L eingesetzt.

PAP: Propulseur d'appoint à pourde: Bezeichnung für die vier Booster der Ariane 4 die feste Treibstoffe einsetzen. PAP werden in der Ariane 42P, 44LP und 44P eingesetzt.

PAM: Payload Assistant Module. 1982 eingeführte Oberstufe auf Basis des Star 48 Antriebs. Ursprünglich gedacht 1100 kg (Delta 3900 Nutzlast) bei Space shuttle Transporten von einem LEO in den GTO zu transportieren, wurde die PAM später vor allem als Oberstufe der Delta eingesetzt.

PAS: Perigee-Apogee-System : Bezeichnung für eine gepante Oberstufe für die Europa I für GEO-Transporte. Das PAS wurde zugunsten des preiswerteren P0.7 Antriebs eingestellt.

Perigäum: erdnächster Punkt einer Umlaufbahn.

POGO: Abkürzung von „Pogo stick“: einem Springstock. Gefürchtete Schwingungen in Achse des Schubs, die zum Abreißen des Treibstoffflusses und zum Ausfall von Triebwerken führen können. Ursache ist kurzzeitiger Überdruck in der Brennkammer (z.B. Verbrennungsinstabilität), welcher den Druck in den Treibstoffleitungen ansteigen lässt und damit die Treibstoffförderung vermindert. In der Folge sinkt der Brennkammerdruck. Wenn dieser Zyklus die Resonanzfrequenz der Rakete trifft, findet positive Rückkopplung und damit eine Verstärkung des Effekts statt.

RAE: Royal Aircraft Establishment: britische halbstaatliche Organisation, welche die Black Arrow Trägerrakete entwickelte.

SEP: Société Européenne de Propulsion. Staatliche Entwicklungsfirma, welche die meisten Triebwerke, die bei Ariane 1-5 eingesetzt wurden, entwickelte.

SEREB: Société pour l'étude et la réalisation d'engins balistiques. Französische Organisation, die verantwortlich für die Entwicklung der ballistischen Atomraketen Frankreichs war. Die SEREB entwickelte die Diamant A und gab dann das Projekt an die CNES.

Snecma: Société Nationale d'Études et de Constructions de Moteurs d'Aviation. Bezeichnung des Herstellers der meisten Triebwerke im Arianeprogramm. Snecma übernahm 1990 die Anteile der SEP, welche die Triebwerke HM-7 und Vulcain entwickelte. Heute ist Snecma Bestandteil der Safran Gruppe.

Spelda: Structure Porteuse Externe pour Lancement Double Ariane:Dopelstartstruktur für die Ariane 4, welche unterhalb der Nutzlastverkleidung auf der VEB angebracht ist und so die Nutzlastverkleidung verlängert.

Spezifischer Impuls: ein Maß für den nutzbaren Energiegehalt eines Treibstoffs und die Effizienz eines Antriebs. Im SI-System wird dazu die Ausströmungsgeschwindigkeit der Gase genommen, wenn sie die Düse verlassen. In den USA wird der Wert durch die Erdbeschleunigung geteilt, und es wird eine Zeit als Dimension erhalten.

SSO: Sun-synchronous Orbit: Eine Umlaufbahn mit einer Bahnneigung über 90 Grad in einer Höhe von 600 bis 1.200 km. Ein Satellit auf dieser Umlaufbahn bewegt sich pro Umlauf um den gleichen Betrag rückwärts im Raum wie sich die Erde durch die Rotation um die Sonne vorwärts bewegt. Als Folge passiert er einen Punkt auf der Erde immer zur gleichen Ortszeit, und das fotografierte Gebiet wird unter konstanten Lichtbedingungen und identischem Schattenstand fotografiert. Daher werden vor allem Erderkundungssatelliten in einen SSO-Orbit gestartet.

STV: Satellite Test Vehicles: Testsatelliten für die Europa I.

Sylda: Systeme de Lancement Double Ariane: Doppelstartstruktur, die anders als die Speltda von der Nutzlasthülle umgeben wird, einen kleineren Durchmesser, als die Speltda aufweist und 300 kg leichter ist.

TVC: Thrust Vector Control System: Bezeichnung für ein System, mit dem die Schubrichtung eines Triebwerks verändert werden kann.

UDMH: Unsymmetrisches Dimethylhydrazin: Ein Hydrazinderivat, welches wie MMH zusammen mit NTO als Treibstoffkombination eingesetzt wird. Das AVUM setzt UDMH ein. Die Dichte von UDMH beträgt 0,78 g/cm³.

VEB: Vehicle Equipment Bay: Die VEB ist zum einen struktureller Bestandteil der Ariane 5 – sie überträgt die Kräfte der Nutzlast und Nutzlasthülle auf die EPC. Zum anderen befindet sich hier die gesamte Elektronik, Telemetrie und Bordstromversorgung der Ariane 5.

VEGA: Vettore Europeo di Generazione Avanzata: Von der ASI entwickelte Trägerrakete.

ZL: Zone de lancement: Bezeichnung für die eigentliche Startrampe im CSG. Es gibt derzeit drei aktive Startrampen für die Sojus, Ariane 5 und Vega.